新知
文库

XINZHI

Cold:
Extreme Adventures
at the Lowest
Temperatures on Earth

Cold: Extreme Adventures at the Lowest Temperatures on Earth

©2013 by Ranulph Fiennes

极度深寒

地球最冷地域的极限冒险

［英］雷纳夫·法恩斯 著
蒋功艳 岳玉庆 译

生活·讀書·新知 三联书店

Simplified Chinese Copyright © 2020 by SDX Joint Publishing Company.
All Rights Reserved.
本作品简体中文版权由生活·读书·新知三联书店所有。
未经许可，不得翻印。

图书在版编目（CIP）数据

极度深寒：地球最冷地域的极限冒险／（英）雷纳夫·法恩斯著；蒋功艳，岳玉庆译．—北京：生活·读书·新知三联书店，2020.6　（2022.3 重印）
（新知文库）
ISBN 978-7-108-06823-1

Ⅰ.①极… Ⅱ.①雷… ②蒋… ③岳… Ⅲ.①极地-探险 Ⅳ.① N816.6

中国版本图书馆 CIP 数据核字（2020）第 061781 号

责任编辑	徐国强
装帧设计	陆智昌　刘　洋
责任校对	陈　明　龚黔兰
责任印制	卢　岳
出版发行	生活·讀書·新知 三联书店
	（北京市东城区美术馆东街 22 号 100010）
网　　址	www.sdxjpc.com
图　　字	01-2018-7533
经　　销	新华书店
印　　刷	三河市天润建兴印务有限公司
版　　次	2020 年 6 月北京第 1 版
	2022 年 3 月北京第 2 次印刷
开　　本	635 毫米 × 965 毫米　1/16　印张 31
字　　数	412 千字　图 42 幅
印　　数	6,001－9,000 册
定　　价	58.00 元

（印装查询：01064002715；邮购查询：01084010542）

新知文库

出版说明

在今天三联书店的前身——生活书店、读书出版社和新知书店的出版史上，介绍新知识和新观念的图书曾占有很大比重。熟悉三联的读者也都会记得，20世纪80年代后期，我们曾以"新知文库"的名义，出版过一批译介西方现代人文社会科学知识的图书。今年是生活·读书·新知三联书店恢复独立建制20周年，我们再次推出"新知文库"，正是为了接续这一传统。

近半个世纪以来，无论在自然科学方面，还是在人文社会科学方面，知识都在以前所未有的速度更新。涉及自然环境、社会文化等领域的新发现、新探索和新成果层出不穷，并以同样前所未有的深度和广度影响人类的社会和生活。了解这种知识成果的内容，思考其与我们生活的关系，固然是明了社会变迁趋势的必需，但更为重要的，乃是通过知识演进的背景和过程，领悟和体会隐藏其中的理性精神和科学规律。

"新知文库"拟选编一些介绍人文社会科学和自然科学新知识及其如何被发现和传播的图书，陆续出版。希望读者能在愉悦的阅读中获取新知，开阔视野，启迪思维，激发好奇心和想象力。

生活·讀書·新知三联书店
2006年3月

满怀挚爱

献给我的女儿伊丽莎白（"小鬼头"）

至地狱冻结，乃敢与君绝

——弗雷德里克·庞森比（Frederick Ponsonby）爵士，
《三朝回忆录》（*Recollections of Three Reigns*，1951）

目 录

Contents

1	前言	对酷寒的迷恋
5	第一章	挪威最凶险的冰川
41	第二章	筹划环子午线大圈之旅
53	第三章	试训格陵兰
77	第四章	北极练手失败
101	第五章	登上极南之地
127	第六章	横跨南极洲
155	第七章	目标北极点
203	第八章	一场即将展开的竞争
225	第九章	最先步行抵达南北两极
245	第十章	南北环球行圆满了
271	第十一章	全程自持式直奔北极点
293	第十二章	50岁无外部支持冲击南极点
325	第十三章	有史以来最长的极地雪橇之旅
343	第十四章	这次一个人上路
361	第十五章	北极独行出师未捷
383	第十六章	攀登艾格峰与三登珠峰
415	后记	珠峰之后

附　录

419　附录1　气候变化
423　附录2　参与本书探险活动的人员
427　附录3　北极探险史要略
459　附录4　南极探险史要略
477　附录5　冰雪术语选注

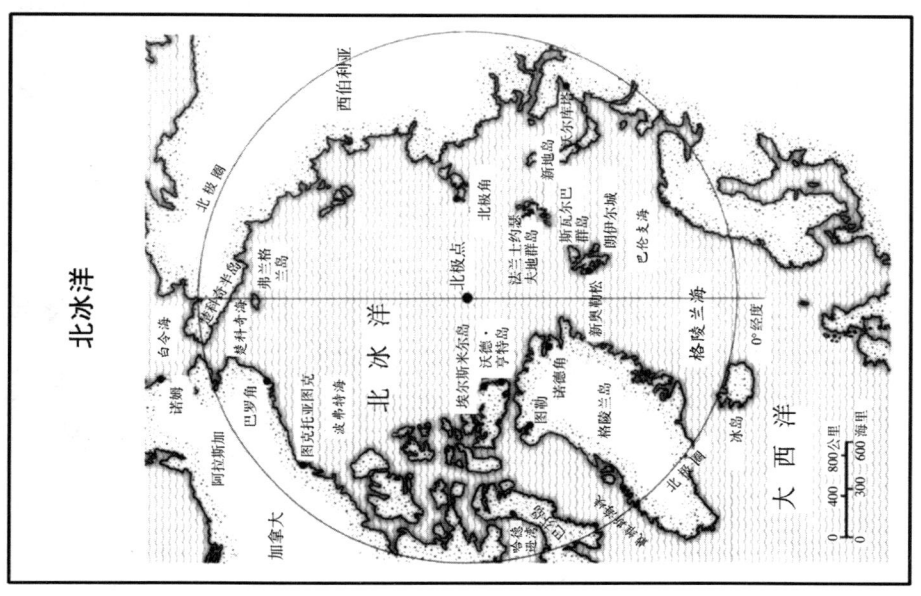

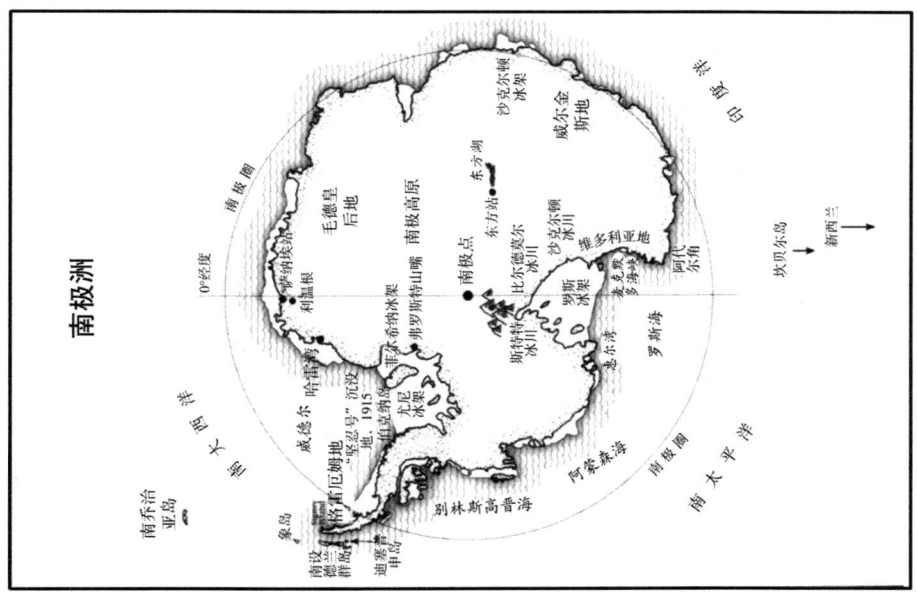

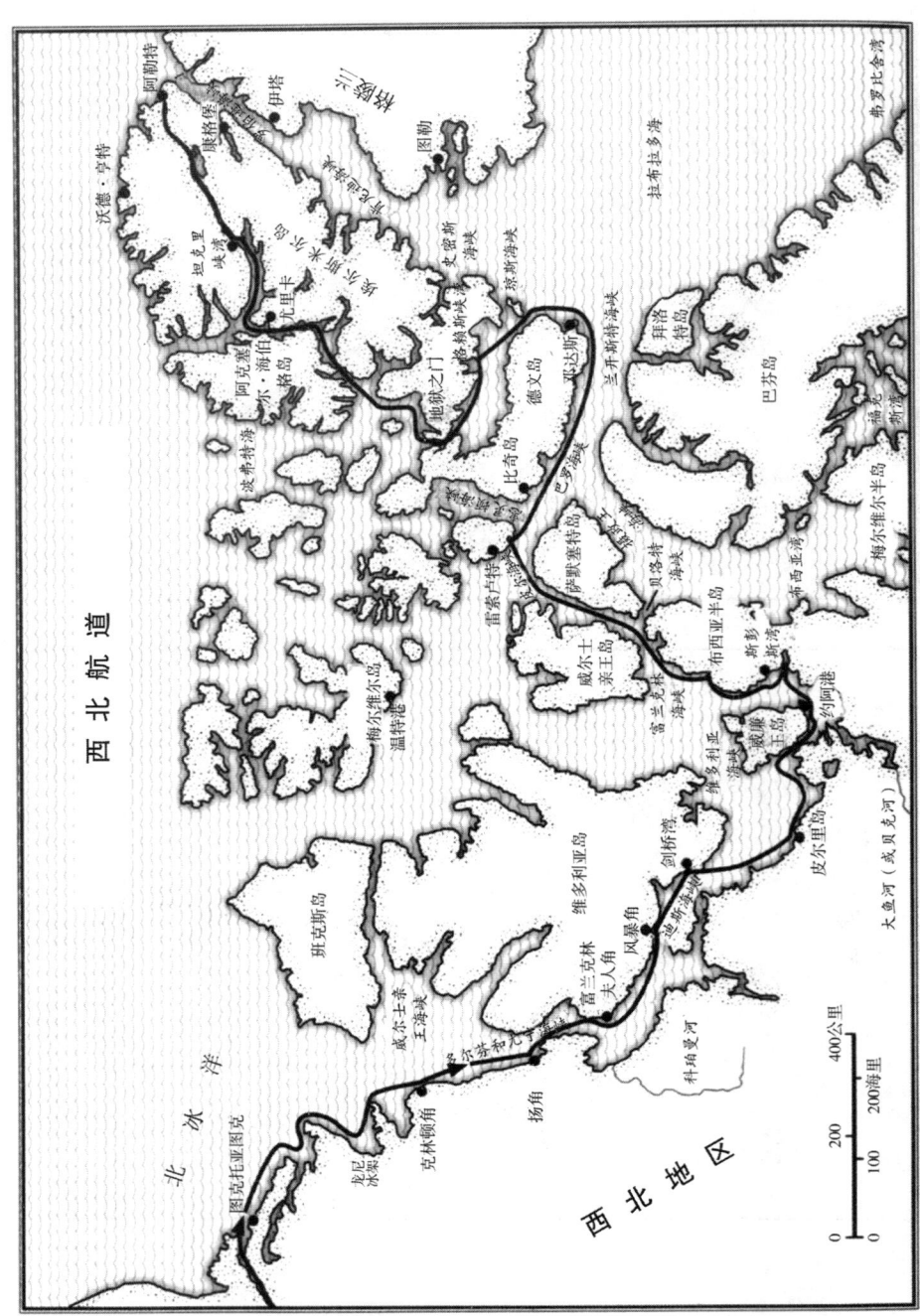

前言

对酷寒的迷恋

我大半辈子都被寒冷所左右。离开军队后,我四处寻找一份平民工作养家糊口。我希望去寒冷地区,掌握寒冷生存技能以及打破世界寒冷纪录能帮我解决问题。

我童年早期生活在阳光明媚的南非,11岁随家人搬回英格兰。记忆中第一次感觉到寒冷是在伊顿公学。那是11月一个月黑风高、潮湿阴冷的夜晚,我爬上了学校礼堂的大圆顶。这种行为一旦被发现,可能会被逐出校门。艰难登顶后,我和一同攀爬的朋友将他黑色的旧燕尾服挂在避雷针上,迎风飘扬。但是,天亮前返回地面时,他坦承自己出现了可怕的疏忽。

"说来你也不信,拉恩[1],但是我想我忘了把姓名标签撕下来了。他们会知道是我干的。"

"你的意思是……"我倒吸了一口凉气。

"没错。"他摇着头,对自己的愚蠢感到难以置信。接着他看了看手表,轻声说,"也许我们需要再爬上去把标签撕下来,在早餐锣响前安全返回。"

"我们?"我简直难以置信,"你觉得我会冒着被撵出校门的风

---

[1] Ran,这是本书作者 Ranulph 的昵称,就像英美人常将 Thomas 昵称为 Tom 一样。——译者注

险，再爬回去帮你拿大衣？你肯定是在开玩笑吧。"

但是，我们还是及时爬上去拿回了大衣。天刚刚破晓，我轻手轻脚从校舍后窗爬了回去，此时已是双手麻木流血，浑身冻得发抖。一小时后排队吃早餐时，我的牙齿还在打战。

毕业后参军休假时，我生平第一次挖出一个雪坑，并在里面待了一夜，这是和朋友双倍对赌的内容之一。他们和我打的赌是：我不敢只穿三角内裤和滑雪鞋冲上游人如织的阿维莫尔滑雪场，然后再和我当时的女友在同一条滑雪道上铲出的雪坑里过夜。那真是一次寒冷的体验，虽然现在看来只是无数更加寒冷的夜晚中的一个模糊记忆而已。

20世纪60年代初，我加入了先父所在的军团——苏格兰皇家龙骑兵团（Royal Scots Greys）。在冷战对峙时期，我们就驻扎在德国前线。每年都会去挪威休假，通常会带一个朋友和一只独木舟。第四次去的时候，就对挪威中部的河流和峡湾非常熟悉了。最令我们感兴趣的地方叫约斯特达尔冰川（Jostedal Glacier，挪威语Jostedalsbreen），欧洲最大的雪原就位于此。从这片巨大的冰雪储藏库里，诞生了许多山谷冰川，在重力的压迫下，它们仿佛遭受酷刑般不断扭动、呻吟和摩擦。冰川根部的湖泊泻出汹涌的湍流，沿着山谷奔涌而下，汇聚到相对平静的峡湾，然后一路流向大海。

1965年，我和一个朋友打算从西部山区划独木舟去奥斯陆。我们从约斯特达尔冰川正下方开始航程。这次河上旅行是一次穿越壮观地貌的英勇冲锋，但预期路线还没走完三分之一，独木舟就被洪水撞得粉碎，消失得无影无踪。

这次旅行失败了，但是挪威仍然把我吸引了回来。独木舟之旅前，我曾站在约斯特达尔冰川脚下，抬头凝视高高耸立的巨大冰崖，想象着让冰川倾泻而下的高原该是什么样子。有人告诉我，如果你身强体壮，并且知道往何处搜寻，就能找到通向高原的许多路，而且还存在数条从峡湾一侧通过冰原直达内陆东部尤通黑门山

（Jotunheimen）的羊肠小道。牛群和尤通黑门山著名的峡湾小马就是通过这些"漂移"的小径被来回驱赶，这些小径曾经是挪威沿海和内陆之间的重要贸易纽带。据我所知，当最后一批牲畜于1857年通过冰面后，通向高原的冰川斜坡开始融化并消退，对于牲畜来说，斜坡已变得太过陡峭和危险。

1967年，我们一行六人决定探索这一地区，先是沿着一条古道穿越高原，然后再乘独木舟，沿着发源于约斯特达尔冰川的一条河向东顺流而下。这次旅行是一场灾难，因为装备太差，而且队伍中有两个人滑雪技术太糟。然而，这是我第一次真正品尝冰雪之旅的滋味，我下定决心要尝试更多的冰雪之旅。

我的确进行过很多次冰雪之旅。2013年，我们一个六人团队要尝试一次——毫不夸张地说——地球上最寒冷的旅行：在冬季穿越南极。此前五年时间里，我都在组织这次行动。接着我的左手——十几年前因为冻伤已经截短了五根手指——又生了冻疮。受伤时的温度是-30℃，只有徐徐的微风吹起滑雪板周围的积雪。多年来，我曾在更冷的条件下旅行，都没有任何问题，所以当时冻伤发生得令人震惊且莫名其妙。

对我来说，旅行已经不可能了，因为我深知，对于一次持续六个月、温度可能暴跌至-80℃的旅行来说，无法忍受-30℃的手指将成为巨大障碍。我被迫提前从南极返回，但决心与大家分享我对所有寒冷之物构成的美妙世界的迷恋，而这本书正是这一想法的结果。

第一章

挪威最凶险的冰川

上次挪威之行三年后,我已经从部队退役,正计划重新去尤通黑门山探险。山里隐秘的小径,巨大的冰崖,源自约斯特冰川的湍急河流,都让我心驰神往,但这并不足以为探险活动拉来赞助。以前人们依靠赞助探索发现新领地,或者实现纯粹的超越身体极限的目标,但早在20世纪60年代,这样的日子就行将终结:大多数沙漠都已被穿越,大多数海洋已被横渡,大多数高山已被登顶。即便在当时,如果没有人赞助资金和设备,探险活动也基本没有希望开展;时至今日,如果没有合理的科研计划,这种支持更是无从谈起。

那么我对冰川又了解多少呢?不是很多。冰川(glacier)原本是个法语词,但是自从1744年以来,在英语中就直接挪用这个词表示缓慢移动的冰河,即那些在重力作用下从山上向山下流动的坚冰之河。

冰川由密集的积雪构成。雪花结构精致,形状不同,名称各异,以六角形晶体的形式降落在冰盖表面上。最大的往往也是最精致的晶体,只有在风力较小、空气温度刚达0℃时才会降落。天更冷风更大时,晶体会相互碰撞,失去六条精致的"手臂",变成单纯的颗粒状。它们很快便被风蚀、磨圆,就像谷粒一样层层铺叠,各层之间隔着最初形成的空气囊。雪越降越多,空气便从各层之间挤出来,雪粒层层下压,直至密不透气,形成真正的冰川。

世界上最大的冰川地区，面积远超挪威甚至格陵兰岛的冰川地区，已有1500万年的历史，覆盖整个南极洲大陆。世界上最大的几座冰川也位于南极，那里储存着世上90%的冰和70%的淡水。在许多地方，冰川的覆盖层甚至压扁了10000英尺高的山脉。

居住在易受海啸、地震和洪灾威胁地区的人，都深知所处环境的危险，但是在那些过去被冰川覆盖的大城市里，居民却活得泰然自若，哪怕新闻中偶尔出现有关冰川推进的警报。但是，就在10000年前，整个北欧、加拿大以及美国的大部分地区都曾被冰雪覆盖。纵观历史，这些冰川一直在周期性地推进和消退。

19世纪初之前的300年间，挪威农民曾遭遇过小冰河期带来的严酷气候。结果，庄稼歉收，导致死亡、疾病和迁徙。今天的挪威人都听说过先辈讲述山区小屋和农场被冰涌摧毁的故事。随后的严寒天气，造成13万芬兰人死亡，200万瑞典人——占该国人口总数的四分之一——移民新大陆。与此同时，英国在1845年派遣约翰·富兰克林（John Franklin）爵士，率领船队向北航行，试图寻找一条从大西洋到太平洋的无冰贸易路线。海冰在冬季一直向冰岛以南扩展，爱斯基摩人甚至能乘坐皮艇"雪橇"到达苏格兰地区。

冰川推进的速度非常缓慢，人们自然无须担心，但是它们对自然景观的破坏力却相当大，足以与长江大河，甚至火山相匹敌。格陵兰岛有几座山谷，8英里宽，50英里长，超过2英里深，都是被力大无穷的移动冰川凿成的。在游客眼里，冰川前进的步伐通常难以觉察，但是在阿尔卑斯山和洛基山，很多冰川都会以每年几英里的速度涌动。有人测量到了突然发生的惊人涌动，每天移动速度为900英尺，发出的响声一英里外都能听到。

妻子金妮（Ginny）租来一辆车，预定了为期一周的冰岛之旅，作为我50岁生日礼物，让我倍感惊喜。当时正值一座冰川发生周期性涌动，融水漫进道路两侧的农田，牛被困在地势较高的岩层上，沉积平原则已全部没入水下。当地的家庭旅馆告诉我们，这样的洪水并不会摧毁桥梁和谷仓。但是，如果全球继续变暖，引发规模更大的涌动，很容易造成一个或多个南极冰盖松动，导致孟加拉国、荷兰等地势低洼的国家消失在海面以下。

冰岛的瓦特纳冰川（Vatna Glacier）下方，周期性的火山活动是引发洪水的另一个原因：火山融化了冰川下面的冰体，进而抬升高山融水湖的水位，后者每隔十几年便要泄一次洪，几小时之内就能淹没方圆数百平方英里的土地。巨大的冰块经常被从发源地冲到很远的地方。和许多英国房主不一样，聪明的冰岛人知道不能把房子建在冲积平原上，因为附近的冰川不容小觑。

在奥斯陆，我咨询了挪威冰川专家贡纳尔·厄斯特勒姆（Gunnar Østrem）博士，问他在尤通黑门山地区可以进行什么科学研究：是冰川研究呢，还是非冰川研究？关于冰川和冰盖什么是已知的，还有什么是尚未发现的或尚待证实的？他说自己非常想对法布格斯托尔冰川（Fåbergstølsbreen）进行一次精确测绘。这是一条源自约斯特达尔冰川的山谷冰川，位于高原东端。人们迫切需要了解法布格斯托尔冰川尖端或"吻部"的确切位置，以便与1955年的地图进行比对，弄清这条冰川到底是在消长，还是在变换路线。

1955年的地图，是根据挪威政府提供的航拍照片制作的，后来挪威政府在1966年又进行过第二次航拍。通过比较这两份地图，他们希望精确掌握各条冰臂的移动速度，从而为当地居民提供极为重要的冰川信息。但不幸的是，如贡纳尔所言，航拍地图存在一些重大空白。地图是基于冰盖上方的两条飞行路线绘制的，当时由于风力条件的影响，其中一条路线并未到达东部最长的注出冰川。法布格斯托尔冰川就是其中最严重的遗漏。厄斯特勒姆博士强调说，这次测绘对他所在大学的水文与冰川系而言意义重大。

他提醒我们这一任务并不轻松，因为我们作图定位的三角点必须和挪威人保持一致。而这些点又都在主冰川的高处，巍然耸立在法布格斯托尔冰川的冰臂上方。要想测绘冰臂，必须先到达这些三角点。

此外，它们的海拔均在6000英尺以上，四周环绕着布满裂缝的冰原。要想爬上去，困难重重。所有必需的测绘设备、娇贵的经纬仪、用于各点之间通信的电台、笨重的测量杆和三脚架，还有100多种其他物品，都要统统运到高原顶部，然后再穿过龟裂的冰原送达法布格斯托尔冰川上方的某个三角点。雪橇和滑雪板是必不可少的，还有帐篷和食品。要登上法布格斯托尔冰川附近的高原，只有一条安全路线，但是也异常困难，路上布满冰碛和破碎的岩石，还要沿着陡坡向上攀爬5000英尺。就算只带着背囊都已经够艰难了，更何况还要带着8英尺长的雪橇和15英尺长的标志杆。

挪威政府没有足够的时间、人力和资金对这片区域进行地面测绘，或者对大冰川东侧再进行一次空中测绘。约斯特达尔冰川的局部薄雾和暴风雪恶名昭著，它们会干扰经纬仪的视线，增加物资运输的难度。看起来，整个测绘工作需要数周才能完成。

解决的办法显而易见。我们必须雇一架带浮筒的飞机，从湖面上起飞，将所有人员和物资空投到冰原上，而且空投位置要尽可能靠近测绘区。科研工作完成后，我们可以乘坐雪橇，沿着冰流尾迹，从冰川峡谷内顺流而下，回到我们停在道路尽头的车辆那里。

约斯特达尔冰川的中央高处是一个大冰碗，大约二三十条外缘冰川像冻河一样，溢流到下面的山谷里。一旦天气足够暖和，冰融成水，便化成奔腾的小溪汇入风景如画的湖泊中。以欧洲的标准判断，约斯特达尔冰川非常庞大，但若与世界上最大的冰川——南极洲的兰伯特-费希尔（Lambert-Fisher）冰川相比，却又显得极其渺小，后者的冰体总量相当于冰岛的九倍，覆盖面积超过100万平方公里。兰伯特-费希尔冰川宽65公里，长510公里，不断将南极高原上的冰体从内陆向外运送，最终输入大海。流冰威力惊人，常常将岩石从山腰上切下，嵌在冰山内再漂向大海。

我们团队的冰川学家诺里斯·赖利（Norris Riley）告诉我，约斯特达尔冰川仅是一座巨型冰块的微小残余，那块巨冰曾封盖住斯堪的纳维亚半岛的大部分地区，碾碎了下方的地面。诺里斯曾在南极的英国南极调查局工作过，他告诉我其中的一个冰架重如泰山，竟然将其下方的地面挤压到了海平面以下2500米。

测绘的目的之一，就是测量这座山谷冰川的准确轮廓，让挪威政府将我们提供的数据与以往的测绘结果进行比较，确认冰锋前进或消退的速度。与之相邻的冰川名叫尼加尔德冰川（Nigardsbreen），20世纪初曾前进到下方的山谷里，将沿途的农场化为齑粉。1953年，喜马拉雅山上的库提雅冰川（Kutiah Glacier）曾以创纪录的速度每天112米急速前进，将沿途的村庄和森林夷为平地。此类事件的一个原因是：周期性的气候变暖使冰川底部融化，令冰川在山谷基岩上的滑行速度加快。不过诺里斯说，总体而言，世界上的冰川正在退缩，冰融化的速度比形成的速度更快，过去一千多年里一直如此。

我开始组建团队，招募能完成测绘并具备基本跳伞技能的人手。挑选极地探险（甚至是一次简单的"冷天"出行，前往一座风景如画的欧洲冰川）人手和挑选非冰面探险人员完全不同。这话说得很笼统，但是基于一个原则，那就是冰点以下犯一次愚蠢的错误就能轻松断送一条甚至多条人命。所以我在挑选尤通黑门山团队时非常谨慎。杰夫·霍尔德（Geoff Holder）、罗杰·查普曼（Roger Chapman）、帕特里克·布鲁克（Patrick Brook）和鲍勃·鲍威尔（Bob Powell）都是退伍军人。彼得·布思（Peter Booth）是地质学家，瑞典人亨里克·福什（Henrik Forss）担任我们的队医。

我安排所有需要跳伞的人员接受额外培训。英国特种空勤团顶级跳伞教练唐·休斯（Don Hughes）对我们进行了技能检查。在最终汇报时，他压根儿没给我们打气鼓劲。他这样总结："感谢上帝，我不用对你们在挪威的行动负责。我当教练12年，从没见过像你们这样的集体溃败。"

我们带齐所有物件，包括降落伞、测绘装备和雪橇，开着三辆路虎一路赶到纽卡斯尔（Newcastle），搭乘前往挪威西海岸城市卑尔根（Bergen）的渡轮。

出发前一天，我接到了金妮的一封信，不过当时她已是我的"前未婚妻"。她说自己可能会从苏格兰西北部赶来为我们送行。我们断断续续地交往了14年，在出状况之前其实已经订婚两年了。所谓的状况主要是我不幸染上了流浪瘾，破坏了彼此的关系。当时她正在偏远的托里登（Torridon）为苏格兰国家信托组织（National Trust for Scotland）工作，工作之余会戴上水肺在海湾里捞扇贝。我们上船之前，她才赶到纽卡斯尔。过了这么久再度相会，我知道，就像常言所说——非她莫娶，于是当即便求她在我们探险返回后嫁给我。

我们一行驱车来到约斯特达尔冰川北翼下方的湖边。大家取出所有装备，整理好降落伞包。唐·休斯已决定亲自督导我们跳伞，这让大家松了一大口气。趁着等飞机，他总结了一下那天的跳伞原则：

> 大家都知道，只要能破例，我总会破例的，要不然我也不会到这里来。但是，如果起了风还跳伞，那就纯粹是疯了。如果有人遇到麻烦，拉环扯得太早了，被风吹偏了大约1000英尺，我不会对任何后果负责。如果热风气流吹刮着谷地，大家会从4000英尺高的地方像黑石头一样急速坠落。要是碰到以上任何一种情况，都将在石头上摔得粉身碎骨。还有倒灌气流，它会令伞冠收缩，你会发现自己又一次在做自由落体运动。我不悲观，大家知道，只是一切很现实。如果你们都是专家，那倒不妨稍微碰点运气，可惜你们并不比初学者好多少。所以我觉得关键要天气好，而且没有大风，否则我们就不跳。

我们希望落脚的冰原海拔6000英尺。大家要从10000英尺的高度做自由落体运动。独立电视新闻公司（ITN）将此次跳伞拍了下来，后来《星期日泰晤士报》将此描述为"世界上最艰难的一跳"。

在跳出塞斯纳（Cessna）水上飞机的那一刻，我伸手拍了一下机身。有一阵心里无比恐慌，身体失去了平衡，在空中打着旋，斜着横着直翻筋斗。不过，等默念到15（这样可以确保不会在过高位置激活降落伞，被风吹离唯一安全的着陆区），到达正确的展翼位置，我立即拉下红色手柄。最终只有两名队员错过了"安全"冰原，差一点摔进悬崖旁边令人头晕目眩的深渊。杰夫伤了肋骨，撞青了眼睛，鼻子上也撕了一道口子。不过所有装备都完好无损，扎营当夜更是碰上了难得的好天气。

第二天一早，天空暗了下来。我们在指南针的指引下，朝法布格斯托尔冰川上游进发，不过差一点搞错了对象。最后一刻，凭借运气，我们才确定了实际位置，却只能再往北多走上很长一段路，绕过好几处凶险龟裂的冰原。亨里克是队里唯一曾经在龟裂冰面上行走过的人。

我们把营地设在法布格斯托尔冰川肩部一块不多见的平整冰面上，营地上方是一组突出的黑色巨岩。从第二天起，"测绘员们"就要分成三队从这里出发，前往三个不同的山顶。这些山顶环绕俯瞰着冰川。每队各带一部高频电台、一部经纬仪以及数根绑着荧光旗的长杆。一旦局部薄雾散开，法布格斯托尔冰舌周围的这三处高点就可被设定为三个彼此可见的控制点，这样就能和现有的挪威测绘图关联起来。其中一个控制点位于锯齿状裂缝冰原的另一边，另一个位于一处岩石悬崖的顶部，第三个位于一处深谷的另一侧。我随最后一队帮着搬运装备，两天以后才能返回冰原营地。

回来时我用了八小时从山谷向上爬，才回到营地。虽然觉得冷，但是谷中的雨水并未像在高处那样变成雪。在令人什么也看不见的暴雨中，我竟然两次错过了营地下方最后那段石拱桥。泼在石桥上的雨水令人很难找到一条合理的路线，沉重的背包更是雪上加霜。我并非冰川学家，也搞不明白为什么天气这么寒冷，雨夹雪和雨水却没变成雪，也不明白为什么它们和冰接触后却没有冻结。诚然，现在是8月，一年中最热的时期,但总感觉气温似乎在0℃以下。看到山洪从冰原高处奔涌而下,只能猜测冰面上方的空气受到了来自下方山谷中暖气流的影响,再者水流太大太急,根本来不及冻结。

我很担心,因为在这种情况下,自己很可能会被意外冻伤。我爬到石桥南端与冰舌相接的地方(两者之间还有一个巨大的空隙),接着又攀上一条陡峭却坚实的坡道。与此同时,我把背包用一根100英尺长的尼龙绳系着拖在身后。温暖的帐篷和干燥的睡袋,这个念头一直在鼓舞我迈动双腿,但我走得小心翼翼,因为能见度很低,而且我已经迷路了。

在光顾过无数座可能通向冰原的岩层之后,无意之中竟然看见我们的米字旗躺在一处水坑里,我快要绝望了——而且很可能会染上肺炎。我捡起旗帜,冲进风中,又翻越了一堆变质岩。突然之间,冰原和帐篷一齐出现在眼前。但欣慰之情很快便被对其他人的担心抵消了。我并没叫出声来,因为他们显然不在帐篷里面。

营地里到处都是湿透的装备。帐篷翻倒在融水坑里,睡袋、电台、滑雪板和口粮袋散落得遍地都是,就像匆忙之间的丢弃物一般。衣服和滑雪靴落在距离帐篷很远的地方,可能是先被大风吹走,接着又遭了水淹。平坦的雪地现在变成了一摊四处溢流的灰泥浆。

由受伤的杰夫带领去往远处的那队人应该没事,因为在那天早上我和他们告别的地方,几乎没有冰,他们很容易就能找路回到谷底。但罗杰和彼得呢?他们可是在六公里远的法布格斯托尔冰川上。还有冰舌和裂缝冰原另一边的亨里克小队呢?出于某种不可知的原因,他们竟然连一顶帐篷都没带,也没带睡袋和口粮。就连来此地一日游的游客,最好都要携带装备,在天气恶劣时充分保护自己。亨里克和罗杰经验丰富,应该知道不携带生存工具包是不能冒险踏进冰原的。气温现在已远低于冰点,再加上大风,他们的体温十有八九会降低。

冰原最高点有一小块湿雪,我把帐篷一个个都转移到那里。大风不断地把它们从我冻僵的手里吹走,气得我骂个不停。我抢起几条睡袋和几件衣服，把它们从帐篷口塞了进去，不过我知道它们派不上啥用场，因为早就湿透了。在昏暗之中，我只能看到大概15英尺远的地方。我奋力嘶吼，但声音就像在大风中飘舞的羽毛，被吹得无影无踪。我找出紧急照明弹，冲着薄雾发射了几颗。侧耳细听，却没听到任何回应。除了牙齿的打战声、咝咝的流水声和呼呼的风声，什么都听不见。我又通过对讲机呼叫各小组，还是没有回应。在潮湿的帐篷外面，暴风雪正一阵紧似一阵。

我们绝非第一个犯下如此低级错误的探险队。在首次南极探险途中，斯科特船长于1903年10月12日在日记中写道，千万不要"粗心大意，不要把东西放在帐篷外面……我们的睡袋、袜子……和其他衣服都散乱地丢在冰面上，就在吃早饭的时候，大风突袭而至：大家还没来得及行动，所有的物品就都在冰面上滑远了"。尽管有此警告，大家好像依然不够小心，就在几天之后，另一阵大风竟然吹跑了他们的一件关键物品。

由于湿冷引发体温降低，那天夜里在挪威发生的事件可谓惨烈。可以说，六个人经历了一个永生难忘的夜晚，他们迷失在一个黑暗冰冷的世界里，周围是不停咆哮却不见踪影的水流以及张着血盆大口的裂缝，大家能感受到一种莫可名状的恐惧。罗杰和彼得后来在日记中写道：

> 黄昏时分，我们正在拆卸经纬仪，薄雾伴随着雨夹雪和大雨一齐向我们袭来。只有在此时，我们才明白自己犯下了多么愚蠢的错误。在这样的山区，下雾天气的黄金准则就是待在原地，架起帐篷，钻进睡袋，直到薄雾消散。由于当天早上离开冰原营地的时候天气很好，而且测绘工具、经纬仪还有电台已经让我们不堪重负，所以我们俩竟然没带帐篷和睡袋。真是愚蠢啊！后悔也没用，现在只能尝试返回安全温暖的冰原营地，但是有个巨大障碍。在我们和营地之间，就在我们来时的那条直线路线上，有一

条600英尺深的峡谷。不过，在峡谷的侧面倒是有一条八公里长的冰梁可走，值得一试，因为就算我们俩在石头下面抱团取暖，在怒号的寒风中，生存的机会也不大。

冰川表面正以令人难以置信的速度融化。在平坦的地方，我们蹚着污水烂泥往前走，融水竟能漫过脚踝。在有斜坡的地方，融水已汇成黑色的溪流，急速奔涌而下。这种短期的危险却尤为令人印象深刻，倒不是因为水量大，而是因为激流而下的速度实在太快。尽管只有三英尺宽，不到两英尺深，但水流很快，如果不小心滑倒，就意味着会被冲击到下方看不见的山谷里。

我们俩在冰面上连走带滑，跌跌撞撞，冰川溪流在整个冰原上纵横交错，我们好几次都掉进了齐大腿深的溪水里。不过，这一点也不令人开心。彼得在一块冰原的中央发现了几只淹死的旅鼠，他觉得这值得注意。但是，我实在无法同意他的观点。

按照我的推算，我们应该在20时15分左右到达冰原营地。可是等到了时间，通过刺痛的眼睛，我们只能看到雾和冰。我们已经很难分清到底是在往上爬还是在往下走。我的心脏禁不住跳快了那么一点点。噢，我的上帝，难道我算错了吗？如果真是那样，可就遇到大麻烦了。

20时30分，我们碰到了一块大石头，似乎走对了方向。于是我们俩便收起指南针，侧着身子，小心翼翼地顺着石头边缘走了下去。有那么一会儿，乌云消散，我们看见了美不胜收的湛蓝天空。但是，很快雾气又合了上来，美景便海市蜃楼般消失了。

不戴冰爪、只穿一双胶底靴在倾斜、流动的冰面上行走绝非易事。我们俩不敢把彼此用绳子拴在一起，因为如果一人摔倒，另一个人肯定拽不住他，这样两个人都得从冰崖边上滑下去。我们搞不清冰崖的边缘位于何处，不过应该很近了，因为从冰川上倾泻而下的流水声已经盖过了靴子发出的咯吱声。

我觉得我们可能绕错了露出地面的岩层——可能往北走得太

远,走到了主冰川中部;见识过冰川融水的威力,我担心营地早已经被冲得无影无踪。就算没被冲走,在雾里可能也找不到,因为岩层接二连三,把人搞糊涂了。石头堆里每一处新遇到的空地都像是营地。目前,寻找营地成了重中之重。睡在帐篷中的睡袋里,无论多么潮湿,仿佛都是顶级的奢华享受。除此之外,我们什么都不想。

突然,彼得朝前一指,我快步跟上去。"找到了,肯定那就是!"他迎风大喊。在一片昏暗之中,我什么也看不见。"你确定吗?"我心里怦怦跳,嘴上却在质疑。"对,我都看见帐篷了。"还剩最后几步远的时候,我们俩冲进了营地,内心充满了欣慰。我们俩都被冻僵了,笨拙地帮对方扯下衣服,连忙爬进拉恩守着的帐篷里。我们俩钻进了同一条睡袋,好让蜷缩的身体上那点微薄的热量温暖彼此僵硬的肢体。我们俩抖得难以自控,拉恩只好给我们倒了一杯威士忌。当火辣辣的液体从喉咙流下去,胃部热得立马膨胀起来,那滋味真是妙不可言。

彼得和罗杰的回归让我放下心来,不过我发现他们状态奇差,对其他小队来说,这不是个好兆头。无论这一路多滑多陡,他们总算不用穿越冰缝地带。而亨里克小队则必须穿过流动冰舌上的融雪区,就算白天那里都很危险。彼得和罗杰现在连话都说不出来了,虽然精疲力竭,但一直都在抽搐般地发抖,根本睡不着。在手电筒的光线中,他们的皮肤呈现出斑驳的绿色,嘴唇破裂,头发上挂着一颗颗半融化的冰粒。他们俩躺在一起,吸着冻僵的指头瑟瑟发抖。鲍勃的日记则记录了自己小队摸黑赶路的噩梦般的经历:

回顾大家的遭遇,我觉得我们掉进了一个常见的陷阱。一开始风和日丽,所以大家都没携带保护装备或者足够的口粮。现在遇到了暴风雪,我们面对的是这样一种情况:要么盖着三块防潮布抱团取暖，要么选择另外一种同样糟糕的办法——摸黑穿越法布格斯托尔冰川的裂缝区。

接下来大家倒没怎么争论；我们又冷又怕，根本不想浪费时间争论。我倾向于找地方避寒，但是帕特里克却坚决认为，既然在凛冽的寒风中没有帐篷，我们只能尝试穿越那片地区。亨里克犹豫不决，但面临着一没东西吃二没干衣服穿的窘境，他同意了帕特里克的意见。于是事情就这么定了。

接下来四小时是令人难忘的地狱之旅。相比之下，此前乘着雪橇穿越这片区域，简直就像出去野餐，因为当时尚能看见危险的地方。但是，现在暴雨已经融化了绝大多数雪桥，余下为数不多的几座也已变成烂泥，在昏暗之中很难找到，所以危险的地方看不见了，数量也增多了。

亨里克拿着指南针在前面带路，完全陷入了雾气造成的昏暗之中，我只能跟着他身后那条黑绳子往前蹚。只有上帝才知道他是怎么从指南针上找到有用的方位的——我们把更多时间都花在绕开黑色的裂缝边缘，而不是朝着某个特定的方向前进。至于我，早就失去了任何方向感。

这一队也还算走运，最后总算找到了我们用手电筒照亮的营地。鲍勃的日记是这样结尾的：

> 彼得、拉恩和罗杰都在同一座帐篷里。我们精疲力竭地爬进了另外一座帐篷。所有的物品都湿了，不过至少不会再被风刮跑了。我们几个人干掉了半瓶威士忌，然后亨里克便跟着我钻进了同一条睡袋。接下来五小时，直到天亮，我都失控地发抖，这肯定是我这辈子最痛苦的一夜。

接下来一周，大家在各自的控制点上建立了好几百处观察点，然后我们一行七个"测绘员"便下到了冰舌上。凭借着裂缝梯、测绘杆和钢钎，一行人在破裂的冰体上爬上爬下，就像碎裂的婚礼蛋糕上的一大群苍蝇。

一天晚上，我跟另外两个人坐在帐篷里。罗杰一边大嚼着燕麦饼，一边若有所思地说，与如此庞大、永恒的自然之物——冰川相比，人类是何等的渺小而短暂。亿万年来，我们身下的这片蓝白色的冰体一直都注视着苍天，未来的无尽岁月无疑还将继续如此。如果冰体有灵，看到我们正笨拙地记录它的动作、形态和特性，它定然会暗自嘲笑。要不了多久，它就会发生变化，我们的记录很快也将过时。等我们——就像被封冻在冰体表层长达数个世纪的那些旅鼠——死去很久以后，冰体仍将继续发生变化。

被称为更新世的冰河期开始于250万年前，至今尚未结束。纵观整个冰河期，地球的平均气温一直在起伏波动，冰川也相应地前进或收缩。前进时期被称作冰川期，收缩时期被称作间冰期。

上一个冰川期从14世纪持续到1850年左右。所以，无论人为的全球变暖是否会对世界各地的冰体产生重大影响，我们和我们的孩子这一生都将经历一次间冰期。温室气体确实影响到了冰体覆盖地区的状态，但其他自然现象，比如令地球冷却的火山，也同样在产生影响。

在19世纪初，有三座火山在壮观的喷发中被掀掉了顶部：加勒比地区的苏弗里耶尔火山（Soufrière）、菲律宾的马荣火山（Mayon）以及印度尼西亚的坦博拉火山（Tambora）。3000多英尺高的坦博拉山被难以想象的巨力凭空削去，近乎消失。12000名本岛居民丧生，庄稼被火山灰掩埋，又导致成千上万人挨饿，浓密的火山灰云比随后更加著名的喀拉喀托火山（Krakatoa）大爆发更加有效地遮挡住了温暖的阳光。坦博拉火山改变了全球气候模式，令夏季平均气温下降多达8℃——足以摧毁庄稼并引发大范围的饥荒。

在温暖的阳光下，当我与大家一起在帐篷外闲坐时，我就将整座约斯特达尔冰川想象成一个巨大的浴场，尽力去想象，如果地球再变暖一点点，同样的一块占地600平方公里、高300—600米的巨型冰块全部融化，那将产生多大的水量。

突然间，我的思路被打断了：一队赤裸着上身的攀冰者正沿着冰面往上爬。其中三位都是男性，身上带着绳子和冰镐，看起来相当强壮。第四位却是一位年轻女性，一头金发盘起来，压在鸭舌帽下面。帐篷外的谈话立即停了下来。我们整个团队都被她迷住了。女孩非常漂亮，皮肤与前面的男性一样晒得黝黑，只是暴露的乳房除外。她走路时，一对洁白如冰的乳房自由摇摆。这美妙的景象沿着冰川继续向上移动，大家一起深深地叹了一口气。

大家回到冰舌上继续干活，我们每隔200米插一根测绘杆，顺着两公里长的冻河一路插下去。然后，一半人拿着视距尺从冰舌顶端向下测量，另一半人则从下方的冰川吻部开始，拿着一台经纬仪和16英尺长带刻度的标杆向上测量，从而构建一条视距导线，我们就能获得整座冰川复杂轮廓线的精确读数。

这样一直干到天黑，大家才回到帐篷里。第二天一早，杰夫——他在跳伞时摔破的鼻子现在仍然肿得很大——就发布了一条坏消息。他说，在暴雨的冲刷下，测绘杆出现了轻微的位移，导致前一天建立的观测点全部被打乱了。24小时之后，杰夫又通过电台告诉我们："现在冰体移动倒可以忽略不计，但你们相信吗？昨天晚上，好多测绘杆从我们钻的洞里脱落了。"

于是我们又带上锤子和钢钎回去干活，如果以前那根测绘杆掉进了很深的冰缝里，就换上一根新的。我朝其中一个洞里看下去，没有见着底部，只听见汩汩的流水声从很远的下方传上来。"在附近一座冰川的洞里，"杰夫告诉我，"村里的孩子最近发现了一具尸体，警察捞起来一看，是一具保存完好的老年男子的尸体，身上穿的衣服是当地牧民在400年前穿的样式。"

活终于干完了，我们将记录测绘结果的几个珍贵的笔记本交给两名队员，让他们带着从冰面上返回山谷基地。大家本该和他们一起走，但是要将粗重笨拙的装备顺着陡峭的小路搬到5000英尺下的山谷，我们得另雇好几个搬运工才能对付得了这复杂的地貌，而且还得许多小时的好天气配合。所以我已经提前雇好了几名冰川向导，带大家爬下最陡峭的布里克斯达尔冰川（Briksdalsbreen）。同时，从理论上讲，我们可以利用重力和绳索，将装备绑在雪橇上，一路滑到布里克斯达尔冰川底部，到了那里，就很容易找到前往路虎车的路了。不需要搬运工，不需要费力，而且还有一种额外的好处：从约斯特达尔冰川到布里克斯达尔冰川一路40公里，是一条独特的、人们常走的流冰小径。

我们请的两名向导及时赶到了，但他们对我们的计划却忧虑重重。亨里克用挪威话和他们谈了一会儿，接着告诉大家，他们愿意领我们走大约30公里，剩下的就只能靠我们自己走了。亨里克在日记中记下了向导的担心："他们建议我们不要走布里克斯达尔冰川，因为天气状况难料。他们还强调了深谷裂缝的危险性。基于三条原因，我同意他们的观点：第一，现在是融冰高潮期，存在发生雪崩的风险；第二，我们没有合适的冰梯，也没有冰钉——只有绳子；第三，我们没有冰上行走的经验！"

我试图说服向导走完这一程。亨里克给我们当翻译。其中一位向导解释说："我带人从约斯特达尔冰川上走过很多次。有一次甚至我一个人踩着滑雪板走完了全程。但不是这样的天气。你们不了解要穿越的裂缝冰原是什么样子，也不明白如果要避开那些危险地带，我们得走什么样的往返曲折的路线。至于你们希望沿着布里克斯达尔冰川直下，那上面有些地方走起来非常危险，而且那个冰舌连我自己也没去过，实际上我不知道有谁去过，因为那条牛走的旧路已经废弃很久了。"

另外一名向导补充说："我很了解这些地方的天气——像这样的薄雾可以在高原上连续好几天散不去，雾还会带来雨。许多雪桥都会塌掉。至于布里克斯达尔冰川,它一天到晚、一年到头都在移动,冰块成吨地往下掉。如果你们稍微有点理智,就应该把无法携带的设备扔掉,前往低处的法布格斯托尔冰川。"

又讨论了一会儿,总算达成了一致。向导同意走完30公里后,可以给我们指出一个具体的磁罗盘方位,无论有没有雾,顺着这个方向我们都能到达布里克斯达尔冰川上游。

接下来的五小时,我们汗流浃背,使出浑身的力气,边骂边沿着无穷无尽的斜坡往上爬。每当到达一个坡道的顶点,都会有另一段灰色的碎冰坡在我们上方一直攀升到雾蒙蒙的视线终点。但是,每当薄雾散去,我们看清前方,就会看见亮闪闪的白色高原,向西方伸展开去,平坦得如同一块煎饼。就算有陡坡,也无法觉察。向导在前面走,我们根本看不到他们。我们只能看见他们留下的脚印,向前延伸到150英尺多一点点的地方,接着就消失在一片刺眼的白茫茫之中。我开始希望自己能有一副雪地眼镜,可是本周初就弄丢了。

风在身旁怒号,将半融化的雪恶狠狠地吹进眼里和嘴里。我们需要滑雪板产生更大的抓地力,然后以此为支点,拉动身后的重物。但随着时间推移,地面越来越湿,滑雪板越来越容易往后滑。正当我们要用力将雪橇拉过一个雪丘时,脚下的一块越野滑雪板往后退,一下撞到雪橇上,随即引来众人咒骂。

这种越野滑雪运动,在斯堪的纳维亚地区很流行,但很少有英国人爱玩。提倡者试图以简单经济的特点激起英国人的热情,但英国的地形和天气条件并不如斯堪的纳维亚和巴伐利亚那样有利。而且,高山滑雪的潜力正日益增长,在欧洲各地,甚至在苏格兰都能毫不费力地去玩,看起来我们并不乐意去从事一项需要相当精力和体力的运动。

野外滑雪时穿什么衣服都行,只要四肢能自由舒展就可以。只需要花钱买一种特制的靴子,这种靴子有很厚的橡胶底,而且从鞋头前面伸出一部分,正好伸进每个滑雪板上的金属托槽里。再用一个弹簧夹将靴尖固定在滑雪板上,这样滑雪者几乎就能在平坦的雪地上奔跑,或者在滑雪杖的帮助下,冲上40度的斜坡。

为了防止滑雪板在爬坡时向后滑,需要涂一层专用的滑雪蜡。针对每一种能辨别出的雪,都有一种不同颜色的蜡,气温每变换一度,还要再换一次蜡。但亨里克是个专家,只需要将粗雪放在手掌里一搓,就能探测出它的温度和质地。他挑出绿色和蓝色的蜡,把它们用力涂在滑雪板底部,又用软木在亮闪闪的木板上来回摩擦。如果涂的蜡太顺滑,滑雪者下坡速度就会加快,但上坡会很难,因为滑雪板没有或者只有很小的抓地力,就会向后退,虽然也用力,却只能像跑步机那样原地踏步。另一方面,如果蜡太黏,比如树脂滑雪蜡,专用于湿雪或融雪,用来爬坡是最理想的,但又会引起卡滞,根本没法自由滑行。如果涂对了蜡,上坡下坡都很快。一旦掌握了专业玩家的那种节奏感,一天之内不用太费力就能跑上50多英里。

但是,就算亨里克也不能每次都用对蜡。滑了七小时之后,他招呼大家停下来,用树脂滑雪蜡给我们的滑雪板重新涂一遍。大家腰酸腿疼,只要能停下歇一会儿,任何理由都是受欢迎的,于是大家便在雪橇旁那个不怎么管用的避风处蹲了下来。没见到后面那些人,不过我们留下的痕迹是清晰可见的,因为所过之处,雪橇的平底都会将下面的融雪压平。亨里克一边摇着头,一边戴着手套将他的一条滑雪板从下往上捋了一遍。接着,竟用另一种语言骂了起来。

"瞧瞧这个。冰川表面这一层外壳太粗糙了,把我的滑雪板全毁了。再打蜡也不管用了,你的肯定也是这样。新蜡必须打在底蜡上,不能直接打在木头上,否则几分钟之内就磨掉了。你看——所有底蜡都没了,连木头都快被成条地磨没了。"

他说得对。怪不得我们总在打滑。这时其他人也赶了过来。他们也在打滑,正如罗杰所描述,"就像踩着跑步机"。他们的拉索在路上断掉了,所以停了一会儿修理拉索。

一条渐渐下行的斜坡让我们轻松地滑了两小时,在泛着黄色的昏暗中，一行人平稳地滑着，谁也没说话。雨夹着雪从身后猛扑过来，打在我们的滑雪衫上啪啪作响，随着风的尖啸有节奏地起起伏伏。大家每半小时轮换一次拉雪橇，领头的那位负责盯紧滑雪板前方不到15英尺的地方，辨认模糊的雪道上那些微弱的痕迹。

亨里克突然用滑雪杖戳了我一下，指着左侧让我看。我们紧急制动，滑雪板吱吱叫着停了下来。就在那个地方，恍如一个追寻已久的通向圣城麦加的路标，稳稳地立着我们的冰镐，这是向导们留下的。在旁边的浅雪上潦草地画着几个字和一个箭头。字母几乎已经泯灭了，亨里克用力盯了一会儿，大叫了起来："通向布里克斯达尔冰川！布里克斯达尔冰川！"

亨里克决定在此与我们暂别，追随向导留下的滑雪板轨迹，再返回到下面的山谷里。他是我们团队里唯一一个有冰川行走经验的，他对向导建议的反应是：在目前这种状态下，尝试走下布里克斯达尔冰川，就是失去了理智。作为一个有家室的人，他是以负责任的态度做出的这个决定，所以大家都尊重他的决定。

鲍勃拿着指南针走在前面。大风把雪橇吹得朝左偏，我们只得小心翼翼地跟在他身后。冰冷的雨雪颗粒打在脸颊和额头上，昏暗的苍穹啪啪地射下白色的弹粒，仿佛有意不让大家舒坦。没有了滑雪眼镜，我只能半睁着眼睛，把头埋得低低的，让杰夫掌握方向。我时不时地朝后瞥一眼：帕特里克跟在后面，湮没在薄雾之中。因为要用自己的指南针检查鲍勃的方向，而且还要不时地大声喊出新修正值，所以走起来经常跟跟跄跄。没看见另一架雪橇，但只要他们不停下，总能跟上我们留下的轨迹。现在谁都不想停下来，哪怕一会儿也不想：实在是太冷了，冰冷的风从右下方的裂缝冰原上直直地吹过来，随风传来令人陡然一惊的落冰声音，有时就在附近。我总在想，大家正在穿越的这块倾斜的冰川之肩随时都可能会从我们的脚下掉落。

鲍勃肯定也有类似的想法，因为他现在走得越来越慢，仿佛近视似的盯着前方的那片昏暗，小心翼翼地制动着自己的滑雪板。我一点也不羡慕他的主导角色，因为在薄雾之中，滑雪者只有滑到裂缝正上方，才可能发现裂缝。地面冰冷坚硬，滑雪者很难在越野滑雪时迅速停下来。

我们离开亨里克两小时以后，鲍勃突然停下身子。"有裂缝，"他大叫起来，"到处都是。我们肯定是闭着眼睛走的，因为周围都有。"

这些冰川区域的雪桥比法布格斯托尔冰川的雪桥要结实，但它们却跨越看上去十分凶险的大裂缝，这些裂缝宽达上千英尺，然后才在某些地方收缩到大约六英尺宽。只有在这个位置，雪桥才能将裂缝弥合起来，大家才能试着穿越。当整架雪橇全压在摇晃的雪桥上，大家的心怦怦直跳。我们知道应该用绳子将彼此连起来，但大家确实太冷太累，啥都不想做了，只是低着脑袋，耸着肩膀，跟跟跄跄地往前走。每当滑行的雪橇被冰面卡住，每当一处裂缝迫使我们偏离磁罗盘方向，大家便又叫又骂。

我大喊着让鲍勃停下来。我们不知道前方有什么。大家都筋疲力尽了，所以要赶在天黑前，趁还有块平坦的地方，赶紧搭起营帐。我们正在两个巨大的裂口之间穿行，走在一个显然非常牢固的坚冰平台上，其宽度与罗马天主教的圣坛相当。没有任何避风之处，不过在约斯特达尔高原上，寻找避风之处纯属徒劳。空间恰够容纳两顶小帐篷。用冻僵的手指解开雪橇上缠结在一起的带子可真是一个慢活。四个人抓住帐篷的四个角，第五个人负责固定。但不能用冰钉，因为大风立马就会把它拔起来，而是要将冰镐推到表层深处进行固定。待在里面，每顶帐篷都是一处袖珍天堂。

第二天早晨快5点钟的时候，薄雾突然开始从下方消散，我们仿佛正住在一片季风云的边上。头顶上方的雾依然很浓，但除此之外，在一片纯净友善的天空下，整个世界都成了一片阳光斑驳之地。有关后续发生的事情，鲍勃·鲍威尔做了最好的见证，因为他负责断后。他在日记中记录了大家开始走下冰川的情形：

5时45分。令人欣慰的是，薄雾散去，露出一片冷峻纯净的天空。我们从帐篷里爬出来，看见布里克斯达尔冰川的整个顶端就在眼前。通过方位查找，大家认为现在正处在预期位置，于是我们便把物品都收起来放到雪橇上，装好滑雪板，动身前往布里克斯达尔冰川的上冰原。刚要行动就发生了灾难，一架雪橇失去了控制，直直地往前冲。罗杰和帕特里克往两旁一倒，顺手松开拉手，雪橇连带贵重物品一头栽进了一条很深的裂缝。大家清点了一下损失，主要包括一艘小船、几顶帐篷和降落伞、一条600英尺长的绳子、各种个人和科研装备、几张行军床、气垫床。

尽管损失了一批物品，下冰川所需的物资我们还是有的，所以就继续往下走。不过大家倒是的确谨慎了许多，纷纷将个人装备里的散乱物件，比如鞋底钉、绳子等，从剩下的那架雪橇上转移到背包里，把头盔都取出来戴上。下一个陡坡那里，我们选了一条相对简单的路线。不过裂缝已经变得比法布格斯托尔冰川中心地区那里大得多——这也预示着即将发生的事。

第一段坡道我们很快就走完了，不过还没来得及庆祝——可能也是因为下坡相对简单，大家都松懈了——第二架雪橇也失去了控制。两架雪橇装得太沉了，横着穿过坡道后想掉头，都足以让它们失去平衡。第二架雪橇就这样翻滚出不到三米远，一头栽进了跟我们路线平行的一条裂缝里。这一次，帕特里克正好站在雪橇下侧，雪橇这么一滚，差点把他给拽了下去。罗杰跟在雪橇后面，被整个掀翻在地。拉恩和杰夫当时正走在前方不到200米的地方，这时也掉头转了回来，但也是一筹莫展。大家围在裂缝边上，干瞅着裂缝深处。

我们早先就已经脱下滑雪板换上了鞋底钉，这第二次事故的一项损失是六对滑雪板和滑雪杖，都绑在雪橇顶部——事实上，可能正是这些大块头才让整架雪橇变得如此笨拙，进而失去了平衡。我们检查了一下各自的装备，把它们铺在雪地上，评估一下是否还具备下冰川所需的最低限度的物资。虽然大部分绳子都损失掉了，不过要是绳降时使用单根路绳[1]的话，大家认为300英尺、200英尺和100英尺长的绳子还是足够多的。每个人都带着鞋底钉和冰镐，而且食物还足够支撑24小时。

  一想起损失掉的那些设备我就心疼。也许还不如把它们直接扔在法布格斯托尔冰川上，还能节省不少力气。不过当时确实有一半的机会可以将雪橇成功垂降下去，不过既然是机会，总会存在相反的可能性。不过现在还讨论这个已经没多大意义了。看起来大家至少还拥有足够的装备走下这3000英尺高的陡峭冰川。

  我们下方是一大片犬牙交错的大冰块，一片蓝白色的梦魇之地。这里是第一座冰瀑。冰瀑的冰川学定义是：位于冰川陡峭部位的一片严重开裂的区域。另外还有四座冰瀑，不过只有这一座可以从两边的黑色悬崖上绕下去，因为这里的巨岩有很多地方都是断裂的，在冰瀑边上沿着巨岩往下走并不麻烦，能节省宝贵的白天时间。时间现在太重要了，依靠剩下的口粮和一顶尚未掉进冰缝的双人帐篷，我们根本没法在冰面上再过一夜。

  一条瀑布挡住了我们在冰面和岩石之间的通道。我们挤挤挨挨地站在瀑布下方，根本看不见水源，所以这条雷鸣般的巨流仿佛从天而降。一条闪光的白练从头顶上方几百英尺高处的黑色花岗岩上倾泻而下，怒吼着冲过冰面和岩面，一头扎进下方深不见底的峡谷中。

  我们仔细打量了一下四周，发现岩石和冰川之间并非常见的那种令人头晕目眩的鸿沟，摆在我们面前的是异乎寻常的自然伟力打造的一条临时冰桥，横跨在深渊之上。似乎上一次上方冰面发生雪崩时，一个巨大的冰块正好掉在冰缝里。后来其他很多小冰块又纷纷落在这个大冰块上，所以尽管大冰块本身已在慢慢融化，可能随时都会掉进

---

[1] 攀登时，将绳子固定在峭壁上用作牵引，就是所谓的路绳。——译者注

峡谷，但一群错综复杂、微妙平衡的小冰块却能在我们惊疑的目光中向前延伸，直达主冰臂。罗杰就站在我旁边，带着同样畏惧的心情看着这座从岩石通向冰面的摇摇欲坠的桥梁。

我们都抓着岩石，我打量着这座冰桥。其他人走得那么慢，让我很恼火。我知道自己为什么会生气：因为我害怕。我瞥了一眼罗杰，貌似他倒是没受到周围环境的影响。他愿不愿给大家带路？毕竟我以前从未爬过冰面，经验绝不比其他人多。在法布格斯托尔冰川上摸爬滚打了一周，这是我们唯一可吹嘘的冰上经历。几天前，我们才刚刚系上鞋底钉——可能还系错了，因为没人知道专业人士怎么系——拿起此前从未谋面的短柄冰镐，在危险丛生的冰川上迈出头几步。与如同狰狞巨兽的布里克斯达尔冰川相比，法布格斯托尔冰川简直就是一条和缓的斜坡，无论在长度还是在倾斜度上都是如此。

现在不是缺乏自信的时候。说到走下冰面的方法，其实和走下岩石差别不大，而且我在各种各样的大山里度过了很长时间，而其他人就没有过。所以我试图说服自己，我是最有资格探出一条路走下布里克斯达尔冰川的人。

就在其他人重新调整背包、系紧鞋底钉的当儿，罗杰打开电台，试图联系下方很远处的营地。车队主管约翰尼给出了应答。他有一条坏消息要告诉我们。那天早晨他才从当地人那里了解到这条消息，此后他一直在试图联系我们。这下总算联系上了，约翰尼说起话来简直滔滔不绝。他不明白为什么以前没人告诉我们——因为在本地挪威人中间这就是常识——我们正在下的这座冰川一年到头都非常危险，简直恶名昭彰，因为它的坡道陡得出奇，而且现在正值8月中旬，是每年融雪活动最剧烈的时期，冰川尤其危险。已经有大约40位当地农民和向导来过湖边，坐下来和约翰尼讨论我们的困境——大家一致认为非常危险。

他们说，50年前，著名的英国攀岩者威廉·斯林斯比（William Slingsby）曾成功攀上了这座冰川。但下来时却受阻了，因为有落冰，而且没法找出一条可行的返回路线。他曾提前仔细规划过上山路线，但到了上面却没法按原路返回，因为冰川的特性就是如此，你可以从冰缝这面跳到那面，但往往无法从那一面再跳回来。向上爬的时候，他能看见并避开比较危险的路段，但是下来的时候却并非如此，因为下方的地面是视线的死角。

半个世纪以来，那座巨大的冰川一直凛然不可冒犯。然而就在我们登顶的五天之前，一队挪威顶级冰川攀登者于黎明时分出发，经过受尽折磨的50小时以后——他们的领队还在一次事故中严重扭伤了脚踝——在距离山顶仅有1000英尺的地方被迫放弃。后来，他们会将此次登山称作有生以来最艰难的一次攀登。这是他们在历经数月训练之后，在多次攀登过其他更加温和的冰川的基础上所取得的成就。他们承认布里克斯达尔冰川就是挪威所有冰川中的珠穆朗玛峰。他们配备了最新的攀冰装备：专门经过应力处理的螺丝和岩钉，还有可观察四周的跨越冰缝用的冰梯，冰川上的许多裂缝往往把整个冰川一分为二。

约翰尼最后说："当地人都说趁着还能回头，赶紧回头。"我回答道："我们回不了头了，约翰尼。两架雪橇和大多数生存装备都在今早上损失掉了。食物也快吃完了，无线电备用电池也没有了，现在五个人只剩一顶双人帐篷。既然走了这么远，就意味着我们已经穿越了迷宫般的裂缝冰原，往下走了长长的一段路。就算天气一直好下去，我们也不可能再找一条路回去了。"

在独立新闻电视公司拍的那部电影的录音中，约翰尼接下来是这样说的：

> 已经有两架直升机在一小时的航程内待命，但当地人扬·米克尔布斯特（Jan Mickelbust）却说他们飞不过去。首先，由于冰谷上部存在热风流，直升机没法在你们头顶上以及彼此相距很近的冰崖之间悬停。其次，直升机发动机的轰鸣声和螺旋桨叶片产

生的强劲的下冲气流将引发许多次雪崩，把你们一股脑儿埋在下面。

你们好像还没明白，你们挑选了一年中最糟的一个时间点来行动。一切都在融化。从下面就像在听柴可夫斯基的《1812序曲》。每次新爆发之后都会喷射出一小片白色泡沫。从望远镜里看过去，我们可以看到整个山体表面都在脱落和剥离，大块大块的冰纷纷掉到下方的冰川上。

如果你们确实没法回头，看在上帝的分上，一定要小心，不要着急。我会一直开着电台，如果你们碰到了麻烦，一定要告诉我。直到现在，我们还看不见你们，所以也没法告诉你们下方是什么状况。

我小心翼翼地踩在两块还算平衡的冰上，这是唯一能看到的向下的路，但两块冰都疯狂地旋转起来，我立马把那只试探性的脚抽了回来，就像抽离滚烫的浴缸一样。可除了这条破碎的冰架以外，好像也没有别的路可走。杰夫轻轻地吹了一声口哨，提示我朝冰柱的另一侧看。绕着冰柱滑溜了一圈，我发现在它的底部有一个狭窄却很坚固的冰块卡在那里。我小心翼翼地绕过冰柱，因为背包总是把我的身子往外拉拽。我发现冰柱上我抓过的地方都变成了红色。我的羊毛军用手套肯定是早被锋利的石头和冰屑磨破了，现在就连皮肤都被风蚀后锉刀般的冰面给撕开了。就这样小心谨慎地走了十分钟，终于过了桥。又在坚硬的冰面上凿出支撑手脚的地方，顺着爬上了一条狭窄的冰脊。我凿了一根冰桩，这样就能把绳子系在上面了。

鲍勃在日记中记录了我们在第一座冰瀑下方的经历：

成功越过冰瀑后，我们走到了一条貌似更便捷的中央路线上。等我到达中心位置时，拉恩已经固定住了两条200英尺长的降落绳，我们俩先后下到高原上，高原下方就是最后2000英尺的一段路。高原本身只有约1200英尺宽,但要穿越它可并非易事。只做哪怕一个简单的小动作都很难说清需要付出多么艰辛的努力和多么长的时间。比如,穿越冰瀑——所有动作都是在轻声指令下完成的,因为就算一声口哨都可能让一大块冰砸下来——就足足花了一个半小时。

每一条冰缝里都流淌着湍急的小溪,我们又累又怕又渴,便趴在冰面上去舔那花蜜般的溪水,浸泡流血的双手。从上面看不见,原来高原上布满了一条条相互平行的裂缝。就像被犁过的一片田地,每条犁沟都要好几英尺深,裂口处有三到六英尺宽。我们开始呈"之"字形穿越这片裂缝冰原,心里希望哪怕只有一条冰梯也好——甚至是一架雪橇也行——都能跨越这些可怕的沟壑。一开始的时候,冰缝总会朝一侧收窄,只要沿着侧面向左或者向右走,我们总能找到一个可以跳过去的地方,落地时,鞋底钉会刨出一个支撑点。可高原还没走完一半,我们就碰上了一条大裂缝,纵贯整座冰川。谁也没主动提出系着绳子跳过去:很明显,大家还都算理智。

回头向高原望去,在身后很远的地方,我看见一个橘黄色的身影正精疲力竭地躺在冰面上。"是帕特里克。"罗杰说,"他太累了,正休息呢。"天就要黑了,我们五个人还在一堵冰墙中间,而且随时都可能发现根本没法走下这堵冰墙。冰谷里已经有一阵冷风刮了上来,哪怕只停下五分钟,我们都会冻得无法控制地发抖。我们需要食物,需要温暖的庇护所,但一样也没有。现在不是休息的时候,我的脾气一下子上来了。

我冲着帕特里克骂了起来,要他立马到我们这里来。我的话并没有立即见效,头顶上和脚下的冰块却开始应声往下掉,回声伴随着轰隆声,让我更加心急如焚。只见他站起身来,肩上的背包压得他直晃荡,接着便在恍惚之中步履沉重地朝我们走来。罗杰、鲍勃和杰夫相继走了下去,进入昏暗之中,我用另外一根绳子把他们的背包垂降到一块狭窄的岩石壁架上。

这个壁架窄得令人胆战心惊，冰崖上的水正好滴在我们脖子后面，不过至少石头的走向是对的。我们沿着它走了900英尺，以为肯定已经绕过了那条阻挡我们爬到上方冰面的大裂缝。岩石壁架的倾斜度一直没变，可冰川本身却开始陡然下降，很快就降到了这块小壁架的正下方。没有任何征兆，黄昏就来了。寒风渐渐地顺着布里克斯达尔冰川往上吹。就算我们现在能回到冰面上，在昏暗的光线中，这样做也是不明智的。大家都同意就在壁架上过夜，因为也没有其他的理性选择。

我们只有一顶帐篷，按照设计，只能供两名中等身材的士兵睡觉使用，前提是得有气垫床或者下方有松软的地面。大家把小营地里潮湿的碎石清理掉，竖起帐篷，便通过小小的门帘钻了进去。简直太挤了！外面太冷了，什么也做不了，大家只好从背包里拿出几件换洗衣服，然后把背包连同救命用的绳子和冰镐一起塞进了石缝里，希望不会被大风刮跑。

用冻僵、流血的手指从肿胀的脚上脱靴子简直要令人发疯，靴子要在帐篷里脱，大家轮流上阵，一个人脱，其他人就在旁边嘲笑他笨手笨脚。血液伴随着跳疼又回到了脚趾和手指上。没有任何东西可以清洗手脚，因为谁也不愿离开帐篷取水。不过帕特里克倒是从他的羽绒服里掏出一些看上去很恶心的黄色药膏，大家把它敷在手指上磨破皮的地方。膏药罐上的说明文字是挪威语，所以很可能就是滑雪板用的蜡。不管这药膏的真实用途是什么，涂上后的确让人疼得难以忍受，我的几根手指让我大半夜都没合眼。帕特里克、鲍勃和杰夫用的是耐磨的民用分指手套，他们的手指只是稍微割破了几处。罗杰和我一样用的也是军用羊毛连指手套，所以他的一双手也磨破了，红肿得厉害。

"天哪！"帕特里克说，声音充满活力，"今天是我生日！"于是大家便准许他多吃一甜点勺的咖喱粥，粥是罗杰在帐篷中间做的：这就意味着吃两勺粥（而不是一勺），喝三口清茶（而不是两口），因为我们每个人的限额是一人份"脱水餐"的五分之一。大家都清楚，明天必须找到路走下最陡的地方，即最后2000英尺的冰瀑——著名的"雪崩冰瀑"。在那里，世界各地的游客纷至沓来，为自制的影片拍摄壮观瑰丽、翻腾下涌的冰体。

　　我们决定像沙丁鱼那样睡——一个在上，一个在下，头对着脚。这确实腾出了更多空间，可大家的屁股都在帐篷中间卡得死死的。另外，我正好夹在帕特里克和杰夫中间，我对他们没有任何不敬，不过他们那四只脚上的气味委实是太醇厚了。虽然近旁就是吱吱嘎嘎的冰块断裂声，但我很快就昏睡了过去。

　　在这个"加尔各答黑洞"[1]里只睡了两小时我就醒了，因为不知谁的髋骨正好戳着我的肋骨，我几乎没法呼吸了。我觉得快要吐了，也许到外面吹吹风会好受一些。可是，如何在不叫醒他们的条件下，把自己从这堆摞得紧紧的身体里抽出来呢？我就像个俘虏一样挤在睡袋里，根本脱不了身。当我从狭小的入口抽身钻出去时，也不知道从哪张嘴里冒出来的脏话一路相随。

　　让人无比尴尬的是，我发现布里克斯达尔冰川上的壁架确实太冷了，因此在帐篷里呼吸那污浊的空气也算得上是一种享受。就在我短暂离开帐篷期间，那四个家伙又睡了过去，好像还肿大了许多。我试着拿一只脚当楔子插进两个身体之间，可是这间"小客栈"再无空间了，我只好在外面冻了一夜，为自己缺乏坚忍的意志力而懊悔不已。

　　湿冷的黎明从冰瀑深蓝色的冰面上爬了上来。早餐是四分之三块饼干：恰好四分之三，因为我仔细核对过，担心自己搞错了，万一我可以吃一整块呢。一小杯用泡过的一袋茶叶煮出来的冒着热气的水，在鲍勃严厉的监视下，在人群中轮流喝了一遍。要是某个茶客的喉结胆敢跳动两次，或者是杯子的斜率过大，鲍勃就会立马伸出他的大

---

[1] 英国殖民印度期间，加尔各答地方政府发起反抗，其中一次战斗结束后，将俘获的英国士兵及其雇佣兵关在一处狭小的土牢里，这给英国人留下了深刻的心理印记，后来英国人就把类似的空间称作"加尔各答黑洞"。——译者注

手,把杯子夺给下一位。此刻,我竟然想起了炒鸡蛋和果汁。

我双手疼得厉害,系鞋带、拉拉链、打绳结都弄不利索。脚上的水疱挤破了,靴筒皮子稍微一碰便疼痛难忍。鲍勃的肋骨还没长结实,不过他倒是第一个起来,匍匐在壁架边上朝下探望。他在思考我们的下一步。他决定用一根长绳子从陡峭潮湿的岩石上垂降下去,落到下方300英尺左右的另一个壁架上,这块壁架从悬崖里伸出来,位于冰面正上方,正好跨接那条大裂缝,当然也非常危险。

鲍勃的背包上就缠着一根300英尺长的绳子,杰夫把它取下来,用套索和钩环把它固定在壁架上的一块大石头上。绳降非常吓人,把大家彻底吓醒了。它让大家伸展开僵硬的四肢,同时也把疼痛的感觉带到了手上。为了防止被绳子擦伤,我那双稀烂的手套实在不起作用,于是索性就把袜子缠在手上。等我上气不接下气地落到下方的壁架上,手里的袜子早被鲜血浸透了,但自从前天早上以来,双手倒是第一次感受到了温暖,跳疼也停止了。

帕特里克安静得出奇,不过在绳降时却弄出了很大动静,当他哆哆嗦嗦地从绳子上往下降时,松动的大石头和沙砾像雨点一样落在下方人群身上。我觉得他是个勇敢的人,因为他非常恐高,首次绳降明白无遗地暴露出了这一点。我们的绳子到达壁架时还能余下15英尺左右。杰夫估算得很精确,但是从上面看容易误导人,因为尽管这个狭窄的平台确实跨接了那条大裂缝,但距离冰面的高度却比我们预想的要高。从岩石往冰上跳等于自杀,就算系上鞋底钉也不行,因为冰面上令人绝望地布满了裂缝,许多此前落下的冰块都横七竖八、摇摇晃晃地躺在上面,遮盖着一片错综复杂、纵横交错的裂缝。

太阳还没升上山,这块狭窄的壁架又湿又冷,我们只能紧紧地抓着潮湿的花岗岩。用我缺乏经验的眼光来看,下方的冰体完全不可能穿越。它是一片由无数死亡陷阱构成的恶劣区域,只要在勉强保持平衡的冰块上踏上一步,整个精巧配合的平台就会崩溃,掉进下方的万丈深渊。一点声响就足以让上方磨圆的碎物滚动起来,让它们跳进空中，扫过冰面，落到下方1000英尺处无法看到的湖里。我不由得瑟瑟发抖，侧过脸朝上望去。绳子在微微摆动，顺着湿滑的悬崖一直延伸出视线之外。绳子是取不下来了——这倒让鲍勃兴奋不已，因为他的担子又轻了许多。我想大家也没法折回了，所以我们没有选择只能朝下走，算是彻底地破釜沉舟了。

我们紧贴岩石站着，目不转睛地看着这近在眼前却又远在天边的冰瀑，越来越觉得寒冷。杰夫那双敏锐、富有经验的眼睛又一次给大家找到了出路。他说，就在面朝冰体的左手边，岩石中有一连串狭窄的小沟，沿对角线方向穿过悬崖。如果我们能利用它们朝下走，就能到达大裂缝被一大块冰给塞住的地方。杰夫坚信这是我们的唯一出路，无论是向上还是向下。帕特里克以他一贯的摇摇晃晃的姿势跟在后面，斜着身子看了看那些小沟，表示不愿意走这条危险的路线。"你们在开玩笑吧，"他嘟嘟囔囔地说，一边仔细打量着杰夫指出来的那条路线，"就算指头上带粘胶的猴子也会三思的。"

先前我一定不知为何把帕特里克给惹恼了，因为就在那时，我触发了一场言辞激烈的独白，他明确无误地表明了自己对整个旅程的看法。他指责我对当前情境的凶险一无所知，利用他对我的友情，以欺骗的方式引诱他参加这次探险，还假意承诺说是来挪威的湖里钓鳟鱼，除了要在帐篷里过夜，不会让身体受苦。等到这场充满愤怒的长篇大论走向终结，帕特里克明显感觉好多了，他横着身子从我们身边走过去，仔细查看岩石表面。

只有花岗岩里那些严重风蚀的小沟才能提供抓手。有些太光滑了，根本抓不住，不过只要将拳头在里面握紧，它们倒是很好的楔子槽，可以防止我们从绝壁上掉下去。我们像帽贝一样抠住每一处小抓手，诅咒着让我们朝外倾的背包，但想到难以预料的脚下，不由得直冒冷汗。不过我们总算过来了，到了岩石上一个凹处，正好与巨大的冰瀑持平。大家在这里绑上鞋底钉，从背包里取出冰镐。我这辈子最恐怖的早晨就这样开始了。

布里克斯达尔冰川的上部冰崖，在任何时候都是无法预测的，但至少可以通过小心行事或利用常识将危险最小化。在冰川的瓶颈区域，可以看下方整个冰川雄伟庄严、倾泻至湖边的最后一段，这段1000英尺长的脆弱冰体，每年夏天都会遭到雪崩袭击，而瓶颈区域便位于这一段的最高点。前面提到的经验，用到这里便不再有效了。试探性地在冰瀑上迈出几步后，便可以判断，能不能安全抵达下一个不那么稳定的坡道，就只能靠运气了。

一阵小冰块从下方呼啸而去，我赶忙停下来，发现冰块仿佛穿过一扇暗门似的消失不见了。一个深蓝色的大洞泄露了它们的去处，而且就连我蹲的这块长方形的冰块也在可恶地往下滑，滑向那个新张开的大洞，一起滑动的还有其他更大的冰块。我想尖叫、大吼或者做点什么，但本能地停了下来。此时，另一个大冰块滑到了我这块的前边，横亘在裂缝上，正好把它堵了起来。

接下来我们用了几分钟时间观察下方的混乱场景。一层又一层掉落的冰块胡乱地散落在仿佛被雕刻而成的大冰柱之间。上方冰川裂缝中积存的冲击物，将部分泥沙通过呈斜线分布的裂纹倾泻在下方的冰崖上，新断裂冰体的蓝色光泽因此被一层散发着潮气的黑色砾石遮盖住了。

一声手枪般的脆响过后，上方传来雷鸣般的吼声。我本能地躲闪了一下，怀疑整个冰面都会被随之而来的东西覆盖。当整条峡谷都回荡着巨响时，我们跪着的冰肩仿佛也在战栗和震动。也许，一个中队的协和飞机从正上方飞过才能产生如此巨响，不过对此我仍表示怀疑。第一个大冰块从我们前方很远的地方弹跳而去，更小的碎冰块纷纷从我们周围滑过。接下来才是这场冲击的主体部分，只见旋转着的白色巨块以惊人的速度从身旁一闪而过，在我们周围撒下鳞片般闪闪发光的冰屑。当第一拨伴随着颤动的轰鸣声刚一停止，一拨拨的回声便追随着母音顺着峡谷四周的绝壁传播开去，最后重归静寂。我们面面相觑，目瞪口呆。

现在已经是10点钟了，太阳很快就会从山那边升起来。我们接着就会有麻烦，因为融化的过程将加速冰体掉落。身下很远处的山间小道上已经有各种颜色的小东西在移动：这是今天的第一批游客，他们从卢恩（Loen）出发，走到道路尽头，一路跋涉上来，欣赏并拍摄美妙无比的布里克斯达尔冰川冰瀑。这样一想倒是挺有讽刺意味的。我们站在这里为下一个陡坡担惊受怕，祈求太阳能慢一点爬上来，但在我们身下，就在湖的另一边，游客们却打着哈欠，不耐烦地等待着一场雪崩，越大越好，而且希望太阳现在就上来。他们可能不知道，还有五位同胞正像蜗牛一样沿着这道死亡之瀑往下爬。

帕特里克沿着绳子走到一半，却掉进了一堆松散的冰块里消失了。目前正悬挂在冰面以下的某个地方。当杰夫走到那片湿滑区域时，他脚下一滑，导致更多的碎冰块朝帕特里克头顶上落了下去，一大块冰正好盖住了洞，形成一座坟墓。杰夫连忙和鲍勃一起拽绳子。几分钟后，帕特里克浮出了冰面，快被冻僵了，不过倒是没有受伤。

我们将两根短绳子接在一起，沿着塌方区下方的一处冰崖往下爬。令人失望的是，我们发现横跨冰川的整个区域都存在冰块新近掉落的迹象。仅仅在这处冰崖的正下方，有一条光滑的、尚未破碎的冰形成的窄窄的通道。大家就在这个地方稍作休息，此后的每一次断裂和每一个声响都在动摇我们的栖身之地，令人胆战心惊。现在我们终于能看见湖了，或者毋宁说是距离冰川"吻部"最远的那一半湖面。我们看见缓慢旋转的浮冰朝着湖口处的洪流漂去，拥塞在湖口处，争先恐后地挤进激流之中。

约翰尼在日记中描述了自己在观看我们攀下冰崖时的想法：

在路虎车四周聚拢着一群群本地向导和农民，大家都在观看冰面上的那些小黑点。我还碰到了四位在三天前试图攀上冰川的挪威登山者。他们花了24小时，后来发生了一次小事故，被迫在爬完最后1000英尺之前放弃了努力。他们下山时走的是一条岩石小道——可能就是亨里克走的那条路线。

我在一份翻译过来的当地报纸中看到了有关这次壮举的描述："很久以来，四位登山者都想爬上布里克斯达尔冰川，但他们说，只有在今年，才鼓起足够的勇气付诸行动。他们在挪威各地已经攀爬过许多去处，既有高山也有冰川。在冰川专家眼中，布里克斯达尔冰川是挪威最危险的冰川，毫无疑问这正是登山者一直都没有打扰它的原因。不过四位很快就发现，危险最小的区域是冰川中部，因为那里雪崩较少。冰川布满了裂缝，最大的有90英尺深，30英尺宽。为了穿过冰缝，他们只能下到一些冰缝内部。有些地方的冰非常坚硬，他们没法使用常规冰钉，还好大家装备齐全……"

一见到这四位登山者，我就问他们我们这个登山队成功下山的机会有多大。很危险，他们说，雪崩太多了。你们的人带齐了所有装备没有？我说他们的绳子倒是有许多英尺长，就是没带冰锥。这样可不明智，他们说。要是他们从上往下爬，先得试着从下面爬上去，把最好的线路标出来，然后再从上面下来。像这样盲目地往下爬，那可太不明智了。总而言之，当地人认为我们这一帮人活着爬下来的机会微乎其微。要么葬身于雪崩，要么因没带合适的装备而殒命。这些话可不怎么令人振奋，不过到了这个地步，我反倒没有过分不安。

看着小小的身影以慢得令人痛苦的速度从冰川上往下爬实在是一种令人兴奋的体验。有一种感觉，好像随时都会有一场雪崩将他们从冰面上抹去。无论选择哪条路线，他们都在冰川的掌控之下，湖边的挪威人和游客都围在一起静静地看着：那种紧张的感觉已经触及每一个人。有些带着望远镜的人已经注意到一根绳子从靠近冰川顶部的地方垂了下来，可能就是他们前一天放弃的那根。我很怀疑他们现在还剩下多少绳子，可能不足以完成剩下的攀缘：那么接下来将会发生什么？

当大家在观看时，太阳已经移动到了冰面的正上方。通过望远镜，我几乎都能分辨出谁是谁。就像在看一张电影胶片。突然，远方传来一声巨大的破裂声，紧接着又是一阵隆隆声：我能看见巨大的冰块从冰川上弹跳而下，一路跌得粉碎，进而又引发了更多的冰块掉落。从侧面看，雪崩滚落是有规律的。让旁观者心生恐惧的是它的速度：第一阵开裂和轰隆声过后几秒钟的时间内，成吨的冰块从近乎垂直的冰坡上呼啸而下。位于掉落路径上的任何东西，几乎都没有幸存的机会。不过那天早上，我们的队伍没有人被砸中，尽管有几次我看到冰块落在距离他们近得令人心惊肉跳的地方，仿佛把他们从视线中抹去了。

就在我们歇脚的平台处，透过沉重的毛衣和滑雪衫，大家感受到了太阳的存在。大家挽起袖子，就着滴水的冰喝了个痛快。那天早上有一种不真实的感觉。看看其他人，我觉得鲍勃的样子和别人都不一样，他好像很享受。后来通读了他的探险笔记，我才发现他曾对驱动我们每个人的不同动机做过深入的思考。他觉得个人背景对其想证明自己的原因几乎没有丝毫影响：私生子的身份可能有助于激发劳伦斯[1]的野心，但是他并不认为我们各自父母的独特之处曾迫使我们来到冰面上；我们中的三位都来自军人家庭，剩下一位的父亲是矿工，另一位的父亲是钢铁工人。鲍勃觉得，这些几乎对我们没有影响。促使我们出现在冰川这里的，是我们的人生观。一生之中，每个人的记忆里都会有一些他们试图抓取的重点：有些人从毒品、性倒错或者经济收益中找到重点；另一些人则从征服大自然的快感中找到重点。自然环境越恶劣，从危险之中侥幸逃脱的记忆就越珍贵。

我们下方约700英尺，一面大冰墙垂到湖面。杰夫认为，我们只

---

[1] 英国人劳伦斯是图书和电影《阿拉伯的劳伦斯》中的原型人物，据说是私生子。"一战"期间奥斯曼土耳其与英国为敌，他鼓动并策划当时处在土耳其统治下的阿拉伯人起兵反叛，打击土耳其势力。——译者注

能采取果断迅速行动，才能相对安全地通过这一区域。他有一条红色的细马洛涤纶绳，大约400英尺长。趁他在检查并展开绳子，我们用斧头使劲砍冰墙的基部，凿出狭窄的沟槽，牢牢固定绳子。没有冰锥，自制的系绳桩算得上相对安全的替代品。

绳子准备好了，我们把它扔下深渊。50英尺以内还能见到它，就在脚下蜿蜒地垂下去，消失在一块隆起的冰肩上方。这时，电台里传来了亨里克的声音，他告诉我们绳子勾住了一条很深的裂缝：顺着爬下去就会掉进裂缝。杰夫又尝试了一次，这次将绳圈朝平台很靠右的方向扔。亨里克确认说这次绳子能自由悬垂了，虽然看不见绳子末端，但应该是在湖面上方仅300英尺高的一处小冰台上。

这次绳降可能是整个下山过程中最惊险的一段，跨越大约400英尺的破碎冰面，是否会承受不住绳降者的每一次向下弹跳也未可知。由于无法将背包单独安全地垂放下去，我们都背着背包往下降。我和鲍勃都有惊无险地到达了冰台，为了安全起见，我们降到绳子末端后又朝下降了50米。有那么一会儿，其他人都不见了，过一会儿才看见帕特里克顺着绳子快速滑降下来。接着是杰夫，当他抵达绳子中间明显的标记时，罗杰刚出现在顶部。他们正在轻松地往下滑，突然——没有任何警告——两人之间的一大块冰面短暂地晃动了一下，仿佛在做一个慢动作，接着听到一阵令人头皮发麻的冰块开裂的巨响，冰块顺着冰沟朝我们冲下来。我瞥见帕特里克一头扑倒在地，大量的冰块从他所在的平台上方翻滚过去，紧贴着我们右边的那条峡谷跌了下去。

当杰夫到达我们所在的位置时，他的描述真是充满想象力。他能躲过一劫很幸运，我们这些人倒是吓了个半死。现在，离湖面很近了，成功近在咫尺，结果危险却不期而至。过了平台又走了一段距离，我正在把鲍勃系在绳子上沿着一条冰沟的裂缝往下放，突然听见一声疼痛的尖叫。等我爬回冰台，发现其他三个人正攥在一起，乱成一团。帕特里克正将一块冰按在杰夫的腿上，罗杰正在拆一条脏兮兮的绷带。原来帕特里克沿着悬崖表面小心翼翼往下走的时候，背包晃得他失去了平衡，一头栽在下方杰夫等他的那个平台上。一根疯狂晃动的鞋底尖钉一下戳进了杰夫的肉里，顺着骨头剐了下去。

我们请下面的人提供建议，结果亨里克建议我们朝"吻部"的左翼走，然后下到冰峡与裂缝冰原之间的那条陡峭的滑道上。亨里克提醒我们要小心滑道："这段路非常陡峭，碎冰和烂泥覆盖在光滑的冰面上。一整天我们都看见雪崩接二连三地从上方顺着坡道冲进下面的湖里。不过，要是你们等到平静期，一个个地快速通过，就会到达边缘处的一个岩石平台上。"

"我们到了平台又怎样呢？"务实的鲍勃问道，"在我看来，这就是条死胡同。"不过亨里克已经想出了解决之道。"它的远端正好位于湖面上方，可能有200英尺高。如果你们还有绳子，就从那儿绳降吧，我们会开小船接你们的。"

上方又两次响起了冰坠落的声音，雪崩带下的东西从身旁哗哗落下，弹跳着冲下黑暗的滑道，仿佛这里就是保龄球场，我们只能心急如焚地看着这一切。我们一个接一个越过那条变幻莫测的坡道，只要胆子够大，松散的冰面允许，我们就尽量快走。鲍勃在滑道的另一边和我们会合后，上帝终于决定了我们的命运，压抑了一整天的紧张情绪终于消除了。暮色四合中，轰隆隆的雷声从远处越传越近。接着整条灰色的滑道在奔涌的冰流下战栗起来，仿佛一条铁轨在疾驰而过的特快列车下方震颤。

我们顺着最后一段绳子下到等待我们的橡皮艇上，约翰尼正笑嘻嘻地掌着舵。"我从没想到你们能成功。"他说道。

我们在湖的另一边登岸后，立刻陷入了一帮记者、电视主持人和当地人的包围之中，他们议论纷纷，都想看看他们曾望眼欲穿的几个橘黄色小身影的面孔。不久，我们就会回到英格兰，回归朝九晚五的日常生活。但是，谁也不会忘记约斯特达尔冰川落冰时那种特殊的声响，湍急水流发出的怒吼，还有从10000英尺高空跳下飞机时那冰冷的气流。

两周后我就和金妮结婚了。我们已经相恋了十年,当然那是从达到婚姻自主的法定年龄之前就开始的。我们一没存款,二没工作,不过她以极低的租金在韦斯特罗斯(Wester Ross)租了一间小茅屋,我们就住在那里,其间我还写了几本书。我们一致同意将来依靠探险生活。

挪威之行后,我发现自己迷上了冰川,决心尽我所能去了解极寒气候,了解伟大的极地探险家,了解0℃以下那个奇妙世界的方方面面,约斯特达尔冰川的那段经历正是这段长期学徒生涯的第一个阶段。

第二章

筹划环子午线大圈之旅

最初,我和金妮组织策划的几次探险都缺乏雄心壮志,挑战的都是相对轻松的温带气候,并非真正去极地探险。经济上的约束(换句话说,挣扎在温饱线上)使得我们头三次探险根本与极地无缘。后来,到了1972年末,金妮终于有了第一个前往极地的想法。

当时,地球上还有为数不多的那么几处人类从未涉足的地方(甚至也从未看到过,因为卫星尚未绕极地上方运行)。金妮初步建议,我们不乘坐飞机,穿越地球的南北两个极圈。如果可行的话,我们的第一条路线是沿着格林尼治子午线,或者顺着南北走向的0/180度经度线,行进37000英里,穿越两极。当时我们俩还不知道,这项计划将会完全占据接下来的十年时间。我们需要一艘破冰船,一架装有滑雪板的补给飞机。事实上,我们需要搞到2900万英镑的赞助费,加上一支由52名志愿者组成的探险队,许多人都得具备专业技能,而且至少需要无偿付出三年的时间。

迈尔斯·克利夫德(Miles Clifford)爵士是英国极地探险元老和大师,是英国在南极地区的唯一在营机构——福克兰群岛(马尔维纳斯群岛)属地调查局——的前任领导。他代表了英国官方极地机构对我们这项计划的消极回应,他对这项计划的回复没有半点热情:"法因斯,你是说你们这个团队,凭借一次探险之旅,就能走完斯科特、阿蒙森、南森、皮尔里、富兰克林和其他所有人走过的伟大旅程。你要知道，这听起来即使算不上不着边际，似乎也有点儿太冒失了。"

我们显然需要某种形式的官方地位和一处办公场所，方便与所有相关的官方机构和政府部门打交道，尤其是外交部，因为据我所知，任何南极私人探险计划都必须经过他们批准。我们俩唯一的收入来自我曾服役的英国陆军第21特种空勤团[1]，基地位于伦敦的斯隆广场（Sloane Square）。我联系了以前的指挥官，问他是否批准我们的计划。如果批准，能否在兵营里借给我们一间办公室兼仓库。

六年前我在特种空勤团当上尉的时候，曾因使用军用炸药炸毁平民房屋遭到逮捕。指挥官并未忘记我当时的鲁莽行为，所以虽然同意提供所需的支持，但是有一个条件，就是那位当初把我踢出特种空勤团的军官，迈克·温盖特·格雷（Mike Wingate Gray），将担任环球探险队（这是金妮为这次行动取的名字）的正式主管。我们同意了，于是我和金妮就搬进了团部顶楼一处备用步枪射击馆里。

在金妮最初用来规划路线的那个直径六英寸的教学地球仪上，北冰洋区域形成的障碍明显要比南极冰盖大很多，因为海冰会被海风和洋流推送到各处，必然会比静止不动的陆冰制造更多的麻烦。或者说，我们是这样认为的。我们俩一致认为，如果这也是我们猜想的话，北极地区的障碍是个最大的问题，那就必须把它留到最后。当然，我们要先朝南走，从格林尼治出发，驾驶路虎穿越欧洲和非洲，再坐船去南极洲，要么带上一支雪橇犬队，要么驾驶雪地车，横贯整个南极。到了南极另一侧的太平洋海岸，我们就乘坐来接我们的船，往北驶向北极。至于如何穿越北极，这个问题且待日后再考虑。

---

[1] Special Air Service，简称S.A.S，是英国陆军特种部队，专门负责执行反恐及特别行动等任务，其前身为于"二战"中在北非战线执行敌后任务的陆军志愿人员。英国特种空勤团是全球最精锐的特种部队，也是世界上第一支正规的特种作战力量，大部分现代特种战术的开创者，所有现代特种部队的楷模，以能在短时间内准确而高效地完成任务而著称。——译者注

我的任务是研究此前曾试图穿越这两大冰封区的所有探险队的所有细节。寻找此前穿越北冰洋的探险队的信息倒是不难，因为整个历史上只有一支队伍曾成功地在移动的海冰上走完了3800英里（6115公里）长的这段旅程，那就是1968年到1969年由英国人沃利·赫伯特（Wally Herbert）率领的一支探险队。沃利·赫伯特在英国南极调查局（BAS）完成了极地探险学徒生涯，并作为一名雪橇犬探险队的野外领队和勘测员获得了巨大声誉。离开英国南极调查局后，他自己带队在北极和南极地区进行过多次重大探险。我联系他的时候，他已经无可置疑地成了世界顶级极地探险家之一。

1968年，他带领三个人和34条哈士奇，拉着雪橇从阿拉斯加洲最北端的巴罗角（Point Barrow）出发，尝试史上首次经过北极点穿越半封冻的北冰洋。出发前他告诉媒体："人类已经穿越了所有沙漠，登上了最高的山峰，探索了海洋和太空，所以地球表面现在只剩下一个开拓之旅——一次穿越世界顶端之行。"接着他又说："我觉得这次行程的引人之处，就在于它的宏大，无论就时间、距离还是带来的挑战而言，都是如此——这是一场对人类耐力的挑战。"

沃利对北冰洋洋流的动向了如指掌，将强大的洋流携带浮冰的影响考虑在内——探险队要在浮冰上拖行沉重的雪橇，他估计总行程要达到3800英里。每天有12小时处在黑暗之中，而且还要在碎裂的海冰上前进，不过最终他们成功抵达了一块看上去非常坚固的浮冰，他们在上面搭起了一座冬季漂浮营地，此地距离北极点尚有300英里。1969年4月，他们全速前进，终于赶到了北极点，目的是在夏季到来之前抵达斯匹次卑尔根岛（Spitsbergen），因为夏季气候会让浮冰变得又潮又软，布满裂纹，没法在上面行走。沃利探险队及时完成了这次大穿越，在金妮的计划中，这也是一部重头戏。

我请求沃利针对这次计划的可行性以及最佳交通方式提供建议，他的回答一点也不拐弯抹角。"人与狗搭档，"他写道，"在超出轻型飞机航程之外的北冰洋上，是最佳的地面交通方式……如果一条狗死了,它和它的食物配给都要被其他的狗吃掉,这样整个队伍才能继续走下去。"不过他还强调,除非我们愿意花一两年的时间学习如何与狗打交道,否则就不要用狗。

另一位伟大的雪橇犬探险队领队杰弗里·哈特斯利-史密斯(Geoffrey Hattersley-Smith)博士,拥有40多年的南北两极探险经验,他还在北冰洋的边缘处驾驶过轻型雪地车。他坚持认为,在崎岖不平的海冰上,他的雪橇犬队跑得比任何雪地车都要快很多。"雪橇犬不会在低温下罢工,也不会精神崩溃,导致白白浪费几天,甚至是几周的大行进时间。"

金妮本身很爱狗,她认为我们没法搭上两年的时间和金钱去学习训狗技术。而且,她还指出,我们这次探险将不可避免地吸引公众的注意,媒体很容易盯上任何实际的或者想象的虐狗行为。我们的本意可能是充满人性的,但结果却很容易被误读。对我们帮助最大的极地顾问之一,安德鲁·克罗夫特(Andrew Croft)上校,在20世纪30年代和40年代有过丰富的极地探险经验,曾一度完成了最长的、没有后勤支持的跨越格陵兰岛之旅。回到英国后,他向媒体坦言,探险成功的唯一办法就是用虚弱的狗喂强壮的狗,这句话激起了公众对此类事件的义愤,后来他承认真希望自己从来没说过这件事。

所以我们决定,南北两极的冰盖只能靠某种类型的雪地车走完。不用狗,也不用马,尤其不用北极熊(阿蒙森曾设想过)。

现在我相信,沃利花了两个夏天和一个冬天才完成的北冰洋大穿越将是最难的一关,因为我们的行程貌似要走三年,所以真的应该想个办法在一年之内穿过北极。这意味着要找到一条比沃利曾走过的还快的新路线。

我看了一下金妮用来规划行程的地球仪,发现只有一条路径可以替代沃利走的路线。我们不从阿拉斯加巴罗角的海冰上出发,相反,我用铅笔从巴罗角的东边起,沿着阿拉斯加和加拿大北部的整条海岸线画了一条线;接着又曲曲折折穿过许多小岛,直到更北边的埃尔斯米尔岛（Ellesmere Island）。如果我们从岛上最北端名叫阿勒特（Alert）的地方（我发现此处有一个简易机场）出发入海，那么与北极点的距离就会远远短于巴罗角。这就意味着，我们到达北极点后，很可能还有足够的时间，在同年夏天继续前行至斯匹次卑尔根岛，在格陵兰东侧某个地方的冰带上和我们的船只会合，这大约也就是沃利探险队被皇家海军接走的地方。我把想法告诉了金妮和英国空军部队主管迈克·温盖特·格雷。两人都认为我们还需要搞清楚一件事：如果我们到达北极点的时间太晚了，无法在夏季剩下的时间内走到斯匹次卑尔根岛，那又该如何上船。

我曾了解过一支苏联探险队在1937年到1938年进行的一次鲜为人知的探险。那个时候，苏联还认为他们北边的所有领土都属于他们。为了搞清楚北极浮冰的漂移模式，他们将一支由科学家伊万·帕帕宁（Ivan Papanin）率领的四人探险队空降到北极点处的一块浮冰上。当时的主要想法是看他们最后能到达什么地方，从而为未来商业和海军行动确定几条可行的备选航线。

经过险象环生的飞行和空降，帕帕宁和他的三人探险队在一块古老的浮冰上搭建了预制小屋，开始了长达247天的漂流，这块浮冰在朝南漂移的过程中竟慢慢断裂了。一路上，他们发现了一条水下山脉，还曾遭遇过北极熊。当残余的浮冰最终靠近格陵兰北岸时，他们显然需要救援。第一艘派去搜寻他们的船只被困在了冰里，一只搜索气球未能找到他们，两艘苏联的潜水艇又没法在靠近他们的任何位置浮出水面。最后还是一架雪上飞机把他们救了出来，他们才作为英雄人物回到了莫斯科。

"二战"结束后，这次长期冰面漂流的科研成果被公布了出来。1974年，我和金妮根据他们的数据推断，假定将帕帕宁探险队从北极点一直带往格陵兰海的洋流至今未变，那么就算我们真的晚于计划到达北极点，最终也能从受困的地方漂出来。

在金妮提出这个想法一年之后，我们制订出了一套行程方案，应该经得起外交部专家的推敲。方案的最后一环，正如帕帕宁所证实的那样，是北极浮冰的漂移模式。我们将从伦敦南部出发，经过欧洲和非洲，我们的船将在格林尼治子午线与南极洲海岸交会的地方把我们放下。接下来八个月，我们将在某个预制的保暖小屋里一直等到超级寒冷的黑暗冬天结束，然后将完成史上首次单向穿越冰封大陆之旅，这块大陆可比中国和印度加起来还要大。

然后，我们的船将在太平洋海岸边迎接我们，沿着格林尼治子午线向上，一路经过澳大利亚和加利福尼亚。在驶入白令海峡北部致命的冰冻海域之前，我们将离开大船，乘坐小橡皮艇，沿着育空河（Yukon River）溯流而上，然后再顺着麦肯齐河（Mackenzie River）到达位于加拿大北部海岸的河口，正好就在巴罗角东边。下一段是西北航道（Northwest Passage），如果当年的结冰状况很严重，就可能成为一个拦路虎。但要是小船都足够小，而且有冰橇的话，我们就可以拖着它们在浮冰上前行。然后到达北极点，最终到达帕帕宁浮冰。

人类已经去过月球，但还没人竖着绕地球表面转一圈。就历史上主要的陆上极地行程而言，挪威人是第一个到达南极点的，美国人是第一个到达北极点的，现在大家正在争夺首次到达两个极点的双料大奖。我在明尼苏达州的姐姐告诉我，就在沃利·赫伯特那次行程之前，四个美国人就已经从冰面上到过北极点，可能是有史以来第一支做这件事的探险队。其中一位名叫沃尔特·佩德森（Walt Pedersen），现在正不顾一切地要去南极点，从而成为第一位通过地面旅行到达两个极点的人。他比我们早开始了几年，计划周密，但我们仍有可能打败他。

对于穿越南极洲上千英里的那一段，我们最青睐的路线——沿格林尼治子午线，从花八个月时间熬过南极冬天的那个地方直到南极点——竟然是完全不为人所知的。我非常希望避开这些未经探索的区域，因为它们很可能会制造前进障碍，比如巨大的裂缝区、怪兽般的冰脊区，还有被海风切削过，就像田里犁沟那样的高大冰墙。于是，我考察走唯一已知穿越路线的可能性，也就是维维安·富克斯（Vivian Fuchs）和埃德蒙·希拉里（Edmund Hillary）在1957—1958年走过的那条路线。八年前，富克斯曾与一位同事决定复制沙克尔顿（Ernest Shackleton）在40年前制订的穿越计划，八年后，富克斯果真从威德尔海（Weddell Sea）的沙克尔顿基地出发了。

沙克尔顿计划涉及两支独立的探险队：他自带一队从威德尔海出发，另一队乘另一艘船，在南极点与另一侧的太平洋海岸之间为他扔下食物储备。富克斯计划也要依赖一支辅助探险队，以新西兰为基地，从海岸边（靠近斯科特小屋）经由斯凯尔顿冰川（Skelton Glacier）直到南极点，沿一条标定的线路设置补给站。新西兰团队由因攀登珠穆朗玛峰而著称的埃德蒙·希拉里爵士带领，一路乘坐弗格森（Ferguson）拖拉机前行。富克斯计划从威德尔海岸线出发，因为他在那里已经建起了一个科考基地，然后爬上内陆高原，建起第二个基地，然后火速赶往南极点和太平洋海岸，因为他知道，这将是与即将来临的寒冬进行的一场紧张激烈的比赛。

1955年，富克斯的船，一艘名叫"塞隆号"（*Theron*）的加拿大捕海豹船，驶入了威德尔海，用了33天才在浮冰中冲撞出来，随后将一大批设备卸在海冰上，此处距离冰缘尚有两英里。一架小型奥斯特（Auster）水上飞机从航运终点处飞了两个架次，新发现了两处山脉。然后船便匆忙撤走了，因为被浮冰困处的风险极大——这样的事就曾在沙克尔顿的"坚忍号"（*Endurance*）上发生过。八个人留在冰面上，要在即将到来的冬季建立沙克尔顿基地。

这八个人住在一个金属船运集装箱里，同时要整理300吨的装备，将它们转移到更安全的冰面上。一场暴风雪将他们在这个毫无舒适感的集装箱里困了整整一周。当他们能够现身时，却发现许多重要物资都已经消失了，开放水道近在咫尺，非常危险，留在身边的储备物资都被埋在了几吨重的雪下面。等他们把物资刨出来、迁移到"内地"

并建好预制的越冬小屋，几乎都已经"入夏"了。

1956年11月，富克斯带领驻在英国的主探险队乘坐丹麦破冰船"马加·丹号"（*Magga Dan*）向南进发，这艘船比前一年的"塞隆号"快得多，很快就抵达了沙克尔顿基地。在完成了一项富有价值的全面科研计划后，富克斯和其他四人分别驾驶三辆黄鼠狼雪地车和一辆履带式雪地车继续向南进发，穿越冰缝密布的菲尔希纳冰架（Filchner Ice Shelf），然后向上走到他们的南部冰面基地，这个基地距离南极点约300英里，是他们在进行科研活动的同时，用飞机运了20个架次的物资才建起来的。

两队雪橇犬走在雪地车前面，打探通过冰缝区和雪脊地带的最佳路线。整体行进速度是每小时3.5英里，重型雪地车用钢链做成的履带经常压穿横跨在深冰缝上的雪桥。依靠轻合金坡道、连续数小时繁重的铲雪作业以及富有创意的起吊系统，所有车辆总算走上了没有冰缝的高原，不过已经远远落后于计划。

希拉里团队传来了消息，按照事先商定的安排，他们要留在斯凯尔顿冰川的上沿，在那里等着与富克斯团队会合；后来他们又决定不按商定的办，一路冲到了南极点，成为自阿蒙森和斯科特以来，第一支从陆路到达此处的探险队。希拉里劝富克斯说，等后者到达南极点，对于短暂的南极夏季来说，就已经太晚了，没法再继续前往海岸。所以他应该在南极点等到来年夏天，否则就可能遇到大麻烦。富克斯对希拉里自然非常不满，因为事情被他弄得一团糟，不过富克斯仍然保持了冷静，最终在冬季迫近之前完成了穿越。

南非交通部每年都会派一艘船去他们国家在南极的科研基地萨纳埃站（Sanae）。令人高兴的是，在它途经南极洲的大西洋海岸时，几乎正好跨越格林尼治子午线。我给一个住在开普敦的老友写了一封信，他曾在南非基地住过一个冬天。他向我保证，从萨纳埃站去内陆高原，远比从富克斯探险队曾使用的威德尔海岸基地去那里的麻烦少。我们规划的环球大挑战的路线基本完整了。

我们最平易近人、经验最丰富的南极顾问是查尔斯·斯威辛班克（Charles Swithinbank）博士，在最初没有任何其他极地人真心参与这个计划的时候，他就是我们的顾问，作为一名冰川学家，他的南极资历无人能及。他参与过许多南极科考活动，其中包括参加1949—1952年的挪威、英国、瑞典组成的探险队，深入南极内陆考察；在美国大基地麦克默多站工作过两年，在俄罗斯和平站工作过一年。我和金妮于1971年第一次见到他的时候，他正在剑桥的斯科特极地研究所工作。我们在南极的确切路线很大程度上正是基于他提供的建议。

就这样，利用从富克斯、赫伯特和帕帕宁的经历中获得的信息，以及安德鲁·克罗夫特和查尔斯·斯威辛班克提供的补充建议，我们下定决心，不仅要成为首批到达两个极地、穿越两个冰盖的人，还要成为首批环绕地球整个垂直表面的人。

这场37000英里的环球之旅需要持续多长时间呢？有些不可改变的障碍，无论如何机智绕道都无法避开。两个冰盖都不能在冬天穿越，西北航道也是如此。育空河只有在不结冰的时候才能通航。所以就算一切严格按计划展开，我们也必须走整整三年，才能走完一圈，回到格林尼治。

这是个不错的想法，但日复一日，年复一年，我们收到十条否定答复，才能收到一条谨慎的肯定答复。这个想法仍然只是我妻子的白日梦。一对夫妇，没有资金，也没有极地探险经验，只有一个雄心勃勃的想法，而且要得到相当于3000万英镑的支持才能把它变成现实。他们需要说服很多有影响力的人相信这个计划的可行性。我们很快发现，如果得不到英国外交和联邦事务部，尤其是它的极地科（又称为极地办，美洲司的一个分支单位）的批准，两极的任何地区我们都去不了。

如果得不到在路线两端运营科研基地的国家的支持，我们永远也穿越不了南极，它们分别是南非和新西兰，还有位于南极点处的美国基地。如果我们自己国家的外交和联邦事务部不点头，上述任何一个国家的极地主管机构都不会管我们。在接下来的四年里，我们不断用脑袋去撞那面顽固不化的官僚主义大墙，直到约翰·希普（John Heap）博士接管了极地科。他不能也不愿破坏外交和联邦事务部规则，但他说，只要我们能让他相信我们具备所有相关能力，他就能给我们发极地科的批文。他还建议我们先成立一个英国极地大佬委员会，他们可以类似于商业公司非执行董事的身份采取行动。我们开始为这样一个委员会招贤纳士，维维安·富克斯爵士曾执掌英国南极调查局多年，在1973年退休后不久，就成为这个委员会最有影响力的委员。

我们的准备工作忽略了世界上的"热带"地区，因为金妮和我已经计划并完成了在阿曼、撒哈拉和尼罗河上的旅行。我们现在所讨论的一切都集中在极地地区、寒区装备、寒冷和冰雪对人员和设备的影响甚至牙齿填充物内的金属。

冬天每到周末，我们就在威尔士山区从众多申请人中挑选队员。按照金妮的计划，我们需要一批船员来对付大西洋和太平洋，一批飞行员驾驶雪上飞机专门运送补给，她自己担任极地主管和电台专家，另外两个人和我负责完成整个"垂直"旅程，而且不能坐飞机走哪怕一米远。

我们在提供免费版面的杂志上打广告招募志愿者。第一位申请者名叫奥利弗·谢泼德（Oliver Shepard），看上去有些超重。他是切尔西地区的惠特布雷德（Whitbread）啤酒推销员。接着又来了一位长相粗犷的退役步兵查理·伯顿（Charlie Burton），还有刚从一家印刷厂辞职的杰夫·纽曼（Geoff Newman）。玛丽·吉布斯（Mary Gibbs）是位兼职秘书，她申请加入我们当护士兼技师。在三年时间里挑选过的许多申请人当中，这四位算得上是出类拔萃了，可惜谁也没去过任何一个寒冷的地方。

由于地方自卫队赞助了我们一间兵营里的办公室，所以我们都加入了地方自卫队。查理和杰夫被接纳为特种空勤团的士兵。我和奥利弗是上尉。金妮和玛丽分别加入了信号班和护理班。由于只有奥利弗一个人达到了A级，所以被挑出来接受需要高智商的所需技能培训。他参加了许多课程。1976年4月25日，他在日记中写道："我现在成医生了。"5月18日："我现在成牙医了。"这件事发生在他跟着皇家陆军牙医队上了一天课之后。

"优秀牙医的秘诀是什么？"我问他。

"要想对病人好，就得狠一点。"他说。

我暗下决心一定让自己的牙离他远远的。为期两周的普通医疗课程结束后，他迫不及待地要对我们的阑尾动手，不过两年之后，到了冰面上，他甚至都想不起阑尾究竟长在哪一侧了。

在七年筹划期间，我们联系过超过3000家公司，请求它们提供任何我们所需的东西，从一架雪上飞机到几颗图钉。截至1976年初，760家公司都已经供了货。经过四年的全职工作，我们拥有了价值几百万英镑的硬件装备，包括一艘42岁的"基斯塔·丹号"（*Kista Dan*）破冰船，一艘维维安·富克斯和查尔斯·斯威辛班克在20世纪50年代探险时用过的船，路虎公司已经答应为撒哈拉、阿拉斯加以及其他非海、非冰路段提供车辆。最后我又花了五年时间找到一家赞助方，赞助一架适合在颠簸不平的极地跑道上起降的补给飞机，整个想法渐渐地，就像蜗牛一般，朝着实现的方向爬行。

维维安爵士当时正竭尽所能地帮我们尽早出发，他告诉我，如果没有极地经验，就别指望能完成环球之旅。在前几次探险中，无论是乘坐气垫船沿尼罗河逆流而上，还是在不列颠哥伦比亚省飞身跳入咆哮的激流，我们从未浪费时间和辛苦拉来的赞助进行过拉练。但是这一次，无论是英国特种空勤团，还是我们自己的委员会，都不会放任我们在没有经验的情况下进入残酷的极地。他们坚持认为，我们需要学习如何在寒冷中生存。

第三章

试训格陵兰

我开始计划两次单独的旅行，作为训练。第一次在1976年夏，地点在格陵兰岛，因为其地势与南极洲相似。然后，由于没有一个合适的地方能模拟阿勒特极地与北极点之间的北冰洋，所以我们将在1977年沿着同一路线再训练一次。

1976年初夏，金妮做了一份非常详细的文件，说明两次训练之旅的后勤计划。我们将文件提交给了国防部。那年7月，英国皇家空军用飞机将我们连同3万磅重的赞助装备运送到了格陵兰岛，其中包括两辆履带式雪地车。每辆雪地车都拖着两架我们自己设计、英国钢铁公司学徒打造的雪橇。雪地车有一个凸起的小驾驶室，可以容纳两个人挤进去，看起来就像糖泡芙（Sugar Puff）麦片包装上印的卡通小车，小车就叫土拨鼠，所以我们便把雪地车叫土拨鼠。

冷战改变了格陵兰岛从政治上与世隔绝的状态，它一下子成了舞台的中心，因为美国在准备核战争，而格陵兰北部的海岸提供了两个敌对超级大国之间最快的空中航线。20世纪50年代初，在战略轰炸机最受重视的时期，再加上对广岛核爆的记忆，位于友邦领地且距离敌方最近的雷达防御系统堪称一笔宝贵的财富，因此在1952年，一座巨大的美国空军基地就在格陵兰岛最西北边的图勒（Thule）建成了。当时，这是轰炸机在最北边的巡航界限。后来，随着弹道导弹技术的问世，又增设了弹道导弹预警系统，能够探测越过北冰洋飞向北美的洲际弹道导弹。

我们在弹道导弹预警系统所在地降落，这里由美国人和丹麦人共同值守。原先住在这里的爱斯基摩人已经被丹麦政府转移至北面的卡纳克（Qanaq），那里距此地约60英里，据说狩猎和捕鱼的前景很好。我们刚到就有人向我们介绍严格的安全规则。这个基地，连同位于阿拉斯加和英国的另外两个基地，能保证发现并立刻摧毁从苏联直飞向美国的所有火箭，即使是雪雁也无处遁形。至少在理论上如此。

从我们在沿海基地的宿舍，可以看到格陵兰冰盖的边缘。在一座空机库内准备数天后，一辆平板拖车将我们连同所有装备一起送到一处废弃的美军营地内。营地名叫图托（Tutto），位于一个冰坡底部，由此便可攀爬冰川。我们的计划是从头开始学习如何带着土拨鼠和雪橇在冰川上行走，如何探测和避开冰缝，如何在低温下生存。每辆雪地车牵引两架雪橇，在狭小的驾驶室内只能承载一人（司机）。我会在前方滑雪探路并发现障碍物。金妮和玛丽值守电台，并整理出堆积如山的装备，她们需要了解如何在寒冷和黑暗中、在未来几个月甚至几年的时间里使用这些装备。

过去两年中，金妮在办公室里对选出的三名队员进行了密切考察。我们已经决定，只有两人能加入这次探险的主团队，因为三人一组比四人或两人一组都要好得多。我们的顾问都同意这一点。简单来说，在恶劣地区进行长途旅行，两个人一组接近于自杀。四个人又容易形成两个派系。如果三个人的话，两个人又容易联合起来对付领队。总之，没有简单的答案。

这三个人，我都喜欢，不过需要先看他们在行动中的表现，才能最终决定需要放弃谁。由于我们的帐篷只能容纳三个人，格陵兰训练将分两周进行，每次都有奥利弗，因为他是两队中唯一的"机械师"。杰夫负责驾驶第一队的第二辆土拨鼠，走一条环绕哈耶斯半岛（Hayes Peninsula）的80英里长的环形路线，穿越两处已知冰缝区。回到图托营地后，查理将接替杰夫开始第二段更加艰险的旅程，向东朝冰盖腹地进发，沿着一条与梅尔维尔湾（Melville Bight）锯齿状海岸线平行的裂隙斜坡行进150英里。

如果两次行程进展顺利，我们将在9月底返回图托营地，同时对在南极可能遇到的问题将有充分的认识。

第一波行程中，我依靠一系列罗盘方位，踩着滑雪板走在前面，奥利弗和杰夫学习如何将履带式土拨鼠开上越来越陡的坡道。我们第一次在-5℃的低温下搭起金字塔帐篷，在厚厚的积雪中安营扎寨。两天以后，从内陆高原刮来的强风迫使我们提前扎营，将雪块铲到帐篷的帷幔上，接下来三天三夜，我们只能坐等第一场暴雪结束。

我们碰巧撞上了了解暴雪和雪堆知识的好年份。1976年，格陵兰的降雪比以往的任何记录都多。东安格利亚大学（University of East Anglia）的气候专家宣布，就全球平衡而言，格陵兰冰盖已经超重，很可能已导致地球在旋转轨道上发生摆动，进而导致脆弱的天气模式出现变化。

帐篷生活的第一条教训，是避免接触帐篷的内衬，免得弄湿衣服。我们学会了不断地把雪扫到地板衬料之下。扫雪简直成了强迫症。如果烧起炉子，帐篷变暖，水珠就会顺着内衬往下流，弄湿了橡胶地板，也弄湿了睡袋的某些部位。此外，空气中的水分也会渗进睡袋的鸭绒里，于是我们记下要使用带有外部水蒸气阻隔的睡袋。又过了几天，我们发现体汗弄湿了睡袋的内部，因此也需要带有内部水蒸气阻隔的睡袋。帐篷内最暖和、最干燥的地方是中心位置，但由于睡在外侧的两个人为了避开帐篷内衬，伺机不断地从外面朝中间挤，所以几乎没什么隐私。慢慢地大家都学会了在帐篷内小便但又不至于造成混乱。不过遇到更要紧的内急，无论多大的暴风雪，都要到外面解决。这是理性使然，并非由于常识。

我们都知道沃利·赫伯特曾经在图勒附近遭遇过每小时207英里的大风。世界纪录只有每小时225英里，这风并不算小。在一次暴雪间歇期间（我们首次体验格陵兰岛海岸大风），我们穿上外衣，费了很大劲才解开冰冻的门帘绳结，奋力爬过一座将整个帐篷埋了一半的大雪堆。大家挣扎着站起身来，却发现根本没法朝风里看，无论哪个方向，无论怎么看，能见度几乎都是零。

刚到营地时，我在两根滑雪杖之间搭设了几根电台天线，现在早已消失在雪堆之下。大家要非常小心地把它们挖出来，避免割破电缆。雪橇上盖东西的PVC棚子已被吹得无影无踪，因为系棚子的橡胶带早在低温下破裂了。土拨鼠已被雪掩埋至驾驶室四周的窄道，后行李箱上放的铲子也不见了。我脑子里一下想到了很多扎营时应该做的和不应该做的事情。不管怎样，下次我们就知道了，再不会是这样稀里糊涂的新手了。

"靠近帐篷！"我喊道。但没人听见。我自己都几乎听不见。五分钟过后，我们都回到了帐篷里，身上满是雪，我们要趁雪融化之前，迅速将它拂掉。还有一点：我们需要三把刷子，一把根本不够。

幸运的是，大家对帐篷空间的大小都不是太挑剔，可能是因为我们已经在一间喧嚣拥挤的办公室共同生活了多年，共用一部电话和各种公共办公空间。美国探险家威尔·斯蒂格（Will Steger）在提及他的极地帐篷同人时这样写道："他是个完美主义者，如果我前天晚上试图多占那么几英寸的空间，他立即就会察觉。他精确掌握了头顶上那根晾衣绳的位置，如果在搭帐篷的时候，我超过了哪怕一英寸半，他立即就会发现，就会刻意地把我的东西往外推，把属于他的空间收回去……为了保持关系和睦，我没有抱怨。"

第四天，风力减弱，太阳也出来了。谢天谢地，总算找到了铲子，于是挖掘开始了。雪橇虽然在载货后也有四英尺高，但竟被全埋了。在-10℃的气温下，我们很快就大汗淋漓，感觉生活真是太美了。可惜好景不长久，因为奥利弗没法启动土拨鼠。一小时后（在此期间，我们发现所有的汽车维修手册都是德语的），奥利弗断定不是启动马达出了问题，而是有人（意指他本人）不慎碰着了某个隐藏的小旋钮，将电池与电源电路断开了。从雪里钻出来十个半小时之后，我们终于将所有东西都打好包（包括多出来的一堆吹进来的相当重的雪），雪橇和土拨鼠都刨了出来，两个发动机都在悦耳地突突响着。

我踩上滑雪板，朝后一挥手做了个"出发"的手势。两位司机将油门一松，发动机开始轰鸣。但是，土拨鼠一动未动。原来，履带冻在了结块的冻雪里。又挖了两小时，一辆土拨鼠才获得自由，我们就用这辆把另外一辆拖了出来。

由于新漂移过来的雪堆，前进的速度非常慢：一小时最多走一英里。下一场暴雪会在什么时候到来呢？我们决定只要天气允许，就连续24小时前进。为了避免罗盘误差，我一直保持在车前150英尺的位置。磁偏角为向西76度。五小时之后，我们到达了环绕在一座巨大冰川侧翼的第一块冰缝区。这里是哈拉尔德·毛奇冰川（Harald Moltke Glacier），我们的第一个主要目标。

地面上降下一层薄雾。这对我们首次进军冰缝区可不是什么好事，于是我们就在冰川谷上方扎营，内陆冰顺着这条冰谷倾斜而下，一路流向大海。冰盖上常有的静谧，本来只会被风打破，但现在却被从毛奇冰川传来的巨大声浪所代替，因为大海就在不远处，从冰川前锋上断裂出的巨型冰山冲撞着花岗岩悬崖，发出巨大的撞击声，如雷鸣般在冰谷内回荡不绝。

从帐篷外的薄雾中传来一声鸟叫。我很好奇，鸟在这片贫瘠的土地上是如何生存的呢？它不应该待在海岸边的无冰地带觅食吗？它又是如何确定方向的呢？通过在黑暗中倾听冰川碎裂的声音吗？我曾听说鸟依靠太阳和星星定位。在南极洲，我也将主要依靠太阳为我们指路。

30年来，我越来越依靠手持罗盘。无论是在军中用它在欧洲和婆罗洲（加里曼丹岛）丛林里导航，还是在被英国特种空勤团选中后，抑或是后来作为航海员参与众多探险活动，使用这个小工具的基本技能都曾给我以极大的帮助。有时候，关键变量（磁偏差）可以高达

190度。我仍记得在赫米塔基测绘学院（Hermitage School of Survey）上的第一批军事课程。"你们需要明白变化，"中士教官语调庄重地说，"不能只是简单地依赖它。"

16世纪，欧洲的水手们开始渴望获得更可靠的指南针。大家知道，只有先弄清楚为什么越往北走指南针的指针就越往下偏，才能避免造成沉船的致命误差。1600年，英国科学家威廉·吉尔伯特（William Gilbert）意识到，肯定存在某种来自地球本身的强大引力。现在我们知道，地球外核内旋转的熔铁一旦带电，就会产生一个不断变化的电磁场。取决于你在地球上使用指南针的位置，磁场的垂直引力与水平引力的强度和方向都不一样。越靠近极地，指针下偏的幅度就会越大，因为磁场在绕地球一圈后，又回到了磁极。

尽管我对自己的定向导航能力很有信心，甚至颇为自傲，但是现在所处的地方没有任何地貌特征，唯一能提供反方向角的标记物只有星星或者太阳，了解到这一点以后，我信心全无。因此，当第二天阳光明媚的时候，我上到毛奇冰川边缘高处，在格林尼治标准时间下午4时30分（本地正值正午）立起别人赞助的经纬仪，并记录下太阳的高度。回到帐篷里，又用一套复杂的表格计算出我们的位置。将结果与地图一比，我发现朝西方偏出了62英里左右。

后来，奥利弗问我第一次练习的精度如何。

"只偏了一度。"我非常诚实地告诉他，因为一个经度就相当于60英里。

"干得不错。"他向我表示祝贺。我决心进行更多练习。在两次暴雪之间，有充足的时间练习，因为从4月到8月，图勒连续四个月都是白天。对极地爱斯基摩人来说，这简直太棒了，不过缺点是从10月到来年2月是连续四个月的黑夜。在芬兰和俄罗斯，黑暗时期有很多人感到忧郁或者自杀，不过按照爱斯基摩专家沃利·赫伯特的说法，格陵兰当地人却将漫漫长夜视作"一个神奇的时期"，"冰雪不仅反射而且放大了月光和星光，颠覆了黑暗这个概念本身，并且照亮了内心"。尽管如此，本地人仍有一个用来描述冬季抑郁的词，他们称为"perlerorneq"，意思是"重荷"。

我发现奥利弗具有一种强大而从容的幽默感，性格非常平和，不容易激动。在格陵兰岛上，我很早就决定，他必须与金妮一起成为探险队的关键成员。

他还是一位非常热心的猎奇者和狂热的鸟类观察者。知道了这一点后，杰夫和我提前准备好一盘只能在热带听到的奇异鸟鸣声的录音带，到了晚上，在毛奇冰川断断续续的咆哮声中，奥利弗突然被帐篷外某种鲜为人知的尼日利亚鹦鹉尖厉的鸣叫声惊醒了。他在睡袋里猛地坐直身子，眼珠子都要从眼眶里凸出来。他打手势让杰夫和我保持安静，自己悄悄地从睡袋里溜出来，伸手去够他的相机。不幸的是，录音机的电池用完了，鹦鹉的尖叫声变成了垂死的呻吟声。"你们两个混蛋！"奥利弗吼道。不过，他很快就明白遭到了捉弄，和大家一块开心起来。

第二天，我们进入一个边缘裂缝区，毛奇冰川上缘覆盖的不断蠕动的冰体，就像海绵蛋糕上徐徐流下的糖霜一样，开始将朝大海溢流。格陵兰岛内陆高原的冰盖深达10000英尺，我们正在穿越的冰层的年龄介于3000岁到6000岁之间。

尽管在下降过程中不断发生喧嚣的声响，其实毛奇冰川平均每年才移动150英尺。英国气象局局长曾安排杰夫接受培训，趁我们在格陵兰期间开展一些试验。他曾向我们透露了本地冰川的一些令人印象深刻的数据。道高-延森冰川（Daugaard-Jensen Glacier）每年排入海中的冰量（主要集中在夏季）足够满足全美国的淡水需求。洪堡冰川（Humboldt Glacier）入海的地方足有60英里宽，属于北半球最大的冰川。彼得曼冰川（Petermann Glacier）和容格森冰川（Jungersen Glacier）专门生产巨大的桌面型冰山，被称为冰岛，比如通常在南极洲外围看到的那些。加在一起，格陵兰岛西北部冰川，包括毛奇冰川在内，每年会喷涌出超过40000座大冰山。1912年，一座源自格陵兰的冰山漂流到纽芬兰岛（Newfoundland Island）外围的一条航道上，撞沉了"泰坦尼克号"（*Titanic*）。

在毛奇冰川裂缝区，我踩着滑雪板在裂缝中间划出一条曲折的路径，杰夫开着前面一辆土拨鼠跟着我的踪迹前进。能见度好的时候，这很容易。但薄雾又回来了，而且在昏暗中躲闪裂缝的时候，我弄丢了主方位。在爬一个陡坡的时候，我们碰到了一个雪地车没法爬上去的坡度。我们必须将雪橇一个个抬上去，就算这样履带还经常空转和陷进冰里。杰夫的土拨鼠突然转向失灵。我们发现一条履带上的一个主传动链轮竟然断了。奥利弗自豪地宣布他有一个备用件。我们在故障车下面挖出一条维修槽，10小时后，奥利弗成功更换了链轮，这位啤酒推销员也因此获得了"战地机械师"的光荣称号。

气温骤降，我们中间最坚韧的奥利弗在日记中写道："–14℃。寒冷得难以置信。今天早晨，我的土拨鼠发动不起来，于是我把一保温瓶热咖啡全倒在启动马达上，效果立竿见影。"煮咖啡的杰夫对此非常恼火。

差不多按照计划，我们来到了靠近海岸的岩石地区，不知何故，这个地方在地图上的名字叫"Puissitdlussarssuaq"，杰夫将其重新命名为"小野猫"。在这里，另一个传动链轮又断掉了，这一次没了备用件。善于横向思维的杰夫从裂缝梯上锯下一个大块铝，利用我的航海两脚规设计了一个六角形的链轮适配器，结果证明匹配得相当精确。与此同时，奥利弗用喷灯和大锤轮番攻击一个卡住了的轮毂圈。因误击砸黑了两根指头，另外还烧焦了一条眉毛。他在那条故障履带下的雪坑里忙了一小时又一小时，靠着一把凿子和一个石蜡油膏加热器，终于成功撬开了卡住的轮圈。杰夫改造的链轮终于套上了奥利弗的轴心，我为他们俩的成就由衷地感到自豪。这就好比两个雇农竟然修好了一台电脑。

几天后，我们回到了图托营地，这期间我们经历过几次小故障，天气状况很不错。我跟金妮说杰夫和奥利弗都是可造之材。可是，她和玛丽却发现查理"懒得要死"。他和当地的丹麦消防队长交上了朋友，经常去图勒众多的私人酒吧参加"豪饮会议"。留下金妮和玛丽负责维护基地、打水、维修发电机和值守电台。"如果他踏上冰雪之旅后还这么懒散，"金妮警告我说，"你就有麻烦了。"

我们不在的时候，金妮已经和当地的爱斯基摩人交上了朋友。其中有一位可爱的女裁缝，圆嘟嘟的，永远面带微笑，名叫埃米莉（Emilie）。她住在附近一个叫邓达斯（Dundas）的村庄里，在弹道导弹预警系统建成、爱斯基摩人北迁至卡纳克（Qanaq）之前，这里一直都是集市。现在只有十几家丹麦人和爱斯基摩人住在这里，他们负责管理一个无线电发射台，与毗邻的繁忙空军基地内杂乱无序的罐头小屋相比，这里非常安静，完全是另一番景象。

按照沃利·赫伯特的建议，金妮已经决定：我们极地旅行时应该穿爱斯基摩外套，理由是在沃利进行的所有极寒探险中，它们都非常管用。沃利在推荐埃米莉时曾说她是附近最好的裁缝。而且，伦敦的哈得孙湾公司（Hudson's Bay Company）赞助给我们的俄罗斯森林狼皮足够制作六件连帽大衣。金妮把这些都交给了埃米莉，埃米莉裁剪皮草的专业技能令金妮叹为观止。

我们听说过，很多科学家以达尔文理论为基础，对爱斯基摩人的进化展开过讨论，他们一致认为，他们比我们更能耐受极端寒冷的天气，所以就算最好的皮草外套可能也无法保护我们的身体，免遭寒冷的侵袭。有些专家将原因归结于爱斯基摩人矮胖的体形，这降低了身体表面积与体重以及产生的热量之间的比率。他们通过四肢散失的热量更少，手足部位的血管更多，所以能在低至-40℃的气温下不戴手套干活。由于他们的面部更多暴露在极端寒冷的气温下，所以面部的汗腺比身体其他部位多很多。出于同样的原因，他们的脸颊和眼睑都更肥胖。

从理论上说，人类像其他动物一样，可能会在个体层面上适应寒冷，但仍然缺乏这种适应过程的证据，但是日本的"ama"除外。"ama"即女性采珠人，她们对冷水有独特的耐受力。她们的身体具有一种非同寻常的能力，可以关闭体表血管，从而限制血液流向皮肤，甚至限制其流向深层肌肉。这就减少了热量损失。

和"ama"一样，在寒冷气候中成长也会对寒冷保护机制产生直接影响。对在冷室中养大的实验仔猪研究表明，由于肢体生长点处的血液循环变少，所以它们的腿比正常的猪短。类似效果也可以用来解释爱斯基摩人低矮的身材。

但与金妮相比，无论埃米莉的耐寒能力如何高超，我们都找不到任何科学证据，证明新开发的人造材料，如戈尔特斯[1]，能提高我们在极寒地区的生存机会。因此，我们非常期待在英国的冷室试穿埃米莉制作的皮草。

我们外出期间，金妮一直在站内图书馆里忙碌，研究这片居住着55000人的伟大冰封大陆的各种历史和神话。当地人称他们的国家为"Kalaallit Nunaat"，意思是"人民之国"。考古发现，公元前3000年左右，一群游牧民从阿拉斯加出发，向东缓慢迁徙，越过贫瘠的加拿大北部和埃尔斯米尔岛，最终穿越史密斯海峡（Smith Sound），海峡最窄的地方叫爱斯基摩桥（Eskimo Bridge），仅60英里宽，结冰时很容易穿越。到达格陵兰岛的西北部海岸后，一部分游牧民沿着西海岸南下，但大多数都向北、向东进入现在的无人区——皮尔里地（Peary Land）。气候温暖时，这里是很好的猎场。这些原始游牧民族的后代，就是所谓的萨夸克（Sarqaq）部落，在公元前1400—前700年曾一度繁荣兴盛，但在此之后，从考古证据来看，他们竟然凭空消失了。

与此同时，另一群被称为多塞特（Dorset）或图勒文化的古爱斯

---

[1] Gore-Tex，是美国戈尔公司研发的一种防水透气面料，广泛应用于户外运动服以及医疗等领域。——译者注

基摩人在阿拉斯加和加拿大北部的许多地区定居下来。公元前700—1300年，他们又在格陵兰岛上定居下来。与萨夸克人不同，他们使用皮艇和雪橇。当首批维京人于10世纪登上格陵兰岛时，他们将这些原住民称为斯克灵人（Skraeling），斯克灵人的定居点在格陵兰岛所有沿海无冰地区均有分布。

早在公元前4世纪，古罗马航海家、来自马赛的皮亚西斯（Pytheas）就曾提及过英国北方的陆地，但其他罗马航海家从未越过苏格兰北部。大约在400年，一群爱尔兰修士跟随迁徙的雪雁一路抵达冰岛，成为该岛的首批定居者。到了6世纪，维京人又加入了进来。900年，一个名叫贡比约恩（Gunnbjørn）的维京人在海上遭遇风暴迷路，无意中发现了东格陵兰岛海岸。虽然他返回后将新发现公之于众，但直到950年，一个挪威人因过失杀人被流放到冰岛，后来又因谋杀被驱离冰岛，他一路航行才找到贡比约恩所说的那个地方。这名挪威人便在此定居下来。此后十年间，他鼓动其他冰岛人也来此定居并和爱斯基摩人互通有无。

1100年，一位挪威主教将基督教定为格陵兰岛的官方宗教。1261年，格陵兰定居者通过投票将该岛定为挪威的直辖殖民地。

接下来的一个世纪，地球气候发生剧变。1492年，当时的教皇曾写道，由于海面封冻，已经有"80年"没有任何船只到过格陵兰岛。考古学家认为，格陵兰岛上的最后一批挪威殖民者肯定是在15世纪内先后死亡。尸体显示出饥饿的迹象，不过也有些伤疤。无人能说清殖民者全部灭绝的原因。有人暗示说，当时正在南部游猎的图勒爱斯基摩人杀光了所有定居者，但这一说法从未得到证实。更可能的原因是，气候变化导致饥饿和内斗。

16世纪，约翰·戴维斯（John Davis）等欧洲探险家纷纷来此寻找西北航道。加拿大在左，格陵兰岛在右，他们取两地之间的水道向北航行。他们遇见了图勒爱斯基摩人，并将他们公之于众。17世纪初，亨利·哈得孙（Henry Hudson）组织过多次远航，其中一次曾探索过格陵兰岛以东海域，并发现了大量海象和鲸鱼。这一发现导致无数捕鲸者循着斯匹次卑尔根岛和格陵兰岛之间的水道继续朝北航行，在此期间，上述两个物种也被捕杀殆尽。到了17世纪中叶，随着格陵兰外海的捕鲸者人数暴涨，在原住民定居点落脚的欧洲人也与日俱增，导致爱斯基摩人开始与欧洲人混血，这种种族融合现象从那时开始一直持续到现在。如今，格陵兰岛上的当地人已不再被称作爱斯基摩人、因纽特人或者丹麦人；他们是地道的格陵兰人，而且他们称自己的爱斯基摩语为格陵兰语。不过也有许多人讲丹麦语，因为所有学校都教这门语言。

今天谈到爱斯基摩人时，有一个政治正确性的雷区一定要注意。在美国，"爱斯基摩"这个词通常用于描述居住在加拿大北极地区、冰岛、俄罗斯、阿拉斯加以及美国其他地区且拥有相似文化的原住民族群。除了这个词之外，没有任何一个集合名词能概括所有这些不同的族群。话虽如此，但应当认识到，现在许多加拿大和格陵兰原住民均认为"爱斯基摩"这个词粗鄙不堪，因为它原本是个遭到法语侵蚀的克里印第安语词，意思是"吃生肉的人"。原住民的反对情绪非常强烈，结果1982年的加拿大宪法法案将加拿大原住民这个独特的群体称作爱斯基摩人。"因纽特"这个词可以翻译成"好汉"或者"人民"。

格陵兰岛55000名居民中，除很少一部分住在东北角外，大部分都住在西海岸。东海岸常年冰冻，是一片辽阔的野生动物保护区。东西海岸之间是连绵的冰盖，最宽处达800英里。整个格陵兰岛的面积相当于英国的十倍。

19世纪和20世纪之交，来自美国的北极探险家，尤其是海军少将罗伯特·皮尔里（Robert Peary）和弗雷德里克·库克（Frederick Cook），在他们开拓性的旅程中，考察了图勒爱斯基摩人的旅行和狩猎技能。这些古老的狩猎技能，时至今日仍有许多图勒爱斯基摩人在使用，而且在海上和陆地上他们借此仍能自给自足。他们用北极熊皮做裤子，用熊身上最长的毛装点妻子的狐皮绑腿。不过，埃米莉咧嘴笑着告诉我们:"反正这些男人喜欢猎熊。"

在北极国家的其他地方,北极熊是受保护物种,格陵兰的爱斯基摩人是为数不多的几个仍被允许猎熊的族群之一。在海面冰封的九个月里,冰原上没有任何生命迹象,图勒或者说恰纳克猎人就靠着捕猎海豹、海象和北极熊过活。有些人常常独身一人乘着狗拉雪橇在流动的浮冰上狩猎,一年下来要走5000英里的路程。岛上最南部的爱斯基摩人已经成了市民,活得悠闲自在,享受着福利国家的各种丰厚待遇,但恰纳克猎人却主动选择避开这种生活方式,保持着自己的传统。当然这也取决于要有猎物可打。在丹麦动物保护主义者的努力督促之下,猎人们越来越意识到野生动物保护的必要性。他们开始限制使用猎枪,鼓励使用鱼叉,这有助于保证独角鲸和海象不会被过度捕猎;禁止继续捕杀北极熊幼崽和诱捕北极狐;正从格陵兰岛南部重新引进19世纪被捕杀殆尽的驯鹿。

沃利·赫伯特曾援引一名图勒猎人的话说:"伟大的猎人是那些趁着梦想家酣睡之际风雨无阻出门把肉食带回家的人。"沃利认为,猎人内心的驱动力是一种"与生命一样古老而强大的现象,一种参与生死攸关的仪式性游戏的需求,通过这些活动,人们寻求并最终实现与周围环境融为一体……证明自己才是野蛮世界最高级的捕猎者……因为在爱斯基摩人的社会,猎人至高无上,他们在黑暗中捕获的越多,得到的尊重就越多"。

爱斯基摩猎人最珍贵的财产是狗队,通常在5条到15条之间,这主要取决于财富实力。通过复杂的训练和严厉的惩戒,狗队能够在任何天气条件下穿越冰雪,这种能力无可匹敌。沃利曾总结了狗队在高效率的主人和顶级犬王带领下展现出的惊人能力。他这样描写狗队的表现:

> 百闻不如一见。鞭响如鸣枪,再配合各种具有特殊含义的叫声与口哨,一个熟练的猎人可以驾驭狗队全速穿越最崎岖的冰

面，也可以让它们减速、停止、躺下。在危险的下坡处，他可以让17条狗组成的队伍分成两排，让雪橇从中间滑到狗队前方，在光滑的雪地上，这17条狗竟充当起17只带爪子的锚……在弯曲的冰面上，他可以让狗队散开，按重量排列，以保证安全；他还可以在任何时候解开链条，让狗队跟在身后，温顺得如同一群训练有素的宠物。

每条狗身上都绑着量身定制的雪橇挽具，而且只有在调整松紧或者维修的时候才会卸下来。为了防止有逃跑倾向的狗咬断皮带，它们的牙齿都被磨平。为了防止足底被锋利的冰壳划伤，狗蹄子上都套着橡胶和帆布做的靴子，只有爪尖露在外面。在任何天气条件下，它们都蜷着身子睡在外面，同时用蓬松的大尾巴盖住敏感的鼻子，防止被冻伤。

埃米莉拍着一条小哈士奇说："我们需要狗捕猎所有的肉食，但鸟肉除外。"她解释说，图勒的春天是生命爆发期，无论是野花、昆虫，还是成群结队的野鸟，莫不如此。美丽的小碎花地毯般铺满了海岸边的沙砾平原，成百上千万的幼虫或卵纷纷孵化。蚊子、蜜蜂、蜘蛛、甲虫以及蝴蝶，都在拼命繁衍，以享受图勒短暂的夏天。每年这个时节，平均气温会连续三个月都保持在0℃以上。

在图勒海岸上方盘旋鸣叫的野鸟包括北极鸥、绒鸭、雪雁、三趾鸥、矛隼、北极燕鸥、管鼻鹱，以及成百上千万的小海雀或其他小海鸟。每年这个时候，爱斯基摩人都会外出郊游四五天，在悬崖边搭起营帐，捕捉这些野鸟。短短几天之内，一个猎人估计就能网到1000多只小海鸟，用来养家、喂雪橇犬和招待客人。作为日常饮食的一种颇受欢迎的补充食品，每年都有成千上万只野鸟被吃掉。

爱斯基摩人有时会趁着小海鸟尚有余温，扯掉羽毛直接生吃。不过通常是连毛也不拔，就把它们跟大块的海豹油一起扔进开水里煮。捞出冷却后，迫不及待的爱斯基摩人先扯掉双翅，然后捻起鸟脖背后的皮,就像脱袜子一样轻轻一扯,连毛带皮一次性扒光。除了骨头和鸟喙,其他统统吃掉。

最富异国情调的海鸟美食叫基维亚克(kiviaq),其实就是将几百只海鸟尸体连同海豹油一起塞进一整张海豹皮里裹起来,存放至少六个月,直到里面的东西达到一种高度腐烂的状态。然后,幸运的家庭便开始享受腐烂的基维亚克,一边大快朵颐,一边从里面挑出羽毛、骨头还有鸟喙。

现在鸟类得到普遍保护,所以就连曾一度濒临灭绝的绒鸭,现在也已经重新占据大片的栖息地,同时也给图勒爱斯基摩人的菜单上增添了一道富有营养的新美味。一位丹麦朋友曾向我们的驻队鸟类观察家奥利弗抱怨说"土著人不该杀掉这么多可怜的野鸟",奥利弗则回答说,根据观察报告,在美国和欧洲,据统计每年有一亿只鸟类被猫捕杀,一亿只因撞上窗玻璃而死亡,另有5000万只被汽车撞死。

1910—1929年,丹麦探险家克努兹·拉斯穆森(Knud Rasmussen)曾致力于研究图勒爱斯基摩人并保护他们的生活方式。他鼓励他们和南部的主要生活中心区开展贸易。他还在图勒地区建立了第一家商栈、第一所学校和第一所基础性医院。1814年,丹麦将整个挪威割让给瑞典,当时格陵兰岛虽归挪威所有,结果却成了丹麦的殖民地。拉斯穆森于1933年去世后,丹麦政府便接管了他在图勒地区的工作。

图勒爱斯基摩人的音乐在过去许多个世纪里都未曾受到周边任何音乐的影响,虽然富有节奏感,但在西方人听来,缺乏激动人心之处。图勒音乐通常由单人演奏,一边敲打放在木架上的海豹皮鼓,一边演唱冗长繁复的副歌。副歌内容涉及日常生活,或者是很久之前的狩猎传奇,歌词由演奏者即兴发挥。歌词中有时也会提及太阳和性爱,但频率不会超过月亮和老人。

爱斯基摩人(或因纽特人)的太阳是一位女性,在遭到其兄长月亮强暴后,耻辱之下割掉双乳,用烟灰涂黑面部,逃出天外。这个传奇还补充说,在追逐妹妹的过程中,月亮会经常忘记吃东西。这一切都说明了为什么月亮比太阳暗，而且时不时地会变得相当瘦弱，而太阳女士则总是因愤恨而发出炽热的光芒。

传奇歌词中对性爱的表现少得可怜，这很令人讶异，因为你要知道，在图勒人中，淋病相当普遍，而且从传统上来说，丈夫、妻子和游客之间自由放任的性行为是可以接受的。萨满巫师会在当地一座相当于村庄大厅的地方举行一个仪式，仪式完毕后，灯火全灭，此时里面的人便开始短期互换伴侣。另一个习俗是当丈夫外出打猎时，孤独的妻子可以向来访的其他猎人提供一夜情。这样做肯定有助于避免在偏远小村里出现近亲繁殖现象。但除了这些比较宽松的性观念之外，格陵兰岛上的爱斯基摩人从过去到现在基本上实行一夫一妻制。

就像那些老年人讲的恐怖故事，一位朋友曾告诉我他们如何将死去的亲人用毯子或兽皮裹起来，扔在野地里供路过的野兽啃食。故事里说道："很久以前，我们将房子建在地下，将亡者放在地上。后来白人来了，他们告诉我们将房子建在地上，将亡者埋在地下。"

克努兹·拉斯穆森曾记录道，老年爱斯基摩人的自杀现象非常普遍，一般选择投水或者上吊，或者请求亲人用刀将自己捅死或者用绳子勒死。已经成为家庭负担的老人，以及那些意识到这一点的老人，会按照惯例请求三次死亡援助。当偏远地区的家庭面临饥饿威胁时，爱斯基摩人还杀害婴儿。孤儿或残疾儿童更是经常被放在野外让其自生自灭。

沃利·赫伯特的妻子玛丽（Marie）曾在《雪人》（*The Snow People*，1973）一书中记录了她和爱基斯摩人在图勒附近一个小岛上共处的一段时光，她在书中写道：

> 过去曾发生过很多杀人案，如果有人被杀，他的亲属就会复仇。有时整个村子都会因此遭灭绝。过去，妇女生产时被放在雪屋外面，必须自己接生。偶尔会有懂点接生知识的老年妇女去搭把手，但通常她只能自求多福……而且，如果丈夫去世，妻子和

孩子连续几周都不许吃肉。有时候他们都饿得奄奄一息。诸如此类的古怪风俗不胜枚举。

在爱斯基摩人的生活理念中，有一点令人敬佩：图勒爱斯基摩语中没有"战争"这个词，他们的孩子也不玩战争游戏，这和世界上大多数孩子都迥然有别。游戏中虚拟的刀枪和鱼叉仅仅针对虚拟的北极熊，而不是其他人类。即使在家里摔跤，他们也是模仿狗打架，而不是人打架。

和许多原住民一样，来自其他地区的新访客同时也捎来了新疾病和新生活方式。欧洲捕鲸者将死亡带给了格陵兰岛上的爱斯基摩人，这一过程曾持续了许多年。在整个19世纪，在格陵兰岛沿海地区，成百上千的爱斯基摩人纷纷死于肺炎、旋毛虫病、肺结核、麻疹、天花以及各种性病。随着私生子和酗酒现象的蔓延，整个社会都陷入了混乱。过去爱斯基摩人以打猎为生，牙齿非常好，到了老年才会磨损，现在西方食物竟引起了蛀牙。

丹麦政府竭尽全力减少不受控制的酒精供应。对于愿意定居下来的格陵兰人，他们还提供各种舒适设施和集中供暖，对于那些希望固守旧生活方式的顽固派，也听其自便。但如同世界各地的社会动荡场景一样，这样做自然也会产生深层次的弊病。老一代人不甘心失去他们所钟爱的现状，仍然试图固守。还有人伤心自杀，正如他们的朋友沃利·赫伯特所推断，原因几乎可以肯定是一种可怕的身份危机，一种因两类截然不同的文化碰撞而导致的自尊心丧失。

埃米莉按时做好了爱斯基摩毛皮大衣，正好赶上我们的第二次也是最后一次冰盖之行。大衣确实非常暖和，而仲夏时节图勒的日间气温通常又在0℃以上，所以我们就把大衣留到更冷的时候穿。这一次我和奥利弗带上查理，朝图托营地进发，然后在那里换乘土拨鼠爬坡进入冰原。

在刚开始第二段内陆之旅时，我是以批判的眼光看待查理的，但他并未表现出任何脾性恶劣的迹象。恰恰相反，他看上去非常乐意离开图勒；我们能做到的，他都尽力做好，而且在模仿我们的动作方面，他学得异乎寻常地快。由于已经完成了一次旅程，所以我们俩都自认为是专家。这可能让查理很郁闷，但他从未表现出来。在灾难面前，他的表现好得出人意料。

我们走了好几天，遇到了一片裂缝冰原。直到我的滑雪杖直直地插进表层雪里不见了，我才意识到出现了裂缝。我的手臂也跟着插了进去，一直没到肩膀。我慢慢抽出手臂，小心翼翼地将体重分配到两个滑雪板上，然后慢慢离开雪地里的那个小黑洞——隐患的唯一标志。我暗骂自己是个笨蛋。问题在于我们为第二次行程已经花了太多时间准备，因此有些急于求成了。天色雾蒙蒙的，而且快黑了，但这里绝非能见度低时可以通行的地区。此前我正在冲下一个陡坡，根本不知道下面是什么情况。坡度太大了，就算有必要，土拨鼠也退不回去，而且陡得连帐篷都支不起来。

我等到另外两辆土拨鼠赶上来，向他们说明了面临的困境。两人均表示同意，然后挂上一挡继续前进，同时尽量少用转向制动，我走在前面小心翼翼地滑行。我们越往下走，天色越暗。仿佛经历了一个时代，陡坡才慢慢缓下来。只有此时，只有当我千真万确地进了谷底，这条冰谷才显露出它反复无常的本性。我在轻型挪威滑雪板上猛地踢腿转弯，按原路迅速退了回去。突然一辆土拨鼠出现在眼前，查理从驾驶室里探出半边身子。他说奥利弗已经掉进了裂缝。

一开始我啥也看不见。查理指着一块隐隐约约、黑咕隆咚的大斑块让我看，我便滑了过去。原来奥利弗的土拨鼠舱顶上插着一面旗帜，查理看见的就是这个东西。车辆的其他部分已经看不见了。我滑上一个小坡，终于见到了掉进去的土拨鼠，但随即就屏住呼吸，猛地停住了身子。我的滑雪板正悬在雪地里一条窄窄的峡谷上方，这条峡谷弯弯曲曲，一路通向那个吞掉车辆的大洞。

我小心翼翼地观察了一下裂缝，却根本见不到底。奥利弗本来一直沿着平行于裂缝的方向前进，可惜右侧履带刺穿了遮挡裂缝的松软的雪桥。车辆肯定先侧歪，接着便掉了下去。幸运的是，至少目前它的左侧履带还挂在裂缝边上，保持在平衡状态。但最轻微的动作都可能导致车辆松动，直接掉进裂缝。

我这边正看着，奥利弗却开始朝狭小的驾驶室门外拱，拱着拱着，大衣又挂住了控制杆。土拨鼠开始左右摇晃，雪从冰缝边上纷纷下落，奥利弗意识到了危险，挣扎得更厉害了。很快他就爬到了驾驶室侧面的步桥上。他将重心保持在中间位置，慢慢朝更安全的一侧挪，一步步远离深渊。车辆稍微滑动一下，他就立即停止动作。车辆一安静下来，他就像条鳗鱼一样慢慢靠近坚实的地面。他干得不错，在不干扰车辆的情况下逃了出来。现在我们只需要把车辆拽出来，这件事我们是有充分准备的。奥利弗由于没有滑雪板做安全防护，只能待在原地。我朝查理走过去，示意他到我们这边来。

我们已经在纸面上商定了最佳救援方法：让那辆仍能开动的土拨鼠拴一根弹力极大的凯夫拉牵引绳，直接往前拽。一旦牵引车辆产生足够大的弹力，从理论上来说，失事车辆应该像喷出香槟酒瓶的瓶塞一样，从受困的地方一跳而出。

查理把车倒回去，在雾气中慢慢找准最佳切入角。就在距离奥利弗可能有240英尺，距离裂缝还有很远的地方，意外发生了。只听见查理的脑袋砰的一声撞到风挡上，雪地在我面前像拉链一样裂开，露出一条长长的黑洞，吓得我目瞪口呆。

幸亏当时土拨鼠开得慢，查理的反应很快。一感觉到自己往下掉，就猛打两个转向制动，车辆骤然一停，上部步桥正好卡在新裂缝的两条边沿上。不知不觉，月亮已经落到了南山后面，天地一片黑暗。借助手电筒的光线，我们俩就像一间放满摇椅的房间里的长尾巴猫，一步一步，小心谨慎地往前探，一路走到查理身边。到那儿一看，查理已经从车上钻了出来，正从前面那架雪橇上卸帐篷。

我们就把帐篷搭在两条裂缝中间，同时衷心希望选定的宿营地坚实可靠。大家疲惫不堪，孤立无援，身后是爬不上去的悬崖，前方是必须逃离的深谷。

在图托营地坡道上方，我们曾看到过各式各样的导弹探测装置，圆顶探测器配上附属建筑物，就建在高高的冰原上。我们也因此知道，在广阔的格陵兰内陆高地上，还有其他人类存在。所有物资都要靠装有滑雪板的货运飞机运送。早在冷战开始之前的1942年，一架美国空中堡垒飞机就曾坠毁在冰盖上。人们试图营救机组人员，可救援飞机也坠毁了，上面的机组人员全部丧生。接着又派了两辆雪地拖车参与救援，其中一辆就在距离坠机现场几步远的地方掉进了冰缝，车内人员一同丧生。剩下那辆拖车载着三名坠机幸存者，连同自己的四名车组人员，朝海岸进发。后来遇到了另一条冰缝，又损失了一个人，其他幸存者不得不在冰盖上过冬，直到第二年冬天才被最终营救出去。

我们发现，从受困的地方能够远远望见海洋，就在图勒海岸外，格陵兰岛与加拿大埃尔斯米尔岛之间的海峡之南。海峡北段被称作罗伯逊海峡，仅有60英里宽，正常情况下，整个冬季都被冻得严严实实。沃利·赫伯特曾和我讲述过一段奇异的旅程，一群爱斯基摩人在一位来自遥远的巴芬岛（Baffin Island）、名叫基特德拉苏阿科（Qitdlassuaq）的加拿大爱斯基摩人的带领下走完了这段旅程。基特德拉苏阿科是一个萨满巫师，有一次在恍惚之中，他迫不及待地要去拜访某些祖先的后代，其实那些祖先早在300年前就离开巴芬岛一路向东，从此再也没回来。基特德拉苏阿科竟然说服了自己38人的大家族，随他一起进入未知之地。

他们于1856年出发，踏上了一段史诗般的七年之旅，跨过冰封的海洋，穿越埃尔斯米尔岛，最后剩下17人成功找到了他们远在图勒"失散多年的亲人"，这批人当时正忍饥挨饿，士气低落。

基特德拉苏阿科让他们重新振作起来，并教会了他们早被遗忘的生存技能。又过了六年，基特德拉苏阿科突然开始想家，于是又带上最初的追随者，重回巴芬岛。后来他中途离世，众人群龙无首，又吃光了食物，只得把身体较弱的弟兄一个接一个杀掉吃肉。出发五年之后，最后两三名幸存者又回到了图勒。

两天来，我们一直在铲、挖、凿、骂。一开始，大家似乎无能为力。为了将土拨鼠从令人头晕目眩的受困处刨出来，就得前后晃动它们。但无论朝哪个方向，只要稍微一动，就会让本已脆弱的雪桥裂开得更大，致使整辆车直坠下去。奥利弗在日记中写道："我们一天到晚都用绳子拴在一起，因为四周全是裂缝，靠近帐篷的那条约有五英尺宽，而且深不见底。"

几小时之后，大家终于在距离土拨鼠下方很远的地方凿出了几条隧道，放置铝制冰缝梯。整个救援行动充满危险，不过确实管用。

我们的时间越来越紧迫。寒冬和黑暗即将来临。在回图勒的路上，四处都是裂缝，车辆不断陷进雪里，又一次次发生故障。但奥利弗总能应付过来。哪怕冰屑从脖子上直灌下去，哪怕几根手指已经从指甲处一直劈到了第一指节，哪怕没有备件可用，他仍然耐心而又彻底地把车辆"修好"。他干活的时候，查理就守在旁边，尽其所能地提供帮助。奥利弗经常对他疾声厉色，但他一概视而不见。他觉得，当琐事缠身的时候，奥利弗"就是这个风格"，忍过去就行了。两人之间存在着一种亲密而又随和的情谊。幸运的是，好在两人并没有联合起来对付我。在一个远离尘嚣，一个和正常生活没有任何联系的地方，友谊非常重要。

我们按计划在最后一天回到了图勒。严寒天气侵袭冰盖，而且一直持续，一条冷酷的、灰色的巨毯盖住了营地以外的整个地貌。狂风从冰谷内倾泻而下，冲向人造设施，接着又穿过图勒，抽打着远方的冰山和黑色的岛屿。我们一行六人再次将装备清洁、上油、打包，准备过冬。我们告知丹麦和美国的主管部门，希望大约三个月以后回来，将所有装备用飞机运到加拿大的北极地区，再进行一次极地实训。

我从格陵兰返回时，身体倍儿棒，体重达到了185磅。查理和杰夫在格陵兰都表现很好，本来我打算只留两名最优秀的选手，这下倒给我出了难题。我记得就在斯科特船长出发进行第二次南极探险前不久，他得从8000名急切的志愿者中挑选出屈指可数的几个人。如此想来，我的任务倒是轻松多了。

三名格陵兰"学徒"成为首选之后很长一段时间里，金妮和我继续挑选志愿者。1972—1978年，共有120名志愿者来此碰运气。有些人连面试这一关都没过。我有一套老办法，叫作"黑色谈话"。

"如果你想加入，你得先去顶楼下面的走廊里，向英国特种空勤团提出申请。他们周末在威尔士有一个挑选课程。"

"什么，只是在周末吗？"

"不，总共12周末，最后要在山里进行一场为期两周的考试。当然，你得剃掉胡子和部分头发。"

如果最后这一点还没把他们当场吓退，黑色谈话将继续进行。"如果特种空勤团接受你当民兵，再回来找我，我们另外再谈。如果到那时你还感兴趣，那就得辞掉工作，全职帮我们组织探险。"

大部分志愿者从此再不会见面。不过有些人真的加入了特种空勤团，并且断断续续地帮我们做事，还有几位最终决定连工作都辞掉了。

所有达到标准的志愿者，我每周末都会带他们去斯诺登尼亚（Snowdonia）地区接受训练，准备参加一年一度的军队比赛——威尔士3000。从1973年到1978年，每年冬天和春天均是如此。山里常有冻雨、浓雾和大风，有时甚至会有冰雪。从斯诺登山顶开始，整个团队练习在24小时之内登上13座超过3000英尺高的威尔士山顶，同时每人背负25磅的安全装备。1974年，我们以创纪录的七个半小时赢得了军队比赛,将民团杯胜利捧回约克公爵兵营。

这并非挑选极地探险者的完美方法,但这是我能找到的最好而且不需要成本的方法。我并不追求体力的强健,而是看重对压力的反应。我要找的是良好的性格和耐心。金妮和我可能一项也没有,但已经无计可施:至少我们要确保团队里的其他成员是合适的。一旦找准了模范选手,我希望军队能把他们训练成天文领航员、机械师、无线电操作员和医务人员,而且还不需要增加成本。

在寻找理想人员的同时,还有许多其他问题需要解决,包括找一架滑雪飞机为我们在极地地区运送补给,找一艘加强冰级船带着我们顺着大西洋朝南航行,在穿越南极之后,再带我们顺着太平洋向北航行直至北极。还有既适合在南极陆冰上行驶,又适合在北冰洋的流动的海冰上行驶的雪地车。

我们给委员会放映了一些在格陵兰拍摄的雪地车胶片,一位北极探险顾问非常明确地告诉我们,无论这些雪地车多么适合南极,一到北极,很快就会"掉进海里"。他解释了其中的原因。时间紧迫,我按照他的建议,找到几家赞助商,为我们购买了加拿大庞巴迪(Bombardier)公司的六台640cc吉杜(Skidoo)雪地摩托车。车重约600磅,无论在高耸的浮冰墙上,还是在薄薄的海冰上,都可以靠人力推而不会像沉重的土拨鼠那样易于沉没。

从格陵兰返回后不久,一名看上去邋里邋遢、下巴上蓄着黑胡子的男子安东·鲍林(Anton Bowring)看了金妮的招募广告后前来应聘,他想当一名水手。安东外表沉静,镇定自若。我解释说,目前并没有船让他当水手,不过他的第一份工作倒是可以去找一艘船,他只是面无表情地听着。一年以后,他果真找到了一艘建造于30年前的加固轮船"基斯塔·丹号",而且还劝说保险经纪巨头C. T. 鲍林公司(该公司曾属于安东·鲍林家族)为我们将它买下来。C. T. 鲍林公司竟然真的掏钱买了,因为70年前,同样是这家公司赞助了斯科特船长的"新地号"(*Terra Nova*)。

五年前我就开始尽力寻找一家愿意借给我们一架二手双水獭（Twin Otter）滑雪飞机（价值约200万英镑）的赞助商，五年后丘博保险集团（Chubb Security Group）终于答应借给我们一架，为期三年。我们真是撞了大运，英国最优秀的双水獭极地飞行员贾尔斯·克肖（Giles Kershaw）上尉志愿为我们提供服务，而且通过军方我们还找到了一名非常优秀的飞行工程师格里·尼克尔森（Gerry Nicholson）。

　　1976年夏天的一个周末，我和金妮去我姐姐吉尔（Gill）在约克郡的农场玩，没想到金妮的小猄犬却掉到泥坑里淹死了。金妮伤心了好几周。我无意中把这件事告诉了彼得·布思，他非常善意地给我们送来了一条杰克罗素幼犬，金妮一见到它就爱不释手。为了向赠送者表达敬意，我们就管它叫布提（Bothie）。金妮非常严肃地告诉我，如果不带上布提，她就不参加环球之旅。

　　格陵兰之行后，我们更有资本去劝说极不情愿的主管部门，为我们朝思暮想的极地之旅放行。虽然我们并非极地老手，但至少掌握了-15℃在深雪冰盖上行走的技能。但是，我们知道，按照深受敬重的委员会的建议，除非我们能够解决-40℃在北极海冰上行走遇到的截然不同的问题，否则极地之门仍然无法打开。为了避免将主要探险行动再度推迟一年，我们必须在1977年春天完成一次到达北极点的真正尝试。

　　我们还有30000多磅的极地装备存放在图勒的导弹探测基地。我们前往北极点的唯一始发地是阿勒特，这是加拿大陆军在埃尔斯米尔岛北岸的一处基地。但是，如何将我们的装备从图勒空运到阿勒特呢？如果我们能为这次空运筹集到资金，下一步资金需求将是支付双水獭飞机一路从阿勒特飞到北极点运送补给的费用，因为我们自己的双水獭目前还无法使用。总共60000英镑的必需款项来自一名慷慨的阿曼商人奥马尔·扎维（Omar al Zawawi）博士。在费尽周折取得加拿大、英国和美国国防部的许可之后，我们一行六人于1977年2月经过图勒飞往阿勒特，迫不及待地去学习如何在更冷的气候下生存。

第四章

北极练手失败

> 一个人即使拥有最完美的血液循环系统，穿上人类能设计出的最佳服装组合，在最恶劣的北极环境下也将吃尽苦头。
>
> ——沃利·赫伯特（1974）

阿勒特营地，世界最北端的定居点，只能通过空运补给，因为数百英里范围内都没有道路，所有海路都被永久性封冻。60名加拿大士兵和科学家，号称精选冰冻人，当时正驻守着基地，没有一个人一次驻扎超过六个月，以防他们"精疲力竭"。他们大部分时间都待在暖烘烘的办公室或餐厅里，因为外面的天气，除了短短两个月的"夏季"之外，极其恶劣。在这个高度机密的禁地内人们究竟在干什么，司令官眨了一下眼睛告诉我们："报告天气状况。"不过这已是公开的秘密，精选冰冻人的实际任务是监控出入加拿大与格陵兰之间那条狭窄的罗伯逊海峡（Robeson Channel）的每一艘潜艇的一举一动。在冷战高峰期，超过80艘核潜艇在北极水域周围以及海冰下巡逻，所有潜艇都携带着大规模杀伤性武器，玩着一场可能致命的猫鼠游戏。

我们到达阿勒特那天，气温是-48℃，夜晚漆黑一片。一个月都将见不着太阳的影子。我们自己的营地——四座挤在一起的废弃小木屋——坐落在兵营北部约两英里的冰封的大海边上。在我们的小屋与北极点之间什么也没有，只有数英里乱七八糟的海冰和开放水域形成的水雾缭绕的裂缝：总长425海里。为了有可能到达北极点，探险队必须在3月3日当天或者前后出发，这一天太阳会在阿勒特所在的维度上重现。

对于我们在阿勒特的第一个晚上，奥利弗曾写道："小屋景象凄惨。其中两座仅仅能住人，剩下的灌满了冰和雪。我们的前任肯定在很多年前匆匆离开。没有取暖器，非常非常冷。我睡觉时穿了十层衣服。根本不可能暖和起来。"至于奥利弗如何成功穿上十层衣服，我从未弄明白过，不过我们曾对冷天服装的历史和演进做过功课，而且拥有各种替代选项来遮盖身体的所有部位。

除了考虑天然毛皮的优点之外，我们也曾关注过"聪明的"人造材料，包括尼龙、聚丙烯、极地卫士（Polarguard）、霍洛菲（Hollofil）、杜邦七孔棉（Quallofil）以及戈尔特斯。虽然北冰洋及其海岸地带冬天极其寒冷，但湿度非常高，所以进入衣服和睡袋内的汗水是选择材料时要考虑的一个重要因素。上述透气面料能让雾状水蒸气通过微孔逸出，将真正的雨水挡在外面。

在主要探险的一些时间段，我们将使用最少的体能驾驶开放式雪地车或者小船，而在其他时间段，我们将使用最大的体能靠人力推行沉重的雪橇。不防水大衣将让汗水逸出，但不能防风或防水，而防水大衣既防风又防水，但代价是不透气，汗水会导致浑身发湿，要不了多久，就会发凉。

我们的答案是，穿爱斯基摩人的毛皮大衣骑雪地车，穿文泰尔（ventile）料子大衣干需要出汗的力气活。文泰尔是一种密织纯棉材料，干燥时能有效防风透气，避免汗水凝结。

我们使用加拿大陆军的帆布靴，在尼龙网鞋垫上面再加一层厚毛毡鞋垫。一天结束，我们把汇聚到尼龙网上的汗水结成的冰敲下来。我们还在羊毛袜里面贴着皮肤穿一层乳胶防水袜，确保汗水不会在毛袜里凝结。

在阿勒特的第二个早晨，我们醒来后发现白天和夜晚一样黑。装着新电池的手电筒在屋外用六分钟就没电了。肌肉会粘在金属上，把手扯开，皮肤会留在金属上。金妮出去上简易厕所，不小心将木质坐垫碰偏了，接触到钢铁镶边的桶身，半边屁股上留下了一条疼痛无比的冻伤。她连忙跑进小屋，靠着汽油炉取暖。她站得太近了，另半边屁股又留下了一道烫伤。这肯定创下了一项纪录。

距离我们的出发日期只有两周了，我们夜以继日地工作，频繁造访那间当厨房用的小棚子去取热茶壶。我们在强风中能在外面坚持大约一小时，然后就要撤到屋内解冻。当30节的风刮起来，20分钟就是极限。

奥利弗和查理负责准备我们的新吉杜雪地车。它们比土拨鼠轻得多，由一台640 cc二冲程发动机提供动力，通过手柄转向，同时控制前方一个短短的滑雪板。吉杜是雪地旅行者的摩托车：它们缺乏恶劣条件下的防护设施。与此同时，我练习在28节风速和-45℃条件下使用经纬仪，这是这个时间段的常见天气状况。

一天晚上，观测一颗星就用了1小时50分钟。在英格兰，我会在25分钟内观测十几颗。我的眼皮粘在金属镜圈上，鼻子破裂了，这是冻伤的最初症状。如果不巧将气呼在镜圈上，哪怕为时很短，它也会冻结；如果再用裸露的手指擦拭镜头，还会引起血液循环问题。每次我打算扭头，下巴上的胡须都会被冻住，拉扯一下，眼睛就会流泪，眼皮上会结更多的冰。我坚持了整整一周，因为我在北冰洋上的定位能力，无论是利用太阳还是星星，对我们的生存都将至关重要。四秒的角度误差就会让我们的方位偏离一英里。

我们需要将所有在格陵兰和北冰洋上的训练拍成清晰的照片并制作成一部合适的电影，而且我是团队里唯一做过拍摄工作的人，我必须用照相机和摄影机拍下所有活动。因此，如果查理踩穿了海冰并大声呼救，或者奥利弗遭到北极熊袭击，我将需要时间（在营救他们之前）打开小心保存的相机，记录下整个事件。用他们的设备现场拍摄清晰的照片和电影，是让现有赞助商开心和赢得新赞助商的重要途径。

我被赞助了一台结实耐用的尼康F2照相机、一台波莱克斯16毫米摄像机和大量柯达胶卷。这两台相机都曾被赞助商进行过全面防冰处理，但是-40℃戴着连指手套更换胶片夹，也是一项艰巨的任务。我发现柯达克罗姆2代胶卷是迄今为止在冷天最好用的胶卷，因为它的醋酸被冻硬后耐开裂性最强。夜晚帐篷内有温暖的湿气，我总是把两台相机放进密封塑料袋内保持干燥。

每天早晨，一到外面，我就将光圈设为f5.6，焦距设为无限远，闪光序列设为"闪灯补光"。因为太阳连续24小时一直在近乎同一纬度上转圈，光线值一整天几乎都不变化。我只用锂电池，这是冷天最好用的电池。在发条摄像机上，我将拍摄速度设定为每秒24帧，为寒冷减缓发条转速的情况留出余地，免得我们像查理·卓别林电影里的角色一样走路。

我们于3月1日出发，沿着营地西边的海岸线走了五英里，然后驾车上到海冰上面，准备穿越黑崖湾（Black Cliffs Bay）。走了一英里，我们冒着-51℃的气温安营扎寨，两人用一顶帐篷。杰夫试图发一条信息给后方的金妮，但他的莫尔斯码发报键冻住了，而且呼出的气体直接冻在他的话筒细金属网里面。后来，他试图将绕成圈的同轴主电源电缆拉直，电缆竟然断裂了。第二天早晨，经过了一个令人难忘的糟糕夜晚，没有一辆雪地车能发动起来。

在接下来因机械故障耽搁的四天里，我们全都体验到-50℃的帐篷生活。这是对未来有益的教训。杰夫发现极寒天气特别难熬，他情绪不高，驾驶雪地车时六根手指竟然冻僵了。当时，他戴着丝质手套、羊毛手套、又沉又厚的长手套和厚厚的真皮外层连指手套，但麻木还是很快变成了冻疮。我们一瘸一拐地回到基地，杰夫明显疼得厉害，玛丽给他打了一针镇静剂。依靠拼凑成的雪地车加热系统，我们于3月8日再度出发,但这次没有带杰夫。

夜晚寒冷的折磨如此痛苦,大家不吃安定片就无法入睡。钻进睡袋后两三小时,情形尚可忍受,但随后新陈代谢将开始参与晚餐消化过程,四肢内循环的血液量将减少。此时帐篷里的人必然会蜷缩成一团,呈胎儿形状。英国特种空勤团医生的笔记告诉我们,无法避免的颤抖会让我们每个人在一夜之间平均损失2000卡路里的热量。每次一醒来,我都要花几分钟用一只脚搓另一只脚,生怕脚指头冻伤,这可是冻疮的早期阶段;而且,有件迫不得已的事让我非常苦恼——通常睡眠时间过了差不多三分之二的时候,就得撒尿。医生建议说,每个人的睡袋里都应该放一只尿壶,只要勤加练习,使用时就不会尿湿床铺,除非是女性。对于女性则未给出任何建议。很明显,夜晚的寒冷促使大脑命令身体排出细胞中多余的液体,进入膀胱以备排泄。

尽管夜里我从未感觉到丝毫温暖,但根据医生的笔记,平均每个夜晚我都要损失整整一品脱[1]的水分,通过汗液排进睡袋。格陵兰岛要暖和很多,我们已经第一次注意到出汗问题,但是后来匆匆忙忙,竟忘记订购能隔水汽的内衬。我发誓回去后要马上采取补救措施。

海冰一开始只是轻微开裂,连续四天我们都顺着海岸往西走,纬度在慢慢升高。在一座名为艾伯特·爱德华兹海角(Cape Albert Edwards)的山上,我选定路线朝北走。在陆冰与不断移动的海冰相接的地方,通常存在绵长的开放水域,即便在冬天也是如此。我们正好赶上了一个异常寒冷的年份,即使满月涨潮挤裂了许多浮冰,这些水域仍保持封冻状态。

挑选合适的地方露营,并不是一项随便的任务。多年浮冰是最佳选择。海冰的生长速度为一年两三英尺,三年的老浮冰已经过了成熟期。在有经验的人眼里,它们开始显得饱经风霜。寒风已经磨平了凸出的冰块,浮冰表面通常可提供平整的露营区,而且表面冰层的大部

---

[1] pint,一品脱约为568毫升。——译者注

分海盐都已被经年的夏季阳光滤出了。[1]如果选择了糟糕的露营点，帐篷里带咸味儿的咖啡或者茶水将立即招致谴责。

一周以来，我们都在奋力穿越第一批冰脊——碎冰块堆成的冰墙，许多冰脊超过20英尺高。沉重的雪橇翻了，雪地车也翻了。我们掉进齐腰深的积雪里，用重斧为车辆辟出通道，挥铲数小时堆成雪坡，气温-52℃，但是我们却裹在毛皮大衣里冒汗，休息时又感到阴冷钻透衣服和骨骼直达身体最核心部位。白天我们渴望得到帐篷的保护，但到了晚上，躺在睡袋里失控地颤抖，我们只希望重新活动起来。

奥利弗写道："多么糟糕的一夜！我必须先把冻得坚硬的睡袋解冻，睡袋连拉链都冻住了。炉子生不起来，帐篷里冷得难以忍受。炉火生起来后，烟雾又直刺我们的眼睛。我抖了一整夜，醒来发现鼻子冻伤了。我恨这个鬼地方。天气异常寒冷，我的双手也不听使唤了。疼痛难以形容，一刻也不消停，我根本无法入睡。"奥利弗很痛苦，大家都很痛苦，但没有早期欧洲探险者那么遭罪，他们在四个半世纪里，在时而如同地狱般的航程中，一步步朝北方走，最终到达阿勒特所在的纬度，甚至更远。

所有通过海路开拓北极的水手，无论来自政府海军还是乘坐捕鲸船，他们的故事都可以写成一本书。对前往北极的陆路和水路的旅程的描述也是如此。那些令我印象最深的可追溯到17世纪：自从那里的挪威殖民者不明不白地消失以来，人们重新登上了格陵兰岛的海岸。许多后续航行不断向前推进，永远在寻求填补已知地图上的空白，尽

---

[1] 海水结冰过程往往发生得很快，这就会使一些盐分以"盐泡"的方式保存在冰晶之间，由于存在着重力作用，海冰冰晶间的盐泡并不是静止不动的，而是会在冰晶的缝隙间向下移动，所以海冰的顶部没有底部味道咸。气温升高时冰晶就会融化，这时候"盐泡"会互相连通，把盐汁慢慢地排出体外，这也是海冰表面会有无数小孔的原因。海冰一点点地排着体内的海盐，许多年后，海冰就真正变成了淡水冰。——译者注

管会遭遇各种可以想象到的困难，尽管他们知道有那么多的前辈都曾在冰冷的北冰洋里消失得无影无踪。

最著名的挪威探险家弗里乔夫·南森（Fridtjof Nansen）总结了北极探险早期的情景：

> 在其他航海国家冒险驶离海岸线之前很早的时候，我们的祖先就曾沿各个方向横穿辽阔的大海，就曾发现过冰岛和格陵兰岛，就曾在此殖民。
>
> 挪威人的精力现在越来越不济，几个世纪过去了，探险者才重新探索北方的海洋。此时已是其他国家，尤其是荷兰和英国，在担当开路先锋。
>
> 虽然到处都是冰，但人们认为这片辽阔的海洋一定藏在冰下。于是在15世纪末人们首次提出一个想法：相信存在一条无冰的东北和西北航道，通向富庶的中国或者印度。这一想法在日后反复出现。
>
> 英国已经成为世界上最强大的航海国家，在很大程度上，它必须感谢这些奇思妙想。

几个世纪以来，英国不断派遣探险队北上，寻找一条捷径与神话般富庶的中国开展贸易。他们认为，如果找到这条路线，他们的航程将远比绕道南非顶端更经济。起初，他们集中力量朝东北方航行，越过挪威和俄罗斯国土的最北端，寻找东北航道。

约215名伦敦商人，在著名的塞巴斯蒂安·卡伯特（Sebastian Cabot）的领导下，资助了两次探险。三艘轮船于1553年开始向北航行。其中两艘由休·威洛比（Hugh Willoughby）爵士率领，在今天的摩尔曼斯克（Murmansk）附近的科拉半岛（Kola Peninsula）上越冬，渔夫们最终发现了两艘船上的船员。63人全部死亡。他们报告说："船员被冻死的样子非常怪异，他们发现有些人正在座位上写字，笔还拿在手里，纸就摆在面前；另一些人坐在饭桌旁，手里拿着盘子，嘴里还含着勺子；还有一些人正在打开柜子，其他人呈各种姿势，如同雕像一般，仿佛他们就是以这种姿势被调整好后放到船上似的。"

第三艘船，在领航员理查德·钱塞勒（Richard Chancellor）的指挥下，抵达白海沿岸某个地方，他从那里经陆路觐见了沙皇，并于1555年成立了一家叫作莫斯科公司（Muscovy Company）的合资贸易公司，该公司在接下来25年里组织过多次航行，但一次也没找到东北航道。

在同一时期，荷兰人也派出了三支航队，由领航员威廉·巴伦支（Willem Barents）率领，目的与莫斯科公司相似。第三次航行前进到比所有其他航队更往北的海域，到了北纬80度，并发现了斯匹次卑尔根岛。可惜轮船沉没，巴伦支死亡。在此之后，荷兰人将商业重心转为绕道好望角向南航行，将搜寻东北航道的任务留给了英国人，但威洛比悲剧发生后，英国人的目光转向在加拿大和格陵兰之间寻找风险显然更小的通往中国的路线。到16世纪末，他们集中精力向西航行，从英国抵达北美东北侧，然后向北向西寻找一条越过加拿大顶端的线路，这就是所谓的西北航道。

伊丽莎白女王挑选船长，寻找传说中的通往富庶东方的路线，结果选中了马丁·弗罗比舍（Martin Frobisher）。在青年时期，弗罗比舍曾被授权（"真正的不法海盗"无此授权）抢夺英吉利海峡和其他海域内法国人经营的轮船。据说他会掠夺所有国家的船上所有值钱的东西，包括他自己国家的船。女王为他购买了两艘35吨级的轮船并配备了船员，莫斯科公司也为这次航行向他颁发了执照，该公司赞同女王常备顾问汉弗莱·吉尔伯特（Humphrey Gilbert）爵士提出的这项雄心勃勃的计划，汉弗莱是沃尔特·雷利（Walter Raleigh）爵士的同父异母兄弟。弗罗比舍于1576年发表了《关于发现通往中国新航道的论述》，这是一本有关该项探索的非常乐观的计划书。同时发行的还有一张地图，展示了北美洲北端周围的开放水域。

女王亲命著名侍臣约翰·迪伊（John Dee）向弗罗比舍简要介绍了航行计划，并且告诉他，此次航行的主要价值在于确立对新发现的陆地的所有权，这将巩固女王拥有北美北部土地的历史性权力。拟定相关文件的约翰·迪伊，今天被誉为大英帝国这一概念的发明者和大英帝国法律基础的奠定者。

弗罗比舍于1576年启航，但不幸的是，吉尔伯特和迪伊给他的地图中有一张充满了地理错误，导致这次航行产生了各种错误的说法。所以，当他看见格陵兰岛时，他以为自己只是见到了那座由15世纪航海界臭名昭著、诡计多端的芝诺兄弟船长命名的弗里斯兰岛（Friesland）。其实弗里斯兰岛根本不存在。实际上，弗罗比舍看到的是位于巴芬岛南端外海的雷索卢申岛（Resolution Island）。他继续向北航行了150英里，进入一个他认为是此行目标西北航道的入口。但是这条航道其实只是一条死水湾，现名为弗罗比舍湾。由于他没有走到底并确认真实情况就折返了，他相信并声称自己发现了一个通向中国的理想航道的入口。

在那里他们遇见了一群爱斯基摩人，弗罗比舍送给他们各种小饰品、镜子以及手铃，他们则主动提出引导船只进入一个良港。轮船上唯一的小船，载着五名船员，跟着爱斯基摩人的皮艇驶出了视线，而且再也没有出现过。弗罗比舍设法将一名落单的爱斯基摩人引诱到船上充当人质，但15天过后，无论是其他人还是失踪的手下，没有一个人现身，弗罗比舍只得开船返回英国。

一个叫洛克（Lok）的商人曾部分资助过这次航行，他从丢了小船的弗罗比舍那里只得到了一种东西，可以作为从那片未知土地上收获的纪念品：从一个爱斯基摩人那里搞到的一些黑色的石头。一位伦敦炼金术士告诉洛克，这些石头是金矿。于是，他急忙委托弗罗比舍带上一批新船员，包括120名矿工，重新回到他遇见爱斯基摩人的地方。他被命令要尽可能多地弄些黑石头，不要花时间去探索海道。

1577年这次远航，弗罗比舍真的踏上了格陵兰海岸，对他以及对整个英国来说都是值得骄傲的大事，他要是知道真相该多好啊！接着，他又回到小水湾里，将200吨黑色的"黄金"装上了船。回到伦敦后，整个城市都染上了淘金热，女王欣喜若狂，封弗罗比舍为爵士，命令他立即进行第三次航行。他这次带上了女王陛下海军中最好的15艘船，而且还有一个次要目的：除了运载更多的矿石，他还要留下100名殖民者、一些预制小屋和三艘船。

1578年再次出行，弗罗比舍中途驶入了另一条航道，即现在的哈得孙海峡（Hudson Strait），但在察觉到错误后，还没进海峡就立即掉头，因此他错过了发现哈得孙湾的机会。后来风暴袭击了他的舰队，吹翻了其中一艘，迫使他们载着1000吨矿石迅速撤回英国。由于在风暴中损失了小屋和食物，也没能留下殖民者。

等弗罗比舍回到伦敦时，炼金术士们已经得出了结论：他的第一批矿石根本不含黄金。洛克被投入大牢，普遍的看法是，他被最初那位炼金术士给骗了，术士是西班牙人，因此被怀疑是天主教间谍，目的是让英国新教女王遭受重大经济损失。这是早期阴谋论的一个极好的例子。弗罗比舍本人不知为何却避免了名誉扫地，并继续指挥最大的英国战舰，参与了击败西班牙无敌舰队的海战。

英国，新土地的最大声索国，却从未声称拥有格陵兰岛。当时的丹麦—挪威政府对弗罗比舍航行迅速做出了反应，他们雇用一名英国航海家在1579年进行了一次远航，宣称这片土地归属丹麦—挪威政府。但由于风暴和寒冰，行动以失败告终。

1586年，捕鲸船船长约翰·戴维斯在弗罗比舍湾北部发现了一条充满希望的向西的小水湾，并沿着格陵兰岛西海岸成功到达以往任何航行都未曾到达过的北部。就像他之前的弗罗比舍，他发现的小水湾也被证明是条死路，但他却在历史上留下了印迹：他遇见并在后来描述了格陵兰岛爱斯基摩人，并推动拉布拉多海及其海岸线成为一处丰富的渔场。他探索的那片海域，位于格陵兰岛西海岸和巴芬岛之间，后来被命名为戴维斯海峡。

在当时许多令人难忘的地狱般的航行中，有几次是丹麦-挪威国王克里斯蒂安（Christian）资助的，他派出航海家探索格陵兰岛西海岸寻找白银。其中的一名航海家詹姆斯·霍尔（James Hall）竟然干起了一项副业：绑架爱斯基摩人，拿他们当大众杂耍中的展品。在霍尔远航中，好几个丹麦人和一些爱斯基摩人死于非命。与走跳板[1]相反，哗变船员被单独放在岸上遭到遗弃。最终，一个爱斯基摩人在1612年用刀杀掉了霍尔。

挪威人延斯·蒙克（Jens Munk）也受克里斯蒂安国王派遣，出去寻找航道和土地。蒙克于1619年到达哈得孙海峡。在哈得孙湾西海岸越冬时，船员们患上了坏血病。蒙克写道："所有肢体和关节都悲惨地抽缩在一起，腰部疼痛难忍，就像有一千把刀在捅刺。身体同时变成了蓝褐色，仿佛被打青的眼圈，全身疲弱无力。口腔也悲惨至极，牙齿松动，吃不下任何食物。"

手下人一天天相继死亡，在冻土里安葬遗体也很费力。接着，外科医生也死了，真是雪上加霜。后来，大家虚弱无力，挖不动坑了，就把尸体留在了船上。最后，只剩下蒙克和另外两个人。他们开始吃浆果，竟然奇迹般地恢复了体力。他们想办法把船重新开到海里，把尸体从船上扔下去，返回了丹麦，总共损失船员61人。

此时，英国正从和西班牙的几十年海战中恢复元气，而且正在将注意力转向更加和平、商业利益更大的目标。为了与东印度展开贸易，1600年成立了东印度公司。为了缩短航程，避免绕道非洲，迫切需要找到一条更短的北方航道和一条到达中国的捷径，从而避开荷兰军舰。

1610年，亨利·哈得孙（他从客舱服务员开始做起，靠努力一步步升到船长）受伦敦商人们委派，专门寻找进入哈得孙湾的入口，该

---

[1] 海盗处死俘虏的一种手段，将俘虏的眼睛蒙上，强迫他顺着伸出船舷外的一块木板往前走，直至掉进海里丧命。——译者注

入口被认为是通向北方航道的门户。他驾船驶入了哈得孙湾并沿东岸直下，结果发现其南部边界不存在可能的出口。又是一条死胡同。手下的船员们发生叛乱，最后将他连同他七岁的儿子，还有几个生病的船员一起扔到一艘小船上，让他们自生自灭。在驶出哈得孙湾途中，船员们遭到爱斯基摩人袭击，多人丧命。最后由罗伯特·拜洛特（Robert Bylot）驾船回到了伦敦。

但是还有一线希望，就是在哈得孙湾西侧或者北侧的某个地方，可能会有一条西向的海峡，通向北方航道。1612年，托马斯·巴顿（Thomas Button）被派往北方，罗伯特·拜洛特作为顾问同行。他们顺着哈得孙湾西岸向北航行，经过一个多人丧生的冬天之后，到达了哈得孙湾的最北端——南安普顿岛。

1615年，拜洛特被再次派往哈得孙湾，威廉·巴芬（William Baffin）担任领航员，他是当时最熟练的航海家。最重要的是，他们这次远航首次驶入南安普顿岛以北，而不是向南驶入哈得孙湾。在去路被海冰阻塞之后，他们便掉头返航，巴芬认为通过哈得孙海峡进入北方航道是一件没指望的事，最佳路线一定是沿着戴维斯海峡，循着格陵兰岛西岸往北航行更远一段距离，然后再折向西行。当巴芬和拜洛特于1616年再度返回时，两人真的这样做了。他们很快就越过了戴维斯曾到达过的最北点，驶入后来所称的巴芬湾（Baffin Bay）。他们发现了三条很有希望的海峡，每条都是西向或者西北向。他们将其自西向东分别命名为兰开斯特海峡（Lancaster Sound）、琼斯海峡（Jones Sound）和史密斯海峡。

200年后，兰开斯特海峡将被证明是通向北方航道的最佳线路的起点，尽管整条线路像是座迷宫。但巴芬和拜洛特发现海冰堵住了进入所有三条海峡的通道。他们返回多佛尔（Dover）以后，由于未能找到北方航道，再加上伟大的巴芬悲观地认为永远也不可能找到这样一条航道，结果在接下来的200年里，利用航海探险寻找北方航道的活动全面终止。人类对寒冷地区的了解一直在缓慢——极其缓慢地——

扩展，但是船员承受了极大的痛苦，付出了惨重代价。

大多数船员只习惯在英国海岸周围航行，或者最多在南半球航行。他们对即将在北极海域经历的状况一无所知，对海冰的特点也很少了解。比轮船还大的浮冰可以全速前进，撞碎木制船体。浮冰可以像巨大的钳子一样，困住最坚固的船只，并让它们沉入大海。寒流冻住吊索，绝望的水手双手皮肤溃烂生满冻疮，无法驾驭船帆，危险迫在眉睫，已无法按常规作业。很快到1981年我就会发现，导航几乎不可能达到任何可接受的精确度，因为位置靠近北磁极（北磁极的位置又经常变化），而且冻雾常常遮天蔽日。

在多次远航中，坏血病都是可怕的杀手，许多（如果不是大多数）早期探险迟早都要面对一项决定：是逃离不断推进的海冰，还是冒着困守一个或多个冬天的风险留下。这些问题将继续困扰后来的探险队。

但是，在现在被称为曼尼托巴省的大陆地区，逐渐有人定居。位于哈得孙湾西岸中间位置的丘吉尔港成了哈得孙湾公司（一家毛皮贸易和矿产勘探公司，成立于1670年）的一个重要总部。哈得孙湾公司与海军一样急于寻找北方航道，先往哈得孙湾周边派出了许多考察船，后来又往北方派出了许多陆路和水路探险队，他们希望航道就在距离大陆北部海岸不远的地方。

1770年，哈得孙湾公司派遣员工塞缪尔·赫恩（Samuel Hearne）前往北方，一面寻找铜矿和毛皮，一面寻找航道。陪同他的是一大群印第安人，他们最终到达科珀曼河（Coppermine River），然后乘独木舟溯流而上。在距离海口八英里的地方，他们偶然发现了一处爱斯基摩人定居点，印第安人屠杀了此处所有的爱斯基摩人。

赫恩无力拯救不幸的遇难者。他后来描写了当天的惨状："我苦苦哀求饶她一命；但凶手们一言不发，只顾将两根长矛刺穿她的身体，将她插在地上。完事后他们严厉地盯着我，嘲笑我，问我是不是想娶一个爱斯基摩女人；那位可怜的姑娘就像一条鳗鱼一样在长矛上扭动，他们对极度痛苦的哀号充耳不闻。"

赫恩自己的未来也掌控在印第安人的手心里无法预知，他无法说服他们陪他走到真正的河口位置。他对河口位置的估计后来被证明偏出大约200英里，这会误导将来在这里探险的人。赫恩将大屠杀发生地称作血腥瀑布（Bloody Falls）。在自己的旅程中，我将会遇到许多东西，让我想起过去发生的事。

让我们快进到正在进行的1977年北极点之旅。严寒条件让我们遭遇到了此前在格陵兰岛上从未遭遇过的痛苦。一天早上，风速一直保持在45节，阵风达到了50节以上，风寒指数[1]为-120℃，大家眼睛里的天然液体不断凝结，因此很难在破碎的冰块中前行。

视野至关重要。前进意味着选择一条危险度最低的路线穿过碎冰堆和冰墙。先用斧头开劈出一条通道，我们才敢尝试着驾驶雪地车和雪橇朝北走。每开辟出一段路，我们都要爬上附近的一块冰板朝北张望。我总是希望看到碎冰地带突然结束，但我的希望总是落空。乱七八糟的一堆堆冰块，或大或小，一成不变地构成了整个180度视角。苍穹之下，惟余莽莽。

我们都害怕干斧头活，因为身上会出汗，后来衣服里面的汗粒变成了冰，一有动作，就像瀑布一样顺着内衣往下洒，让人冻得瑟瑟发抖。典型的一场斧头活（即清理出一条1500—9000英尺长的雪地车通道）需要持续9—11小时。

在北极点之旅的两个月里，我们包下的一架带滑雪板的双水獭飞机，共造访了八次。但是其他时候，我们入海太远，飞行员回到金妮那里时，总是闷闷不乐，报告说找不着我们。金妮每天在电台前坐十几小时，往往更久，她知道我们正在通过不稳定的裂冰区。她从未错过通信时间，当发生重大电离层干扰的时候，就连营地内的加拿大

---

[1] wind chill index，即风寒影响下的体感温度，有专门的计算公式。——译者注

无线电专家都无计可施，金妮仍会不知疲倦地调整天线杆上的天线方位，从一个频率跳到另一个频率，连续数小时呼叫她的识别信号，希望我们能接收到她的呼叫。在冰天雪地，我们完全依赖于她。在帐篷里听到她微弱的莫尔斯码信号，或者在通信条件尚好时听到她的声音，是一天中最幸福的时刻。

当初，因为意识到北极熊的危险，我们每个人都带着一支步枪，但很快就因为精疲力竭而放弃了。脚下一滑就会掉进积雪里，在这种情况下很难操作铲子和斧头。干起活来容易口渴，一整天都喝不上东西，大家只好吃雪球。有一次，我用斧头从一个大冰坨上劈下一块像棒棒糖一样诱人的冰块，把它塞进了巴拉克拉瓦帽[1]下面露出的嘴巴里。只听见嗞的一声，同时感到一阵刺痛。我连手套都没摘，连忙胡乱把它扒拉出来，只见上面粘着舌头上的皮肤的地方，已经染成了红色。我品味了一小时的鲜血味儿，舌头更是疼了好几天。"你应该多吃冰块，"查理评论道，"它能让你安静下来。"我们每天的口粮是两根玛氏（Mars）巧克力棒，每一根都会毁掉牙齿。等我们回到伦敦的时候，三个人竟然总共弄丢了19颗牙齿填充料。

帐篷里少了杰夫，我明显感觉到缺少了他身体的热量，但缺少了他的陪伴，这种打击更大。往常微不足道的事情都会变得极端重要起来。有些晚上，感觉一切都不对劲儿，自己都快要疯掉了。长时间躺在黑暗里，脑子里只想着我的眼睛。疼痛简直就是个活物。我用潮湿的手套按压眼球，但那种尖锐的颗粒物在眼皮底下滑动的感觉一直存在。拔牙、断腿，这辈子记得的任何事情，都没有"北极眼"这么疼。

一周后我就搬进了查理和奥利弗的帐篷。里面非常挤，但有了三个身体的热量，冷得也没那么厉害了。奥利弗手指的末端已经变黑，

---

[1] 巴拉克拉瓦帽发源于克里米亚地区的巴拉克拉瓦（Balaclava），是一种只露出眼睛和嘴巴的羊毛帽兜，供登山运动员和滑雪者在寒冷的天气围戴。由于能掩盖身份，也为行刑人员、特种部队，甚至恐怖分子和劫匪所佩戴。——译者注

除了小指以外，所有的手指都在一层层掉皮。冻疮揭掉了表皮层，露出了皮肤下面的嫩肉，深深的裂纹从指关节朝后延伸，在嫩肉上纵横交错。他的大部分机械工作都需要跟汽油和冰冷的金属打交道。我自己的鼻子和一只耳朵也冻伤了，只能仰躺着或者朝一边侧躺着睡觉。

此情此景，很难避免人们突然大发脾气，或者连续几小时生闷气。在伦敦的三年，以及在相对温暖的格陵兰的三个月，我们三人之间的关系如同田园诗一般，但北冰洋终结了那份和谐。新的压力开始在我们身上起反应。阿普斯利·谢里-加勒德（Apsley Cherry-Garrard）在描述斯科特的"冬季派对"时曾写道："丢失一块饼干屑，都会留下心灵创伤，这种感觉能持续一个星期。连最要好的朋友都会让对方心烦气躁，因为担心吵架，他们连续好几天都不说话。"

几周以来，我们一直都在朝北走，直到冰脊不再连绵不绝。我们开始见到扁平的像"煎饼"一样的冰，在上面走起来很省力，此时，思想上因小心谨慎而形成的老茧就会被刹那间的希望甚至是兴奋所冲破。我仍记得，海冰从身边飞掠而过，雪地车撞上冰墙后砰的一声落下来，那种激动与兴奋；我也记得，雪橇在身后如同活物般跃起，却没有侧翻，而是稳稳地落回到跑道上，真是感觉如释重负。

每当雪地车翻下坚硬锐利的冰板构成的30英尺高的陡坡，我飞出摔在几步远的地方，呛进去的风从肺里撞出来，脑袋埋在雪地里，护目镜塞得满满的都是雪。此时又不禁心生恐惧，我受伤了没有？还能继续前进吗？雪脊区和碎冰区最累人。如果雪橇翻了或者雪地车卡住了，我们三个人疲惫不堪、周而复始地喊着号子"一、二、三——拉"，把它们从积雪中慢慢拖出来、铲出来、拽出来。早餐只能喝咖啡，白天只能吃巧克力棒，一整天又渴又饿。我半夜醒来，发现体内的水分都快被吸干了，因为胃需要给脱水晚餐重新补水，结果我渴得心焦气躁，身边却无水解渴。

4月的第二周，浮冰首次显露出断裂的迹象。我们发现在-30℃，或者上下，如果没有风来搅动水体，海面将会在夜间冻结，其坚硬度通常可供人通行，但并非一直都可以。夜晚一阵吱吱嘎嘎、闷雷般的隆隆声过后，第二天早晨海面就会升起黄褐色的水雾，这是新解冻的开放水域的明确标志。连续几天，我们都在穿越无冰的水沟和漂着暗冰的湖面（暗冰是指新形成的暗灰色的松软冰）。只要气温保持在-20℃以下，冰面断裂造成的延误就只有几小时而不是几天，只要风不会导致浮冰进一步移动，开放水域肯定会重新冻结。

4月中旬，杰夫虽然指头上还缠着绷带，仍然参加了一次利用双水獭飞机进行的空投补给行动。他通过电台告诉我们："你们前后都存在大片开放水域。你们所在的小浮冰正在自由漂浮。"但一夜之间风向转变，浮冰又被吹到了一起，它们彼此碰撞，碎冰垒成了新的高高的冰墙。后来有人告诉我们，有些浮冰重达100多万吨。

风卷起冰面上的积雪，空气中弥漫着闪闪发光的冰颗粒。当云层遮住太阳，就会形成乳浊天气[1]，此时我们只能慢慢往前走，因为没有了阴影或视差，导航变得极其困难。直到掉进去才能发现冰里的洞；直到撞上去才能看见冰丘或者30英尺高的冰墙。我们让一个人拿着棍子先在前面探出60英尺的路，然后雪地车才能慢慢跟上去。在极地暴风雪中干斧头活非常危险，因为在砍下去之前，根本看不见斧头刃落在什么地方。我们都知道靠左或者靠右的某个地方有一条畅通无阻的路线，可以绕道向北，而且根本不用费这么大力气，但我们只能在垒得高高的碎冰中间劈路前进。

话一出口就被风吹走了，更多时候我们都是通过手语交流。周围的冰脊和冰墙就像巨大的风帆，鼓满了风，发出种种应急响应。浮冰在随之产生的应力作用下迸裂，看不见的裂缝发出怪异的隆隆声和断裂声，刺激着大家的神经。开放水域是黑色的，清晰可辨；但新结成的冰只有几厘米厚，很快就被风卷起的雪盖住了，成为威胁不知情者

---

1 white-out，一种发生在极地的天气现象，由于光线、风雪等，所有物体都失去了阴影和视差，在人眼看来，天地之间只剩下一片乳白色的混沌状态，此时极易迷路。——译者注

的陷阱。为了避免掉进去，我们只能拿棍子探路前行。

传统经验告诉我们，"白冰厚，灰冰薄"。但有一次我发现，这个说法并非每次都正确。当时我正在一块刚断裂不久的白冰上小心翼翼地朝前走。一开始，脚下的冰感觉就像海绵一样，后来感觉更像橡胶。突然之间，脚下的冰面开始动了起来，随即裂开了一条缝，黑色的海水迅速喷涌到浮冰上面，漫过我的靴子，全压在脆弱的新冰上。当海水上升到膝部时，脚下的冰壳终于完全裂开。我落水了！

在这种时候，过去所接收的信息，虽然此时看似不重要，但往往会在脑海中浮现：我曾读到过，全世界每年约有14万人被淹死。我还记得，两次世界大战中的水兵如果掉进了北海，平均只能存活一分钟。胖子存活得更久（我非常瘦），而且你还要尽量少动（为了浮起来，我一直在拼命划水）。

据我所知，在实验室进行的试验中，在-25℃的低温下，模拟海上坠机逃生的海军人员最多只能屏息37秒，在惊恐状态下，这个时间还要更短。在-12℃以下，皮肤内的冷受体被激活，从而引发人体的冷激反应，导致完全不可控的喘息，令肺部充满空气，如果在落水状态下，就会令肺部灌满水。

对于那些侥幸从水中逃脱却无从获得温暖避寒处的极寒受害者来说，死亡过程极其痛苦。首先血管开始收缩，它们通常是将暖血输送至冰冷四肢的导管。你的体毛（鸡皮疙瘩）徒劳地竖起来，妄图捕获更多贴近皮肤的空气。在我目前这种情况下，这些身体活动几乎没有任何作用。

从理论上来说，剧烈颤抖会产生热量，从而延缓体核温度下降，但这将消耗掉40%的最大身体运动能力以及一部分重要脂肪和碳水化合物储备。这一颤抖过程（引发严重低温）会一直持续到耗尽所有必需的能量，到那时，颤抖将慢慢减弱，体温将以更快的速度下降，脑电活动开始紊乱，我会进入昏迷状态并伴以心跳失速。心脏停跳意味着供氧断绝和死亡。在非常寒冷的条件下，实际不可逆的死亡时间将可能被推迟许多分钟。

冷水浸泡后的另一个异常状态通常被海洋救援专家称作"复温休克"。多人从沉船上跳进冰冷的海水中,那些穿衣服的将会幸存下来,而那些只穿内衣游动的人,在救生艇里也会幸存几分钟,但过不久,随着冷血从四肢流回到心脏,他们很可能会先后死亡。

儿童面临的风险更大,因为他们的身体和水面面积之比更小,这意味着他们丧失热量的速度更快。老年人经冷水浸泡后的死亡率也比较高,这是因为他们的代谢率更低。

人类在比37.2℃稍低一点的体核温度下健康生活。在35℃左右,他们开始不由自主地颤抖并变得"昏昏欲睡"。在33.9℃时开始丧失记忆,32.8℃时丧失感知能力。32.2℃时心跳开始放缓,30.6℃时开始出现严重低温症状:如果不能帮助复温,很快就会死亡。在所有的情况下,深度严重低温症状都与死亡很相似,但只有在体核温度被恢复到正常值后仍无法复苏的情况下,才能最终诊断一具尸体确实真的"走了"。俗话说得好:"只有在复温以后死亡才能叫死亡。"

瑞典滑雪者安娜·博根霍尔姆(Anna Bågenholm)就是一个典型的例子。1999年,她被困在冰下水中长达80分钟。体温一度降至13.7℃,这是在严重低温症患者身上记录的最低存活温度。尽管可以依靠小气囊呼吸,但根据救援人员记录,她在落水40分钟后血液循环就已经停止。就算救援人员以为她已经死亡而放弃救援,也应该能获得谅解。

再看看我自己的情况,也是泡在水中,而且越来越冷。我下沉得很快,只是头部没入水中的时间不会超过一秒,因为狼皮大衣里面存有空气,充当了救生衣。离我最近的牢靠一些的浮冰也有90英尺远。我喊叫其他人,但附近一个人也没有,更不可能有人路过。每次我试图爬到水下的一块冰壳上,都会把它压断。我连爬带抓,大喊大叫。在我不停扑腾的脚下是17000英尺深的海水,下方就是罗蒙诺索夫海岭之内的海沟。

我开始感到累了。脚趾发麻，手套里已经没有了任何感觉。下巴裹在大衣里，随着衣服变得越来越重，下沉得越来越低。我开始慌了。四分钟，也许五分钟之后，所有的逃生努力已经减弱成无力的狗刨运动。就在此时，让我欣喜若狂的是，一条胳膊恰好拍在一个坚实的大冰坨上，我连忙把胸部以上都撑到这块陈年老冰上，接着又把大腿和膝盖提了上去。我躺在上面喘息了几秒钟，谢天谢地，可是——一旦出了水——寒风又开始啃咬我的身体。当时的气温是-38℃，风速7节。而在-29℃、风速19节的情况下，暴露在外的干燥肌肉在60秒之内就会冻结。

裤子冻得噼啪作响。我试图活动四肢，但在已经湿透、正在上冻的大衣下面，它们就像混凝土般沉重。接下来的15分钟里，我迈着沉重的步子绕着雪地车转啊转啊，但就是发动不起来。手套已经冻住了，单根手指头根本动不了。

奥利弗顺着我留下的印迹跟了上来。他迅速做出反应，架起帐篷，生起炉子，又用刀割开我的大衣、手套和靴子。24小时过后，我穿着备用衣服，裹着一条人造羽绒被，大家又重新上路了。我能活下来委实幸运。很少有人能在北冰洋里长时间游动，还能在不被冻伤的情况下活下来。事实上，我的躯干和双手都包裹在动物皮下面，脚上又穿着厚毡靴，是它们救了我一命。

在4月的后半段，我们拼尽全力充分利用每一小时朝北走，除了在帐篷里，彼此之间几乎不说话。由于缺乏睡眠，大家都晕乎乎的。我们已经损失了体重和力气，活在一个白茫茫的由各种怪异的形状、刺眼的强光和坚硬的海冰构成的世界里。唯一确定的目标是北方，我们必须往北走。朝北走的每一分钟都令人满足，每一次耽搁都令人沮丧。

历史上，只有三支探险队毫无争议地成功到达北极点。截至4月20日，我们已经突破了瑞典人比约恩·施泰布（Björn Staib）、意大利人翁贝托·卡尼（Umberto Cagni）还有挪威人南森创下的纪录。到了月底,我们已经超越了除了皮尔里和三位极点征服者——美国人普莱斯特德(Plaisted)、英国人赫伯特、意大利人蒙齐诺(Monzino)——之外的所有人走过的行程。

4月29日,我们的行程突然被一条河流阻断,奥利弗将其称作"自动扶梯"。这是一条流淌着碎冰的2400英尺宽的河流,两岸一英里范围内,都是由半开放水坑和压缩煎饼状冰块构成的极不稳定的混合体,后者来自破碎的浮冰和冰壳。局部风暴肯定已经摧毁了这条碎冰河流周围的所有浮冰,因为各处的浮冰都没有餐厅里的饭桌大。冰板朝各个方向胡乱地倚靠着,正在断裂的浮冰发出雷鸣般的隆隆声,这更增加了我们的不安全感。一条由稀粥状的冰屑和冰泥形成的河流,以大约每小时两英里的速度从我们眼前横流而过,细看之下,才发现河对岸的一切也在从西往东漂流。

一开始我们试图乘坐查理携带的充气橡皮艇穿过"自动扶梯"。但一拨碎冰漫过橡皮艇的上游充气室,差点像火山岩浆一样涌进船里把我们给埋了。我们扎营等了两天两夜,等着河流上冻。最后,还没等它达到正常情况下的"安全"厚度,我们就沿着稀糊糊的河面走了过去。

每天我们都会遇到越来越多沼泽般的冰河以及由开放水域形成的蛛网般的裂缝。太阳射出的紫外线透进表层浮冰内部,将其变得非常松软,风和水流稍有压力就会产生反应。5月5日,我们越过了北纬87度,距离北极点只剩下180英里。

穿极漂流(Transpolar Drift Stream)拦住了我们。北极两大洋流——波弗特环流(Beaufort Gyral Stream)和穿极漂流——在北纬87度和88度之间交汇后又重新分开,导致海冰表面一片混乱,浮冰在某些地方被撕裂,又在另一些地方挤到一起,高达30英尺。5月7日,每隔上千英尺就会出现宽阔的沟渠和混合着雪与水的池塘。整片地区都在移动,在慢慢地旋转。就在这时,我的雪地车发动机的一个气缸垫片爆掉了,如果不空投补给,我们就没法继续前行。

大家找到一块安全的浮冰，在上面等着，心情越来越沮丧。与此同时，金妮软磨硬泡试图从最近的一架包机公司（在她南部600英里处）租一架滑雪飞机。等到三天后租机成功，温度却上升到了–15℃，岸边升腾的雾气导致飞机根本看不见我们。第二次尝试时才找到我们。等安装好新发动机，我们已经朝东南方向漂移了60英里，被一条六英里宽的雪泥带包围在中间。我们又等了一个星期，心急如焚地希望气温降下来。可是到了5月15日，气温竟然达到了0℃，我决定就此罢手。

随着包机把我们撤出浮冰又运回阿勒特，我们的资金也用尽了。在阿勒特，金妮从伦敦给我发来一份电报。查尔斯王子已经同意赞助这次环球探险。

回到伦敦的办公室，我们继续像以前一样开展工作，但北极之旅令我变得谦卑起来。这是我第一次探险失败。寒冷让我深刻认识了自己，也认识了他人。回来后不久，玛丽和杰夫就结婚了，接着便离开了探险队。玛丽作为金妮大本营伙伴的角色由一位名叫西蒙·格兰姆斯（Simon Grimes）的来自坎布里亚郡的年轻人接替。截至1978年底，我们拥有了1500名赞助商，还有60吨的装备分别存放在约克公爵兵营的各处地方。

1979年春，在900名支持者的见证下，查尔斯王子为环球探险召开了新闻发布会。他来到我们的双水獭飞机控制室内——飞机停靠在法恩伯勒（Farnborough）一处装备停当的雪地跑道上，宣布他之所以支持这次探险，是"因为这件事很疯狂，是很有英国特色的冒险事业"。为了赶在1979年9月出发，在许多志愿者的帮助下，我们整个夏天都在辛勤工作。安东为他的船招募了16名船员，并以一位富于冒险精神的祖先的名字将其命名为"本杰明·鲍林号"（*Benjamin Bowring*）。

7月和8月，我们为3000个重型箱子打好包并贴上标签，它们将被发往世界各地共18处远程基地。一年前，我生平第一次开了一个探险队的银行账户。在我们带着令人难以置信的大批装备、30名队员、一艘船和一架飞机,离开伦敦踏上110000英里长的旅程那天,账户余额仅剩下区区81.76英镑。

1979年9月2日午后,"本杰明·鲍林号"由查尔斯王子掌舵驶离格林尼治。王子祖母之弟蒙巴顿勋爵(Lord Mountbatten)刚在三天前遇害,所以他系着一条黑色领带。关于这次探险,查尔斯王子评价道:

>环球探险无疑是人类曾尝试过的同类探险中最具雄心的探险之一,其探索范围可谓亘古未有……尽管自从探险者在本世纪初首次试图到达北极点以来,世界已发生巨大变化,但自然和环境所带来的挑战仍然大同小异……最重要的是,人类所面临的风险仍未变化。它们直到今天依然还在,寒冷造成的冻伤以及体内脂肪的消耗,长时间的战抖,尤其是在晚上,出人意料的裂缝以及防不胜防的陷阱、薄冰……尽管自从人类首次踏上月球以来,十年已经过去了,但极地探险和研究仍然和以前一样重要。

码头上站满了人。我看见了杰夫,他正粗鲁地和奥利弗打着招呼,还有玛丽,一边笑一边哭。《纽约时报》的社论在"荣耀"这个大标题下这样写道:"英国人并不像有些人说的那样疲惫不堪。这支环球探险队,经过七年规划,离开英国踏上一段如此英勇的旅程,不禁让人怀疑日不落帝国的太阳何曾落过。"

第五章

登上极南之地

> 接着一个明星横空出世——他就是海军少将詹姆斯·克拉克·罗斯（James Clark Ross）爵士。他的名字将被永远铭记……他是世界上曾出现过的最出色的水手之一。
>
> ——罗阿尔·阿蒙森，《南极点：1910—1912》（1912）

我们那艘30岁的老船"本杰明·鲍林号"上的船员是一群非常出色的志愿者，对本职工作非常精通，无论总工还是大副，都是如此。船员包括贵格会教徒、佛教徒、犹太教徒、基督教徒以及无神论者，也包括非裔人、白种人和亚洲人。他们来自澳大利亚、美国、爱尔兰、南非、印度、丹麦、英国、加拿大、斐济还有新西兰。在三年探险期间，他们连一个子儿的工钱也拿不到。

伦敦领港公会（一家曾为哈得孙和巴芬等先驱者的早期北极探险挑选船员和主管的权威机构）的一名高级会员曾帮助安东挑选船员。我们的志愿者船长是一名退役后以养蜂为业的海军少将，他还种植玫瑰，但从未在冰海里指挥过船只。他叫奥托·斯坦纳（Otto Steiner），虽然起了个德国名字，但"二战"时却击沉了多艘德国船只。金妮也不是船上唯一的女性，因为安东挑选了一位名叫吉尔·麦克尼克（Jill

McNicol）的女大厨，后来安东和吉尔还喜结连理。

我们到达阿尔及尔后，奥利弗、查理、金妮和我，以及杰夫的继任者西蒙组成的陆路团队被留在了岸上，一起卸下来的还有三辆路虎车。当大家朝轮船挥手告别的时候，我们发现它离开港口后还继续倒着开，直到驶出视线以外。后来我们才知道，这是因为船上的挡位系统被卡在了倒挡上。

到达科特迪瓦后，差不多在格林尼治子午线的位置，我们重新与轮船会合，它又将我们向南送到了开普敦。船上冷藏室的电器在热带气候下发生故障，别人赞助的一吨鲭鱼全部烂掉。许多黏黏糊糊、恶臭难闻的腐烂物渗进舱底，连续几周船上都充斥着臭味。1979年距圣诞节还有三天的时候，我们离开了位于南纬34度的开普敦，一路朝南极洲进发。接下来我们要走至少2400英里行程才能到达大陆。

金妮的小狗布提，在船上各处都玩得轻松自如，它可能是船上唯一对船身极限侧倾完全不在乎的乘客，从开普敦以南开始一直到后来，轮船好像都非常偏爱这种侧倾运动。我们的船员中只有一位来自英国莱顿巴泽德（Leighton Buzzard）的平克·弗洛伊德（Pink Floyd）摇滚乐队的歌迷曾经在南极海域航行过，即使是他好像也觉得我们的船"晃得很厉害"。我们随时都有两个人站在船桥上观察"鲈鱼"——处于半潜状态的大冰块。为了寻求安慰，我特意拜访了安东所在的舱室。

"一切都好吧？"我问。

"你的意思是？"

"我是说船，"我朝下打了个手势，"船体……明白吗？"

"哦……"他明白了，"你知道，这还不算厉害，更厉害的还在后面。"接着他就和我说起去年另一支英国探险队的事儿，与我们处在同样的时间、同样的纬度。他们的船叫"前进号"（*En Avant*），与我们一样也是一艘加强冰级船，由著名极地水手梅杰·比尔·蒂尔曼（Major Bill Tilman）指挥，共有船员八名。就在达到冰面之前，这艘船竟然消失了，从此再未出现过。

"我敢打赌，"安东总结道，"他们是被大浪打翻了。这里到处都是滔天巨浪。"

世上所有海洋都在南极海域汇合，环形的南极海域本身又将南极洲与其他大陆隔离开来。这一环绕全球的风暴带滋生出强大的西风，由于没有大陆阻挡，随着你向南进入吼叫的40度（roaring forties）、狂暴的50度（furious fifties）和尖啸的60度（screaming sixties）[1]，将变得越来越令人印象深刻。

我们沿磁方位220度一路前进。12月末在南纬50度处，第一座冰山沿着垂直于船体的方向漂过。奥利弗通常手里拿着双筒望远镜和笔记本站在驾驶室翼桥上，此时他发现了黑眉和灰头信天翁、贼鸥、巨海燕、䴙和许多其他海鸟。

不久，一场八级暴风朝我们袭来。我们的船是钢铁结构，但它已经为澳大利亚人服务了很久，当时沙克尔顿时代最著名的澳大利亚探险家莫森（Mawson）还活跃在探险队伍中。仅仅60年前，沙克尔顿还乘坐着木壳船出现在这片海域。我曾见过斯科特手下的一名司炉工比尔·伯顿（Bill Burton），他对1910年那场重大探险仍然记忆犹新。

南部海域的巨浪拍打着我们。我发现最恐怖的时刻发生在船体侧倾最大的时候，船体要在那个位置保持一段时间，下一个大浪才会把它给正过来。有一天早晨，风暴很大，查理现身的时候脸上青了一块。原来他床边那只笨重的玻璃烟灰缸，装着满满的烟头，在一次疯狂的侧倾中正好砸在他脸上。

在船体中部靠近船长室的位置，安东挂了一只黄铜测斜仪，这个简单的小装置正是斯科特船长当年挂在"发现号"（Discovery）上的，这也是我们从当初那次南极航行中获得的唯一纪念物。圣诞节刚过，

---

[1] 南纬40多度、50多度和60多度由于频繁发生强大的风暴，所以在地理学界有如上称呼。——译者注

有一天，我们的一位甲板值班员，名叫赛勒斯（Cyrus）的印度军官正在掌舵，这时一个巨浪袭来，将"本杰明·鲍林号"撞得朝左右摇摆各达到了47度。圣诞礼品被冲得乱七八糟，布提侧躺着滑出去整整18英尺，那位海军少将差点把他的烟斗给吞了下去。所有人一起大喊"赛勒斯"！在接下来的三年里，每当"本杰明·鲍林号"遭遇到非同一般的巨浪，每当某个人自己泼了咖啡却要怪罪到想象中的浪峰或浪谷头上，可怜的"赛勒斯"这个名字就会像句脏话一样被大家骂出来，无论当时他究竟是在掌舵还是在铺位上打呼噜。

船上有几本关于海洋的书，我大致翻阅了一本，了解到有关波浪的几项基本事实。波浪的大小取决于风的强度以及风在海面上吹过的距离，后者被称作吹程。吹程短的时候产生碎浪，吹程长的时候产生大量涌浪。每30万个波浪中会产生一个巨浪，它比剩余其他波浪约大出四倍，最大的海浪发生在大西洋至南非南部海域——正好就是我们所在的海域。军舰上曾记录过高度超过120米的大浪。水手们都熟悉一种叫作"合恩角白胡子"的大浪，其长度可以超过2000英尺，高度可以超过100英尺。它们的速度可以超过每小时30英里，远远超过轮船的航速。轮船在遭遇到如此大浪后，如果舵手一时不留意，很可能就会造成轮船倾覆。

在距离南极洲海岸线约800英里的地方，大约在南纬50度和60度之间的位置，存在一种最引人注目的特征：两种完全不同的海水水体在这个约30英里宽的区域内汇合。这条所谓的南极辐合带尤其令海洋学家感兴趣，我们船上的两名科学家也不例外，当我们通过这个异常地带时，他们看着拖网里的东西口水都要流出来了。

来自太平洋、大西洋和印度洋的海水到了这个纬度后将从7℃左右冷却到仅剩2℃。大密度的冷水下沉，从北方来的暖水上升，将各种各样的海洋生命形式携带至洋面，包括藻类、浮游生物和各种微生物。因此产生的丰富营养物质养活了数十亿只磷虾，后者又养活了大约3500万只海豹、7000万只企鹅以及无数的鲸鱼、鱼类和海鸟。光是海鸟每年就消耗近800万吨磷虾。船上的科学家每天都在一名负责操作绞车的船员的帮助下,用拖网捕捉浮游生物。利用深海温度测量器,他们获得了海水深度与温度曲线图。再配合盐度测量值,他们能确定大型水体运动。他们的目的是研究洋流模式以及水体在亚热带和南极辐合带的相互作用。这些洋流的行为与状态会影响浮游植物的生存,进而影响它们的捕食者——包括磷虾在内的浮游动物的生存。

克里斯·麦奎德(Chris McQuaid)是船上的两名海洋学家之一,他给我看一罐海水,放在拖网里只拖了十分钟,里面就挤满了微小的甲壳类动物。他用手指着辽阔的灰色洋面说:"这里是世界上物产最丰富的海洋。对一名科学家来说,它的丰富性和多样性是无法抗拒的。磷虾很可能被证明是人类的一种重要食物来源,它储量丰富,可以上千吨地捕获。目前,已有多个国家建立了商业磷虾捕捞产业。"

他用一根指头敲了敲装满黏糊糊的海洋生物的罐子。"不幸的是,近代有很多先例,说明商业利益放任自流、忽视简单的自然法则所造成的恶果。在这里,我们拥有价值不菲的蛋白质来源,而且利用现代化手段,非常容易获取。可能只需要几年时间,这种资源就会被开采到稀缺状态,甚至灭绝。"

他越说越起劲。"磷虾是构成南极海洋生态系统的庞杂食物链的中心环节。过多捕捞磷虾会危及鲸鱼、海豹、海鸟和鱼类。如果人们争相开采这一新食物源并利用它获利,商业利益就可能造成严重破坏。"

说到重点处,克里斯的爱尔兰口音更重了。"除非我们研究人员能掌握所有事实,否则就无法为控制措施提供令人信服的论据。但是,我们在人力、资金和机会上的资源都很有限,不像那些磷虾捕捞者。他们背后的支持者,依靠捕捞利润和人类的需要,赚得盆满钵满。因此,'本杰明·鲍林号'的这次航行是一次天赐良机。"

船上的科学家告诉我们,在各类磷虾中,仅仅一类"南极大磷虾"(*Euphausia superba*),它的生物量(大约5亿吨)超过了地球上包括人类在内的其他任何一种动物。

我们所有人都开始觉得"本杰明·鲍林号"就像自己的家，随着探险活动经年累月地进行，这种感觉与日俱增。这艘曾经的"基斯特·丹号"曾在1953—1957年载着澳大利亚探险队来过南极海域。航程14000英里，推力1500马力，拥有可变螺距螺旋桨，其桨距和方向可通过船桥或者主桅杆上的瞭望台进行控制，瞭望台拥有良好的视野，可观测前方的浮冰。

我和奥利弗一起站到翼桥上，借他的望远镜观看似乎一直尾随着我们的众多信天翁。奥利弗对它们充满了敬畏。它们翼展长达3.5米，是所有海鸟中个头最大的。但它天生善于御风飞翔，使用最小的力量飘浮在风中。它们需要风速最少达到12英里每小时，因为如果风速低于这个值，它们就被迫扇动翅膀，飞翔就会变得费力甚至危险。它们将会掉到海面上，在下一阵足够强大的风吹过来之前，根本无法起飞。如果风向对它们有利，据研究者利用无线电标签证实，它们可以在33天的时间里飞翔9000多英里。它们的翅膀以及天生的御风本领是它们至关重要的资产。每根翅膀上的肌肉和构造使得它们能随着风的轻微波动而做出相应的调整。

有一周的时间，风主要都是从西面吹过来，但当我们快要达到浮冰区和海岸线时，东风却成了主导。两大风系相会的地方就叫作南极辐散带。

一旦进入真正的浮冰区，有时我们不得不完全停下来，这很令人担心，因为船上谁也没有突破南极浮冰的经验。继我们之后的一支英国探险队，名叫"追随斯科特"，乘坐和我们非常相似的一艘船，达到了同样的纬度，但浮冰聚拢了过来，挤碎了船体，几小时之内船就沉了。

澳大利亚有一个相当于英国南极调查局的机构，我有一本这个机构的领导人写的书，作者叫菲利普·劳（Phillip Law），曾于20世纪50年代在我们这艘船上（当时还叫"基斯特·丹号"）度过一段焦虑时光。他曾就如何以最佳方式穿过浮冰区提出过几条建议。两个因素至关重要：冰的类型和开放水域的数量。如果近旁存在足够大的开放水域以容纳它们，那么又大又沉的浮冰就可以推至一边。

可以用船在厚冰上撞出一小段距离，直到厚冰令船只完全停止。然后船向后退，接着再次冲击，再次撞出一小段距离。这套后退和冲击动作，如果使用得当将非常有效，但会耗费掉很多燃料。遇到急转弯时从浮冰中间直接穿过，可以进入狭窄水道。船依靠本身的惯性就能通过，或者将浮冰推到弯道处的水里。

如果要冲破覆盖整片区域的冰盖，就算很薄的浮冰都会让船只无法前进，因为此时船实际上是在推动一块数英里宽的冰面。破冰或者碎冰的厚度如果超过了一米，其产生的摩擦力就能令船停下来，尽管这些处在半融化状态下的冰乍看上去可以畅通无阻。这样的冰尤其危险，因为船刚刚驶过去，尾流就被冻住了，如果此时前进受阻，要想后退几乎是不可能的。

如果两条船舷是平行而非弯曲的，那么在冲破浮冰的过程中就可能会被它牢牢卡住。在过去，让船员们在左舷和右舷之间来回跑动，就能让船体晃动起来，从而摆脱浮冰。现代破冰船采用弯曲船舷并配有倾侧水舱和水泵，用于将海水快速从一侧输送到另一侧，效果和船员往返跑是一样的。

在重浮冰区，平静无风的天气（无论持续多长时间）都极为不利。水道无法打开，一旦气温下降，海水将快速结冰。如果船要保持静止状态，应该让船首正对海冰漂移的方向。遇到堆积冰，要躲避得越远越好，因为堆积冰意味着巨大的挤压力。而且，堆积冰一般也要比其他浮冰更厚更硬。在冰山附近的厚冰去停靠也不安全。

菲利普·劳就就有过一次船只被浮冰卡住的经历，当时浮冰正被60节的暴风驱赶着漂流前行。就在几英里远的地方有许多冰山，由于大部没在水中，所以受洋流的影响要比风更大，它们正朝相反的方向移动。结果人们发现一座冰山正以5节的速度朝船冲过来。幸运的是，经过半小时不断地前进后退，船终于摆脱了困境，当时的情景就仿佛一辆儿童玩具车停在一台全速前进的蒸汽式轧路机面前。

金妮和我住的舱室被设成了隔离室，以备不时之需。家具中有一个很重的钢制保险柜，里面放着药物。有一天早上，我们醒来一看，它已经被从一个角落抛到了正对着我们铺位的地方。当时我们肯定是睡得很沉。但自从进入浮冰区，海面立即平静了下来，除了船只冲撞海冰时产生的颤抖和摇晃，整个航程非常平静。

1980年1月4日，瞭望台发现南极洲白色的冰崖就矗立在我们正前方。我想起了那些并非为了商业利益而是为了冒险来到南极的前辈们。那些伟大的船长们先假定存在这么一个地方，然后竞相争夺发现它的荣耀。这段向南求索的历史，在某种程度上正好可以与寻找西北航道而向北求索的历史相提并论。

早在公元前5世纪，希腊地理学家就提出过一种理论，他们认为世界底部存在一片广大的冰雪区域。到了中世纪，地图制造商经常会在他们的地图上点缀一片南部陆地，他们将其称为"未知的南方大陆"。

在葡萄牙航海家恩里克王子的带头鼓励下，哥伦布、麦哲伦和迪亚士等航海家逐渐在15世纪和16世纪开辟出新的天地。1520年，费迪南·麦哲伦驾船绕过位于南纬52度处的美洲大陆最南端，58年后，弗朗西斯·德雷克（Francis Drake）又绕过合恩角，到达了创纪录的南纬56度。

18世纪中叶，三支法国探险队绕过南极浮冰带，发现了几座亚南极岛屿。1772—1775年，英国船长詹姆斯·库克驾船环游世界，正好从南极沿岸冰带的北部经过。库克的南极之行激发了诗人柯勒律治在《古舟子咏》（1798）中写道：

> 接着出现了薄雾和冰雪，

天气奇寒，冻彻骨髓；
如樯高的冰山从船旁漂过，
晶莹碧绿，色如翡翠。

库克是白手起家的好榜样。他父亲是农场工人，住在北约克郡一间两居室的小屋里，他是八个孩子中的老二。他在一家杂货店当伙计一直当到18岁，后来进入煤炭运输行业，将煤炭从惠特比（Whitby）运到伦敦。

沿英格兰东海岸向下一路上需要通过瞭望小心航行，还要了解当地的激潮、沙洲以及面对风暴时如何快速做出反应。17世纪90年代，大约两百艘船舶和1000名工人在运煤途中失事或丧命。每年都有上百具尸体被冲上海滩，这些都来自载着200万吨煤运往伦敦的沉船。仅在1738年的某一天的五小时之内，记录显示就有3000艘运煤船通过雅茅斯锚地海峡（Yarmouth Roads Straits）。

24岁那年，库克结束了学徒生涯并晋升为大副。到33岁时，他已经在指挥自己的运煤船了，但接着他却迈出了非同寻常的一步——加入了英国皇家海军。又过了两年，他成了一艘军舰上的高级准尉，随后青云直上并被选中领导一次国家级的重大远航探险活动，对于一个农场工人的儿子来说，这是一个不折不扣的奇迹。

英国政府派遣库克向南航行，因为他们决心要赶在法国人之前占据合恩角和南非以南的所有陆地。他驾驶"奋进号"（Endeavour）进行的第一次远征（1768—1771）非常成功，做出了许多新发现。他制定了严格的行为规则，在所有的长途航行中，只能吃鲜肉。虽然从未有过先例，但这却意味着他们不会患上坏血病。他不反对鞭打不守规矩的船员，但倾向于用不那么残酷的方式维持秩序。在"奋进号"上进行的为期三年之久的环游航行中，凭借一张天文表，库克成长为一名真正的专家级导航员。到了18世纪后期，新计时装置可以让导航员较为精确地确定经度，詹姆斯·库克领导的伟大南极航行就充分利用了这一点。1772年，当他被选中率领"决心号"（Resolution）进行第二次大航海时，他就采用了最先进和最新奇的机械表确定经度。

在1772—1775年的三年时间里，卓越的库克船长环绕南极洲航行，分别从世界的三个不同侧面朝浮冰区进发，试图找到那里的陆地。每次他都被极具杀伤力的自然条件击败，而每次他都坚持不懈。继在1773年首次穿越南极圈之后，他继续前进到南纬71度10分，这也是他向南航行的最远纪录。

当库克最终返回时，他击碎了英国政府占据任何有价值的南极陆地的希望。但是，他用来确定经度的机械表却被证明精确而高效，而且他通过吃鲜肉对付当时长途航行难以避免的坏血病的方法，也非常有效。发现新陆地后，先前报告的许多岛屿的错误方位也得到了纠正。

库克在一份报告中提到，在南部海域可以找到大量海豹和其他带油脂的动物。这一发现令早期的海豹捕猎船以及随后的捕鲸船纷纷涌往亚南极岛屿。在接下来的半个世纪中，它们先后到达这里。随着最佳海豹捕猎地的发现，它们先是慢慢来到这里；但当南极海豹捕猎变成一场大屠杀后，大家便蜂拥而入。躺在海滩上的海豹，无论雌雄都被乱棍打死或者枪杀。

很多时候，某处海滩的公海豹会极力防止"自己的"母海豹逃进海里。见此情景，海豹猎人便将公海豹留到最后再杀。动物尸体就在被杀的地方剥皮，幼崽会一直待在母亲尸体旁边，直到饿死。

如果一只公海豹攻击猎人，猎人就用棍子把它的一只眼睛打瞎。一位猎人在日记中残忍地写道："我们的解决办法就是把所有公海豹都打瞎一只眼睛。然后，看着这些好色之徒趴在海滩上，用仅剩的那只眼睛紧紧盯着它们的女伴，而我们的水手就在它们瞎眼的一侧和水面之间来回穿梭，它们却看不到，这真让人忍俊不禁。"

截至1822年，据詹姆斯·威德尔（James Weddell）估计，仅在南乔治亚岛（South Georgia Island）一地，继库克之后的毛皮海豹猎杀活动就捕杀了"不少于120万只海豹"。他指出:"这种动物,现在几乎绝迹了。"其他不常被猎杀的海豹,包括杀手海豹或者豹形海豹,它们吃企鹅和其他海豹,并取代了鲨鱼的位置,因为南极海域没有鲨鱼。以磷虾为食的食蟹海豹被早期的捕鲸者弄错了名字,因为南极海域并没有螃蟹。这类海豹未被大量捕杀,时至今日,已成为地球上数量最多的海洋哺乳动物。以鱼和鱿鱼为食的威德尔海豹是海豹猎人的最爱,它们在海底进食,往往需要下潜400米,在水下停留一小时或更久。

最著名的美国海豹捕猎船长纳撒尼尔·帕尔默(Nathaniel Palmer)曾在1820年评论说,一条非常小的海豹捕猎船"英雄号"(Hero)在短短的一个月内就猎取了50000张毛皮海豹皮。同一年还爆发了不同捕猎船之间的恶斗,因为所有猎豹船都声称有在同一片海滩捕猎的权利。美国海豹捕猎船"小猫号"(Kitty)上的托马斯·史密斯(Thomas Smith)曾记载道:"他们经陆路来到我们的海滩,屠宰了8000只海豹。我们队长发现他们如此厚颜无耻,立马上前抓住了对方队长,防止他们继续实施他们的邪恶意图。这一行为立即让各方陷入混乱,引发了一场全面的血腥大战,导致多人严重受伤。"得到库克船长的消息后立即行动的猎豹船大多数都是美国船,很大程度上是因为当时的欧洲国家就像往常一样正在打仗。一个例外是澳大利亚的猎豹船长,他于1810年占据了麦夸里岛(Macquarie Island)。

有好几个人声称是自己第一个发现的南极洲。第一个是英国人威廉·史密斯(William Smith),他声称在1819年发现了南设得兰群岛(South Shetland Islands)。第二个是爱尔兰人爱德华·布兰斯菲尔德(Edward Bransfield)。不久,美国人纳撒尼尔·帕尔默提出了自己的主张。1820年1月28日,俄国人撒迪厄斯·冯·别林斯高晋(Thaddeus von Bellingshausen)船长也在日记中声称自己发现了南极洲。根据今天的南极史料,大家普遍认可俄国人的主张,因为他们第一个到达南纬69度21分,仅仅比布兰斯菲尔德和史密斯提前了两天。

当时还有许多其他猎豹船分布在南极海域，他们很可能以前也见过南极洲或者亚南极大陆，只不过未曾声张而已。只要发现一处未经开发、海豹数量众多的海滩，船员们就会发誓保守秘密，航海日志被命令烧毁，所有位置信息都要由船长严加保密。

别林斯高晋船长的探险队到过澳大利亚南部的麦夸里岛，他发现库克船长在40年前报告的海豹聚居地已近灭绝，于是猎豹人员转而开始捕杀海象。他描述了自己在岛上见到的情景：

> 其中一位猎豹人跟着我们。他随身带着一个猎杀海象的工具，就是一根四英尺半长、两英寸厚的棍子。棍子顶端做成了哑铃状，直径有四五英寸，外面裹着铁皮，上面插满了尖钉。当我们走近一只沉睡的海象时，猎豹人用他的这个工具朝海象的鼻梁上猛击了下去。海象张开嘴巴，发出一声响亮而悲惨的哀鸣，顿时失去了所有活动能力。那个人一边掏刀一边说："看到可怜的动物受苦，真是太遗憾了。"接着就用刀朝海象脖子四周捅了一遍。鲜血喷涌而出，形成一个红色的圆圈。海象沉重地呼吸了几下，当场丧命。被打晕的大海象则会被猎人用长矛刺穿心脏，当场杀死。

别林斯高晋首次发现南极洲一年以后，美国海豹猎人约翰·戴维斯首次真正登上了南极半岛，来自利物浦的海豹捕猎船"梅尔维尔勋爵号"（*Lord Melville*）上的11名船员在南设得兰群岛中的亚南极乔治王岛上度过了第一个冬天。

在接下来的四分之一世纪里，三支著名探险队创造了各种新的南极纪录：詹姆斯·威德尔（James Weddell）远航进入了威德尔海；约翰·比斯科（John Biscoe）完成了首次环南极航行；詹姆斯·克拉克·罗斯（James Clark Ross）发现了罗斯海（Ross Sea）和罗斯冰架（Ross Ice Shelf），确立一个新的"南部最远点"。

1823年，詹姆斯·威德尔率领英国猎豹船"简号"（*Jane*）首次进入一处海湾，他将其命名为乔治四世海，但现在已被称作威德尔海。他虽然从未看到过或声称看到过陆地，但是却轻松获得了新的南部最远点纪录（南纬74度15分）。在大多数其他年份，他可能会被浮冰挡住去路，但当时这种浮冰偶然间发生大量外泄，结果整个冬天那里都有一大片开放水域，或称为冰间湖。

另一位积极进取的英国猎豹人兼探险家约翰·比斯科船长于1832年完成了环南极航行，航行路线甚至比别林斯高晋还要靠南，他发现了一些新的海岛以及南极半岛上的一片新地带，将其称作格雷厄姆地（Graham Land）。他驾驶一艘小捕鲸船实现了环南极航行，是第三支做到这一点的探险队。

1839年，与约翰·比斯科同时代的约翰·巴雷尼（John Balleny）发现了新西兰南部遥远的巴雷尼群岛，当他最终返回英国时，碰巧在泰晤士河上遇见了皇家海军舰船"坚忍号"，于是便将他的完美南进路线（位于东经180度和170度之间）的细节告诉了时任"坚忍号"船长詹姆斯·克拉克·罗斯。罗斯已被海军部选定率领两艘船——"幽冥号"（*Erebus*，指希腊神话中阳间与阴间当中的黑暗界）和"惊恐号"（*Terror*），朝澳大利亚以南航行并定位南磁极。当时他因率领探险队首次到达北磁极早已负有盛名。

在20世纪70年代和80年代，我曾驾船到过北极和南极，并走过西北航道，当时定位用的是经纬仪，定向用的是磁罗盘。而现在，我只需按下卫星导航按钮。人们很容易忘记所有早期远洋航行所面临的严重问题和巨大危险。

罗斯于1839年启航去南极时，海军部决心解决的两大主要导航问题是：磁罗盘的误差，以及确定经度的困难。后一个问题正在通过钟表匠约翰·哈里森（John Harrison）的努力和德国人约翰·高斯（Johann Gauss）的磁力公式得以解决，两者在北半球的多次远航中都已经得到了检验，但却极少在极南大洋航道中接受检验，而在这片海域，世界贸易越来越需要安全的路线和精确的导航。

高斯公式的理论认为，南磁极应当位于南纬66度、东经146度的位置。如果可能的话，罗斯和他的两艘船将要定位南磁极。他抵达澳大利亚后才发现，他的竞争对手——来自美国和法国的寻找磁极的探险队——分别在查尔斯·威尔克斯（Charles Wilkes）和迪蒙·迪维尔（Dumont d'Urville）的率领下，已经于前一年沿着他公布的预期路线向南驶去。这可不是什么光明正大的行为。

罗斯的反应却很温和："我本来期望他们能在广阔天地中另选一片区域，而不是那个已经指明的地方（罗斯希望去的地方）……考虑到他们的行为已将我置于无比尴尬的境地……我立刻决定避免干扰他们的发现，选择更往东的一条子午线，沿着这条线努力向南前进。"

根据约翰·巴雷尼向他提供的报告，罗斯选择了东经170度子午线，巴雷尼就是利用那条经度线取得了相当大的成功，而且那条线上的大片开放水域也让他受益良多。没过多久，情况就变得明朗起来，威尔克斯和迪维尔的远航队并未确定南磁极的位置，这件事让伦敦的海军部乐开了怀。

1840年1月初，在浮冰区经历过多日风暴和大雾后，罗斯的船队在南部发现了开放海域。"在如此高的纬度下竟出现了如此大面积的开放水域，在我们看来前途一片光明。"船医麦考密克（McCormick）写道。1月底，他们将三只体型异常大的企鹅捉到了船上，后来这种企鹅被命名为帝企鹅。

2月初，他们做出了最为重大的地理大发现之一。现在所称的罗斯冰架，在当时是一幅难以想象的景观。罗斯写道：

> 这座非同寻常的大冰障，厚度很可能超过了1000英尺。放眼望去，雄伟壮观，远远超出我们的想象……一座垂直的冰崖，矗立在海面上方150英尺至200英尺处，顶部却绝对平坦……我们无法想象它背后还存在什么，因为它的高度远超我们的桅杆顶端，从

船上只能看见连绵不绝的山峰一路逶迤向南，远至南纬79度……遇到如此巨大的一个障碍，我们所有人都无比失望，因为按照预期，我们应该早就跨过了南纬80度线，我们甚至已经计划好了要在那里会师（万一两艘船分开的话）。但是，障碍非常大，我心中对未来要采取的行动非常清楚，因为要想穿越这个庞然大物，成功的概率大概和驾船穿越多佛尔悬崖差不多。

此次远航的主要目的受挫，自然令罗斯感到失望，而且又不可能像几年前去北磁极一样，乘坐雪橇从陆路去南磁极。不过随后他发现了一座活火山，他将其命名为埃里伯斯山（Mount Erebus），测出了它的高度为10900英尺。在这座山附近还坐落着一座死火山，他将其命名为特罗尔山（Mount Terror）。在这两座火山之间，他发现了一处深水海湾。后来，在冰况和季节允许的前提下，他沿两个方向对毗邻海岸线进行了最大范围和最长时间的探索。在随后两个季节，他沿海岸线继续探索，越来越相信这是一个巨大的冰封大陆。

当他们第一次闯进后来所称的罗斯海时，虽然发现了埃里伯斯山和特罗尔山，但可能还没有到达南磁极，不过他们这次远航打破了此前所有的南极最远航行纪录，超出了100多英里；而且他们完成了数千次细致的磁场观测，这对日后确定真假磁极现象提供了重大帮助。他们还考察了大片新海岸线以及许多岛屿。

挪威著名极地探险家罗阿尔·阿蒙森曾对许多极地探险先驱表示不满，但在写到罗斯远航时却说：

> 当今很少有人能正确评价这一英雄之举，这种人类勇气与力量的光辉证据。倚靠两艘笨拙的小船——在我们看来就是普通的"澡盆"——这些人径直驶入浮冰的心脏地带，此前所有的探险者都将此视作自寻死路。我们这些挥挥手就可以出发，遇到困难就想抽身，因此对我们而言，这种行为不仅难以理解，而且简直

无法完成。这些人都是英雄——最高意义上的英雄。"

说到罗斯本人，阿蒙森写道："作为最强悍的极地探险家之一，作为世上最有能耐的水手之一，他的名字——海军少将詹姆斯·克拉克·罗斯爵士——将被人们永远铭记。"

早在罗斯返回英国之前，针对威尔克斯和迪维尔两人声称所取得的成就，就已经爆发了激烈的争论。两人都声称自己第一个见到了南极"大陆"，而且就在同一天！至今还有极地专家在争论到底是谁首先看见了南极大陆。但有一件事却没有争议，那就是第一个到达南磁极的人是道格拉斯·莫森（Douglas Mawson）。他出生于英国约克郡，是澳大利亚地质学家，1909年乘坐雪橇到过南磁极。

继罗斯远航之后，1872—1876年乔治·内尔斯（George Nares）完成了一次纯科考航行，1892年苏格兰人组织了一次寻鲸探险，1892—1894年著名挪威探险家卡尔·安东·拉森（Carl Anton Larsen）又组织了一次探险，但自从罗斯离开南极洲以后近50年的时间里，官方再未组织过对南极大陆的探险活动。最有可能组织官方探险的国家是英国，当时也心有旁骛，因为维多利亚时代的英国正拼命进行帝国扩张，尤其是在商业利益方面，对海军的需求量巨大。另外，这一时期英国的极地探险热情将转向：花15年甚至更多时间搜索加拿大北极地区，寻找罗斯曾乘坐并成功登陆南极洲的那两艘船，1846年，那两艘船在寻找西北航道时失踪了。

在罗斯时代，唯一能在南极洲从事的商业活动的领域似乎就是捕鲸。在进入罗斯海入口处（南纬64度）的浮冰区几天之后，罗斯曾于1840年12月29日写道："我们看见了许多鲸鱼，主要是常见的黑色的那种，与格陵兰鲸非常像，不过据说有区别；抹香鲸以及驼背鲸也有发现；那些常见的黑色鲸，我们想杀多少有多少；大多数体型都异常庞大，毫无疑问会提供大量鲸油；而且它们非常温顺，我们的船从近旁驶过都不会惊扰它们。"

罗斯后来写道，在南极洲的另一侧，福克兰群岛（马尔维纳斯群岛）南边，"存在许多大型黑鲸，它们非常温顺，船只几乎都要碰上了，它们才从航道上挪开；所以任意数量的船只都能在短期内获得满船鲸油"。这些易于捕捞的鲸鱼后来被称作露脊鲸。

在罗斯观察鲸鱼五年之后，一个名叫彼得黑德（Peterhead）船长的苏格兰捕鲸人，在核对过许多其他鲸鱼报告并与罗斯远航的幸存者交谈以后，派出了四艘船向南航行寻找露脊鲸。他们一条鲸也没找到，因为这个时候，浮冰区再往北，所有鲸鱼种群都已经被大量捕捞过，露脊鲸几乎已经灭绝了。

在南极海域中遨游的蓝鲸是世上最大的哺乳动物，也是捕鲸人的最爱。虎鲸或称逆戟鲸成群结队地在浮冰区外觅食，它们以海豹和企鹅为食，同时也以蓝鲸为攻击目标。逆戟鲸长约30英尺，带有与众不同的黑白斑纹，每条体重近7000公斤。它们攻击一条100000公斤重的蓝鲸，目的只是吃掉后者美味的舌头。一个海豹猎人曾于1923年描述过一次这样的攻击：

> 两个好斗成性的杀手一边一个紧贴在那头巨型哺乳动物的下颚两侧……另外两个杀手不断地向这头巨鲸发起猛烈的短距离冲击。第五个杀手就在蓝鲸下颚与宽阔的脊背之间游动，一会儿拼尽全力把下颚往下扯，一会儿又和其他杀手一起猛击这条可怜的蓝鲸。遭受攻击的蓝鲸用尾巴拼命地抽打，双鳍拍击水面发出恐怖的巨响，脑袋从一边摆到另一边，但一切都是徒劳……它明显累坏了，不久就静静地躺在水面上，而那五个杀手则将注意力一齐转向它的下颚，合力将它扯开。趁着蓝鲸在海水里下沉的当儿，它们迅速在它的嘴里进进出出，狼吞虎咽地撕咬着它的舌头。别的部位丝毫不碰。

1903年，挪威人斯文·弗因（Svend Foyn）发明了捕鲸炮。1923

年，他的同胞卡尔·安东·拉森研究出捕鲸船队（一艘大型"加工船"搭配几艘小型捕鲸船），南极鲸鱼的命运由此定型。在罗斯海的头两个月，拉森的小舰队就捕获了200头蓝鲸和长须鲸。在接下来的六年中，他的公司从5000头鲸鱼身上获利近200万英镑。

"加工船上的生活劳累、单调，只有寒冷、恶臭和淤血为伴。"一位捕鲸船船员艾伦·维利尔斯（Alan Villiers）在《冰封南极捕鲸》（1925）一书中这样写道。当时的冒险家和观察家托马斯·巴格肖（Thomas Bagshawe）曾在《两人在南极：1920—1922》（1939）一书中这样写道："死亡时间最长的鲸鱼最先处理……任何鲸鱼放了一段时间就会肿胀得非常大，看起来好像一只针眼都能引起爆炸。早些时候，船尾带装卸设备的加工船尚未进入南极，剥脂（从鲸鱼尸体上剥取鲸脂）从鲸鱼尚在船旁的海水里漂浮时就开始了。"

"剥脂工的双手都裸露在外。"维利尔斯写道，"他们连无指手套都不能戴，因为他们必须牢牢地攥住手里那把油腻腻的刀子。错挥一下，误割一处，都可能危及自身或者工友。他们要经常停下来歇一会儿，把刀子插在滚烫的鲸肉里，然后将双手泡在温暖的鲸血里，让双手恢复活力。""尸体上的大关节都被砍了下来，"巴格肖写道，"剥脂工挥舞着锋利的刀子劳作，腰部以下都陷进鲸鱼的身体内。"

甲板上，船员们继续切割鲸鱼尸体。他们把鲸脂切成大块，扔进粉碎机切碎，然后再放进一台巨大的蒸汽驱动的鲸肉和鲸脂锅炉里熬煮。鲸鱼的舌头，备受潜行捕食的逆戟鲸所钟爱，也深受捕鲸人的追捧。鲸舌里面一条条带状肌肉纵横交错，用一个剥脂工的话来说，"在上面行走异常困难"。一条蓝鲸的舌头可以提炼出多达2000公斤鲸油。

巴格肖写道："当船上的工作全面展开时，整条船看起来就像一处令人作呕的工地，还有一股更加恶心的气味儿。甲板上很快就铺满了鲸油、鲸血和煤灰……锅炉里的残留物被铲进海里，船体周围累积起一大堆慢慢腐烂、冰冻的污泥。"

当成群结队的加工船和小捕鲸船肆虐南设得兰群岛、南奥克尼群岛（South Orkneys Islands）和罗斯海的时候，在迪塞普申岛（Deception Island）上以及南乔治亚岛东部下风侧的背风峡湾里纷纷建起了岸基捕鲸站，一个半世纪前，毛皮海豹正是在这些海岸上被捕杀殆尽的。这些捕鲸站大多由挪威人负责管理和运营。

许多年来，在捕鲸站的教堂周围形成了一块墓地，为在海上失踪或被机器搅碎的人竖立的木头纪念碑还依稀可见。在缺乏女性的一群捕鲸人中，绝望和孤独经常导致男性因精神错乱被遣送回国。南乔治亚岛上一位捕鲸站的经理曾报告说，一个捕鲸人问他是否能留出一根新绳子；他想自杀，可他唯一能找到的那根绳子却烂掉了。

"一战"期间，当人类将曾用于鲸鱼身上的破坏性能量施加于自身时，对南极鲸鱼的需求量剧增。这是第一场"现代"战争，炮弹的大规模使用引发了对甘油（用于制造爆炸物）的世界性需求，而当时甘油主要来自鲸油。

南乔治亚岛上的捕鲸站现在均已荒废，最后一座也于1964年被遗弃。建筑物摇摇欲坠，杂物成堆，被暴雪骤雨击打得斑驳不堪。物体仿佛中了邪一样在风中怪异地移动；断壁残垣撞击着它们的框架，生锈的电缆随风飘舞，大门斜挂在铰链上。南乔治亚教堂的长凳上仍能找到发霉长斑的赞美诗篇，但圣坛上只剩下一堆堆老鼠粪便。而在今天，蓝鲸——世界上最大的哺乳动物——已近绝迹。

1980年1月4日，进入浮冰区仅仅九天之后，我们就到达了格林尼治子午线与南极洲相交的海岸附近，并以九节的航速继续向西航行，南极洲高耸的冰崖在我们南边，浮冰区的边缘位于右舷。

金妮通过无线电与南非的萨纳埃站取得了联系，科考站领导人答应从最便于卸货的冰凹湾里给我们发信号弹：他用一个挪威名字称呼那个冰凹湾。他的内陆基地距离这个小海湾只有10英里，而且据他说天气不错。他的语气表明，好天气并不是想有就有的。

现在船上的人都尽量在甲板上排成一排，不断搜索冰崖里的凹湾，但我们没见到一处可供船只停靠的地方，更不用说卸货了，因为冰崖最低也有40英尺高。到了中午时分，我们终于看见了南非人从一个小海湾里发出的信号弹，这个小海湾的入口处大约有半英里宽。在冰崖的包围下，这个小海湾就像"V"字一样伸进去一英里半就到底了，小海湾尽头的冰崖降低了高度，变成了一处雪坡，从这里便可以进入内地。我们必须将船只机动到尽量靠近的地方，迅速将装备卸到冰面上，然后再把所有东西从冰面上朝内陆搬运约两英里，这才能踏上雪坡。

虽然南极已入盛夏，太阳高悬中天，气温位于冰点上下，但冬天结成的海冰尚未完全离开小海湾，而且在我这个外行看来，冰面看上去还相当结实。不过维维安·富克斯爵士曾警告我不要相信这样的小海湾冰，只需要一阵强北风就能吹出新裂缝，而且裂缝会从我们卸货的靠海这一边开始出现。维维安爵士的探险队就曾因为这个损失了大量储备，包括300桶燃油、一台弗格森拖拉机、煤炭、木材，还有工程备件。

为了不被冰冻起来，我们的船只必须尽快离开南极，所以大家得迅速卸掉几百桶燃油（每桶重达450磅）和一百多吨混装货物。我已经花了很长时间规划行动细节，如果行动方案实施得当，我们11天就能搬完，不过要把每一名船员都利用起来，尽管他们对雪地车和寒冷天气的风险一无所知。能用来完成任务的只有在格陵兰拉练时用过的一台小土拨鼠和另外五辆雪地摩托。

等贾尔斯和格里把双水獭飞机开过来，他们要把将近100000磅的货送到内地，飞行将近300英里，送到南极高原边缘位置，我们希望在那个海拔6000英尺的地方建立一个前进营地，附近有一处名叫博格的废弃南非营地，当时这个营地也是建在已知世界的边缘。前进营地建在一处叫柯万海崖的冰脊上，营地往南的地方人类从未探索过。我们计划在一座叫作利温根峰（Ryvingen）的山下面挨过漫长黑暗的冬季。从那里到南极点还有900英里，一片广袤未知、海拔可能在10000英尺以上的冰原在等着我们。朝南一直走到利温根峰，我们都只是游客；从那往后，我们将变成探索者，真正意义上的探索者，探索地球上无人涉足、无人描绘的最后一批区域之一。

维维安·富克斯爵士花了100天才横跨南极大陆，他们走的还是一条更短的路线，而且使用的是带封闭驾驶室的雪地车，这就降低了团队成员暴露在风寒中的风险。裂缝给他的团队造成了很大困难。很明显，要想走完整个行程，我们至少也得走那么多天。

南极夏季，也就是能用来旅行的时节，总共只有120天。阿蒙森曾经试图挑战大自然，他提前一个月开始朝南极点进发。不过很快他就因自己的莽撞懊悔不已，极寒天气迫使他的团队返回基地，他们只好又等了一个月。斯科特船长在他的南极点之旅中，未能赶在2月初之前返回，一场反季节的暴风雪耽误了他的行程，也决定了他的命运。过了短暂的夏季，在南极高原上被隔绝在基地之外，这就是自取灭亡。我们希望10月开始朝南极点进发，因为当时的气温已经上升到可以忍受的水平。

海军少将将船只撞向小海湾冰的边缘部位（冰川学家将其称为贴岸冰），为的是给船弄出一个窝来，好把梯子直接放在冰面上。"本杰明·鲍林号"上的船员们迅速爬下船，去感受长筒靴下的南极，同时也和那些过来迎接我们的南非人攀谈。那些南非人身材高大、四肢瘦长，下巴上留着乱蓬蓬的胡子，头上留着嬉皮士般的齐肩长发，而且还扎着发带。他们已经一年没见过生人了。我和西蒙一起从船桥上往下看，发现众人分成了两组：毛茸茸的南非人围着我们娇小可人的女厨师吉尔；另外一组是环球探险队的乘员，大家都端着相机，围着一只阿德利企鹅，那家伙一副傲慢的样子也盯着他们。西蒙和我没法断定到底哪一组更加如醉如痴。

这些南非人是各国驻南极科考队中的一支（包括驻在南极点的那一支）。他们的队长领着我走上雪坡。走出一英里以后，他步测出一个相对平坦的600米的距离。

"盛行风朝这边刮。从附近雪面波纹（平行雪脊）的方向就能看出来。你们的双水獭飞机可以拿这个当简易跑道，货物沿着它排开就可以。"

我向他表示感谢，并邀请南非人上船吃了一顿大餐——新鲜水果、蔬菜、牛奶和威士忌，这些东西在他们的基地里早就吃光了。

趁着船员们将电线杆子钻进小海湾冰里当船锚，我和查理带上两百根竹旗杆去标出路线，从船标到内陆货场，再标到小屋场，西蒙和另外一名队员必须在货场附近过冬。最后将带数字的旗杆插在简易跑道两边，标出装备和燃料的不同位置和先后顺序。每个货箱——差不多有2000个，还不包括油桶——都标上号码以及空运至利温根峰内陆基地的先后顺序。暴雪随时都可能将货物掩埋起来，这些带数字的旗帜可以告诉我们从什么地方开始挖掘，以免耽误任何物品的运输。

当天晚上，南非人将一只便携式烤炉（或者叫烤架）送到了简易跑道上，环球探险队的人全都穿上节日盛装，一路跋涉，从海湾经过雪坡来参加派对。南非人的一辆履带式雪地车的后备厢里装满了酒，可以无限量供应。

南非人中有两位是企鹅爱好者，他们向我们介绍了许多有关这种迪士尼风格的大鸟的知识，企鹅像海鹦鹉一样可爱，只是味道特别大。它们筑巢的地方从50英里远的地方都能闻得到。企鹅这个词最早出现在1588年，当时探险家托马斯·卡文迪什（Thomas Cavendish）步德雷克环球航行的后尘，远航抵达麦哲伦海峡，"杀掉并腌制了一大批企鹅当作食物储备"。这个词可能来源于威尔士语中的pen gwyn，意思是白头鸟，或者来源于拉丁语中的pinguis，意思是胖乎乎的，或者来源于英语中的pin-wing。

化石显示，企鹅是从冈瓦纳古陆上的飞行鸟类（如海燕）进化而来的，目前有17个不同的种类，分布在南极各地庞大的聚居地内。其中最小的是神仙企鹅，只有40厘米高；最大的是帝企鹅，平均身高115厘米，比其他任何企鹅潜水更深、时间更长。有一只被追踪到潜入半公里以下（相当于潜水艇的下潜深度），而且还在那里捕鱼，停留了20分钟。

帝企鹅集体孵卵，最多可达6000只，就像中场橄榄球队员一样挤在一起。它们不停地轮换，最外层的企鹅慢慢地朝队伍中心挤，好让自己暖和起来。每只企鹅都将宝贵的企鹅蛋放在脚背上，同时依靠脚跟站立，操纵脚部的肌肉位于企鹅体内深处，并与长长的跟腱相连接。在这种状态下过冬，经常连续四个月都吃不上东西，企鹅们已经进化出一些特殊的抗冻特性，包括鼻孔里有一个热交换系统，可以将呼气时散失的热量80%都保留下来。就像所有的企鹅一样，它们的翅骨实际上是为鳍而设计的。与其他鸟类不一样，这种翅膀是用来往深处游，而不是往天上飞。

企鹅聚居地不断遭受攻击，攻击者不是人类（尽管弗朗西斯·德雷克曾记录过，他手下的船员为了补充食物，在麦哲伦海峡一天之内就杀掉了3000只企鹅），而是贼鸥。这些狡黠的掠食者擅长各种鬼把戏。它们会从空中俯冲向正在孵蛋的雌企鹅，把企鹅蛋从它脚上撞下来；或者两只贼鸥分工合作，一只扯企鹅尾巴上的毛，另一只跳过去把企鹅蛋打碎，吸掉里面的蛋黄。企鹅不孵蛋的时候，贼鸥就吃黑鼠、人类扔在基地里的垃圾，甚至吃基地里养的兔子。据说有些贼鸥还去哺乳象海豹的怀里抢奶喝。如果人类闯入某对贼鸥夫妇的"专属"企鹅聚居地，就会遭到它们的俯冲轰炸。等企鹅们到了海上，远离了它们的敌人贼鸥，却又要时时冒着被豹形海豹生吞活剥的危险！这样的生活真是悲惨！

第二天一早便开始卸货。一阵轻风吹来，温度降至-20℃，这比我们大多数人曾经（哪怕是短期）体验过的温度还要低上好几摄氏度，所以大家都戴上了极地手套，穿上了大衣和长筒靴。第二天结束的时候，大约四分之一的货物已经被运上了简易跑道。但第三天天气却发生了转变。气温骤然上升了15℃，北方的天边上暗了下来，海浪越来越大，船身开始沿着海冰慢慢移动，锚柱也开始松动起来。绞车发动机过热，需要维修。装卸工作不得不停下来。

海军少将不愿意放弃锚地，可到了半夜，风力已经上升到50节，滔天巨浪拍打着海湾冰的边缘，将水沫喷得老高。巨大的冰山开始不祥地朝我们北边移动，很快我们的两根锚杆就断掉了。过了没多久，另外两根也断了，船就只能漂在海上。我们别无选择，只能向北方开，与海岸保持一定的安全距离，好挨过这场风暴。冰峰附近的冰面上还留着十桶油，还有总工程师肯·卡梅伦（Ken Cameron）的摩托车，当初他是出于个人原因把它卸下来的。

"本杰明·鲍林号"刚停止在海面上漂流，金妮就把我叫醒了，此时船头正冲着风暴。我走上船桥一看，整个海湾里的几大块海湾冰都漂到了海面上。其中一块上我数了数总共有八桶双水獭飞机燃油，这可是珍贵的320加仑啊。它们从船边漂过，被暴风抽打着进入一片白茫茫之中。从此以后我再也没见过肯的摩托车。我想象了一下，如果某个在南极海域航行的船长吃过晚饭，喝了点小酒，猛然发现一块浮冰载着一辆闪闪发光的本田摩托从船旁漂过，很可能一辈子都不敢再喝酒了。

除了这样的天气之外，卸载工作进展顺利。1月15日，奥利弗、查理和我挥别了船只和船上的朋友。如果一切顺利，他们将会在大约一年以后回来接我们，位置应该是在2000英里外的这些冰封大陆的另一侧。又经过十天的精心准备后，在能见度为零的情况下，我们一行人骑上雪地车，带上满载着装备的雪橇，踏上了370公里长的内陆之旅。我们要设立一处基地，在那里度过八个月暗无天日的极地寒冬。

导航非常麻烦，因为尽管无数山峰从冰盖下面戳出来，但我们的路线仅限于那些未被冰缝割裂的雪坡。有一次忘了将绳子系在雪地车上，差一点摔下200英尺深的裂缝。我们穿过一片极其复杂的裂缝区——被称作铰链区（hinge zone）。从那以后，我顺着一系列精心挑选的罗盘方位，带领大家在德艾蓬特山（Draaipunt）、法尔肯山（Valken）和达西科普山（Dassiekop）之间蜿蜒前行，最终到达6000英尺高的博格地块（Borga Massif）。

在我们通过这片区域两年之后，我在《南非南极研究杂志》上读到了关于铰链区的技术性说明："冰架高度逐渐抬升，厚度也在逐渐增加，大约在距离海岸110公里处所谓的铰链区，冰架停止浮动，此时其表面高度约为100米，厚度约为600米。"

趁着我们一行人朝南走，双水獭飞机的机组人员来回飞了60多趟，将金妮、西蒙还有10万磅装备全部运送到利温根峰下的冰原上。他们在那里竖起四座用硬纸板做的小屋（由金妮设计）。一旦吹积雪盖住了小屋的外壳并形成一层保温层，它们就能挨过最恶劣的南极冬天。550万平方英里的冰封南极比美国的面积还要大，但接下来只有不超过800个人会在这里过冬，而且我们的四座小屋方圆300英里的范围内更是一个人都没有。

我们选中这里作为营地是因为它的海拔高度以及深入内陆的距离，这是一架载货2000磅的双水獭飞机预计能够飞达的最远点。我们希望通过在海拔6000英尺的地方过冬，能够在来年夏季进行主要的穿越之行前（那时候的平均海拔高度很可能会达到10000英尺），让大家适应严酷的气候条件。

我们一行顺利到达利温根峰，随即迅速开始建设营地准备过冬。西蒙又返回了萨纳埃，双水獭的机组人员完成了从萨纳埃站到利温根峰的第78次飞行。我们祝愿他们经由福克兰群岛（马尔维纳斯群岛）和南美洲安全飞回英国。

恶劣的天气袭上冰原，任何距离的旅行都变得不可能，我们很快就与外界隔绝了。在八个月的时间里，我们只能依靠自己的常识生存。如果有人受伤或者生病，就不会有疏散措施，也不会有医疗援助。我们每天都得操作大型蓄电池、发电机电源线和沉重的钢油桶，同时还要避免眼睛酸痛、严重的牙病、阑尾炎、冻伤、燃油烧伤或者深度电灼伤。气温将会骤降至-50℃，甚至更低。风速将会超过90节，风寒指数将会达到-84℃。240个日日夜夜，大部分时间里我们都必须在暗无天日的条件下谨慎求生。

第六章

横跨南极洲

> 他们思念我的小篝火，美妙地闪着亮光，
> 这里苍凉孤寂，在此之前一直荒无人烟；
> 我独自寻找他们，勇敢、充满爱意和梦想，
> 他们热情接纳我，情同手足，爱我到永远。
>
> ——罗伯特·瑟维斯（Robert Service），《轻声的诱惑》（1907）

接下来八个月无法得到任何援助，因此我们四个人只能赶在暗无天日的极寒时期到来之前，集中精力掌握各种自给自足的技能。

我们的硬纸板小屋很快就消失在吹积雪下，小屋的所有出口都被封住了。于是，我便在积雪下面挖隧道，将所有装备都存放在隧道里。花了两个月时间，我挖成了一条总长达600英尺的宽阔隧道网，设有多条分支走廊、一个壁龛洗手间、一个30英尺深的污水坑、一个用柱子支撑起来的车库和多座冰拱门。

小屋是硬纸板做的，支架和床铺是木制的，而炉子烧煤油，所以大家非常担心发生火灾。去年冬天，距离我们500英里的一处俄罗斯人的基地就曾被烧光，里面的八个人进了逃生隧道，但是隧道门被堵住了，结果全部窒息而死。

下降风在重力作用下肆虐我们的营地，从烟道里反吹进来，吹灭了炉火。我们用阀门、皮瓣、弯曲烟囱等各种方法做试验，但强大的气流挫败了我们所有的努力。炉火吹灭后，滴注式燃油管仍在提供燃料，重新点燃炉火时，稍不留心就会引起爆燃。

每间小屋都始终面临一氧化碳中毒的风险。奥利弗的《急救手册》说："一氧化碳是一种无色无味的有毒气体。它会锁定血液中的血红蛋白，令其无法携带氧气。"即使低浓度的一氧化碳也很危险，在冷天密封的室内，如果柴火炉渗漏一氧化碳，其浓度很快就能达到百万分之几百。200 ppm条件下几小时，就会觉得头疼、恶心并伴以极度疲劳。800 ppm时，要当心出现抽搐和昏迷。三小时内就会死亡。

发电机排气管会在雪面下融化出大洞来，这种洞穴会朝两边和下方扩张。有一天，奥利弗在他的发电机小屋地板下面发现了一个15英尺深的大洞。他只能不断更换排气系统的位置，尽管他对中毒症状非常警觉，但三次都差点死于一氧化碳中毒。

如果发电机不发电，金妮的无线电就没法工作，奥利弗也无法每隔六小时发布一次天气报告，我们的天气报告就无法纳入世界气象组织系统，谢菲尔德大学和英国南极调查组织复杂的极低频记录试验也就无法开展。于是，大家用铲子拼命铲雪，避免雪在营地的某些关键区域内堆积。

有几天夜里，金妮发现无线电通信被电离层干扰弄得一团糟。干扰是由太阳活动产生的带电宇宙射线造成的，这些射线注入地磁极上方的磁场，最糟糕的时候可造成无线电中断。

每当此时，我们就会从小屋的出入隧道内跑出去，惊讶地张望着神奇的极光，映衬着百万颗闪亮的星星和一轮静静地注视着我们的月亮。在淡绿色的背景下，从天边泛出的微光被群山遮挡后，幻化出各种奇异的形状和景象，无数微妙的色彩挥舞翻腾，就像东方舞女的裙褶。直白一点说，这壮观的光线秀是太阳最外层日冕爆发的结果，日冕喷射出巨大的等离子流，进而与各种磁场发生作用。这些巨大的等离子流以每秒800公里的速度穿过太空，撞上地球的外部大气层，如果观察的角度正确，看上去非常漂亮。

那年冬天，我们观察到的其他非同寻常的极光奇观还包括月亮四周彩虹色的月晕和月亮上下方的竖轴。有时候，月亮两侧还能见到假月亮，科学家称之为幻月。

夜里，在那栋主起居小屋内，我们将炉火调小以节省燃油。我们睡在小屋屋顶最高处的板条上，每天早晨，床铺与地板之间都存在14℃的温差，后者的平均温度为–15℃。金妮和我睡在小屋一端的一个大板条上，奥利弗和查理睡在另一端的单人板条上，布提则睡在炉子后面的一个洞里。漫长的黑夜里，身旁狂风怒吼，空气中弥漫着动物油脂的气味儿。30年后，我对这一切还记忆犹新。

长期在寒冷黑暗中生活在一起的一群人，经常会发生分歧，关系紧张。

细心挑选队员可以最大限度减少个体遇到的麻烦，许多极地主管部门都在使用由警察、高层管理人员、军官和机组人员挑选委员会设计出的各种测试。最适合用来挑选极地越冬申请人的就是挑选潜艇组员的那套程序。

在19世纪90年代，探险队第一次在极地海岸或者在被海冰困住的船上过冬，发生过多次剧烈的争吵和叛乱，事后多年他们还公开指责对方。比利时人阿德里安·德·热尔拉什（Adrien de Gerlache）的远航以及卡斯滕·博先格雷温克（Carsten Borchgrevink）率领的英国探险队就因为关系紧张而四分五裂。近些年，在一处苏联基地内，一名队员因为在下棋时与另一名队员发生争执，竟然用斧子砍死了对方；在阿根廷人的布朗海军上将站，一名医生竟然一把火烧了整座基地，从而使整个科考站被迫撤离。

作家萨拉·梅特兰（Sara Maitland）在《一本关于沉默的书》（2008）中评价了脱离惯常社交规则所带来的影响。她推断说，承受最严重心理风险的是那些未能自主选择进入隔绝状态或者那些出路被堵死的人。早在1928年,美国飞行员理查德·伯德(Richard Byrd)创建了第一处南极越冬基地,他捎去了两口棺材和一打拘束衣[1],为极地冬天可能对手下人造成的影响做好准备。一位法国极地作家在体验过一个冬天后总结说,许多极地越冬者的负面情绪都是从对抗、抑郁和攻击慢慢地变成纵容和冷漠。1913年,澳大利亚探险家道格拉斯·莫森发现当初很优秀的无线电操作员越来越不对劲,竟然慢慢疯掉了,一回到澳大利亚,这名操作员就被关进了精神病医院,直至去世。

来自英国基地的评论则包括一名基地主管在20世纪80年代说过的话:"我把外科手术室的门给牢牢地锁了起来。大量的杜冷丁和地匹哌酮已经不知所终。而且,据我掌握的少量信息,这些都是大受不良分子欢迎的药品——都是毒品。"还有一位首次担任基地医生的人说:"我想,该死,这他妈就是座疯人院。我要被关在里面,和14个变态一起过冬。'我他妈的就试试吧!'我满心不情愿地说。我想知道整个冬天会见识多少血淋淋的肉和水汪汪的阴茎。但是,这里数我年纪最大,可能也是这群烂人中最好的一个。海面马上就要封冻了,进退都已经不可能。"

为了缓解无法与异性性交造成的心理压力,所有英国基地都提供色情杂志和视频,而且这些东西越积越多。色情图书馆由志愿者负责维护,这些人后来就被称作Z色工(同理,基地内的主机械师一直被称作Z机工)。另外一大难题是最近英国基地内部开始禁烟,于是瘾君子只能每天朝外跑好几趟,经常要在-50℃抽烟。

一位拥有多年经验的澳大利亚极地主管曾如此评论:

人们这样凑到一起,微不足道的个人怪癖会招来暴怒,并无恶意的细小过错会引起严重的不满。隆冬漫漫长夜,夏季连续白昼,人体内原有的昼夜节律被打乱,这些生理因素加重了心理

---

[1] 专给犯人或精神病患者穿的一种约束物。——译者注

压力。

失眠,美国人叫它"大眼病",是南极冬天的职业病。此外,频繁光顾的大风、沉闷多云的天气以及与寒冷之间永不停歇的斗争,都令人胸闷气短。

他还告诫要防止在基地内形成小圈子:

> 要建立一支快乐、满足、配合良好的团队,最大的障碍是各人文化水平的差异。什么话题对大家都合适?学问高的集中在桌子这头讨论深奥的哲学问题,学问低的对这些故作高深的谈话不胜其烦,坐在桌子那头冷嘲热讽,插科打诨。一个领导如何防止知识分子在饭桌上形成自己的小圈子呢?……
>
> 心怀不满者或者团队内不受欢迎的人,会组成一种不太健康的小圈子,他们被迫互相寻求友谊。同处逆境,没有朋友的人会聚到一块儿。我亲眼见过以这种方式形成的奇怪关系。

这么多年的极地探险,我都是和另外一两个队员长期挤在一顶狭小寒冷的帐篷里,有时候我会暗地里恨他们,但几十年来,依然只能不断地回去和他们一起完成充满挑战的旅程。挪威朋友朗纳·托尔塞斯(Ragnar Thorseth)是一位很有成就的极地旅行家,他在和另外一个人走完一次漫长而充满挑战的旅程后,这样写道:

> 我们在对方和自己身上都发现了很多新东西,其中颇有一些东西令人生厌。我们发现,解决之道就是等上岸时偶尔来一次纵酒狂欢。在酒精的抚慰之下,最难解开的心结也会在瞬间松动,冰消瓦解,在曾经似乎无法跨越的障碍面前,我们发现自己又能一笑而过,又能正确地看待那些障碍——实际上只是一些过度夸大的微不足道的小事。

某些类型的人可能在"正常"社会是可以接受的，但在极地的越冬基地却肯定会惹出大麻烦，这些人包括唯我独尊的利己主义者、粗心大意者、自私自利者、懒惰者以及强烈自卑者，自卑感经常发展成受害者情结，导致士气不断下降低落。相反，最有可能改善而非毒化极地越冬基地气氛的人是那些包容、耐心、冷静、忠诚、善良和勤奋的人。

我们之间自然也会发生摩擦。强迫大家住到一起，很容易在个人和团队之间滋生分歧甚至仇恨。一起共事四年之后，我们彼此之间的感情仍在不断变化，有时候好几天都不说一句话。有时候，我知道自己厌恶他们中的一个或两个人，而且也知道这种感觉是相互的。另一些时候，虽然说不上爱他们，但就是感觉特别喜欢他们。每当我感觉要和他们正面对抗的时候，我就去找金妮减减压，她总会耐心地听我倾诉。要么我就把那些骂人的话在日记里一吐为快。探险日记通常都是过度反应的雷区。我们每个人都对未来心生恐惧。一想到要离开安稳的小纸板屋，走向利温根山后面那片辽阔的未知地带，我就强迫自己不去想这件事。

5月2日，风寒指数降至–79℃。来自南极高原的暴风在没有任何警告的情况下突袭了我们的营地。有一天早晨我去金妮的极低频记录屋，迎面就被一阵大风拍倒在地，就在一秒钟之前它还只是一阵和风。过了一分钟我才爬起来，后背却又被从停好的雪地车上吹下来的塑料风挡重重地拍了一下。

这样的风大多属于下降风（katabatic），这个词来源于希腊语，意思是下降。南极高原上的空气比重大、温度低。由于南极大陆本身就是一座高高的大冰穹，重空气就会从大陆上往下"掉"，一路朝海岸冲过去，不断积蓄势能，最终形成飓风。当疾驰的风墙撞上一件物体，无论是建筑还是雪地车，形成的风旋涡就会让风扔掉携带的冰雪，在留在冰面上的任何物体后面形成巨大的雪堆。风过后形成的雪堆，甚至可以和造成雪堆的建筑物等高。

我们发现，即使在30节的风力条件下，在小屋和隧道外面，如果不按用旗杆标出的安全线走也会非常危险，这些安全线都是我们在营地四周和小屋之间事先标好的。有一天，查理和我错过了安全路线，在一片白茫茫之中，80节的大风将冰针朝我们迎面吹来。我们俩眼都睁不开，只能自顾自地转着圈摸索，结果误打误撞地碰到了一条安全线，这才找到最近的那座小屋的舱口。就在同一天，盖在金妮的天线调谐单元凹陷区上的降落伞伞衣也被扯掉了，到夜幕降临时，足足两吨雪已将她的整个工作区填得满满当当。

几年后，澳大利亚凯西站的一位科学家在暴风雪中外出进行常规气象观测，很快就发现自己在两栋楼之间迷了路，其实这两栋楼之间相隔不超过100英尺。第二天早上，他被发现冻死在外面，距当初离开的那栋楼只有60英尺。

在全天24小时见不到太阳之前，我们每天都在练习滑雪。我向奥利弗和查理传授越野滑雪的基本功，因为我知道，成功穿越南极之后，我们将在北极地区遭遇到许多只能靠滑雪通行的区域。

一个晴朗的秋日，我们带着满载的雪橇离开营地，去附近的一处冰原石山（裸露在外的一块大石头）进行一次16公里长的快速旅行。归途中遭遇风暴，几分钟之内，大风就把外露的每一寸皮肤都冻伤了，就连套在轻质滑雪手套里的手指头也冻坏了。当时大家正按各自的速度前进，彼此之间相距一英里左右。按照目前的登山安全规则来说，这是无法接受的，但英国特种空勤团的所有训练课程都鼓励采用这套做法：团队里的人数越少，大多数人到达目的地的速度越快。这套做法假定位于最薄弱一环的人可以照顾好自己。奥利弗最后一个回到营地，脸和脖子冻得红肿不堪。他连续吃了一周的抗生素，直到冻疮停止流脓才算作罢。

金妮的问题大多和她的无线电作业有关。由于要和远方的科夫电台合作开展高频试验，她经常在小屋的休息室里操作一台1.5千伏安的发电机。有一次，一阵怪风把一氧化碳从门下面吹了进去。碰巧我正用对讲机和她通话，一看收不到回复，连忙从隧道跑进她小屋。进去一看，她的脸已经变成了紫褐色，正在神志不清地到处晃荡。我把她拖到屋外-49℃的空气中，又把刚发生的事通知了科夫电台的操作员。第二天，我们收到了对方控制员杰克·威利斯（Jack Willis）少校发来的充满忧虑的信息：

> 即使在舒适环境中操作无线电器件都很危险。在你所在的地方，危险性更是大大增加……记住只要30毫安就能致命。在设备带电的情况下，千万不要戴戒指或者手表。当心靴子上的雪融化到地板上……你那台1000瓦的发射器可以产生非常严重的射频灼伤……空气中的静电可以聚集到几千伏。有些器件还采用了有毒的铍。

仅过了四天，在关闭了所有设备和主电源的情况下，金妮摸了一下连接那台40瓦设备的同轴电缆。一阵剧烈的冲击顺着她的右臂爬上来，当场就把她给震晕了。用她那天早上晚些时候的话说，感觉"就像肺里发生了爆炸"。祸根就是静电——被风吹进来的积雪聚集起来的静电。

金妮本不是技术专家，全靠常识修理设备，包括更换细小的二极管，焊接冻坏的花线[1]。有一次一只1000瓦的电阻器烧掉了，又没有备件，她竟想出来从我们那台贝林宝宝（Baby Belling）电磁炉上拆下电热圈，再用导线将拆下来的线圈和故障电台的内部结构连接起来，很快所有设备又重新工作起来，那个自制的电阻器在地板的石棉垫子上烧得通红。连科夫电台的主管都形容她是"一位了不起的通信员"。

---

[1] 电线的一种，由许多根很细的金属丝合为一股，用绝缘材料套起来后，再将两股（或三股）拧在一起，外面多包着有彩色花纹的绝缘层。——译者注

为了让我们的小团队过得开心，金妮收听BBC世界广播并办起了"利温根观察家"节目。5月6日，我们就了解到：美国人质营救行动失败后，美国空军士兵的尸体被空运出伊朗；铁托的葬礼马上就要举行；英国特种空勤团士兵在伊朗驻伦敦大使馆击杀多名恐怖分子；政府报告认为英国高速公路咖啡馆提供的食物油腻无味。

在起居屋里，我们整天都穿着保暖袜、靴子和内衣，因为木地板上的温度一直比冰点高不了多少，虽然纸板墙外面极端寒冷，但我们在大多数情况下过得挺舒服。有一天，我说我们简直太聪明了，竟然能设计出这么一款轻质有效的御寒装甲，奥利弗当即提醒我，在漫长的南极严冬岁月里，我们并不是生存在这些冰封大陆上的唯一生物。

南极大陆上最大的陆生动物叫无翅蚊（*Belgica antarctica*），体长两毫米，是独立生存在地球最南端的昆虫。它们在夏季交配，将卵产在企鹅聚居地的泥土里过冬，由于聚居地离海很近，所以温度很少会降至-15℃以下。

还有其他三种昆虫也能在冬天活下来，但依据的原理是排干体内水分：当水分在精致的小细胞内冻结后，体积扩张，就可能涨破宿主细胞。于是，被称为水熊虫的南极陆生无脊椎动物（一种居住在潮湿环境中的八脚节肢动物）干脆自行脱水——排干所有水分。与之相反，无翅蚊幼虫的身体设计却能让水分在细胞之间而非细胞内部结冰，如此一来，它们娇嫩的身体机制就不会受到损害。跳尾虫则能产生一种防冻剂，即使在极低温度下也能让体液保持液态。

还有其他一些陆生昆虫，靠寄生在温血鸟类身上生存。每种南极鸟类都带有自己的吸血虱或吸血跳蚤，亿万年来，这些寄生虫跟随不断南撤的大陆一直漂流到目前的极地位置，它们要么躲在海豹温暖的肛门和生殖器褶里，要么牢牢地吸附在深潜海鸥的羽毛上。

海里还有一种幽灵般的银鱼。大多数南极鱼的血红蛋白数量只有常温鱼的一半，但银鱼则根本没有血红蛋白，世界上所有脊椎动物独此一家。银鱼大约分15类，没有一类有鳞片。其透明的血液和因此导致的幽灵般的色彩,再加上铲子般的头型和两排利齿,使得它们成为恐怖电影的理想素材。

布提身上从来没痒过,所以我认为它没长寄生虫,它整天跟在金妮后面从这间屋跑到那间屋。金妮在每间屋里都给它放了一些骨头,如果风很大,就给它穿上经过改造的套头衫。我负责小屋的卫生,和这条小狻犬连续斗争了八个月,我试图教会它"外面"不仅指小屋外面,而且指隧道外面。这场斗争以我失败而告终。在无风的日子,有时候把它带到小屋外面,布提便冲着月亮汪汪叫,一听到回声就竖起耳朵再叫,以为自己听见了另一条狗的叫声。

查理负责管理食物,以铁一般的纪律给所有好吃的东西都配了定额。未经他的许可,任何人都不能从储存食物的隧道里往外拿东西,所有人都严守纪律,只有布提是个例外。我们吃的鸡蛋最初还是在伦敦赞助的,到了仲冬时节,已经有八九个月了,尽管大多数时间都处在冷藏状态,但一路上毕竟经过了热带地区。对局外人来说,它们味道很差——实际上太差——但我们几个月来已经习惯了,布提甚至吃上了瘾。无论查理如何费尽心力把鸡蛋藏起来,布提总能以智取胜,每天都要偷吃一颗鸡蛋,有时候甚至是好几颗。

6月、7月和8月,由于开展科研项目和为10月出发做准备,营地里的工作量越来越大。8月5日,寒冷彻骨,太阳首次回归利温根,但只停留了四分钟。在萨埃纳基地的小屋内,西蒙和另外一名环球探险队员一起过冬,他们记录的风速一度超过了每小时100英里。我们这里最冷的一天出现在7月30日。当天的风速一直保持在42节,温度在-42℃,风寒指数达到了-131℃,在这种温度下,暴露的肉在15秒以内就会冻结。

有一天晚上,营地上方的高地几乎没风,于是我便出去滑雪锻炼。在高高的地平线上方,我看见了从未见过的最漂亮的、珍珠般洁白的夜光云的形成过程。它们闪闪发光,几乎通体透明,将南极的纯洁聚于一身。

8月，金妮发现极低频时间码发生器里的振荡单元由于寒冷而发生了故障。在没有振荡单元的情况下，要想完成极低频试验就意味着要每四分钟手动按下一个记录按钮，而且要连续24小时不间断。在孤立的小屋里裹着毯子，金妮成夜成夜地靠着大杯苦咖啡保持清醒。到了10月，她已经疲惫不堪，甚至出现了幻觉，但仍决心要完成为期三个月的试验。

随着阳光照射的时间越来越长，冰原开始出现反应。冰谷里发出了爆炸声，我们四周全是从山峰上反射下来的回音。是雪崩还是发生内爆的雪桥？无从得知。随着出发的时间越来越近，我发现自己竟然爱上了利温根峰下的简单生活，一种简陋却平和的生活，与伦敦正常的喧嚣生活比起来，我和金妮之间的关系不知不觉中越发亲密了。这种生活马上就要结束了，我感到无比遗憾。同时还伴随着因忧虑而引发的颤抖。随着日子一天天滑过，一种长期休眠的恐惧感，类似上学时每当新学期要开始时那种熟悉的感觉，让我的胃一阵阵收缩。金妮说："我真希望你别走。"

10月的最后一周，气温和光照都足够适宜在海拔10000英尺处旅行。接下来，我们将尝试最长的穿越南极大陆之旅，也是首次尝试驾驶不带保护性驾驶室的车辆穿越南极。我们必须穿越的冰封大陆比欧洲、美国和墨西哥加起来还要大，比印度和中国加起来也要大，比澳大利亚更是大得多。有些地方冰盖的厚度达到四公里，而且覆盖着整片大陆99%的区域。就在出发前四天，路透社在发布的一条消息中援引新西兰南极研究计划主管的话，批评即将展开的旅程装备不足而且雪地车马力不够。官方的观点是我们将会失败：这一路"太远、太高、太冷"了。

10月29日，我们将金妮和布提留在积雪覆盖的营地，向南进发。风以20节的速度吹打在我们遮起来的脸上，温度计的读数一直保持在−50℃。我们紧随着187度方位一直往前走，经过64公里之后到达了彭克海崖（Penck Escarpment），这是一处陡然竖起的几百英尺高的冰坡。我发现了一处稍微带点凹角的小缓坡，立即打开油门开始往上爬，试图驱使雪地车带着1200磅的负载往前冲，对于一台在海拔7000英尺处工作的640cc两冲程发动机来说，这确实是沉重的负担。橡胶履带经常抓不住光滑的冰面，但又总能在丧失过多动量之前重新进入粗糙地带。恢复了抓地力，再加上一把油，雪地车就勉强带我进入了下一片太过光滑的地带。上坡路似乎没完没了。后来坡度稍微缓和了一些，最后又往上冲了两次，终于到达了山脊线。

在距离我们的过冬营地1500英尺高、40英里远的地方，我停下脚步，回头张望。博格地块的顶峰就像雪地里的小疙瘩，利温根峰本身只剩一块阴影。就在这里，我们将柯万海崖（Kirwan Escarpment）的所有地理特征留在身后，沿着我们的行进路线直到南极点，这是最后一处为人所知的地理特征。

这处海崖最早是由1949—1952年的挪威–英国–瑞典联合探险队的队员发现的，这支探险队由来自瑞典的资深极地旅行家约翰·贾埃弗（John Giaever）率领。第二次世界大战结束后，挪威急切希望将南极部分地区重新确立为挪威领土，因为沿海这片区域最早是由挪威人亚尔马·里瑟-拉森（Hjalmar Riiser-Larsen）于1929年探索出来的。希特勒曾在战前向南极派出了阿尔弗雷德·里彻（Alfred Ritscher）率领的德国探险队，以争夺拉森声索的这片区域。希特勒还曾派遣轰炸机飞至威德尔海岸线上方，空投了数千个小"卐"标志，以此（明显徒劳地）进行领土声索。急于恢复领土的挪威支付了挪威–英国–瑞典联合探险队的大部分费用，其中包括来自英国皇家空军用来协助导航的两架滑雪飞机。

联合探险队的主要科研目的包括在向南朝南极点行进的途中进行地质、测绘以及冰川考察，这些科研活动非常成功。一架飞机坠毁，但无人受伤。后来一辆鼬鼠（Weasel）履带车载着四名机组成员朝基地附近的冰港进发，由于能见度极低，履带车翻下了冰崖，机组成员除一人外全部淹死。

1951年夏天，探险队的三名队员，包括戈登·罗宾（Gordon Robin）和查理·斯威辛班克，开辟出一条穿过山区最远到达柯万海崖的路线。他们沿途获得了第一批关于南极冰层厚度的系统可靠的（地震）测量数据。这些数据表明，冰层下面掩埋着一大片山脉和峡湾。在一些地方，冰层深度达到了2400米。

1951年5月底，在成功完成南进之行后，探险队员地质学家艾伦·里斯的一只眼睛由于崩进石屑失明。过了不久，这只失明的眼睛给他带来了麻烦——眼球已经感染，必须摘除。在瑞典的一名专家通过无线电进行指导的情况下，探险队的其他成员竟然完成了这台精密手术。后来，我们从朋友兼顾问查理·斯威辛班克那儿听说了血淋淋的细节。一想到"队医"奥利弗那有限的医疗知识，大家在将充满电的12伏电池从架子上卸下来，并在灌满酸液后放进发电机架的过程中，一定会把自己的眼睛遮挡得严严实实。

第一位到达本段南极海岸线的人叫詹姆斯·威德尔，时间是1823年，比查理·斯威辛班克和他的团队整整提前了120年。在此之前，由于导航能力不足且船体脆弱，无法从已知的文明世界向南远航。除了比斯科和罗斯之外，其他探险家几乎无人追随威德尔的步伐。整个南极几乎都处在未探索状态。

1895年国际地理大会在伦敦召开，会上讨论了地球探索领域内最后一项重大问题：南方是否存在第七块大陆？比利时海军上尉阿德里安·德热尔拉什在大会的鼓动之下，组建了一支国际探险队，其中包括年轻的罗阿尔·阿蒙森、磁性测量员埃米尔·丹科（Emile Danco）中尉和大副乔治·勒库安特（Georges Lecointe）中尉。后来一名澳大利亚医生、两个波兰人、一个罗马尼亚人和五个挪威人也加入其中，还有弗雷德里克·库克医生（他后来声称第一个到达北极点）。

他们于1897年出发，到南极的整个航程都充满了纠纷。在智利的蓬塔阿雷纳斯（Punta Arenas），德热尔拉什只能叫警察到船上恢复秩序。后来，一名船员淹死了，丹科也差一点死在冰缝里。在浮冰区越冬时，船员们纷纷死于坏血病和急性贫血。丹科也死了。等到1898年7月，剩下的人暂时恢复健康后，勒库安特、库克和阿蒙森在南极海冰上进行了首次雪橇之旅。他们三天里只走了几英里，接着便回到了船上。过后不久，水手长就疯了。总体而言，这次国际团队大冒险几乎没有什么新的发现。

同样为了响应伦敦大会，1898年挪威人卡斯滕·博先格雷温克率领一支英国人资助的探险队，在南极大陆上实现了首次有计划的越冬，创下了通过海路和陆路到达南方最远点的纪录，首次在南极旅行中使用犬类，并且首次登上了罗斯冰架。

但有些船员所做的报告产生了负面宣传效应，略微掩盖了这些成就。越冬期间，博先格雷温克和某些人的关系变得非常糟糕，贴出了一张告示宣布，"以下事由将被视为反叛：反对或者伙同他人反对C.E.B.（博先格雷温克），贬损C.E.B.，嘲讽C.E.B.或他的工作，试图并迫使C.E.B.修改合约"。告示贴出后不久，博先格雷温克就从越冬小屋内撤到一间石头棚子里，身边相伴的只有一个叫萨米·拉普兰德（Saami Laplander）的人。尽管越冬条件很差，但整支队伍的伤病率要低于比利时探险队，只有一名动物学家队员在越冬期间死亡。

对伦敦国际地理学大会的另外两次响应，一次发生在1901年，是由奥托·努登舍尔德（Otto Nordenskjöld）率领的瑞典探险队；另一次发生在1903—1907年，是由让-巴蒂斯特·沙尔科（Jean-Baptiste Charcot）率领的法国探险队。结果瑞典人的船只失事了，法国人也差一点遭遇同样的命运。两支探险队的目的都是回答大会提出的主要问题：世界底部有什么——是一块大陆还是一片散落在各处的冰封岛屿？但问题并没有解决。当20世纪到来时，人类仍未找到这个重大谜题的答案。

从柯万海崖开始，我们一路向南，到了黄昏时分，在任何方向都已见不到任何显著的地理特征。除了云彩，没有任何可资导航的东西，过了没多久，当我们将导致天气变化的海洋气候因素和群山抛在身后，就连云彩也没有了。

首先，尽管八个月前我们从海边走到了利温根峰，而且还有格陵兰的那次短途旅行，但我们还是一团混乱。我们以前从没在雪地车和雪橇上载过这么重的货，也从没在这种极寒条件下驾驶敞篷车辆赶路。是不是出发得太早了？如果真是如此，那我们倒也算不上第一个。从组织混乱这个角度来说，斯科特曾在1902年写道：

> 我不得不承认，雪橇装好货的样子让我们日后真要无地自容，拉雪橇的人穿的衣服也同样不堪入目。但在这个节骨眼上，我们简直要无知到了可悲的程度。我们不知道携带多少食品、按什么比例携带食品、如何使用炊具、如何支帐篷，甚至都不知道如何穿衣服。没有一件装备事先经过测试，在无处不在的普遍无知中，每一样东西都明显缺乏条理，这着实让人痛苦。

斯科特和阿蒙森都是在冬初离开基地朝南边的罗斯冰架进发，并沿路设置补给站，两支队伍也因此饱受冻伤之苦。八条雪橇犬死于阿蒙森的仓促之行，他手下人记录的气温低至-45℃。

我们的雪地车还是和1977年在北极使用的那批一样，只是改进了化油器。尽管我们的磁罗盘还能用，因为局部误差只有18度，但使用时一定要谨慎，因为里面的酒精都冻稠了，指针转起来非常慢。我很快就养成了一个习惯：重复检查指针的最终位置并轻轻拍打磁罗盘，防止它还没能最后定下来。

每辆雪地车后面都拖着一架总重1800磅、装得满满的雪橇。雪地车与雪橇之间用一根30英尺长的双绳相连。从原则上讲，任何一件东西都有可能掉进裂缝，但很快就会被连在它上面的重物截停。当然了，下坡的时候或者在光滑的冰面上，如果雪地车先掉下去，这个原则可能就不太起作用。如果驾驶员自己先掉进了冰缝，就算雪地车被雪橇扯着挂在深渊边上，对驾驶员来说也无能为力。所以我们每个人都系了一套登山者用的吊索，并且根据个人的喜好，用绳子连在雪地车或者雪橇上。奥利弗和我认为雪橇更安全，查理则认为雪地车更安全。

当初在伦敦打算决定哪种尺寸和设计的雪橇最抗摔打、最适合在南北两极使用的时候，我对是否用传统的木质雪橇颇费了一番踌躇，因为我觉得它们很可能承受不了非常重的负载，我们除了常规的宿营装备和食品外，还需要携带雪地车用的燃油和备件。钢铁似乎是优选。但是我们最有经验的雪橇顾问沃利·赫伯特对此严厉批评，甚至到了进行人身攻击的程度，他认为我做了一个愚蠢的决定。"从我个人来讲，"他说，"我永远也不会用金属雪橇。一架雪橇除了牢固，还必须灵活，容易维修。"和我交流过的其他南极旅行者也这么说。

但是，我依然热衷于利用20世纪能够提供的任何新鲜事物，于是便联系上了英国钢铁公司。对方很感兴趣。奥氏体316不锈钢如何耐受极端温度？诺埃尔·迪勒教授为我们设计了四架8英尺6英寸长的北极雪橇和四架12英尺9英寸长的南极雪橇，由英国钢铁公司的年轻学徒在一位专家级钢焊工的监督下用细钢管手工焊接而成，作为自己实训的一部分。在雪橇交付的时候，这位焊接专家私下里嘟囔说："我们倒要向那些卖木头雪橇的人请教一二。"接着，在高温下给雪橇上漆，最后用环氧树脂自锁螺栓给雪橇装上吐弗诺（Tufnol）滑板。

第二天，我们在−53℃下越过最后一片岩石裸露区，慢慢迎面钻进大风和暴雪之中，而真正的高原还在我们上方4000英尺处。四小时后，奥利弗下了雪地车，趔趔趄趄地走到我身旁，口齿不清地说："必须得停一下。我冻坏了。"大家烧上开水，给他冲好茶。他是我们中间身体最壮的，而且还穿了五层极地服，但寒冷确实太酷烈了，一小时接一小时，把我们折磨得精疲力竭。我们每天要走10—12小时。那天晚上，奥利弗写道："天气很糟糕，我觉得大家本来应该待在帐篷里。"我能理解他的想法，但五年前的格陵兰之行告诉我，我们可以在大风和暴雪中行走，每前进一小时，无论走得多慢，都有助于我们把握微茫的成功概率。大家还有2200英里要走，其中900英里更是从未探索过的区域。

我每隔十分钟就对照云彩检查一次方位：云彩走得慢，它们的轮廓能维持相当一段时间，所以对我很有用。有时局部暴雪遮住了太阳和云彩，我只能将指南针对准前方雪地里不规则的地方。雪地车的塑料风挡上有一条条像是被铅笔刀留下的划痕，太阳刺眼的时候，我就靠这些划痕的阴影导航。为了检验这个粗糙的导航系统的精确度，也是为了让冻僵的四肢恢复活力，我们每过一小时就要停下来休息五分钟。大家彼此之间通常保持一英里的距离，所以每次停下来，顺着我的轨迹测一下两个点的反方位角，就能很可靠地检查我们的行进角度。

连续四天四夜，气温都在-50℃上下徘徊，冰晶在天空中闪闪发光，创造出无比诡异的视觉效果，比如晕轮、日柱，还有幻日。每天早晨雪地车都很难发动。搞错一个步骤或者没按顺序行作都会耽误很长时间。挂挡太快，传动皮带就会断裂成一截截橡胶块。扭动点火钥匙时用力稍微大了一点，钥匙就断在锁孔里。阻风门设置不当，火花塞就会被堵住。在-50℃的强风下更换火花塞看似小事一桩，却是人人都不愿做的苦差事。

有时候一整天我们之间都说不上一句话。好在大家都熟悉了日常工作，这包括：扎营之后，每一个维度钻取一套冰芯样本，通过无线电向世界气象组织发一份完整编码的天气报告，采集尿液样本作为热量摄入量计划的一部分。

在后方基地，贾尔斯和格里已经跟着双水獭飞机从英国赶了回来，他们还把西蒙带过来帮助金妮。每走三四百英里，我们的燃料就不够了，格里就要根据经纬仪上的位置给我们定位。经过十天的行程，我们现在距离利温根峰404海里，而且怀疑我们南边存在一大片裂缝区。因为在我们之前没人去过那里，只是碰巧听见偶尔路过的美国空军高空飞行机组成员讨论这件事，我们只能借此探测是否存在这种障碍。

11月9日，我们遭遇到第一片很难通行的雪脊区：雪脊是被寒风切割而成的冰齿，就像一排排相互平行的混凝土坦克陷阱。由于该地盛行东西向风，这些沟槽正好和我们的朝南行进的方向成对角线。雪脊高度从18英寸到4英尺不一而足。由于和地面垂直，所以要是不用斧子劈出一条通道，往往寸步难行。雪地车上的弹簧、负重轮和滑雪板全被雪脊给震弯了。奥利弗拼尽全力进行临时维修。

几周以来，我们前进的速度慢得令人痛苦。在南纬80度，我们在一个地方扎营待了整整17天，等待着贾尔斯在海岸与南极点的中间位置安排一次燃料空投。刚刚开始走起来，频繁的翻车又导致很多轻伤，用斧头在雪脊区劈路有时候五小时才能前进2400英尺，还有无时不在的对冰缝的恐惧心理也在侵蚀着大家的士气。有一天早晨，查理在一处貌似无害的斜坡上停下来，走下雪地车刚想伸伸腿，突然之间大腿就不见了。原来他正好停在一个看不见的大洞上方，不到两英寸厚的雪下面，就是无底的冰缝。查尔斯·斯威辛班克曾警告过，在我们必须穿越的未知地区，裂缝随时都有可能出现。他听说过180英尺深的裂缝，但据他估计平均深度可能在125英尺。

在靠近南纬85度的一片高雪脊区，大家停下来进行维修。这时我们从金妮那儿得知，一队南非科学家在萨埃纳附近的海岸山脉边缘作业时遇到了麻烦。他们的一辆雪地牵引车连同一吨重的燃料雪橇一起掉进了60英尺深的裂缝里。接着一名队员又掉进了90英尺深的另外一处裂缝并且摔断了脖子。他们的救援队在返回海岸基地的时候竟然在冰原里迷路了。到金妮联系我们的时候，这些人携带着最低限度的装备已经失踪五天了。

在这个时刻，我们知道整个大陆都没有可资利用的救援设施，而且失踪者距离他们的基地又在50英里以上，他们似乎没有生还的可能。尽管燃油已经匮乏，而且发动机启动时还不断出现问题（这在南极非常危险），贾尔斯还是飞了1000多英里搜索，并最终将失踪的南非人给救了回来。

从南纬85度我们继续往前走，为了避开庞大的裂缝区，大家向东迂回，却不料遇上了整场暴风雪，导航变得至关重要。12月14日，在浓雾中走了九小时之后，我在一处估计是南极点的地方停了下来。周围没有任何生命的迹象，尽管一支16人的美国科学家团队正在南极点附近的一座圆顶基地内工作。大家把营扎下，我便通过无线电联系南极点的值班信号员。

"你们在三英里之外，"一个带着得克萨斯鼻音的人回答说，"我们在雷达上看到你们了。快过来吧。"他给我们一个方位，一小时后就看见一座圆顶隐隐约约地出现在前方几步远的地方。12月15日凌晨4点35分，在距离利温根峰1000英里的地方，我们比计划提前七周到达了世界的底部[1]。

和南极洲的其他任何一处基地都不一样，南极点的美国基地利用一座金属穹顶来抵挡严酷的天气条件。穹顶之大足以容纳八座集中供热的预制小屋，而且在冬天当气温降至-79℃的时候，它的外层门还可以关闭。穹顶设计用来供十来个科学家和六七个行政管理人员过冬。

夏天，南极点是地球上光照最充足的地方，经常全天24小时不断阳光。白天和夜晚无法区分，因为太阳只在地平线上方同一个高度上转圈。什么时候工作，什么时候睡觉，一切随意。为了生活方便，基地采用麦克默多时间，相当于新西兰时间。我还了解到，这里的年均气温是-49℃；有记录的南极点最低气温是-83℃，最高气温是-14℃。

科考站的位置精心挑选在地理南极点的上游，冰盖（连同科考

---

[1] 地图的方向是上北下南，因此本书有时称北极是世界的顶部，南极是世界的底部。——译者注

站）会以大约每年十米的速度朝南极点移动。一旦过了南极点，冰盖将沿着格林尼治西经40度线朝菲尔希纳冰架和威德尔海移动。

从1957年开始，南极点这里一直都有美国科学家在活动。穹顶建于1975年，设计巧妙且极其实用。所有南极陆上基地，无论是在高原上还是在半岛上，都面临一个问题：降雪很快就会覆盖所有建筑物，基地人员需要花费太多时间清理过道和屋顶上的积雪。这一点在南极点这里尤其困难，因为这里有六个月的黑夜还有低温。通过在建筑物上方罩一个大穹顶，除了避开在风暴中往返各个建筑物时迷路的危险，美国人还免除了永无休止的除雪以及不断监控大雪覆盖的建筑物的工作。但月复一月在穹顶内的人工照明下和干燥空气中生活也有不利的一面：令生活在里面的人产生枯燥乏味的感觉，他们彼此互称为"穹顶下的鼻涕虫"。

由于大家都不愿意在金妮于南极点处设立无线电基地之前开始后半段旅程，因为可能会沿着危险的斯科特冰川（Scott Glacier）下行，我便去问科考站主管汤姆，我们能否在他的地盘里待上一两周。此时，华盛顿方面已经通知他我们马上就到，而且已经批准我们取用23桶燃油。其他一切由汤姆决定。

我们在距离穹顶300英尺远的地方竖起两顶金字塔帐篷，并接受了他的善意邀请和美国人一起在他们的餐厅里用餐，作为交换，我们要承担起洗盘子和打扫卫生的工作。这可以将一部分基地工作人员解放出来，去别处从事更加急需的工作。汤姆还领着我拜访了基地"医生"，虽然他用牙科设备，但以前从未在真正的活人嘴巴上操作过，不过他出色完成了修补我因寒冷导致的蛀牙问题，终结了我无休止的牙痛。

两个星期前，美国人经历了两件令人担忧的事件。在所有美国站点的神经中枢麦克默多基地，直升机和大力神运输机的机组人员从一架新西兰航空公司的DC-10客机残骸中取回了224具遗体，这架客机在观光飞行过程中坠毁在俯瞰麦克默多的埃里伯斯火山上。

在南极点科考站这里,他们的工程师最近发现穹顶的下水道出口惹出了大麻烦。多年来,污水渗进冰里,在穹顶下方融出了一个大洞,足有100多英尺深,最下面的30英尺满满的全是化学品和污水。结果穹顶正在慢慢朝一侧倾斜,压力已经导致一些螺母和螺栓脱落。考虑到越来越大的压力和极寒温度,很容易出现严重情况。过冬的科学家们可不想面对双重威胁——被坠落的大梁砸死或者突然掉进污水池里。

穹顶的冰地板下面有一条蜿蜒曲折的长隧道,里面铺设着各种管道和电气导管。以前渗漏的地方都结成冰,把人行道都给堵住了。我陪着汤姆还有另外两个"干活能手"(其中一位曾当过B-52轰炸机的飞行员)组成了一支破冰小分队,大家都随身带着斧子和用来装冰屑的空袋子。下隧道的时候,汤姆指给我看一处通风竖井:"我们有个厨师想去清理竖井上的积雪。结果竖井掉了一截下来,把他活活砸死了。"

幸好我们的破冰作业都在水平通风井里进行,但我开始觉得活在极低穹顶里比活在外面的冰盖上要危险得多。至少在外面你只会掉进冰缝里,而不会淹死在自己的排泄物里。

"我们一定要小心这里的病菌。"汤姆警告我。

"但低温不是肯定能杀死病菌吗?"

"外面是这样,但我们有些科学家在南极一年到头都待在这里或者麦克默多的中央供暖的小屋里。你不是说你妻子要带一条狗到这里来吗?它只能待在外面的帐篷里,因为这里有一条铁律:南极点禁止养宠物。要我为你们破例,这件事我连考虑都不用考虑。"

"它会在我们的帐篷里活得很好的。它的毛很长。"

"那很好。"汤姆说,"另外还有件事。小心感冒病菌。在这里它们的毒性真的很大,我们承受不起损失一位科学家的工作时间,尤其是在夏季。据华盛顿方面说,让一位科学家在这里待一年,就要花费100万美元。"

他向我解释了预防普通感冒的方法之一。新来者到达麦克默多之后，会收到一套三条泡过碘酒的专用手帕：一条用来擤鼻涕，一条用来擦鼻涕，另一条用来擦手。一条手帕一美元，你擤一次鼻涕就要花三美元。

南极点处的穹顶没有任何明显的政治或者经济目的。和南极所有其他国家的基地一样，科研是南极点基地的出发点和归宿。通过钻探南极周围的冰层和海底深处，科学家可以了解过去所发生的渐变性的和灾难性的事件。他们取出古老的冰芯，对存在了约40万年的冰体进行分析。生活在基地里的人来自世界各地的大学，包括地质学家、气象学家和冰川学家，他们对这片世界第五大、人口最少、污染最轻的大陆展开研究，从而预测我们的未来，同时搞清楚我们正在如何破坏脆弱的环境。

斯科特船长的探险队开创了对天气模式的细致观察。50年后的1957年，12个国家为响应国际地球物理年的倡议，纷纷在南极设立基地，斯科特的后继者们——来自这些国家的科学家，上马了一项重大科研项目，目前这个项目正在这些冰封大陆的各地开展。

地球的年龄在45亿岁左右，但黏液般的原始生命形式花了十亿年时间才出现在地球上，又花了30亿年才进化成能够留下存在痕迹（如化石）的生命体。当这一切在发生时，地球的表面也在不断地分裂和漂移。地球上断断续续地出现过几次冰河期，这些冰河期至少可以追溯到七亿年前，当时整个地球都被寒冰笼罩，如同一颗高尔夫球。

当今天的南极洲尚未被冰雪覆盖的时候，它还属于一块巨型大陆的一部分，位于距离南极地区很远的地方。这是一片葱茏宜人的大陆，满布着森林、河流和恐龙，因此也留下了丰富的化石。这片辽阔温和的大陆被科学家称作冈瓦纳古陆。数亿年前，构成今天南极洲的陆地从冈瓦纳古陆上分离出来，向南漂移，最终在南极点附近稳定下来，并随即冰封。强大的深层洋流在它周围回旋环绕。

冈瓦纳古陆的分裂速度非常缓慢，一年只有几厘米。大约1.5亿年前，今天的非洲分裂开来。后来，印度又漂走了并撞上了中亚，结果形成了喜马拉雅山脉。作为曾经的冈瓦纳古陆的一部分，亚马逊盆地内拥有超过50000种植物，而在整个南极洲，却仅有两种开花植物。

后人发现，水生恐龙体长达到了惊人的15米；被我们称作"企鹅"的鸟类的源流更是从最初的飞行形态一直追踪到现在不会飞却会潜水和游泳的形态。在亚南极地区的西摩岛（Seymour Island），你可以看见4000万年前被不会飞的恐鸟（phororhacos）在一片砂岩地上踩下的18厘米长的脚印，这种鸟站立时高达3.5米，奔跑迅速，锋利的爪子甚至能将披挂着铠甲的犰狳开膛破肚。就在不远处，人们还发现了一条像小鳄鱼一样的动物的下颌骨和一种灭绝已久的鲸鱼的遗骸。

南极洲在地理上被一条巨型山脉分隔成两半，这条山脉大部被冰雪覆盖，有些地方厚达4.5公里，被称作南极横断山脉。南极东部主要位于格林尼治子午线以东，是迄今为止大陆上最大的一片区域，面积约400万平方英里。上面的冰盖（南极东部冰盖）拥有南极大部分冰体。

金妮和我们在南极点会合后仍负责无线电联络，我们随即开始了最后一段跨越之旅——从南极点到太平洋海岸。这一路上，我们的主要障碍无疑将是走下10000英尺高的严重开裂的斯科特冰川。

我们于圣诞前夕出发，我带着一丝同情想起了斯科特船长。69年前，他在1月19日才离开南极点，就夏季来说已经太晚了，无法确定能否安全返回。首次探险结束后，斯科特手下的气象学家曾将他们的数据送给著名的奥地利科学家尤利乌斯·冯·哈恩（Julius von Hann），后者于1909年将南极的冬天称为"无核冬天"[1]，或者用斯科特手下首席气象员乔治·辛普森（George Simpson）的话说，"南极夏季的开头

---

1 南极洲整个冬天的温度近似于常数，并没有哪段时间特别冷（如中国的三九、四九最冷），因此被称为"无核冬天"。——译者注

和结尾气温都要远低于冰点，连续不断地维持着一片由冰雪构成的反光镜，夏季很难吸收热量，冬季就会异常寒冷"。在这种无核冬天里，如果没有充足的食物和坚实的住所，南极就是一处无法涉足之地。它完全不同于北极，在那里最低温度仅仅局限于一年中最短的一天前后的几个月里。

离开南极点后，任何方向都是往北。朝其中一个方向走大约360英里，就到了南极大陆的中心，这里距离海岸最远，被称作难抵极（Pole of Inaccessibility）。在难抵极与俄罗斯的东方站之间还有一个寒极（Pole of Cold），据说是地球上最冷的地方。

东方站以俄国探险家撒迪厄斯·冯·别林斯高晋于1821年乘坐的探险船命名，他是第一位发现南极半岛诸峰的探险家。俄罗斯人于1957年（也就是他们发射首颗人造卫星的那一年）建立了东方站科研基地。2012年，东方站的科学家成功钻至冰下2.25英里（3.6公里）的深处，发现了一座可能包含着许多秘密的巨型湖泊。20世纪70年代以前，无人相信这样一座冰下湖泊会是液态的，但后来一支英国科考队利用机载透冰雷达找到了这座湖泊，人们认为它和安大略湖一样大。

1500万年来，这座湖漆黑一片，与世隔绝，绝无污染，无疑是一座独一无二的进化实验室。即使在这种极端条件下，细菌也可能发生演变，因为必须制定出一套研究方法，以消除污染湖水的风险，即使是在穿透冰层到达湖面的过程中。东方湖是大约200座同类冰下湖泊中最大的一座，俄罗斯、美国和英国的科学家都希望解开这里的谜题：地球上的生命如何进化？其他星球上的生命又是什么样子？在一些比较小的湖泊中，人们已经发现了欣欣向荣的微生物种群。

在海拔11200英尺处的东方站，有记录的冬季最低温度为$-89.2℃$。6月的平均温度为$-65℃$。一群有争议的科学家正在从理论上推测地球在一二十亿年前的状态，他们认为当时我们这个星球就处在这个温度下，从南极到北极整体冻成了一个大冰球，理论家们将其称作雪球地球。极地深层湖泊研究也许将证明他们是对的。

离开南极点后，我们朝豪山（Mount Howe）进发，这是一座独立的锯齿状的山峰，距离南极点180英里，标志着斯科特冰川的上缘。之所以选择这条路线，是因为它似乎是从南极点到罗斯冰架最短的一条路线。对大家来说，豪山是走过的1000英里白色旅程中第一处自然地貌。在我们之前只有一支探险队探索过斯科特冰川，就是海军少将伯德于1933年组织的一次探险。我曾读过他对当地情况的描述："我们在冰缝、冰塔、冰卷、冰洞和冰脊构成的迷宫中择路前行……直到前进之路被巨大的冰坑、冰洞、冰脊和冰卷阻断……大自然的力量无坚不摧，在任何地方都找不到比在这里更显著的证据。"

如果冰面遭受压力，通常的反应是裂成许多小碎片。这些碎片又被40米甚至更深的冰缝分割开来，冰缝两边全是陡峭的冰壁。另外一些冰缝（又被称作外展冰缝）几乎和冰川的移动方向平行，它们通常出现在冰川的吻部，这里的冰要么向两旁铺展，要么横向断裂。如果冰体朝多个方向延伸，条条冰缝就可能纵横交错，冰川表面便会呈现出一派支离破碎、无比混乱的景象。最混乱的景象出现在冰川流过岩坎的地方，结果会形成一座冰瀑。冰川在这里掉头向下，形成一系列被称作冰塔的独立冰流，其高度可达20米或者更高，而且可能会朝一侧倾斜，几个星期之后轰然倒塌。这些冰瀑的扭曲表面一直都在移动。

冰川上那条噩梦般的小道把我们带进了一条死胡同，四周全是张着大口的冰缝。我们原路返回，尝试着走另外一条位于蓝色冰墙之间的狭窄通道。在看不见的冰瀑的包围之下，经过了迷宫般的冰下通道，大家终于走了出来，心惊胆战，但幸而毫发无损。我们已接近加德纳岭（Gardner Ridge），正身处目标冰架上方6000英尺处。在40节大风和浓雾之中，大家又沿着克莱因冰川（Klein Glacier）走了12英里，随后被迫沿着一条狭窄的冰岬在两片巨大的压力冰原之间前进，冰原上乱糟糟的全是闪闪发光的大冰块。

我跪下身来查看地图，试图找到一条出路，但狂风将地图撕得粉碎。幸好我的导航装备上还带着一份备用地图，利用这张地图，我找到了一条通往冰谷东侧的线路。在较小的冰原上走到一半的位置，地面陡然一降，我们竟然看见了斯科特冰川的下游地带，一幅由高山、冰流、岩石、晴空构成的令人叹为观止的美丽图景，这幅美景向下延伸600米，直至远处的地平线，与管风琴诸峰（Organ Pipe Peaks）的峰顶齐平。一块五英里深的裂缝冰原横贯整座冰谷，从一侧冰崖直铺到另一侧冰崖，将我们挡在拉塞尔山（Mount Russell）前边。于是，我们只能迂回往东，爬上一条1000英尺高的小道，三小时之后，顺着裂缝冰原外一条恐怖的冰沟才再度进入斯科特冰川。我们已经走了整整14小时，走完了计划中五天的路程。第二天，我们继续疯狂的行程。一路上遭遇了更多的冰墙，更多次的雪橇打滑和失控。在鲁斯山（Mount Ruth）的山脚下，我们沿着一条活跃压力带的冰面像猫一样蹑手蹑脚地往前走，压力带脆弱得就像虫蛀的木头。查理本是一位小心谨慎、轻易不会为任何事情而情绪激动的人，他对接下来的下山之旅描述如下：

下山之路惊心动魄，对雪橇来说委实太陡了。它们跑在雪地车前面，有时候能把雪地车带得左右摇摆，在通过宽阔的下垂雪桥时，甚至能把雪地车扭得向后转。有些雪桥两侧都有裂纹，就像熟透的苹果一样，明显一有风吹草动就会掉下去。我们如何才能走到底，只有上帝知道。大家把营地扎在蓝冰上。

有人会以为这一路肯定很轻松，因为我们下得太快了。我不用多说，就让他们自己去试试吧。拉恩与奥利弗和我一样害怕，即使他们都不承认。这也是为什么拉恩会一小时接一小时走个不停。他沿着各个方向左转右绕，尽力避开最危险的区域。他做得并不是很成功，在上面一处冰缘上，我们发现自己竟然走到了一大片压力带的正中间。我们沿着迷宫般的破碎通道边走边滑，头顶上方耸立着巨大的冰罩和蓝色穹顶，我们完全被困住了。

  我的雪橇斜压在一条八英尺宽的裂纹上，压断了雪桥。雪地车的橡胶履带扣在蓝冰上，左右摇摆，雪橇开始往下掉。好在运气不错。一块颗粒状的白色冰面给履带提供了足够大的抓地力，雪地车又开始挣扎着往前冲，雪橇翻滚着从裂缝边上给拖了上来。

  我们单独组队横跨南极，从大西洋走到了太平洋。此前只有维维安·富克斯爵士和艾德蒙·希拉里爵士完成过这一行程，不过此前已经有两支探险队开拓出了两条路线（在南极点处汇聚），而且他们走的那条路线比我们要短很多。

  维维安爵士将会在新西兰和我们会合，一起讨论今后的问题。这场环绕极轴的探险还远未到达中点，但是我们已经越来越善于应对寒冷。

第七章

目标北极点

吃人是不对的。

迈克尔·弗兰德斯（Michael Flanders）、唐纳德·斯旺（Donald Swann），《情非得已的食人族》(1957)

1981年1月19日，"本杰明·鲍林号"在金妮的无线电指引下顺利到达斯科特基地。当时她还在七英里外的重浮冰区。就在同一天，我们一行四人步行经过斯科特船长的小木屋，到达了哈特角。不难想象早期先驱者的三桅船出现在同一条地平线上时的感受。他们连续数周登上观测山张望，一窥麦克默多湾的北部边缘。

当我们自己的小船在浮冰之间驶进斯科特小木屋下方的小海湾时，船上的喇叭里传来了英国爱国歌曲《希望与荣耀之地》。一年之后，千里之别，同一支探险队的两组队员再度聚首。有些人的眼睛也没那么干涩了，不久之后有些人的喉咙也没那么干涩了，因为有个家伙留了几瓶别人赞助的香槟。

我们带着船员们一起去了几次埃里伯斯山下的小丘，顺便参观了斯科特船长的主木屋遗址，当年他和他的四名精挑细选的同伴就是从这里踏上不归路的。从斯科特基地过来参观的新西兰人小心地保护着遗址，一切仿佛还是70年前的样子：钩子上还挂着小马用的挽具，"实验室"里还放着维多利亚时代的化学试剂瓶，大厅的地板上还铺着海豹的脂肪。对于亡故的同胞，我们感到一种无声的亲切感，他们的旅程早已完成，而我们才刚走完一半。

回到"本杰明·鲍林号"上，我们了解到：就在六周之前，也是在这片海域，2500吨的德国科考船"哥特兰2号"（和我们的一样，也是一艘加固船）就被不断进逼的浮冰挤破了。幸运的是，当时甲板上停着五架直升机，而且飞行员正好还都在船上。所有飞机都飞到附近一座小岛上，接着又飞到海岸边的一处夏季基地里。我们的新船长莱斯·戴维斯（Les Davis）已经接替了海军少将奥托·斯坦纳的工作，他注意到了劳氏船级社（Lloyd's Register of Shipping）的报告："该船符合最高冰区安全标准，驾驶员拥有丰富的南极航行经验。"莱斯知道，对任何一艘船只来说，北冰洋浮冰的危险性都将达到南极浮冰的两倍，因为北边的浮冰更硬更厚、单块浮冰体积更大。因此，真正考验他的时刻尚未到来。

在去往新西兰途中，一路剧烈颠簸。2月23日这天，远远望见了云雾缭绕的坎贝尔岛（Campbell Island）。我们将船驶进夹在绿色山丘之间长长的天然良港。我们已经14个月没见过一片小草叶子了，这片偏远却肥沃的土地简直就是一道奇景，不亚于赫布里底群岛（Hebridean islands）中的一座小岛。

十几位新西兰科学家正在峡湾入口旁的基地内工作，他们对我们表示热烈欢迎。按照基地主管的说法，自从1945年有记录以来，我们是第一艘到访的在英国注册的船只，他还让手下人带我们参观这座小岛。

我们首先来到一处海狮聚居地，它们以狮子般的吼叫、拥有十几个妻妾以及猎杀企鹅的技巧而闻名于世。1622年，当船长理查德·霍金斯（Richard Hawkins）爵士第一次看见它们的时候，曾将其描述为"身体的前半部分就像长着粗毛和胡须的狮子"。在被海水冲刷过的海藻床上，还有几条独自徘徊的将近三米长的斑海豹，它们身上长着深灰色的斑点，每当打起哈欠，便赫然露出锋利的牙齿。它们吃企鹅、磷虾以及所有能抓到手的正在孵卵或者正在游动的海鸟。除了海豹猎人之外，唯一的天敌是虎鲸和体内的寄生虫。

绕着海湾再往前，走过几处吱吱冒水的泥炭沼泽，便来到一处海象巢穴，十几头海象体型庞大，鼻子就像短一些的大象鼻子。对于这些庞然大物，大家都离得远远的，因为尽管它们的动作没有什么威胁性，但口臭确实太恐怖了。

大家爬上一条泥泞的小路，一边走一边不断地往后滑，导游笑着说，这里平均每年要下325天的雨。我们爬上一条长长的坡顶，远处是一片杂草地，点缀着许多漂亮的小花，正好看见一对正在孵卵的信天翁。我们在最近的那只鸟身边跪下来，它倒像海豹一样，完全无视我们的存在。信天翁通体白色，只有翅膀部分呈黑色，翼展能达到令人难以置信的11.5英尺。

导游对信天翁显然充满了敬畏。他告诉我们，信天翁能活到60岁，某些信天翁身上的电子标签曾记录它们一次能绕地球飞两圈，中途只有在海里捕鱼时才会稍作停歇。信天翁一生只有一个伴侣，随着被延绳钓钩和渔网捕杀的信天翁日益增多，越来越多的单身信天翁都在等待那只永远也不会回来的伴侣。

大量其他鸟类也在坎贝尔岛的悬崖峭壁上繁衍生息，但成千上万的海鸟和鸟蛋都被极富攻击性的贼鸥和海鹰或者捕杀或者砸碎。这些捕食者飞得又快又低，抓起没有大鸟看护的雏鸟，甚至体型相当大的幼企鹅，迅速飞离企鹅巢，开始抢食它们的受害者，有时候两只甚至更多的捕食者会在雏鸟的尖叫声中将其撕裂。这些凶残的大鸟经常因为吃得太多，连飞都飞不起来。

如同许多其他亚南极岛屿一样，这里的各种海豹都曾遭到人类的疯狂捕猎。20世纪中叶，美国海军上尉赫德布卢姆（E. E. Hedblom）曾建议那些捕猎者："先拿冰镐的尖头对准海豹两眼中间的位置猛砸，接着割断它们的脖子（如果用来做狗粮，就不要割脖子，因为海豹血是一种很好的狗粮）。食蟹海豹的味道最鲜美，不过各种海豹都能吃——烘、烤、烧都行。腰子、舌头、心脏部位的肉最嫩。海豹肝是一大美味，不过特别容易长寄生虫。英国人还发现海豹脑子很好吃。"

我们离开坎贝尔岛后，朝北又航行了400英里，就到了新西兰南岛上的利特尔顿港。

奥利弗和他的妻子丽贝卡（Rebecca）在过去几年里一直都是时散时聚，在我们穿越南极期间，丽贝卡因为担心丈夫病倒了。奥利弗现在面临着严酷的抉择：要妻子还是要环球探险。他选择将眼光放长，因为他对丽贝卡的爱胜过了六年来实现环球探险的雄心。损失了奥利弗，不仅事关去北极要带多少食品和装备的技术性问题，还将导致更加广泛的问题。伦敦的探险委员会认为，我们组成一个只有两个人的团队去北极，太不负责任了。他们坚决支持再招一名队员来顶替奥利弗，很可能是从皇家海军陆战队或英国特种空勤团里面招募。

一到新西兰的基督城，我就收到了安东尼·普雷斯顿（Anthony Preston）发来的警告信息，安东尼是英国皇家空军的退役军人，负责管理我们在伦敦的办公室和八名由志愿者构成的工作人员。美国人沃尔特·佩德森（Walt Pedersen）曾于1968年作为团队一员，在拉尔夫·普莱斯特德（Ralph Plaisted）的率领下到达过北极。安东尼发现佩德森已经准备就绪，打算在来年初乘坐雪橇赶赴南极。他曾用了12年时间积极准备，决心成为世界上经由陆路到达两极的第一人。貌似他将会比我们提前四个月，因为我们最快到达北极点的时间估计是1982年4月。而且，我觉得大家在南极的探险经验几乎没有一项适用于即将到来的北极之行。这两个地方就像粉笔和奶酪一样迥然各异。

我们在奥克兰举办了一场贸易展，新西兰总理马尔登先生主持了开幕式。他在讲话中将环球探险队员比作旧时的英国商人探险家。22000多名参观者涌进了我们的展览现场。

埃德蒙·欧文爵士、维维安·富克斯爵士和迈克·温盖特·格雷（我们伦敦委员会的主席和主要成员）在奥克兰和金妮、查理和我进行了长时间的会谈，但我们未能就招募第三名队员的基本原则达成一致。我决心将最终决定权交给我们的赞助人查尔斯王子。我们在悉尼又举办了一次展览会，查尔斯王子亲自到场主持了开幕式，我在船长室里将整个问题向他解释了一遍。各种讨论的最终结果是：查理和我应该独自前往。但维维安·富克斯爵士严正警告我，如果出了问题，责任将完全在我。我们与奥利弗依依惜别，他回到了英国。

在"本杰明·鲍林号"的甲板上，我们向查尔斯王子致敬三次，并献给他一只银色的小地球仪，上面标出了我们的行进路线，祝贺他与戴安娜·斯潘塞（Diana Spencer）小姐订婚。连布提也加入到欢呼的行列，它大叫不已，直到查尔斯王子拍着它和它说话，它才安静下来。大家在悉尼的时候，查理娶了他的未婚妻，安东尼则娶了吉尔——我们船上的大厨。"本杰明·鲍林号"简直成了一个大家庭。这次探险总共将见证17名队员结婚，包括队员之间结婚和队员与外部人员结婚。

离开悉尼后，我们继续往北航行，穿过赤道到了洛杉矶。本来里根总统已经欣然同意为我们的贸易展主持开幕式，不幸的是，事前却被人开枪打伤了，于是他便给我们发来了一封贺信："我表示热烈的祝贺……现在你们的环绕两极之旅已经走了一半，我们欢迎你们来到美国……你们所尝试的是前所未有的事业，这需要勇气和奉献精神。你们的探险完美体现了'乐观进取'的精神，这种精神在自由世界依然生生不息。"

最后一次展览在温哥华如期完成后，我们顺着海岸线往北航行，到达了阿拉斯加育空河的河口。如果船只能够继续往北走，并穿过俄罗斯东端与阿拉斯加之间的白令海峡，可能已经抵达北极点，然后越过地球顶端，从斯匹次卑尔根岛回到英国。但由于北冰洋里布满了流冰，"本杰明·鲍林号"所能做的就是把查理和我装在橡皮艇里从船上放进白令海峡，然后尽可能地驶进育空河的河口。

八年之前,我们就计划赶在6月的第一周到达育空河的河口,因为如果当年气候糟糕,这个时间是北方河流最后一次摆脱冰封供船只通航。如果一切顺利,我们将顺着育空河溯流而上1000英里,然后再顺着马更些河(Mackenzie River)往下一直走到它汇入北冰洋的河口——一处叫作图克托亚图克(Tuktoyaktuk)的爱斯基摩人定居点。从那里起,我们将向东疾驰3000英里,经由传说中的西北航道,向北越过加拿大群岛,到达我们的老营地埃尔斯米尔岛和阿勒特。我们必须在短短的夏季三个月内完成从白令海峡到阿勒特的整个航程,因为只有此时北冰洋里的浮冰才最为松动。我们必须在9月末到达阿勒特,否则就会被冰封的大海和24小时的黑暗与外界隔绝。

无论朝哪个方向,也只有不到12支探险队成功走完了这段航程。这几支探险队全部采用了能抵御恶劣天气状况的船只,而且由于沿途浮冰堵塞,平均花了三年时间才走完。

我们按计划溯流走完了育空河,顺流走完了马更些河,并于7月底到达了图克托亚图克港。如果要赶在海面冻结之前到达整条航线的另一端,我们只剩下一个月的时间走完3500英里的西北航道。在这段航程中,我们把两艘12英尺长的橡皮艇换成一艘开放式玻璃钢船,船长16英尺,带两台舷外发动机。

由于担心导航问题,所以我便去拜访当地一位拥有16年经验的驳船船长。当时我正打算依靠手持式磁罗盘再加上手表和太阳导航。船长只说了一句:"你疯了。"

"但是,我有精准的地图和一个手工制作的平衡棱柱指南针。"我想让他放心。

"把它扔掉。"他嘟嘟囔囔地说。

"那你用什么导航?"我问他。

他指着自己那艘坚固的驳船拖轮。"上面啥都有。黑暗里能走,深海里能跑。雷达信标应答器、中频和高频无线电装置,还有其他设备。"他很不屑地摇着头,"为了避开风暴,你必须贴着海岸走,这样一来，你就会冲上浅滩，成千上万的浅滩。而且你还不能直接穿越许多深海湾，因为担心遇到大风大浪，所以你还是得贴着海岸走，这一路就像一条崎岖不平的人行道。你要消耗更多的燃油，还要额外走很多天。大多数时间雾都很大。没有了太阳，你就得用指南针，对不对？"

我点了点头。

他双手朝上一挥。"哎呀！你不能用指南针。你瞧！"他用手一戳桌面上的那张航道图，我看见上面用大写字母印着一条警示语："该区域内磁罗盘无效。""距离磁极太近了，懂了吧。你还是留在图克托亚图克吧。权当度假吧。"

我谢绝了他的好意。

临走的时候，他冲我大喊："也许你可以用其他不知深浅的疯子们留下的残骸导航。那倒多得是。"

过去两个世纪里，许多人曾试图通过西北航道，但成百上千人死于这种尝试。苦难和饥饿，吃人和死亡，还有看不见的浅滩、猛烈的风暴、不断逼近的寒冰导致的船难，这样的故事不可胜数。就连不事修辞的《大英百科全书》也对此进行了非同寻常的描述：

> 恶劣的北极气候使得西北航道成为世界航运最严酷的挑战之一。航道位于北极圈北部500英里处，距离北极点不到1200英里……厚厚的浮冰以每天最快十英里的速度移动，整条航道几乎一半都被它们常年封闭。北极的海水可以在十分钟内将人冻死。冰冷的极地东北风几乎一刻也不停歇，狂风怒号，犹如飓风。气温只有在7月和8月才上升到冰点以上……狂风卷起的暴雪经常让人目不能视……短暂的夏季，浓雾常常笼罩航道……还有未知的险滩……人们对这里的洋流和潮汐更是一无所知……即便携带最现代化的设备也很难导航……指南针根本不管用，因为北磁极本身就位于航道内……北极岛屿荒凉萧瑟，了无特征，几乎不能提供任何区别性的地标。北极的通信中断现象可以让所有通信瘫

痪，时间从几小时到几乎一个月不等。

杰弗里·哈特斯利-史密斯（Geoffrey Hattersley-Smith）博士是公认的西北航道英国专家，也是我们探险队的好朋友，曾在三年前写信和我说：“我毫不怀疑这次航行可以分批逐次完成，但我觉得要想在一个季节里走完是不现实的。至少你得撞上天大的好运气才能走完。”

他和百科全书给我的警告后来证明真是太正确了。随后的航程就是一场噩梦。那是我这辈子迄今为止度过的最潮湿、最寒冷的一段时期，从事着最复杂、最紧张的导航工作，时刻害怕翻船，时刻担心海面封冻。

当航道内海岛之间的计划路线被浮冰阻断时，我们就选择其他曲折的路线。为了保持清醒，我们只能服用危险剂量的药丸，但常常掌着舵就睡过去了，幸运的是我们两个人没有同时睡着。

每走几百英里，我们都要去搜索空投下来的至关重要的燃油。水上飞机通常在几个月前就将它们扔在距离最近的居住点也有上百英里的某个碎石岬上，或者扔在一处偏僻的远程预警站里。每座预警站都有一座巨大的圆顶状的雷达天线罩和四个冲着北方苏联的雷达天线。这个系统由31座预警站组成——21座位于加拿大，6座位于阿拉斯加，4座位于格陵兰岛。这些预警站都是在发现轰炸机和导弹越过世界之巅发动偷袭时提供预警。

在偏僻的富兰克林女士点（Lady Franklin Point）站，我半夜里绕到小屋后面，爬上两根雷达天线杆，挂上我的无线电天线，好和远在图克托亚图克的金妮说上几句话。我注意到预警站的主管正悄悄地跟在我身后。因为我正戴着耳机，其实他根本没必要蹑手蹑脚地走过来。他瞪着我，我只好礼貌地报以微笑，因为他是我们的主人，他有瞪我的权力。我决心断开与金妮的联系。也许我使用的频率无意中干扰了基地的无线电通信。

"你正在和谁联系？"他问我。

"和我妻子。"

"她在哪儿？"

"在图克托亚图克。"

"你有在此使用无线电的许可吗？"

"有。4982兆赫。"

我打开背包，把耳机和天线放了进去，他靠过来朝里面紧瞅。我决定打开天窗说亮话，于是便笑着说："你知道，我是英国人，不是间谍。"

他严肃地、充满敌意地看了我一眼，很明显我说的后半句话是一个不合逻辑的推论。

"好吧，"我说，"我得先去睡一会儿。我们明天一早再解决吧。"这句话倒是很合他的胃口。

我们又往东走了130英里，此时一台舷外发动机发生了故障。我们采取了所有已知的补救措施，它还是没有反应，只好后撤30英里，回到拜伦湾预警站。我们在那里用了三天时间更换掉冠状小齿轮，然后继续朝剑桥湾（Cambridge Bay）预警站进发。暴风骤雨越过开阔的海湾口，吹过荒凉的海角，抽打着我们的航道。海角上遍布着扭曲的红色熔岩小丘和基岩劈切后形成的带沟槽的黑色石柱。我们闻见一股刺鼻的化学品的味道，发现有一段悬崖竟然在燃烧，在灰暗的天色中闪耀着橙色的光芒。那是一直在燃烧的硫矿床。在其他地方，我们还发现了将近100英尺高的小火山，本地人将其称作"小丘"。

我四下寻找遮风避雨的地方，但一处都找不到，就连一座浅浅的山洞或者一块倾斜的大石头都找不到。大雨从阴森森的天空中倾泻而下。我暗自对一个世纪前的那些先驱者们惊叹不已，他们曾驾驶着帆船，携带着空白地图，沿着海岸一路探险。约翰·富兰克林（John Franklin）爵士手下100多号人就葬身在这片区域。许多已经获得命名的地形特征正反映出这些先驱者们并不愉快的回忆：风暴角、饥饿港和其他许多唤醒记忆的东西。

几个世纪以来，在海军、富裕商人或者爱国人士的激励下，英国人派出了许多探险家和船长，他们在迷宫般的岛屿周围探查海路，朝弗罗比舍湾以北和以西前进。正如同弗罗比舍一样，他们发现许多看似有可能的西向入口实际上只是无路可通的沿海峡湾。人们将会不断地失望、失踪、失事，还会遭受巨大的痛苦和非议，但一切都无法阻挡对西北航道、对"通往中国的捷径"的永不休止的探索。每一位生还船长所提供的富有诱惑力的线索都有可能成为下一次远航的目标。许多在纽芬兰岛和斯匹次卑尔根岛外海作业的捕鲸船的导航员也会提供建议（17世纪到19世纪之间，捕鲸船在该区域共出行了将近30000次之多）。

那些有幸回到英国的人会告诉人们某条水道被永久冰封，但实际上，许多水道在夏季那几个月里确实保持在无冰状态，只不过这种情况五年才出现一次而已。

17世纪初，在巴芬和其他人寻找西北航道的努力经历过令人失望的失败以后，英国人在两百年里再未派遣船只向北远航。直到1817年，捕鲸船船长威廉·斯科斯比（William Scoresby）报告说戴维斯海峡（位于格陵兰岛西海岸外的水道）竟然处在不寻常的无冰状态。当时拿破仑战争刚刚结束，伦敦的两位显要人物，海军部二等秘书约翰·巴罗（John Barrow）和英国皇家学会的约瑟夫·班克斯（Joseph Banks），开始极力游说英国政府派遣军舰和水手重新搜索西北航道，并执行一项附加的新任务，即定位北磁极，因为这对于建立新的精确导航方法至关重要。于是，1818年，即滑铁卢战役三年之后，英国人又派出了两艘船，一艘在船长威廉·爱德华·帕里（William Edward Parry）和约翰·罗斯（John Ross）的率领下寻找西北航道，另一艘则在约翰·富兰克林的率领下从哈得孙湾往北寻找北磁极。

正如下一个世纪里的斯科特和沙克尔顿，这三位伟大的北极探险家已成为英国家喻户晓的名字。约翰·罗斯船长曾在波罗的海参加过多次海战，正如他在议会作证时所言："我身上13处受伤，双腿折断，身体曾被刺刀刺穿，头部曾被马刀砍过五道伤口。"他英勇善战，但性格暴躁，自以为是。约翰·富兰克林中尉也曾参加过拿破仑战争，包括特拉法加战役，他性格温和，广受欢迎。威廉·帕里中尉的性格很难形容，他的知名度比其他两人要小，部分是因为与罗斯之间爆发的严重争议以及发生在富兰克林身上的悲剧。

在1818年的探险中，在成功探索完整个巴芬湾以及通向兰开斯特海峡的路线之后，罗斯决定掉头返航，因为据他报告，看不到任何可能通向西方的航道。帕里和其他人对罗斯已经看到的和未曾看到的内容都提出了争议，两人之间就这次远航爆发了激烈的争论，而且这场争论持续了一生。帕里的看法是，罗斯离开了最有可能进入西北航道的路线，却未能给出一个令人满意的解释。在此之前，富兰克林单独率领的远航早已被坚不可摧的海冰所阻断。

1819年，海军部派出了一支新的探险船队，这次由帕里率领。此时，为了应对极寒条件和避免坏血病，英国皇家海军在进行准备工作时做了一些改变，包括引进折叠床替代吊床，配备了更暖和的衣服和靴子，并准备了罐装食品。食品罐头早在七年前就已经发明出来了，但还没发明开罐器，所以罐头只能用斧头撬开。

1819年帕里的这次探险恰巧碰上了不常见的稀疏冰年，他的两艘船都能驶入兰开斯特海峡更往西的地方，从而考察了此前未知的1000多英里长的海岸线。接下来这支海军探险队首次在北极圈以北的地方过冬。大量的柠檬汁，再加上日常甲板锻炼和严格的卫生检查，延缓了坏血病的发生。但越来越低的气温冻破了许多装柠檬汁的瓶子，到冬天接近尾声时，出现了许多坏血病病例。在前路被海冰阻断的情况下，帕里利用短暂的1820年夏季从兰开斯特海峡逃了出来，返回英国。他在总结这次远航时说："尽管我们未能走完西北航道，但我们已经在它上面撞开了一个大洞。"

与此同时，约翰·富兰克林也于1819年出发了，他带上了三名军官：乔治·巴克（George Back）、罗伯特·胡德（Robert Hood）和约翰·理查森（John Richardson）博士。他们沿着科珀曼河溯流而上，成功勘察了数百英里的新海岸线。在回来的路上，由于给养耗尽又遭遇了暴雪，富兰克林的手下人只能以苔藓和皮靴为食。跟随富兰克林探险队的12名加拿大原住民（被称作船工）因饥饿和冻伤而濒临绝望。后来其中一人疯了，杀死了另外一个人还把他切碎吃掉了。后来这个人又杀了胡德，于是理查森便开枪打死了他。到他们抵达安全地带的时候，整个队伍中已经有十人死于体温过低、饥饿或者谋杀。这次行程用了整整三年时间。

1821年，海军部随即委托威廉·帕里（自从1819—1820年远航大获成功后，他已被晋升为司令）向北进行第三次远航。他率领两艘船，"赫克拉号"（Hecla，冰岛著名火山名）和"狂怒号"（Fury），搜索哈得孙湾的西北角。就在这个叫里帕尔斯湾的地方，1742年一支海军船队曾被海冰所阻被迫返航，未能找到一条可能通往西北航道的路线。在第三次帕里远航中，他带的见习军官名叫詹姆斯·克拉克·罗斯，是约翰·罗斯的侄子，他将在19世纪成为英国最伟大的海军探险家。

帕里发现里帕尔斯湾是条死胡同，于是转头往东，在勘察了600英里新海岸线后，他们在福克斯浅滩（Foxe Basin）过冬，当地也是友好的爱斯基摩人的宿营地。后来他们又分别于1821年和1822年两次在这个地方过冬。他们未能进入向西的开放水道，但这次远航是加拿大的爱斯基摩人和西方文化之间的第一次真正亲密接触。帕里对爱斯基摩人社会生活和宗教生活的研究记录于1824年发表并被广泛阅读。

令人难以置信的是，帕里于1824年又接受了一次北方远航任务，依然率领原来那两艘船。正如1819年的天气状况异常的好，这次的天气状况却异常糟糕。这次随行军官中有一位见习军官就是霍雷肖·纳尔逊（Horatio Nelson）。这次探险仅仅勘察了60英里的新海岸线，而且"狂怒号"还被海冰挤破了，人们只得将船上所有的物资全部卸下来放在海滩上，没过多久船就沉了。1825年，两艘船的船员全部顺利返回。帕里后来又指挥了一次这样的远航。1827年，他带上詹姆斯·克拉克·罗斯，试图在破裂的冰面上拖行小船到达北极点。他们到达了北纬82度43分，这是人们到达过的最北点，这项纪录一直保持到1875年才被乔治·内尔斯的探险队打破。

留在弗里滩的物资后来竟挽救了许多条人命。1829年，备受争议的约翰·罗斯带着他的侄子詹姆斯·克拉克·罗斯当副手，乘坐"胜利号"（Victory，除风帆外，船上还装有蒸汽驱动的桨轮）再次尝试寻找西北航道。他们沿着摄政王湾（Prince Regent Inlet）朝南比帕里多走了200英里，但结果却在那里被困了三年。年轻的罗斯乘坐雪橇在周围地区做了很多次旅行，1831年5月，他到达并最终确定了北磁极的确切位置。

1833年5月，罗斯家族的两位成员同意放弃"胜利号"，用雪橇将三艘小船拖回北边的弗里滩以获取给养。然后再坐船往东走，希望能被路过的捕鲸船救起来。这是一个合理的希望，因为如果在"胜利号"上再困守一个冬天，意味着他们必死无疑。计划成功了，全体人员于1833年全部返回。他们在冰面上生存了四年，这是一项真正的北极生存纪录。

与此同时，无比顽强的富兰克林、巴克和理查森在1819年的艰难之旅后再度回归，他们要取道巴克河（Back River，又叫大鱼河）探索更多的北极荒原和海岸线。乔治·巴克在19世纪30年代初，以及哈得孙湾公司的船员辛普森和迪斯在1837—1839年填补了从巴克河到马更些河大陆海岸线上的所有空白。到了1845年，海军部已经把西北航道搜寻范围缩小到在富兰克林和哈得孙湾公司的船员勘探过的大陆海岸水域之间，找到一条或多条西向水道，并在更往北的区域找到一条从兰开斯特海峡到梅尔维尔子爵海峡（Viscount Melville Sound）西向水道。海军部决定让当时肥胖不堪且已经59岁的约翰·富兰克林本人负责这次探索，他将率领两艘状况极好的探险船——"幽冥号"和"惊恐号"，另外还有134名船员。

开头一切顺利，但他们在兰开斯特海峡以及随后在威廉国王岛（King William Island）外遭遇到恶劣冰况，两艘船全被挤破，所有人都"消失得无影无踪"。尽管事后多年都无人知悉他们的命运，但实际上所有人都在1845—1847年死于德文岛（Devon Island）和威廉国王岛之间的某个地方。自从富兰克林的两艘船在巴芬湾里被一艘捕鲸船最后一次看见后，又过了两年多时间，海军部从未表现出任何担忧。毕竟，伟大的约翰·罗斯船长曾在寻找西北航道途中消失了整整四年，但依然能绝处逢生。

1848年，悲痛欲绝的富兰克林的妻子（虽然她不知情，实际上她已是富兰克林的遗孀）为获得这次探险的消息提出了悬赏，并督促海军部采取行动。詹姆斯·克拉克·罗斯，是当时最受尊崇的极地探险家，受命率领两艘船去寻找富兰克林。另外两艘船从西边穿过白令海峡接近西北航道。曾参与1821年科珀曼探险的富兰克林的老朋友约翰·理查森，负责搜索马更些河口与科珀曼河口之间的海岸地带。陪同他的是在海岸地带拥有丰富经验的旅行家——来自哈得孙湾公司的约翰·雷（John Rae）博士。

罗斯发现他的西进路线在巴罗海峡（Barrow Strait）处被海冰阻断，于是他和利奥波德·麦考林托克（Leopold McClintock）中尉乘坐两架六人小雪橇，沿着萨默塞特岛（Somerset Island）西海岸前进了500英里。这次旅行开创了许多同类雪橇之旅的先河。罗斯和麦考林托克继续沿海岸南行，走到了皮尔海峡附近，他们称该海峡永久封冻。其实他们不知道的是，就在两年前，富兰克林率领的两艘船曾发现该海峡处于短暂的无冰期且继续前行至威廉国王岛的东岸。

要是富兰克林能遵循此类远航中的一项海军传统就好了，在显眼的石头堆里留下消息，告知他们要去的地方，那么罗斯就会顺着皮尔海峡继续找下去。实际情况却是，罗斯返回船上，于1849年夏回到了英国。

被派去从西方开始搜索的两艘船穿过白令海峡，驶过阿拉斯加（当时的俄属美洲）上方，接着又乘坐雪橇走了700英里，最终在马更些河口这个地方与约翰·雷博士成功会师。这是从两端出发的搜索者在西北航道的中间位置首次会师，从不那么严格的角度来说，这是寻找西北航道这个总体目标中的一项相当大的成就。但仍然没有发现富兰克林和他的手下的踪迹。

第二年（1850年），大量名副其实的富兰克林搜索队相继出发，当年就有15支，不过许多去搜索富兰克林的人很快自己就需要救援。海军部再次派出两艘船，在经验丰富的罗伯特·麦克卢尔（Robert McClure）和理查德·柯林森（Richard Collinson）的指挥下穿过白令海峡展开搜索。麦克卢尔到达班克斯岛（Banks Island）后，船只为海冰所困，但他乘坐雪橇继续往东走并爬上了一处制高点。通过望远镜，他清晰地看见了梅尔维尔子爵海峡的冰冻水域，他知道帕里曾于1820年率领探险队到过这个地方。前方没有陆地，只有阻断去路的海冰。因此，他声称自己为西北航道成功找到了一条有效航线，每年夏季当海峡无冰的时候即可通航。不过他还是未能找到富兰克林。

恶劣的冰况差一点儿挤破了麦克卢尔的船，并把它在班克斯岛的小海湾里又困了整整两年。船员们的口粮根本填不饱肚子，而且还要遭受鞭打。其中两名疯掉了，他们的尖叫声在甲板上日夜回响。剩下的人由于坏血病四肢发黑肿胀，走起路来一瘸一拐。多亏了麦克卢尔一年前在梅尔维尔岛（Melville Island）南侧一处石头堆里留下的消息，另外一艘富兰克林搜索船上的一支雪橇队及时发现了他们。

当麦克卢尔的手下最终设法乘坐雪橇回到救援者的船上，外科医生这样形容他们的境况："一名军官患上了间歇性精神失常；一名船员处于痴呆（又叫低能）状态，再加上手指被严重冻伤，他的病情和样子更加可怜；两名船员躺在雪橇上，一个得了坏血病，另一个得了泌尿系统疾病和腿部蜂窝组织炎；其他人或多或少都受到了坏血病和身体虚弱的影响。"

然而，麦克卢尔的麻烦并没有结束，因为救援船自己又被困了一年，使得麦克卢尔被整整困了四年。1845年底回到伦敦以后，他被晋升为上尉且作为西北航道的发现者被授予爵位。但正如《泰晤士报》

曾巧妙地评论道："这条西北航道可能会被认为一个世纪只会短期开放一到两次，而且还要在条件有利的情况下。"

由理查德·柯林森船长率领的船只与麦克卢尔的船同时离开英国，跟任何其他从西方进入西北航道的船只相比，他们的确成功地向东航行到更远的位置。但他们没有任何新发现，而且军官内部还发生了严重纷争。他们晚于麦克卢尔六个月回到伦敦，此行的成就随即被忽略。

在老船长霍雷肖·奥斯汀（Horatio Austin）、伊拉斯谟·翁曼尼（Erasmus Ommanney）、谢拉顿·奥斯本（Sherard Osborn）和约翰·卡托尔（John Cator）的率领下派出了一支由四艘船组成的搜救队。克莱门茨·马卡姆（Clements Markham）是搜救队里的见习军官，正是他后来将斯科特派往南极。当时其他搜救队还包括由经验丰富的捕鲸船长威廉·彭尼（William Penny）率领的两艘海军双桅横帆船，极地老手约翰·罗斯（当时已经70多岁了）率领的小帆船"菲利克斯"（Felix），由纽约大亨亨利·格林内尔资助的两艘美国船只。

1850年，翁曼尼、彭尼、约翰·罗斯等人都将船停在比奇岛（Beechey Island）外，他们在那里发现了坟墓和其他证据，表明富兰克林四年前曾在此短暂停留。但没有任何线索显示他后来又去了什么地方。搜救船的船员们分在各处过冬，乘坐雪橇搜遍了各个岛屿。有人将气球放到空中散布消息。北极狐的脖子上被系上便条用来当信鸽。拖着重物的拉雪橇的人患上了雪盲症，指南针由于靠磁极太近根本不管用。一篇日记曾记载："人们每走一步都会掉进齐膝深，甚至更深的雪里或者水里。"许多人严重冻伤，但其中一队竟然成功地在80天内走了770英里。在约翰·雷博士的带领下，更是在创纪录的时间内完成了令人惊讶的长途旅行。

1852年，海军部又派出了另外一支搜救队，这次共有五艘船和222名船员，由极地探险老将爱德华·贝尔彻（Edward Belcher）率领。其中一艘由利奥波德·麦考林托克指挥，他带领雪橇队在105天里走了1400英里。贝尔彻在船员和军官中都极不受欢迎,后来竟置另外四艘困在北冰洋里的船只而不顾,独自驾船返回伦敦,他因此被控告擅离职守。

等到麦克卢尔于1854年返回的时候,富兰克林和他的部下已经失踪了九年,海军部宣布"幽冥号"和"惊恐号"上的所有军官和船员均被视作"为国捐躯"。富兰克林夫人对这个决定非常不满,她认为为时过早。

19世纪50年代初许多探险队的各种搜索到了1854年均黯然失色,就在这一年,约翰·雷博士偶然遇到了一群爱斯基摩人,他们曾发现过肯定属于富兰克林手下的船员和船只上的各种物品。据约翰了解,"幽冥号"和"惊恐号"均被遗弃在威廉国王岛海岸外,幸存的船员曾徒步往南走,妄图到达加拿大海岸。他们在途中相继死亡。约翰进一步描述了他在一处富兰克林手下人死亡现场的发现:"从许多尸体被肢解的状态以及水壶内所盛的东西来看,很明显,我们这些可怜的同胞被迫使出了最后的手段——人吃人——作为延长生命的办法。"

当约翰的观察结果在伦敦《泰晤士报》上发表后,坚守维多利亚时代道德观念的人士对此极为反感。查尔斯·狄更斯写道:约翰的说法仅仅基于"一小撮以鲜血和鲸脂为生的未开化人群的只言片语"。按照他的描述,爱斯基摩人"贪婪、奸诈和残忍",令人发指的行为的幕后黑手正是他们,而不是富兰克林和他的手下。

约翰发现的死亡现场距离巴克河(大鱼河)河口只有一天的路程,爱斯基摩人就是在这个地方发现"大陆上留下了大约30具尸体和一些坟墓,附近一座小岛上则留下了五具尸体……有些尸体躺在帐篷里,另一些躺在翻过来当棚子用的小船下面,还有几具四散地躺在各处"。即使富兰克林夫人现在也不得不接受丈夫已经死亡的事实。但富兰克林和另外百十号人究竟又是为何死亡且死于何处呢?

接下来两年里,英国政府忙于克里米亚战争,她求得问题答案的愿望自然无法满足。但到了1857年,此前以长途雪橇之旅闻名的利奥波德·麦考林托克船长答应驾驶蒸汽游艇"福克斯号"（Fox）去做最后一次搜索。麦考林托克的此次搜索极为成功，他将此前遗失掉的有关富兰克林神秘失踪的事件碎片都凑到一起，以无可置疑的方式证明：富兰克林曾率领"幽冥号"和"惊恐号"成功驶入通常处于冰封状态的皮尔海峡（Peel Sound），当在威廉国王岛外受困后，曾乘坐雪橇向南穿过小岛和狭窄的水道踏上了大陆。1981年，我和查理·伯顿乘坐敞篷捕鲸船被迫走的就是这条路线（只不过方向相反）。当麦考林托克回到伦敦后，有关这段经历的传记连续几个月的销量都超过了狄更斯或达尔文的著作。

麦考林托克乘坐"福克斯号"远航成功后，又过了很长时间，美国人却继承了对富兰克林传奇的兴趣。海军外科医生以利沙·凯恩（Elisha Kane）是一位铁杆旅行家，长久以来都想成为到达北极点的第一人。他曾在1850—1851年参与了美国人组织的富兰克林搜救行动，两年之后，他便组织了自己的探险队。这支探险队沿戴维斯海峡北上，到达了前人未曾到过的北部位置。在接下来的两年里，凯恩的船一直冻在冰里，在众多分歧之中，经过了许多次朝南漂浮或者航行的尝试，船员们最终弃船而去，并在距离船只1300英里的浮冰上被救了出来。

凯恩对这次远航的绘声绘色的描述激励了查尔斯·霍尔（Charles Hall），他是一位来自美国辛辛那提的报社编辑，也加入富兰克林搜索行动中。他组织了两次探险。第一次始于1860年，当时"幽冥号"和"惊恐号"已经消失了十多年；第二次发生于1864—1869年，霍尔在北冰洋里度过了漫长的五个冬天，才最终到达威廉国王岛。起初，他跟着因纽特朋友一起走，后来转而跟着五个已经金盆洗手的捕鲸者一起走。但他和这些人大吵了一架，最后出于自卫杀掉了其中一位。到19世纪60年代结束时，霍尔已经丧失了长期以来对梳理出富兰克林传奇故事最后一批细节的兴趣，转而将注意力聚焦于北极点，并且宣布说实际上这才是"我雄心勃勃的目标"。

1871年，霍尔再次启航。关于船员，他说："我挑选的都是和我最贴心的人，和我同甘共苦的人。虽然我们可能会被无数冰山包围，虽然我们的船可能会像蛋壳一样被挤碎，但我相信他们会和我一起坚持到底。"

到了1871年9月，他的"北极星号"（*Polaris*）已经成功到达了埃尔斯米尔岛的最北端，超出了以往的北方纪录很远。但船员中间出现了强烈的紧张和仇恨情绪，霍尔开始怀疑有很多人想杀他，实际上这是一种妄想症。在喝完一杯咖啡后，他在床上躺了两个星期，处于半瘫痪状态并伴随着间歇性的痴呆，最终在巨大的痛苦中亡故。1968年，当他的尸体被发掘出来以后，多伦多法医中心检验了他的指甲，发现了中毒剂量的砒霜。他显然是被毒死的。寒冷和黑暗会对正常理智者的思想和行为产生极坏的影响。

截至1875年富兰克林夫人去世，众多搜索行动（至少32次），按照今天的钱来算，已经花费了4000万英镑。尽管富兰克林的真实命运一直未能揭晓，但人们却在最为险峻、最为恶劣的区域内勘察出了40000多平方英里的新领土。

8月6日，我和查理到了维多利亚岛（Victoria Island）南端附近剑桥湾处的预警站。从日期上看事情不妙，因为如果我们不能在8月底之前走完西北航道，那些尚未被海冰阻断的地方，海面很可能会封冻。

西北航道专家、海员兼历史学家约翰·博克斯托斯曾警告我说："一定要在8月底前走出航道，不然就麻烦了。"这让我想起了一位年轻的英国海员科林·欧文（Colin Irwin）。20世纪70年代，他曾驾驶一艘特制的游艇，走完整条航道，到了现在这个地方。但当时海冰从东边把剑桥湾围了起来，他就被困住了。他很有耐心，等了两个夏天，但海冰从来没动过。于是只好放弃自己的计划，和当地的一位因纽特姑娘成了亲。

我用无线电和金妮通上了话，她说为了和我们保持无线电联系，自己马上就要坐双水獭去康沃利斯岛（Cornwallis Island）上的雷索卢特湾（Resolute Bay），在我们北部几百海里远的地方。任何时候如果我们被浪吞没或者失联了，她会尽力组织搜救。金妮乘坐的飞机要在剑桥湾落地加油，我问他们是否可以带我去剑桥湾东部做一次侦察飞行。时间不会长，但可以让我了解周围海冰的数量。碰巧双水獭的驾驶员是卡尔·兹伯格（Karl Zberg），预定第二年就要在北冰洋里为我们执行飞行任务。卡尔是个瑞士裔加拿大人，被誉为最优秀的极地飞行员。他答应尽量帮忙，第二天下午就把飞机落在了剑桥湾。金妮、西蒙和布提看上去都还不错，但是也多出了一条狗。一条比布提还要小的黑色拉布拉多小狗。

"那是啥？"我问金妮。

"图格鲁克（Tugaluk）。两个月大了，挺好的一条狗。"

"它是谁的？"

金妮反应很快："它是给西蒙的结婚礼物。"

西蒙插嘴说，他没准备结婚，而且就算要结婚，也不会要图格鲁克。

"你不能养它，金妮，你知道的，不是吗？"

金妮知道。但她解释说，小狗如果被扔在图克托亚图克四处流浪，就会被人枪杀掉。她带着决绝的语气说："反正布提已经爱上她了。等到了雷索卢特湾，可能就过了这个劲儿了。那时我再找个好主人，把它留在那里。"

这事儿就算完了。或者我是这么想的。

我和卡尔商量了一下。自从四年前在北极点附近见过一面后，我和查理就再没见过他了，当时他驾驶我们从布拉德利航空服务公司（Bradley Air Services）租来的双水獭给我们运送补给品。如果剑桥湾以东的海面被海冰阻断，我们只有两种选择：要么等待，当然我不希望如此；要么绕着大陆海岸再往南，多转大约200英里的一条狗腿弯，沿着东南边缘部位绕过海冰。显然，如果海冰一直延伸到毛德皇后湾（Queen Maud Gulf）的东岸，即使这个计划也无法实施。

沿着这么一条无居民点、无预警站、危机四伏的海岸线走这么远，意味着至少要多留一个存放备用燃油的地方。卡尔建议为侦察飞行带上三桶燃油，大家装好油桶就立即起飞，因为天快要黑了。在剑桥湾东南150海里的地方，我们飞过一群沙洲和小岛，其中一座看上去狭长而平坦。

"佩里岛（Perry Island），"卡尔指着他的地图说，"据说只要最近没下过大雨，就可以在这里降落。如果你们非要往南走这么远，那正好路过此地。"他拿探询的眼光看着我，我点了点头。如果我们决定要走南方这条路线，把燃油放在这里是最理想的。如果北方的海冰可以通过，那我们就走北方路线，把这里的燃油留给别人用，只要他们能找到。

望着身下这片气候恶劣的岛屿，我发现很难相信有人想参观这片如此荒凉的区域，更别说住在这里了。但就在不久之前，其中一个小岛上还有一个村庄，包括一家商店和一个传教点。随着卡尔将飞机拉低盘旋，我开始意识到对于乘坐小船航行来说，这里是最不应该选中的地方。这里有成百上千座岛屿，有些岛屿仅仅是和水面齐平的岩石平台，还有一些刚刚没入水面之下。岛屿之间还有无数的浅滩从海里凸出来。此外，爱斯基摩人曾告诉过我，暴风肆虐的海岸边到处都是失事的小船。但无论条件如何恶劣，如果北方的海面封冻，为了不被耽搁一年时间，这条路线将是唯一的选择。

卡尔让飞机低空掠过泥巴遍地的小岛，让笨重的橡胶轮胎先短时触地。然后，猛一加力，重新拉升起来，在空中一面盘旋一面观察轮胎留下的印记。湿度如何？他有充分的理由小心谨慎。泥巴太深会让他无法从小跑道上重新起飞。转了六圈、进行了六次试降后，我们顺利降落，把三桶燃油滚到了岛边。当我们掐着时间起飞离开小岛的时候，太阳已经不见了。

卡尔驾机掠过较短的北部路线：三分之二的海面都覆盖着象牙色的海冰，剩下的一片墨绿。这条路线上的燃油存放点詹尼·林德岛（Jenny Lind Island），已经被从西边切断了，不用再看了。要么走更长的那条南线，要么无路可走。

我从驾驶舱里钻出来，和机身下方黑暗中的金妮会合。我们彼此承诺，这次结束后再也不出来探险了。回到剑桥湾，西蒙和两条狗加入她和卡尔的队伍中，他们要往北飞往雷索卢特湾，在那里建立无线电基地。

我和查理将探险装备和尽可能多的燃油装上波士顿捕鲸船，然后便出发去走完我刚刚飞过的那条南部路线。刚驶出海湾，雾就浓了，用肉眼导航已不可能，而且我还发现地图上的浅滩区竟然被"磁罗盘在此区域内无效"这行印刷文字给遮住了。我们只能靠浓雾中开放水域发出的白色闪光以及海水颜色上的轻微变化来判断水下有无岩石。我们带了三个备用螺旋桨，但前方还有200英里的浅水区要走，我们不能过早损坏任何螺旋桨叶片。

风速上升到30节，但是重重迷雾仍然笼罩着岛屿和大陆，分不清东南西北。我知道自己不能失去地图上的方位，因为一旦迷失了方向，重新定位将会极其困难。我们小心翼翼地驶入一条平静的小海湾，在那里等了一小时。有那么一小会儿，东边露出了一个岬角，我们再度出发。就导航来说，这真是艰难的一天。连续九英里，整条海岸线都是平平坦坦，没有任何地形特征。我招呼正在掌舵的查理，一定要像黏胶一样贴着海岸走，否则我就没法确定方位了。我们来到了遍布着无数浅滩的海上走廊里，到处都是一堆堆滴着水的光秃秃的岩石，海水在岩石间碰撞激荡。在让捕鲸船冒险冲锋之前，我们都要先休息一会儿，规划出一条穿过障碍物的路线。一小时接着一小时，我拼命睁大眼睛辨认沿岸的地形特征。但有成百上千座形态各异、大小不一的岛屿，而且海岸线上密布着许多海湾、峡湾和小岛。浓雾中，很容易将水道误认作死胡同。

靠着极大的运气，我们安全精确地走完了这段130海里长噩梦般的水道。但是晚上一场风暴从西边刮了过来，巨大的海浪翻滚着冲过浅滩，撞击着海岛。尽管我强烈希望找到卡尔留下的三桶燃油，但常识告诉我必须找个避风的地方。我开始在佩里岛上寻找一处久被废弃的哈得孙湾公司的小屋，这座小屋距离燃油存放地大约12英里。我们发现小屋就隐藏在一处小岛峡湾的拐弯处，于是便在马蹄形海滩外抛锚停船。

这场风暴把我们困在岛上整整24小时。天上照例下着雨和雨夹雪。但在这座老旧的小木屋里，我们把睡袋铺在地板上，房顶漏雨部位的下方放上水桶，过得倒是挺舒服。湿透的船上工装一直没干，但我们自己身上倒是干爽的。我踩着苔藓丛生的岩石朝小岛南部走，一路上惊起了一只嘴里叼着旅鼠的雪鸮、两只松鸡和一只矛隼。我心想，这要是奥利弗，他一定会欣喜若狂。突然间，我竟然发现了一座由六个单间棚屋组成的爱斯基摩人的小村庄。碎石间散落着海豹皮、熊皮还有驼鹿的鹿角。残破的雪橇和朽烂的渔网闲放在各处，可没有一个人回应我的呼叫。我打开无线电呼叫，但金妮也没有应答。在东北方约200英里远的地方有一处格莱德曼点（Gladman Point）预警站，站内一位友好的无线电操作员收到了我们的呼叫，他祝我们好运。

到了8月10日，风暴依然没有减弱的迹象，我的耐心耗尽了。为了避开向风的那一侧，我们在小岛中间左闪右避。有时候我们干脆拉起舷外的发动机，让小船蹚着水从岩石上面开过去。中午时分，我们终于来到了存放燃油的小岛，但小岛四周都是泥滩。我们只得将船停在600英尺远的地方，肩上扛着简易油桶，涉水走上浅滩。泥巴又软又深，靴子陷了进去，经常被死死地吸在那里，尤其是油桶灌满以后往回走的时候。两小时后，诸事停当，却发现小船装满了燃油，困在了泥里。

一个爱斯基摩人穿着油布雨衣，仿佛从天而降一般，开着一艘细长的浅底河船隆隆地驶了过来。他不会说英语，只会用手指着佩里岛。可能他就来自我曾见过的那群小屋，他和住在那里的其他人全都出去从事夏季捕鱼了。我们用一条绳子把小船系在他的船尾，我们俩站在齐膝深的淤泥里，气喘吁吁地猛推，这样许多次之后，捕鲸船终于松动了。后来又有两次被卡在无法分辨的浅水区，但每次我们的爱斯基摩守护天使都会帮我们脱离困境。

刚走完淤泥水道，我们再次来到由岩石小岛和浅滩组成的迷宫。海面已经恢复了平静，我们朝东走了十小时，除了东南方向上越来越多的孤立小岛外，有时候根本见不着陆地。由于无法使用指南针，而且也见不着太阳，我只能死盯着地图。

黄昏时分，风再次从北面猛吹过来，我们在泛起泡沫的碎浪区上下颠簸。其中有两次，巨大的黑色水墙从船舷边猛扑过来，整艘沉重的小船仿佛被抛进了漆黑的夜里。

"我们最好再来一次刚才的动作！"查理在我耳边尖叫，"记住，我们不能飞。这是一次水面航行。"

我在黑暗中看见他咧着嘴大笑，牙齿都露出来了。这时另一个看不见的涌浪又把我们猛地摔向右舷，我赶紧一把抓住扶手。我开始觉得什么东西都无法把我们打翻。

午夜前不久，在永恒、疯狂的噩梦中，一轮弯月从疾驰的云层背后露出脸来：时间不长，但足够我们在前方悬崖的轮廓中发现一处凹点。我们目前这个走法显然是在自杀，于是我一边对着查理滴着水的风帽刮胡子，一边说："我们去那边等天亮吧——但要小心石头。"

事实证明，凹进去的地方是条遮蔽性很好的小水道。查理很顺利地驶了进去，我拖着系船的绳子摇摇晃晃地走上海滩。我们竖起帐篷，从身上剥下工装，又拿木柴生起了一堆篝火。查理找出了一些威士忌。我一直觉得这种东西很令人生厌，但等你冻得厉害时，它就具有了明显的优势。三小时后，一瓶酒喝了个精光。天上青黄相间的条纹宣布了新一天的开始，岩石和海岸那冷峻的轮廓生硬地凸显在我们眼前，眼睛已经被海盐折磨得疲惫不堪。

我醒来后弄出了声响,查理哼哼了几声。我一边绕着场地跑,一边冲着天空大吼,以此说服自己:我不仅活了下来,而且还能面对下一个痛苦的时刻——重新钻进湿冷紧缩的工装里。工装衬里沾上了海滩上的沙子,这对我可一点好处也没有,尤其是大腿根附近,经过这么多天咸水的摩擦,已经是又红又疼。

接下来14小时里,我们沿着一条令人晕头转向的绕标赛道,在无数个碎石岛屿中间疲惫不堪地迂回穿行,最基本的一点就是朝北走。现在导航简单些了,因为偶尔可以透过薄雾看见太阳,这样就能给自己定向。在低垂昏暗的天空下,远方格莱德曼点处预警站的圆顶都成了一道美丽的风景,我们多么渴望温暖和睡眠。在给我们递上滚烫的黑咖啡时,预警站主管告诉我们,过去五天里,受坏天气的影响,从约阿港(Gjoa Haven)来的捕鱼队纷纷在不同的地方搁浅。他说如果我们愿意,可以留到风暴平息。这样更安全些。爱斯基摩人最清楚:如果他们认为出行不安全,我们最好听他们的。

一旦刮起风暴来,海湾里鲜有遮风避雨的地方。但如果我们原地不动,静待安全条件出现,那么在冬季结冰之前绝不可能走完。不行,我们要继续前进。这不是不相信本地知识的问题,而是纯粹的时间和距离的数学问题。我们带上燃油朝东边70英里外的约阿港驶去,它标志着我们这次西北航道之旅的中点。

晚上我们到了约阿港,把捕鲸船在两艘爱斯基摩人的小船之间固定下来,两人已是累得瘫软如泥。这个狭窄的小海湾就是20世纪初阿蒙森驾驶的"约阿号"(Gjoa)度过两个冬天的地方,当时他正进行着为期三年的史诗般的穿越西北航道之旅,也是历史上的第一次。从这里开始,挪威人到达了詹姆斯·克拉克·罗斯曾在前一个世纪定位北磁极的地方。阿蒙森发现,从那以后,磁极已经移动了大约30英里。这项磁极会四处移动的发现是一项重大的科学成就。

爱斯基摩人提醒我们,海冰几乎肯定会封锁洪堡海峡(Humboldt Channel)和北部的惠灵顿海峡(Wellington Strait)。在进入雷索卢特湾之前，最好先去拜访最后一处居民点——位于斯彭斯湾（Spence Bay）顶部的一个小村庄，最好带上向导。这一次出发的时候天气很好，而且也没有雾。我们沿着威廉国王岛的海岸线一直走到马西森点（Matheson Point），在那里我对着太阳测定了方位，开始穿越雷海峡（Rae Strait）。走到一半的时候，有那么一小会儿各处都见不着陆地，接着在地平线上方竟然出现了海市蜃楼——一条不断舞动的倒挂着的海岸线。我们一路疾行，顺利驶入斯彭斯湾巨大的岩石臂弯，并于8月13日晚到达与世隔绝的因纽特小村庄。

我俩士气高涨。从现在起，我们将再次向北航行。的确时间不多了，而且很快就会遭遇海冰，但我们已经比在冰情正常的年份走得远得多。我俩被请进"客房"暂住一晚，随身装备就扔在客厅里。一搬进房间，我就把我的那套备用地图从查理的小艇袋里取出来，然后舒舒服服地仰面躺下，开始浏览他用来记日记的笔记本。

我和查理都是看到什么就写什么，但俗话说得好，偷听者永远听不到别人说自己的好话。这句话对那些在探险时偷看别人日记的人也适用。作为本次探险的正式传记作者，在完成极地拉练之后，我认为自己将会拜读所有其他人的探险日记，所以这次看查理的日记倒也没觉得不安。可一旦真读起来，却不禁心烦意乱。

等他一回屋，我就问他为什么有一次说我迷路了。他回答说我自己就是这么说的。对，我承认，但我指的仅仅是我们在两个河口之间的确切位置，而不是就整体位置而言的。但查理又说了，他也没有写我整个儿都迷了路啊。他只不过是以自己的方式记录下我说的话而已。难道我想让他停止写日记吗？不，当然不啦，我回答。

在我看来，如果一个外人看到的话，查理那种简明扼要的记录很容易被误解，即使我和查理都明白那是什么意思。但我一直没把这些想法说出来，而且暗中骂自己对批评太过敏感。查理说得很对：他的日记是通过他的眼睛观察这次探险，而我的日记是通过我的眼睛观察，自然而且也不可避免，我们对事件的解释会有所不同，我们的记录同样也能以各种方式解读。

阿尔伯特·阿米蒂奇（Albert Armitage）在他写的关于沙克尔顿的《南极两年》（1905）一书中非常谨慎，从不用日记作为事实依据。他只是简单概括了斯科特、威尔逊和沙克尔顿之间的性格互动：

> 艰难困苦并不总能令人变得高贵：如果它能孕育自我牺牲，也可以同样孕育恼怒和敌意。三个人在将自己逼至绝境的同时，身体上却又被迫彼此贴近，这一定会对彼此的行为产生影响，两者之间任何潜在的对立或对抗很难在所有时间内被掩盖。

在我们忙的时候，我和查理之间任何潜在的对立或对抗当然不会显现出来，可能是因为我们所有的精力都集中在如何到达下一处营地。当我们从孤独的荒野进入温暖舒适的小站，查理有时却显得异常安静和喜怒无常。经过七年近在咫尺的生活，查理于我仍是一本未曾打开的书。我暗想自己应该始终记住：他正以自己的方式记录着我的一言一行。

另外两艘小船在我们前面离开了斯彭斯湾，我们也跟了出去。它们也是两艘18英尺长、带舷外发动机的小船，船员中包括斯彭斯湾骑警和本地的一名因纽特猎人，后者对该地区的了解无人能比。出了斯彭斯湾往北又走了一两小时，那两艘船却把方向一转冲上了岸。我们只好在近海徘徊。出了什么事？

"风暴要来了，"骑警喊道，"一场大风暴。我们的朋友不愿再往前走了，还劝你们也停在这里，或者掉头回斯彭斯湾。"

天空晴朗，只有一阵轻风从西边吹过来。我和骑警说我们还要赶路，等风暴真来了，我们就到营地了。他只好耸耸肩，我们离开的时候，他还和我们挥手告别。三小时后，风真的大了起来。风暴云铺满了天空，在西边的地平线上，黑色海面的边缘处有一片高低不平的冰面。

"绵羊。"我朝查理大喊一声，同时用手指着一只正沿海滩走动的奶油色小动物。等我们靠近时才发现，原来是一头北极熊，正在海岸线上自己的领地内巡逻。

我们继续往北走了100英里，海冰越来越多，雾气越来越浓，风速更是高达60节。由于我们走过的这条海岸线没有凹陷处，海浪怒吼着拍击海岸，根本没有地方可供停靠。下一处燃油存放点是一个低地沙坑，位于帕斯利湾（Parsley Bay）内某处。运气好的话，我们可以在帕斯利湾内找到遮风挡雨的地方，直到风暴减弱。

在冷水里浸泡了六小时之后，我们双眼红肿，手指冻得疼痛难忍。就在我们抵达海湾入口的时候，情况起了变化，变得更糟。在风暴的威力下，整个海湾都翻腾起来。狂风卷起成排的碎浪撞击着各处海岸。根本没有栖身之所。可是我们既不能前进，又不能后退。如果转身驶向汹涌的水墙，哪怕时间很短，也会立即倾覆。我眯着眼睛看了一眼地图，发现在入口正对面的地方有一条小河蜿蜒流入海湾内。如果我们能走完这两英里，从入口走到那条小河那里，可能就会找到栖身之所。

在佩里岛外，我们曾见过不少海浪，但没有一个比这里的更大、更高、更密集。小船的甲板上很快就落满了瓶瓶罐罐，就在我们的脚边四处漂流。浪头完全盖住了船头，劈头盖脸地砸进驾驶舱里。大部分时间里能见度都是零，因为还没等睁开眼睛，一拨巨浪又从头浇下。流进工装里面的海水比南方的海水要冷得多。无论如何，捕鲸船总算完成了这次无休无止的跨越。两英里的距离从未如此漫长。

波涛汹涌的海滩上，一个小缺口泄露出了河口的位置。我们小心翼翼地溯流而上，河面的相对平静和水深都令人高兴，因为我们就害怕遭遇浅滩。大约走了一英里，我们把捕鲸船系在一块浮木上，挣扎着爬上岸，支起早已湿透的帐篷。大风拔起了帐篷钉，于是我们只好拿剩下的装满燃油的油桶当配重，将帐篷半支了起来，然后依次是煮咖啡、吃巧克力、脱掉黏糊糊的工装、睡觉。

第二天，一丝风也没有，整个海湾平静得如同一个池塘。很难想象就在六小时之前，这片美丽的小海湾竟能那般喧嚣沸腾。我们很快就从附近一个沙坑里找到了燃油桶，然后继续北上。我们享受了一小时苍白无力的太阳，接着大雾又围拢了过来，又浓又黄，将船合围在中间。我们小心翼翼地在冰块和海岸线之间走了一会儿，便决定暂停前进，直到我们能看见东西。

在一条小卵石滩上扎营时，我们看见一群白鲸正好穿过附近的浅滩。当它们在碎石上擦掉肚子上的老皮时，黑白二色便交相闪现。白鲸并非商业猎杀的对象，但爱斯基摩人会用渔网捕捞，然后吃掉脂肪、肉甚至皮，据他们说味道就像鸡蛋白。人们在距离海洋许多英里的远的北极河流里都曾见到过白鲸，考虑到它们最大的天敌是鲨鱼和北极熊，这实在不无道理。

当雾气散去，我们便沿着一条峭壁森立的海岸前行，群山和海湾界限分明，在此航行真是一件乐事。偶尔有一座被最近的风暴吹到海上的冰山孤零零地从船边漂过，但不会造成任何威胁。当天结束的时候，我们抵达了莱姆斯通岛（Limestone Island）高耸的悬崖边，上面布满了百万只海鸟撒下的鸟粪。前方就是巴罗海峡，它的另一边就是雷索卢特湾，康沃利斯岛唯一的一处居民点，也就是金妮所在的地方。但海峡宽达40英里，浮冰从我们面前一直延伸到天边。

燃油已所剩无几，到达雷索卢特湾之前的最后一处存放点还要绕着小岛的北岸再走12英里。于是我们便贴着悬崖的边小心前行。之所以小心翼翼，是因为海里到处都是大块半露半没的浮冰，从弹珠大小到人体大小，不一而足。我们顺着悬崖和浮冰之间一条越来越窄的走廊前进。一阵强风从北面吹来，这让我不禁担心起来，因为浮冰可能会随风朝南漂移，并在我们身后合拢。很快我们就只能在浮冰中间的小水道里航行，而且开放水域越来越少。

在距离存放点还有十英里的位置，我决定掉头返航，等待北风停息。我们可以到达存放点，但地图显示其附近区域不大可能在步步紧逼的海冰面前为我们提供保护。往回走了大约20英里，恰好路过一处深水小水湾——阿斯顿湾（Aston Bay），看上去它能为我们提供掩护，除非西风吹的时间足够长，将浮冰顺着皮尔海峡重新吹回来，把我们困在小海湾里。

查理看起来对返航的想法并不满意，但我在很早之前就知道，你不可能让所有人在所有时间都满意。如果迫不得已，我愿意冒险；若是还有替代方案可供选择却偏要去冒险，那就真该死了。我母亲总是跟我说，我父亲非常敬重他的上司蒙哥马利元帅。除非他手里的牌可能对他有利，否则元帅总是尽量避免轻率冒进。无论是大自然还是隆美尔都不大可能再给他第二次机会。

在目前这种情况下，我通常会避免征求别人的意见。为什么？查理大概猜准了我的推理过程。他曾经说："我觉得拉恩发现很难和我讨论后勤问题，原因很简单，根据我的观察，我会说：'用这种或者那种方式做怎么样？'但是，这样问可能会干扰他的想法……其他事情就会在他脑子里翻腾，所以他宁愿不听建议。如此一来，一切都要靠他自己，我觉得这会让他有点心烦。"

一路返回的这条峡湾几乎没有冰，而且有好几英里长。我们轻松驶过一条浅浅的沙洲，来到位于一座宽阔的碎石山谷内的海湾终点处。页岩斜坡在我们上方高高耸立，夏日融水沿着几条冲刷出来的小河沟淙淙流进峡湾里。

利用帐篷和船桨当天线杆，我联系上了金妮。她说雷索卢特湾里积满了冰，而且一个日本人和妻子带着一艘装有船帆和舷外发动机的小船，已经在那里等了两个夏天，准备横渡巴罗海峡。她说这是那个日本人等的第三个年头，所以我用不着性急。这番话让我平静了好几小时，可是过了三天我们还是待在小海湾里，这时我又开始急不可耐了。

每天浮冰都沿着我们遮风挡雨的小沙洲越积越多。有些小一点的冰块乘着涨潮偷偷越过了沙洲，开始挤压捕鲸船的船帮，只不过因为它们太轻，还没造成多大损伤。但沙洲出口处的浮冰越挤压就会越坚硬，要是像掉在陷阱里的老鼠一样被困在这个小海湾里，那就太可笑了。第三天早晨，捕鲸船四周结满了新冰，熠熠生辉，它们面目狰狞地提醒我们：冬天就要来了。再过11天左右，剩下的开放海域将开始封冻。

再过一周，贾尔斯和格里就将乘坐双水獭飞机抵达雷索卢特湾，指引我们穿过一路上的所有浮冰区。再等一个星期确实太长了。但偏偏机缘巧合，我们在北极拉练时认识的老朋友迪克·德·布利克（Dick de Blicquy）恰好要来雷索卢特湾执行一个月的飞行任务。迪克是最有名的加拿大北极无人区飞行员，他遇见了金妮，从而得知了我们的困境。他答应只要天气允许，就指引我们穿越海峡。

在我们在峡湾内逗留的第四天早上，风消雾散，我们乘机溜出冰封的沙洲，绕着萨默塞特岛朝我们位于安妮角的燃油存放点进发，拿到燃油后，走了还不到三英里，就进入了浮冰区。接下来四小时里，迪克驾驶双水獭带着金妮和西蒙在我们头顶上盘旋，我们就按照无线电里的指示航行。有时候必须用船桨和脚将浮冰推开；有时候从空中望下去很好的一条路线，从船上看过去却成了一条死胡同。但最终我们成功穿越海峡，到达了雷索卢特湾的入口。两小时后，层雾便压上了康沃利斯岛的悬崖，将浮冰区紧紧包裹了起来。

那位日本绅士听说我们来了，认为这是好兆头，于是离开雷索卢特湾一路向南而去。事情对他来说可能不会太顺利，但有一段时间我们再也没听说过他的进展。图格鲁克现在已经和布提一样大了，而且非常喜欢毁坏一些有用的小物件，比如长筒靴或者一套至关重要的地图。

"我还以为你要把它扔在这里呢。"我提醒金妮。

"我会的。你别急。我们在这里至少还要待一周，这里有很多人都迫不及待地想要这么一条漂亮的狗狗。"

我们刚到了几小时，风向就发生了变化，浮冰又被吹回港口，差点挤碎了捕鲸船。在浓雾和雨雪之中，我们又损失了宝贵的四天时间，因浮冰而无法离开此地前往阿勒特。在等待期间，我收到了伦敦委员会主席发来的消息，他建议我们从雷索卢特湾取道往北，直达惠灵顿海峡北端，那里有一片窄窄的低地，将海路阻断。我们应当在此放弃捕鲸船，就地扎营直到海面封冻，然后乘坐雪地车前往阿勒特。

为了在万不得已时采用主席建议的这条路线，我让金妮检查一下我们带有滑板的轻型充气小艇是否可用，我们要携带它穿越杜罗山脉（Douro Range）西边的狭窄地峡，因为在冬初冰水混合的情况下，我认为它们与雪地车相比是一个更好的选择。金妮和伦敦的安特·普雷斯顿（Ant Preston）进行了信息交流，他告诉我们，极地专家哈特斯利-史密斯博士再次向我们的主席强调："我始终很怀疑在一个季节之内走完全程的可行性，而且我在三年前就告诉过雷纳夫。"

我去了一趟雷索卢特湾气象研究站并咨询了那里的一名技术员。我们能否穿越巴瑟斯特岛（Bathurst Island）东面的海峡？不行。因为被海冰堵得死死的，而且可能一直都会如此。那么进入兰开斯特海峡，然后沿着埃尔斯米尔岛东岸一路往上呢？也不行。因为很可能会被海冰和风暴困住。那么绕德文岛转个大弯，然后穿过"鬼门关"进入挪威湾呢？有可能，但不可取，因为德文岛东岸外海的海况非常恶劣。总而言之，除了在雷索卢特湾过冬，气象员已经否决了所有其他选项。

我最不能忍的事就是无所事事，于是我便选择了一个听起来危险性最小的选项：一旦冰况允许我们的捕鲸船出港，就开始走那条绕道德文岛长达600英里的路线。金妮联系不上我们的委员会主席，但联系上了安德鲁·克罗夫特上校，他拥有丰富的北极探险经验。他赞同我的计划。

为了此类行动征求远在伦敦的委员会的意见，这似乎很奇怪。不是说身在现场的人最了解情况吗？这句话通常是正确的，但我以前从未走过西北航道，查理也没走过，所以为了谨慎起见，还是要先探听一下有经验的人的意见。既然收到了那么多意见，我觉得最终还是应该由我来决定。这么做也可能不对。查理的看法是：

> 拉恩主导一切，他是现场领导。但你要记住，他在英国还有一个委员会，他们负责管理这次探险。你可以想象，这肯定会产生问题。就是说，如果拉恩想做一件事，他去做了，而董事会，还有委员会，就要试图改变它。我觉得这是拉恩第一次碰到一个试图管理他的委员会。对他来说，这太不幸了。他现在就感受到了压力。我能看得出来。因为他必须使出外交手段。他不能说："好吧，我要瞒着委员会做这做那。"

因为六天之内要走完900英里，已经没有时间耽搁了，但浮冰似乎要将我们合围，而且到处传来的都是反对意见。决定由我来做，但是假若我的决定让我们陷入困境，可怜的查理却不得不承担后果。到目前为止，这一路上潮湿、寒冷、萧瑟，我们经常睡不够觉。现在天气更冷了，前途愈加险恶。对我们所有人来说，这都是一个紧张时刻。难怪西蒙写道：查理似乎"表面上急切而友好，内心里却如坐针毡"。

8月25日一早，浮冰离开了海港，漂浮在海岸外几英里的地方。在南风骤起将浮冰重新吹回海港之前，我们悄无声息地穿上工装走向港口，启航向东驶去。北美北极研究所的创始人是一位美国地质学家，他正好目睹我们离开。他在给安德鲁·克罗夫特的信中写道："当我们在雷索卢特湾的时候，法因斯一行也来了。海港里的浮冰移动腾出足够大的地方，他们就在暴风雪中出发了，但是我和你说，我们没有一个人愿意和他们调换位置，孤零零地坐在船里，甚至连块挡风玻璃都没有。"

那天我们一直沿着海岸线朝东行驶，雾气一直在荒凉的悬崖上或者不远处飘荡。在霍瑟姆悬崖（Hotham Escarpment）的峭壁处，我们离开康沃利斯岛，越过了惠灵顿海峡。到达德文岛悬崖时，因为有了庇护而如释重负，但已是浑身湿透，冻得直抖。我们在主岛之外的一座小岛东侧发现了一条小水湾。我们抛锚停船，涉水上岸，看到这里有一条老船的船头斜桅从砾石海滩伸了出来。

在距离高潮线不远的稍高一些的海滩上，有一处小棚子留下的残破的根基，四周散落着破碎的木桶和生锈的铁箍。斜桅之外是几座墓碑。富兰克林的一些手下曾死在这里，但多数曾继续前行并死在更往南的地方。我们用沿途收集的浮木生起一堆火，然后向火而坐，凝视着漂满浮冰的波涛汹涌的大海，当时浮冰还足够松散，足以让我们继续前行。这片海域就是兰开斯特海峡，一直以来都是西北航道搜寻者的门户。就在我们扎营的地方，一个考古小组曾发现了一具富兰克林的手下人的遗体，骨骼上留下了坏血病和被切割过的痕迹，后者通常意味着同类相食。

这种可能性在1984年和1992年得到了进一步证实。当时其他考古学家发掘了位于此地以及别处的富兰克林某些手下人的坟墓，他们发现尸体上的衣服、皮肤和头发均完好如初，双眼圆睁，双唇冻裂并露出了腐烂的牙齿，还有其他一些坏血病的体征。

在对许多骨骼上留下的切痕进行法医研究后发现，它们与人为肢解留下的痕迹相吻合，而与野生动物的啃咬痕迹不符。骨头中的铅含量还表明铅中毒的可能性，据了解他们曾食用被粗制滥造焊接起来盒子装的肉罐头。

富兰克林就从这个地方发现皮尔海峡并未上冻，接着便顺着它走向陷阱和死亡。正如我们在一周前发现它处在半开放状态一样，当时还觉得自己福星高照。

尽管富兰克林的搜索者们做出了所有这些发现，但没有一个人设法成功走完航道，在1903年之前，没有一个人沿着任何一个方向这样做过。那一年，在一次为期四年的远航中，挪威人罗阿尔·阿蒙森走完了全程。他越过兰开斯特海峡，然后在紧张的一个月内走完了我们刚走过的那条紧贴海岸的路线，只不过方向正好相反。

下一次走完全程（也是首次自西往东走）发生在1940—1942年，这次是由加拿大皇家骑警队下辖的机动帆船在挪威出生的警员亨利·拉森（Henry Larsen）的指挥下完成的。1944年，他驾驶"圣罗克号"（*St Roch*）小船沿着一条更往北的路线在86天内返回。

1969年，英国石油公司16000吨的加强冰级油轮"曼哈顿号"（*Manhattan*）成为第12艘走完整条航道的轮船，目的是测试从英国石油公司位于普拉德霍湾（Prudhoe Bay）的基地通过海路向外运送石油（而非通过苔原上的油管输送）的可行性。途中，油轮25毫米厚的钢质船体竟被海冰撞穿了。虽然这并非紧急事件，但它确实表明苔原路线是最好的。

稍微暖和过来之后，查理一定意识到了这个地方的历史氛围，因为他把自己的名字和日期刻在一块石板上，留在了海滩上。接着我们又拖着疲惫的身体回到了船上。

在波涛汹涌、漂满浮冰的大海上，我们成功地航行了160英里到达克罗克湾（Croker Bay）。途中我们穿过了许多海湾的入口，向北张望时看见了高高的冰原顶部，就在德文岛东半边的上方，其触角顺着沿海的山谷一路向下，崩解成无数冰山落入峡湾。暮色四合，高耸的悬崖伸出冷峻幽黑的肩部，我们就在它下方墨黑的海面上航行。海里有海豹、鲸鱼和许多鸟类，还有越来越多又高又大的冰山。在克罗克湾，夜幕从冰封的悬崖上方降临，一阵风暴顺着兰开斯特海峡自南向北横扫过来，在距离避风地还有十英里的地方追上了我们。螺旋桨击打着看不见的冰块砰然作响，令人心惊胆战。要是被卡在拥挤的冰山之间不能动弹，这可不是一件好事。

"左舷有个怪物！"查理在我耳边大声喊道。昏暗中我朝他手指的地方看过去，发现一个巨浪泡沫喷涌，它的影子正在撞击附近的一大块冰。一堵水沫形成的大墙直冲我们头顶上方。眼前的世界在动荡中挣扎舞动，我拼命盯着高处的岩石，想发现邓达斯港（Dundas

Harbour）所在的凹口。邓达斯港曾经是哈得孙湾公司的货站所在地，不过现在已被遗弃，任凭风吹雨打。我发现了入口，但大大小小的冰山在高涌的海水中拥挤碰撞，塞满了整个海湾入口。最后仅凭着一丝运气，我们才安全穿过这片区域，进入避风港。这里有很多浅滩，在一条地势低洼的鹅卵石海滩旁还有三座非常漂亮的小木屋。其中一座差不多可以遮风挡雨，查理很快就支起锅生起了火。有一小时的时间，我们俩躺在那儿闲聊着很久之前在阿拉伯地区从军的日子，烛光在挂着晾干的湿工装上摇曳。

在邓达斯港东部，内陆冰川将寒冰倾倒入海：100万个水色的大冰块就像致命的蛙卵一样漂浮在海岸线之外。海浪撞击在漂浮在海里的冰山上面四下迸溅。水沫就像平铺的毯子一样从身边尖啸而过。风暴一整天都沿着德文岛的南部海岸肆虐，而且金妮报告说雷索卢特湾那儿也有积雪和积冰。距离月底只有四天了，我决定不再等待天气条件改善。

出发一小时后，我们绕过了遍布光秃秃岩石的沃伦德角（Cape Warrender）。翻滚的海浪撞击着海岸，发出雷鸣般的巨响。与悬崖平行并保持1200英尺的距离，这样一条路线似乎危险性最小。有好几次，当看不见的冰块击中了船体或螺旋桨，小船都在颤抖。后来一只安全销脱落了，查理干脆关掉了已经毫无用处的左舷发动机，我们就靠着一半动力一瘸一拐地前进，在漂流中逐渐靠近悬崖。就这样走了四英里，找不到一处可以登陆的地方。但我们知道必须立即更换安全销，另外一个螺旋桨随时都可能击中海冰，我们几分钟之内就会像玻璃纤维碎片一样漂浮在海上。两堵悬崖之间出现了一处小峡谷，还带着一块鹅卵石海滩。我长舒了一口气。在驶入峡谷途中，我们遇到了好几百头白鲸。在蜂拥的冰块和着陆冰山之间，我们小心翼翼地闯出一条路，终于登上了小海滩。

查理突然抓住我的肩膀，指着正前方。就在我们选中的登陆点处，其中一座着陆冰山竟然是一头成年北极熊。也许北极熊清楚，它们的天然猎物白鲸就喜欢在海滩外的浅水中晒太阳。通常来说，打扰一头正在狩猎的、也许是饥饿的北极熊并不是一个好主意，但我们别无选择。根据我手里的地图，往东再走20英里，都是连绵不绝的悬崖。

查理壮着胆子小心翼翼地将小船尽可能靠近，接着我便跳下了船。我的一条裤腿因为撕破了一点儿，里面的水已经灌到大腿根了。我手里拿着船头上的缆绳，走在湿滑的岩石上，与此同时，查理也抽出了步枪。那头北极熊从未见过光滑洁白、18英尺长的捕鲸船，慢慢地退了回去，消失在环绕着海滩的巨石之中。

接下来30分钟，我竭力将船尽可能保持平稳，而查理则用他冻僵的双手更换安全销和两个螺旋桨，因为我们发现它们已经被无可挽回地撞坏了，其中一个还丢了一片叶轮。我还得一直提防着北极熊。就在我们离开海滩的时候，它正好从我们身旁游过去，只有鼻子和眼睛露在水面上。由于受到了惊吓，它连忙潜入水中。有那么一小会儿，它巨大的白色臀部朝天翘起，很快便消失不见了。

刚过了悬崖的避风处，海浪之大，平生仅见。在120英里的航程中，我们在起伏不定的冰山之间左摇右摆，海浪的威力让我们深感震撼。在60节的狂风中，比平房还要大的冰山就像沙滩球一样翻滚，很多次当我们被高速翻滚的寒冰巨兽挤在中间，吓得连大气也不敢出。冰冷的雨夹雪、大雾，还有暴风迫使我们不得不在谢拉德角（Cape Sherard）过了一夜，但8月27日中午我们就离开了德文岛海岸，越过琼斯海峡，朝埃尔斯米尔岛进发：真是一次迫不及待的航行。在克雷格港（Craig Harbour）令人头晕目眩的悬崖下，我们在一座冰山下稍作休息，冰山不仅体型庞大，上面还带有蓝色的拱形洞穴。接着又是连续不断地前行，整个人感觉就像一块泡过水的腊肉皮。直到抵达格赖斯峡湾（Grise Fiord）背阴处的深水河段，这里有岛上唯一一处爱斯基摩人定居点。

远在雷索卢特湾的金妮充分了解德文岛东海岸的危险，她等我呼叫已经等了28小时。西蒙在日记中解释说："金妮的脸色越来越阴沉，因为得不到任何消息，她整天眉头紧皱，痛苦不堪。"我在两栋爱斯基摩人的房子旁固定好天线，在一排排晾晒格陵兰海豹皮的木头架子中间来回穿梭。金妮的声音遥远而微弱，但当她确认了我们的位置时，我能听出她声音里的喜悦。

8月的最后三天是在黑色的悬崖、冰冷的水沫以及越来越多的浮冰中度过的。在鬼门关入口处，我觉得天气状况极为不利，而且洋流变幻莫测。这个入口是琼斯海峡的逃生通道，位于一座叫作回头角的悬崖下方。我们转而往西，经过德弗尔岛（Devil Island），向北进入卡迪根海峡（Cardigan Strait）。我们又一次在风高浪急、焦虑不安之中行驶了好几小时，不过一驶出卡迪根海峡，我们漫长的绕路就结束了。在挪威湾（Norwegian Bay），我们又一次回到了原先从雷索卢特湾往北的那条轴线上。赌注总算押对了，我们还剩下48小时走完最后的400英里。

那天晚上，海面开始首次封冻，海水在悄无声息中快速凝结。我们必须加快节奏。一条20英里宽的海湾横亘在埃尔斯米尔岛和大熊角（Great Bear Cape）南端之间，在那里又一次碰上了浮冰。我们在水道中间左冲右突，但是毫无用处：浮冰向海的那一侧越来越坚固，从海湾内部根本无法突破。除了撤退，没有任何办法。接着新海冰就像一块不断凝结的毯子又慢慢覆盖住了开放水域。我们在一条不知名的小海湾里登上岸，那天晚上两人几乎一言未发。

我用无线电联系上了金妮。她报告说挪威湾里也有一条60英里长的浮冰带，向西一直延伸到阿克塞尔·海伯格岛（Axel Heiberg Island）那里。我们自己的双水獭飞机还没到，也就没法帮我们穿过冰障。但一小时后，金妮那边传来了好消息。拉斯·邦贝里（Russ Bomberry）是最优秀的北极无人区飞行员之一，是莫霍克族印第安人的酋长，他开着双水獭飞机，正好就在雷索卢特湾。他已经答应第二天为我们进行两小时的"冰上飞行"。

雾散开了，温度也降了下来。那天夜里我睡得很少。虽然距离坦克里峡湾只有320英里，但如果这最后一条浮冰带耽误的时间太长，就会把我们困在随冬季而来的新冰中间，距离目标实现只差短短的一天。天一亮我们就起来了，牙齿冻得直打战，我们赶紧将船装好，整装待发。中午时分，拉斯飞到我们头顶上盘旋，于是我们便出发前往浮冰带。

新冰更厚了，填满了浮冰区内每一条开放水道。新碎冰和冰皮就像活酵母一样不断发酵。有些地方，捕鲸船已无法一滑而过，反而被它网在中间，就像蜘蛛网里的一只大黄蜂。走到海湾的中间位置时起了一阵轻风，吹开了冰皮中间的水道。这算帮了我们大忙。拉斯绕着大圈向东北方一直飞到比约内半岛上空，向西北一直飞向阿克塞尔·海伯格岛上的雪峰。

在他离开期间，我们在浮冰中间左冲右突。我在想，如果拉斯不再返回或者雾气拢了上来，我们需要多长时间才能从这座复杂且不断变化的迷宫中抽身而退。拉斯一回来就没再浪费时间：他知道能够走出去的唯一一条路线。为了把我们带到北边的大熊角，他用了大量时间带我们朝西、朝东甚至朝南走。从空中看，我们的航线一定就像一盘意大利面条。三小时后，拉斯将机翼向下一斜，离开了我们。我们已经走出了封闭浮冰区，剩下的就能对付了。

刚走出浮冰区一两英里，转向舵机连杆却罢工了。查理恶狠狠地盯着它，抽了两支烟思考它的结构，接着用一种虽不正统却很有效的方法把它修好了。接下来两天里，我们总共只睡了五小时。剩下这段路，我们沿着越来越窄的水道向北航行，顺着尤里卡海峡（Eureka Sound）那蜿蜒曲折的峡谷走了100英里，最终抵达尤里卡（Eureka）。尤里卡是加拿大政府设立的一处单独的营地，仅用作气象站。8月30日那晚，强风将新冰封锁在峡湾内，第二天我们开始了最后一段行程：沿格里利峡湾（Greely Fiord）向北航行150英里到达坦克里峡湾（Tanquary Fiord），这是一处位于被冰川切割出的群山深处的死水湾。

视野尽头,群山白雪皑皑,层峦叠嶂,我们一路蜿蜒,深入一片孤独静寂的晦暗世界。狼群从背阴处的熔岩海滩上盯着我们,但除了我们自己之外,没有任何东西打破黑暗的谷壁在船只尾流上留下的镜像。距离午夜还有12分钟的时候,我们来到了峡湾的尽头。海上航行就此结束。一个星期之内,我们身后的所有海峡都将封冻。

埃尔斯米尔岛上坦克里峡湾的前部被五大冰盖环绕,但通过一连串的溪谷,还是可以走到东北方150英里外的阿勒特的。我们到达坦克里的时候,这些山谷内还没有落雪,但溪流已经冻结。我们本想在气温骤降之前立即出发,可惜没法做到,因为坦克里营地内的砂石地面和三座小木屋将要成为双水獭飞机的两处基地之一,供我们日后穿越北冰洋的时候使用。将坦克里用作阿勒特之外的另一处基地,这是金妮的主意。她说阿勒特4月和5月的雾气太大,如果能在坦克里存储装备,并且远离海洋雾气,我们就可以节省好几周的时间。

金妮和布提已经在前一天乘坐双水獭从雷索卢特湾飞了过来。西蒙和图格鲁克留在后面整理机组成员所需的物品。贾尔斯和格里一周之内就会带着首批基地设备从雷索卢特湾赶过来。所有设备必须精心分类和重新包装,因为有些必须留在坦克里,有些还得继续前往阿勒特。在离开之前,我必须把这些做完。另外一个原因也支持晚些出发:我和查理一个多月以来,都坐在狭窄的船舱内一动也不动,致使身体非常虚弱,根本不具备在陆地上进行徒步旅行的条件。

世上很少能有地方像坦克里峡湾这般偏僻而又富于田园诗般的气息。我和金妮沿着从雷德罗克冰川(Redrock Glacier)上翻腾而下的冰冻溪流散步。布提则追起了北极野兔。小狗快活得直叫,连金妮让它回来的命令都不听了,只顾在铺满苔藓的河滩上蹦跳撒欢,丝毫意识不到身边的危险。

两头和布提一般雪白的狼可能被它的叫声所吸引,迈开大步顺着山坡朝它慢慢地跑了过来。金妮拿手枪朝天开了一枪。两头狼充耳不闻，继续收缩与布提之间的距离。金妮厉声呼喝。我也跟着吼了起来。布提倒是根本没注意到，不过它弄丢了兔子的踪迹，转身跑了回来。两头狼停下来，朝我们盯了一会儿，接着便朝营地的方向走去。那天晚上，三头成年狼带着三只狼崽下到了小木屋旁边。我们隔着窗户观察它们。小狼崽看起来非常可爱，不过我们还是忍住了诱惑，并没有出去看看它们是否喜欢被人抚摸。北极狼比它们的南方邻居森林狼稍微小一些。它们经常独来独往，但是在捕猎它们主要的食物来源——驯鹿的时候，却会群体出动。不久前，在加拿大北极地区，人们一见到狼就会开枪射杀，不过现在只有爱斯基摩人可以杀狼卖狼皮。

  我和查理于9月中旬离开了坦克里峡湾，每个人背上都背着一个80磅重的背包和一支步枪，又一次朝我们设在阿勒特的基地进发。我们循着一条在群山之间蜿蜒流动的冰冻溪流往前走。虽然行囊上系着雪地鞋，但刚开始的时候，穿着标准的徒步靴在冻土地带行走并无任何问题。查理的一只脚严重起泡，脚趾之间血水湿乎乎地黏成了一团。我们还有150英里的路要走，而且气温很快就会直线下降，这是一个大问题。不过他一句抱怨也没有。我们俩都还不算健康，顺着溪流往上走了八英里，就累得腰酸背痛，只好扎营休息。

  从未有其他人来过这里，所以也没有现成的路径可走，但四周的景色倒是无比壮观。到了第三天，当我们沿着一条狭窄的山谷往上爬的时候，阳光被峡谷绝壁挡在了外面。一条小冰川从维京大冰盖上翻腾而下，正好横断在峡谷前方。所幸过去无数个夏天的洪水已经在冰川下方冲出了一条隧道，在半黑暗状态下，我在寒冰和四散的巨砾间跌跌撞撞地前行，仿佛正在穿越一条铁路隧道。重见天日后，我便等着查理，可过了一会儿，我竟听见他在喊我的名字。我一路跑回去，却发现他正蹲在黑暗中，鲜血从半个脸颊上急涌而下，已经遮住了一只眼睛。他刚才滑了一跤，脑袋被一块大石头划了一个大口子，现在头晕目眩。

　　我替他包扎好伤口，又帮他从背包里取出帐篷。那天晚上，他的脚痛得非常厉害，因为当天大部分时间里，我们的靴子都要穿过冰壳层，踩在起伏不平的河床岩石上。我们已经顺着山谷往上攀登了1000英尺，晚上住在轻型夏季帐篷里面非常寒冷。查理的脸也鼓胀了起来，又黄又肿，走起路来一瘸一拐，不过仍然坚持前进。

　　有时候，峡谷也会展现出一个魔幻世界———一大片开阔无雪的大草地。我们从七头麝牛身旁经过。它们抬起毛茸茸的大脑袋瞥了我们一眼，发现我们既不是熊也不是狼，便又低头吃草。它们那猛犸象般的毛裙一直拖到地面上，还有那粗短的角更让我想起高地牛和迪士尼卡通大水牛的混合物。实际上，它们属于羊科动物。查理决心要看一看自己能靠多近拍一张照片，但所有七只动物以惊人的速度合围成一个防护性的圆圈，大脑袋朝外放低，做出防御性的姿势。查理只好退了回来。

　　那天晚上，借着头顶上电筒灯光，我阅读了加拿大国家公园小册子上有关埃尔斯米尔岛动植物的内容。怀孕的雌性北极熊在该岛北部的雪洞里冬眠。洞口密封，下过第一场雪后洞穴就看不见了。对它们，对所有冬眠的动物来说，冬眠都是熬过食物稀缺阶段的方法，此时它们保持体温所需的热量可能会超过能够从所在区域获取的热量。只有怀孕的雌性北极熊才会冬眠。它们蜷缩起来，放慢呼吸，同时放缓心跳。体温下降9℃后，动物开始靠消耗前期积累的体内脂肪为生。等到重新出现的时候，它们很可能已经丧失了冬眠之前一半的体重。

　　当准妈妈们在轻松休眠时，北极熊、狐狸、旅鼠以及岛屿上的其他居民们却要在不利的情况下辛勤工作，为熬过寒冬做准备。原则上，小动物消耗热量的速度比大动物要快，因为就体型而言，对于每盎司脂肪、肌肉和脑组织来说，暴露在外的皮肤和体表面积更大。相对而言，它们需要燃烧的热量也比大型动物更多，但它们的体型又不足以储存很多脂肪。大多数北极鸟类干脆迁徙出去。

麝牛和驯鹿靠吃地衣和苔藓、莎草和柳树为生。它们整天都在吃东西，因为它们知道，为了挨过即将来临的寒冬，自己必须积蓄丰厚的脂肪。它们成群结队地生活，通常一年只生一头牛犊。

哺乳时，小麝牛钻进母牛帐篷般的毛围裙下面遮风挡雨。这些围裙的毛被称作"北极金羊毛"，是迄今为止世界上最暖和的毛。与美洲驼、小羊驼、羊驼、印度山羊身上的羊绒或者非洲山羊身上的马海毛相比，如果你想花点钱买点真正暖和的东西，北极金羊毛肯定胜出。它比绵羊毛暖和八倍，而且明显更软。阿拉斯加和加拿大北部各地的土著村民以合作社的形式购买北极金羊毛纱线，然后针织套头衫、围巾、帽子和围脖。1981年，他们出售围巾的价格是400美元一条，要是当地有更多的麝牛，他们就发财了。

18世纪和19世纪，当时加拿大原住民刚开始使用火器，麝牛就已经被猎杀到了灭绝的边缘。美国极地探险家罗伯特·皮尔里在格陵兰岛北部屡次探险期间，共猎杀了大约800头麝牛。但到了1917年，政府开始禁止所有狩猎活动，这些猛犸象的现代版目前在整个加拿大北部都为数众多。

虽然通常比较温和，但雄性麝牛可以发出令人印象非常深刻的愤怒咆哮，尤其是在交配季节，如果遭到挑衅甚至会攻击人类，据说曾伤害或者顶死过分热心的摄影师。

据化石专家介绍，毛驼曾经和麝牛一起在埃尔斯米尔岛的平原上游荡。这种动物只有一只驼峰，站起来可达11英尺高。它们用驼峰储存脂肪以度过寒冬。

我们在北上途中还见过其他一些埃尔斯米尔当地的动物，其中就包括终年呈白色的北极野兔。它们能嗅探出雪下植被，并利用自己强有力的爪子和杠杆般的牙齿啃咬植物根部。和自己的体重相比，它们的脚掌非常大，可以在雪地上行走而不会踩塌雪面。要达到同样效果，人类需要穿上十倍于自己脚掌尺寸的雪地靴。由于生活在对北极狐的恐惧之中，北极野兔始终保持警觉，而且还学会了用后腿奔跑，方便观察雪线以上的情况。看着它们高竖着毛茸茸的长耳朵蹦来蹦去，你会觉得它们才是真正的疯狂帽子怪[1]。

我们没见到旅鼠、田鼠或者地鼠，但在这个北极小岛上，它们肯定都存在，因为整个冬天在雪层下或者雪下土层里都能找到食物。这里有甲虫、蜘蛛、真菌、蝇蛆、蚂蚁还有黄蜂。这些都能为旅鼠提供丰富的营养，后者反过来又养活了狐狸、猫头鹰和其他捕食者。

根据我手里的小册子，旅鼠会在某个特定区域内过度繁殖，然后被迫迁徙以寻找食物。有时候，成群的旅鼠大军会一起朝特定的方向进发，如果被水流挡住了去路，它们会以尽可能快的速度游过去。它们可能会大量死亡，尽管存在与事实相反的各种神话传说，它们并不会故意自杀或者跳下悬崖。

夏天很短，很少超过十周。但在这段阳光灿烂的温暖日子里，数十亿只孵化出来的蚊子却让人和动物活得非常痛苦。爱斯基摩人开玩笑说，在蚊子肆虐的季节，吃肉的人不会挨饿。鲜花也会盛开，甚至树木都会茁壮成长，但只能在地面上，而且只是在短暂的夏季。北极柳的枝条在地面上蔓延，粗如拇指，长达一米，但每根枝条的生长如此缓慢，你随便跳过的一棵树都可能有几百年的历史。矮化版的石楠、羽扇豆、罂粟、毛茛和虎耳草编织成色彩艳丽的地毯，最大生长高度足有六厘米——加上嗡嗡的大黄蜂和翩翩飞舞的黄色北极蝴蝶，构成一处完美的微型视觉天堂。

许多鸟类都爱吃蚊子，包括雪鸮、燕鸥、藤壶鹅、松鸡和乌鸦。这些鸟大多数都已进化出各种应变机制以应对严寒。它们的羽毛更多更厚，底下还有一层毛绒绒的细毛。松鸡和雪鸮腿上长有羽毛，脚底还有厚垫。它们通体雪白，这也让它们获益不少，不仅便于伪装，而且还利于保暖，因为白色反射的热量少。而且白色羽毛的中空结构更

---

[1] 疯狂帽子怪（Mad Hatter），漫画《蝙蝠侠》里面的一个反派人物，本名杰维斯·泰奇（Jervis Tetch），年轻时着迷于《爱丽丝梦游仙境》，他产生了一种错觉，认为他是书中一个角色"疯帽子"的化身。——译者注

大，因此比其他颜色的羽毛隔热能力更强。

还有一种动物虽然在雪地上留下了许多似是而非的踪迹，但我们从来没见到过，那就是驯鹿。在加拿大许多北极海岛上，分布着成千上万只驯鹿。它们学会了使用最小的力气在雪地里行走：将前蹄垂直踩下去，用蹄子、每条腿的上部以及假蹄（从"踝关节"处长出来的一截粗短的东西）支撑身体的重量。金妮从一名雷索卢特湾爱斯基摩人那里了解到，当加拿大巴伦地上的大群驯鹿每年向北迁徙时，它们只发出一种声音——膝盖骨发出的咔嗒咔嗒声。鹿群随时会被狼群追踪，狼群会吃掉体格较弱的小驯鹿，在交配季节，则吃掉因彼此争斗而衰弱的雄性驯鹿。

我在两座山谷的交叉口处低垂的雾气中迷了路，但后来找到了另一条通道，通往韦里河冲积平原。在那里我们遇见了20多头麝牛，还听见狼群在夜色中嚎叫。其实用嚎叫这个词已经不能精确形容那种阴森恐怖的声音。抵达40英里长、6英里宽的黑曾湖（Lake Hazen）后，我们沿着它的北岸前行，左手边就是中央冰盖巍峨的冰墙。我们在湖边宿营的时候，新冰正在平静的湖面上成形。查理把靴子从严重受伤的脚上脱下来的时候疼痛异常，我们只好在湖边住了两天帮助他疗伤。

我爬上陡峭的山坡观察典型的冰川景观，同时也为最后几十英里规划出一条线路，从而走到小岛的北边。我通过无线电和金妮通上了话。她已经飞到了坦克里峡湾，要在那里竖一根无线电天线杆，到了晚上真的会被白色的狼群包围在组合式无线电小屋内。狼群已经嗅到了布提和图格鲁克的气味儿，而且明显认为它们吃起来会很可口。其中一只甚至后腿直立起来，趴在小屋的一个塑料窗户上看着金妮。

从坦克里峡湾到黑曾湖，我们未曾遇到过任何人造的东西：没有小路，没有庇护所，什么都没有。待在一个人类未曾给环境留下任何永久性印记的地方，令人颇感欣慰。

最后，带着一瘸一拐的查理，我们离开了黑曾湖。-10℃的空气清冷而澄澈。东边是连绵数英里的岩石和冰块和布莱克河（Black River）河谷里奇异的多边形苔原；50英里外是罗伯逊海峡的冰封悬崖。位于阿勒特以南仅50英里处的康格堡（Fort Conger），其遗迹仍然屹立在海峡旁边，为两位勇敢的北极先驱者留下了无言的证明。伟大的美国海军少将皮尔里曾五次试图到达北极点，1904年，就在康格这个地方被迫切掉了五根坏疽脚趾。20年后，格里利中尉，也是一名美国人，在同一条海岸线上遭遇了严酷的北极寒冬。格里利和手下吃光了食物，遭遇了严寒、冰霜、灾难、慢性饥饿，最后发疯直至死亡。在所有这些不幸之外，历史学家还要加上很可能发生的吃人现象，因为救援队发现有些尸体上大块的肌肉都不见踪迹。格里利手下25个人中只有7个人被搜救船救了出来。其中一个因坏疽而失去了双手和双脚，过后不久就去世了。

虽然地形和气候均极为不利，但人类却在埃尔斯米尔岛东部断断续续地生活了好几个世纪。尽管目前无人居住，但是700年前维京人据信曾在此定居；后来从阿拉斯加来的爱斯基摩人被认为曾往东迁徙，且殖民过小岛上的部分地区，后来又进一步迁徙到格陵兰岛上。直到1950年前后，仍有大约300名爱斯基摩人分散居住在图勒北部的小定居点内，以捕猎北极熊、海豹、海象和鲸鱼为生。对所有人来说，生存极为不易，食物极为匮乏。虚弱的雪橇犬幼崽被扔给狗群当作食物，老狗也会被杀掉。部落里的年老体弱者干脆被扔在外面等死，因为食物太珍贵了，不能浪费在毫无生产能力的社会成员身上。

后来，文明来到了格陵兰岛上，特别是图勒及其周边地区。伴随着电冰箱、雪地车和舷外发动机一起，酗酒和性病也出现在这里。许多年轻人更愿意在丹麦接受技术教育，而不是沿袭传统的生活方式。

9月21日，气温降至-18℃。我们来到一处毫无特征的平原地带，由于北磁极尚在遥远的南部，于是我便开始小心翼翼地使用指南针。指针虽然呆滞，但指向还算前后一致。我沿着130度方位往前走，对偏离这个方向的那些看起来更容易走的路线的诱惑视而不见。寒冰遮住了所有水坑,我们在腾阿伯特湖(Lake Turnabout)上走了三英里都没能发觉,因为冰雪将其遮盖得无影无踪。我们在冰冷的雾气中时隐时现,吓得麝牛不断地喷响鼻、跺脚。

第二天,能见度依然很差,依然没有可辨别的地标。按照方位推测我可能是在朝外走,但是对与错没法证明,我们只能沿着山谷上上下下地不断往前走,直到遇见麝牛留下的脚印,它们顺着山谷一侧爬上了一处狭窄的隘口。我们到达了位于2200英尺高处的博尔德山脚,将营地扎在一处结冰的沟壑旁边。这里没有水,我们只能融雪,这可是个非常浪费炉子燃料的过程。

在漫长的三天时间里,我们都在-20℃下、在深深的雪原上艰难跋涉。周围是无边的寂静,没有麝牛,没有任何东西或任何人。9月23日,我们在巨大的欧仁妮冰川脚下宿营。冰川漂亮的吻部延伸出一层层闪闪发光的巨齿,这是去年夏天冰体短期融化后留下的冰柱。雾气沿着高原从东部滚滚而来,我们的左翼就紧邻着格兰特冰盖的边缘。在不断增加的寒冷的驱使下,我们俩最终只能一瘸一拐地走向高原北端。

一路上攀爬过或者滑下过许多雪坡。震惊之余,我们在伍德山(Mount Wood)巍峨的冰瀑艰难前行,两座冰川从这里直泻而下2000英尺,落入一片孤独的湖泊之中。这里的一切都显露出扭曲的、转瞬即逝的样子。巨大的冰块上裹满了划痕和冲积淤泥,还有黑色的冰墙,就像正在冲击某个微不足道大坝时被冻结的巨浪。在这片没有鸟鸣的令人恐慌的寂静之地,仿佛正有某种新的、灾难性的巨变一触即发。我仰起脖子,试图缓解一下雪橇套索造成的疼痛,却发现高入天际的冰瀑似乎正从顶端摇摇欲坠。

谢天谢地终于离开了。我找到一条从湖里流出来的小溪的出口,然后非常侥幸地撞进了一条小过道,大约30英尺宽,夹在两块露出地面的大石头中间。这条狭窄的石缝中的小过道很快就向下倾斜,弯弯曲曲一步步向西、向北,再向西延伸。毫无疑问,我们正身处格兰特河谷（Grant River）的上半段，这条蜿蜒的河谷向下直落30英里后汇入大海。一旦进入河谷，便再无导航的必要了，因为不存在分叉的河谷。唯一可供宿营的地方就是在河冰上。所有野生动物也都顺河而下，周围的雪地上印满了狐狸、野兔、旅鼠、驯鹿和狼留下的无数小脚印。

我们雪地靴上的金属钉早就被岩石和石板磨钝了，已经抓不住冰面。每隔几分钟，我们中的一位就会脚下一滑摔在石头上，这时粗鄙的词语就会在狭窄的谷壁上回荡。我们换上新雪地靴，它们又常常会踩穿冰面，掉到两三英尺下的河床上。

河谷蜿蜒蛇行，曾被高耸的黑色大石头挡住去路，有一次似乎是在向上走。但这一定是幻觉。有一天晚上，我们在两堵黑墙之间约12英尺宽的一个瓶颈处过夜，帐篷就孤悬在一个圆形水坑上方的冰面上。

9月26日，临近中午时分，河床急剧下跌30英尺，形成一座冰瀑。站在这个隘口的顶部，我们朝北冰洋上望过去，发现一条小水道——黑崖湾——切入进来，正好和这条河谷的河口汇合。扭曲的锯齿状浮冰一直伸向极地天边。我们沿着冰封的海边一直走，黄昏时分终于到达了阿勒特，又见到了我们熟悉的那四座小木屋，地球上最北端的住所。

我们已经在750天内绕着地球两极轴线走完了314个纬度。现在只剩下46个纬度。望着北方乱糟糟的冰堆，有些地方高达30英尺，我心中已然无疑：最难啃的骨头还在后面。

第八章

一场即将展开的竞争

我们将再次在比任何人都要靠北的极地度过漫长的几个月。

在我们到达阿勒特前五天,金妮已经辛苦费力将小屋改造得适合居住,因为自从我们这帮人在1977年1月在此住过之后,再没有其他人在此过冬。主屋刚好足够容纳下两辆路虎。这间小屋还要用来存放我们的雪地车、所有室外储备用品以及奥利弗离开后由查理负责操作的发电机(将占用一半空间)。

我们在秋天来的时候,气温在-20℃上下徘徊,每天还能见到几小时的太阳,生活颇为惬意。与我们在1977年在此度过的第一个痛苦的一月相比,简直是天壤之别,当时奥利弗曾描写说这些小屋"惨不忍睹"。当时还没有加热器,根本不可能取暖。两天之后,稍稍平静了一些,他接着写道:"现在终于有时间了解周围的环境。大部分时间里都漆黑一片,连月亮都两周不见踪影了。很明显,要到3月2日才会有点光亮。所有东西都冻得坚硬无比。罐头、牙膏、食物、苹果、纸、笔、金属、发动机、人身上的肉。我的两只手已经是一个很大的问题。"

这一次,我们刚到没多久,距离南部两英里处的主营地负责人雷吉·沃肯廷(Reg Warkentin)上校就驾驶着履带式雪地车拜访了我们。后来,一位罗马天主教神父又为我们安全到达阿勒特举行了感恩弥撒，他祝贺我们加入位于地球最北端的社区：最近的有人值守的基地是尤里卡，位于南方300英里处。人们不可能通过水路或者陆路拜访这里，如果天气糟糕，也不可能通过空中到达这里。一架运输机的残骸和九名乘员的坟墓就在我们的小木屋附近，这是对进入阿勒特危险性的无言证明。

阿勒特归属于加拿大而非美国或者俄罗斯，这件事要追溯到16世纪马丁·弗罗比舍和约翰·戴维斯那个时代。弗罗比舍发现了一处"巨大的海湾"，就是今天的哈得孙海峡，它是进入位于加拿大心脏地带的名叫哈得孙湾的内海的通道。在17世纪，这条航道主要由来自哈得孙湾公司的英国水手和商人开辟。

今天加拿大的政体形式和语言选择很大程度上要归因于两点，一是马丁·弗罗比舍的早期探索，二是当时很少有其他国家的探险者深入这片区域。英国对北极加拿大的主权于1870年被移交给新成立的加拿大，1880年又将外围地带如埃尔斯米尔岛的主权移交给了加拿大。

到了19世纪70年代，英国政府寻找一条有利可图的西北航道的愿望破灭了，因为尽管在付出了巨大的生命和金钱代价之后，最终确实找到了一条可能走得通的路线，但很明显无法获得一条越过北美洲顶端的捷径。因此，当时那些经验丰富的富兰克林搜索者组成了一个委员会，其中包括柯林森、雷、巴克、奥斯本和马卡姆，他们督促时任首相迪斯雷利放弃寻找西北航道，转而组织纯科考性质的远航，尽可能向北深入。公众对此的认知是：米字旗将插上世界顶端。北极点——或者说至少是"最北的北方"取代了西北航道成为下一个全国性的追求目标。

另一位前富兰克林搜索者乔治·内尔斯将率领两艘船——"警报号"（*Alert*）和"发现号"——往北进入巴芬湾并希望能走得更远。几年前跟随内尔斯一起进行雪橇之旅的利奥波德·麦考林托克担任首席装备顾问，因此他们带上了55条格陵兰雪橇犬。内尔斯于1875年离开朴茨茅斯，他们发现加拿大和格陵兰之间的海域畅通无阻，一路直穿肯尼迪海峡（Kennedy Channel），最终抵达富兰克林夫人湾（Lady Franklin Bay）黑色悬崖下的霍尔盆地（Hall Basin）。他设在海湾浅滩上的冬季营地后来成为著名的康格堡。

内尔斯将"发现号"留在霍尔盆地，带上"警报号"继续往北，进入前人从未涉足之地，并驶入了林肯湾。在这片极地海洋的边缘地带，巨大的冰山挤作一团。内尔斯驾船一步步向西北方向航行，绕过埃尔斯米尔岛的东北角，驶入一个小海湾——迪斯卡弗里港（Discovery Harbour），他将在这里过冬。这个地方距离我和金妮还有查理在1982年等待开始我们自己的北极点之旅的地方不算太远。

一开始，坏血病还能控制住，因为他们从当地猎获了一些野生动物，但是由于长期缺乏新鲜食物，冻伤愈合得非常慢。雷建议建造冰屋，但未被采纳。人们呼出的气体结成了冰，使帐篷和被褥变得又潮又沉，料子里面冻结的湿气越来越多，甚至出现在睡袋里。

第二年春天，内尔斯让手下人乘坐雪橇向北进发。这种行进方式受到了麦考林托克的启发，而且几年前内尔斯我也曾带头实施过。但几年前的情况要比现在简单得多。现在破碎的海冰组成巨大的冰墙，常常高达30英尺，他们要在极地海洋上对付这些冰墙。不幸的是，顾问委员会里麦考林托克代表的海军要比雷代表的哈得孙海湾公司更有影响力，于是沉重的船式雪橇和欧式设计的服装代替了雷建议的轻型雪橇和爱斯基摩式的服装。只有一个人带上了雪地靴，但这个人一直饱受冷嘲热讽，直到内尔斯首次在极地浮冰上开始雪橇之旅，在这里，松软的积雪覆盖着乱七八糟的破碎海冰，这些海冰大小不同、形状各异。

没有了滑雪板或者雪地靴，人拉雪橇就是一场噩梦。平均每人承担的雪橇负载是216磅，事实证明，如果不换班拉，根本就拉不动。这样一来，等于要花费双倍时间，走完双倍的距离。拉雪橇的人陷进齐膝深的雪里，大汗淋漓，接着穿着湿透的衣服，又要遭遇冻伤。狗拉雪橇的尝试也以一场闹剧告终，因为缺乏经验的水手根本驾驭不了桀骜不驯、疯狂咆哮的犬队和扭成一团的缰绳。

在阿尔伯特·马卡姆的带领下，这支由21名船员和3名军官组成的雪橇队在走完首次雪橇之旅返回时，三分之一的人员失去了行动能力，为了避免坏疽，切掉了许多根手指和脚趾。不过他们确实到达了最北点，而且确实设下了多处补给站，以协助即将开始的计划中的主行程。1876年4月3日，在-36℃下，三支独立的雪橇队离开了"警报号"。其中一支在佩勒姆·奥尔德里奇（Pelham Aldrich）的率领下探索埃尔斯米尔岛，另外两支在马卡姆的率领下向北进发。几天之后就出现了坏血病的症状，已经非常沉重的雪橇还要载上伤病员。虽然未能靠近北极点，但是与霍尔和凯恩不同的是，内尔斯带回了富有价值的地质学、天文学和植物学观察记录，后来陆续在40多家主要科学刊物上发表。奥尔德里奇绘制的埃尔斯米尔北岸地图在半个世纪里都是唯一的一套，直到航拍被派上用场。

从政治上来说，今天的加拿大有充分理由本该由美国人首先探索，因为这片土地紧邻现今美国北部边界，对美国人的吸引力自然也更大。如果他们的探险家首先到达那里，那么他们，而不是遥远的英国人，将会占有这片土地。同样道理，俄罗斯帝国当时已经占据了整个阿拉斯加（直到1867年他们将它卖给了美国人），本来可以派出一名或者多名优秀的极地探险家向东探索，从而至少占据加拿大群岛的北方区域。但是，事实情况是，内尔斯探险让英国人成功占据了阿勒特以南的所有土地，因此在几年之后，也就成了加拿大的领土。尽管他们饱受坏血病之苦，也不善于拉雪橇，但他们确保了加拿大的未来地位。

在19世纪最后几年里，内尔斯之后的海军部已不再关注北极点，他们将埃尔斯米尔岛海岸之外、格陵兰岛再往北的大发现留给了伟大的美国探险家。

美国海军于1881年派遣中尉阿道弗斯·格里利（Adolphus Greely）

带着25名手下前往北极。他在康格堡建立了一处基地，成功抵达北纬83度24分，此处距离北极点只剩400英里，但是被迫折返。他们打破了马卡姆的纪录，多走了四英里。但是两个夏天过去了，没有一艘救援船来接走格里利团队。一艘救援船未能冲破浮冰，另一艘被浮冰挤破沉没。由于两年未收到格里利的任何消息，美国海军找到合适的船只后，就立即派出温菲尔德·斯科特·施莱（Winfield Scott Schley）去寻找格里利。美国人提醒英国人，就在不久之前，他们还救出了海军部迷失的船只"坚决号"（Resolute），并将它物归原主，于是英国人这次便将内尔斯的船只"警报号"送给了施莱。海军又另外购买了两艘船，三艘船于1884年同时驶离纽约。

施莱写信给格里利夫人，保证千方百计找回她丈夫。他带领着三艘轮船努力搜索。同时，美国政府悬赏25000美元，奖励给任何能救回格里利的人，在此鼓励之下，另外八艘美国捕鲸船也在努力搜索。搜索范围涵盖了北至富兰克林夫人湾、南至萨宾角的整个区域。最终还是从石堆标记中找到了信息，提示说格里利位于对面海岸萨宾角附近的某个地方，距离今天的图勒空军基地北部不远。到这时，根据格里利当初携带食品的数量判断，他很可能已经去世了。

事实上，格里利的手下依靠各种食物，设法活了相当长一段时间，他们的食物包括旧皮靴、水煮油腻帆布汤、甲虫、鞋带、鸟粪，还有一个死亡船员的腐尸上长出来的成千上万只海跳蚤。最终，至少有两人偷偷从死亡同事的尸体上切下大块的肉吃。格里利抓到一个人偷吃日益减少的食品储备，一枪打穿了对方的脑袋。船员一个接一个死亡。有些人甚至想到了自杀。许多人严重冻伤。大部分都死于饥饿和体温过低。

施莱终于找到了格里利软塌塌的死亡帐篷，他把帐篷剪开。他描述了自己所看到的场景："一派恐怖景象。靠近出口的地方，头朝外躺着一个人，显然已经死了。嘴巴张得大大的，眼睛圆睁着，视线固定而呆滞，四肢一动不动。另一侧是一个可怜的家伙，肯定还活着，但是没有手也没有脚，右臂的残端绑着一把勺子。"

另一位幸存者（总共有七位）戴着一顶无边便帽，穿着一件脏兮兮的便袍。关节肿胀，身体瘦成了骨架。由于污秽和发烧，浑身黑黢黢的。这位便是格里利，他只说了一句："做了要做的事——打破了最好的纪录。"接着身子筋疲力尽地向后一仰。美国人终于击败了英国人。

幸存者被用担架抬到施莱的船上。其中一位接受手术，截掉了双脚，不过很快就死掉了。《纽约时报》一开始还在庆祝新创的纪录和成功的救援，但很快就开始从幸存者那里挖掘故事，尤其是关于格里利枪杀偷吃者和人吃人的故事。

听说自己的英雄竟然也像30年前的英国人那样同类相食，美国人大为震惊。人们发现，大块的人肉是从六具尸体上切割下来的，后来都带回了美国。由于人肉的切口非常规整，所以队医受到了怀疑。队医也死掉了，就算是他干的，这也没给他带来多少好处。《纽约时报》将此次探险称作"国家之耻"，不过当人们了解到格里利通过正确食用在柠檬汁中浸泡过的干肉饼再配上新鲜的麝牛肉，从而战胜了人人自危的坏血病，他的声誉并没有受到破坏。此外，他的科研成果也无可挑剔，很有价值。

令人惊讶的是，他活到了90岁，而且成为第一位以普通士兵入伍，以将军头衔退休的美国水兵。他是美国国家地理协会的创始成员之一，担任过许多其他极富声望的职务，其中包括担任美国气象局局长。1888年，在这最后一份工作中，他向公众宣布"寒潮正在形成"。他是正确的。在如期而至的暴雪中，气温在八小时内下降了55℃，这还不包括风寒。在随之而来的风雪之中，大约250人死于体温过低或冻伤，其中许多是儿童。

1888年，挪威伟大探险家弗里乔夫·南森依靠滑雪板成功穿越了格陵兰冰盖。这件事极大地鼓舞了年轻的美国海军土木工程师罗伯特·皮尔里，他一直都怀有一种近乎痴迷的愿望，希望成为极地探险家，而且就在南森取得成功前一年，他已经尝试过穿越格陵兰岛。他写信给宠爱自己的母亲："记住，妈妈，我一定要成名。"

1891年，他同妻子乔（Jo）一起乘船北上格陵兰岛，目的是穿越格陵兰，并验证它到底是一座大岛，还是北极大陆向南的延伸。为了确定这一点，他需要找出并画出北部海岸线。他的团队中包括他的贴身黑人男仆马修·亨森（Matthew Henson）和弗雷德里克·库克博士，后者后来变成了皮尔里的极地探险死对头。在1892年和1894年进行的多次深入格陵兰的内陆之行中，皮尔里首次穿越了格陵兰北部冰盖，并发现了许多白人从未去过的新地方。

他经常将基地设在伊塔（Etah），自认为是许多支持自己探险的爱斯基摩人的大恩人。他和当地一个十来岁的女孩生了几个孩子，他的男仆也同样如此。不过他的妻子乔此时也生下了一名女婴玛丽，当她听说丈夫希望在北方一直待到1895年，而且还不和她在一起，她彻底绝望了。

当时媒体对皮尔里的报道已呈铺天盖地之势，但并非所有的宣传都对他的形象有利。格陵兰之行的团队成员中已经有好几个人开始讨厌他，而且还明确地说了出来。一位传记作家写道："皮尔里手下许多人往往在返回后就开始痛恨他，即使杀掉他都觉得不解恨。"

自从1893年到乔利用公开演讲筹集到资金派出救援船，皮尔里其实并未取得任何新成就。不过他倒是设法将三块巨大的陨石从它们在约克角（Cape York）的所在地运了出来，而且是在明知这些石头是当地爱斯基摩人最神圣的图腾的情况下。他需要成功的标志物，如果它们不能包含北极点，那么就要找个其他东西让国内媒体兴奋起来。于是，在1897年，他挖出了五具此前曾跟随他一起狩猎的爱斯基摩人的尸体，把它们装进桶里，卖给了美国自然博物馆。

1897年，最多时每天有10000人来博物馆参观六名活生生的爱斯基摩人（皮尔里竟把他们也从图勒北边的伊塔捎了回来）和世界上最大的陨石，这一切自然都要归功于这位伟大的探险家。博物馆让这些爱斯基摩人住在地下室，等到第二年春天，六位中已经有五位死于肺炎。其中两具尸体解剖后贴上标签，放在博物馆内展览。在今天看来，将原住民放在博物馆内展览非常令人憎恶，但在19世纪末这很平常。后来，乔又以40000美元的价格将陨石卖给了博物馆。

　　1898年，在又一次北上途中，皮尔里被海冰困在深海里。他听说著名的挪威探险家奥托·斯韦德鲁普（Otto Sverdrup）当时也在这片区域活动，而且皮尔里怀疑他已经准备好前往北极点。于是，为了赶在挪威人前面，在当年一个高度危险的时间点，他徒步出发，顺着冰面前往北方的康格堡。结果他差点死在靠近1881年阿道弗斯·格里利的大部分手下丧生的地方。数月以后，皮尔里发表评论说，他认为格里利放弃康格基地的行为是"北极探险记录上的污点"。格里利当时已是海军少将，是一位拥有相当影响力的人物，从此成为皮尔里的一位充满敌意的批评者。

　　在康格堡的时候，有一次皮尔里说自己的腿感觉"麻木"，马修·亨森把他的靴子割开一看，两条腿自膝盖以下一点血色也没有。好几根脚指头随着靴子一起脱落，医生只好在没有麻醉的情况下对残余部分实施了手术。皮尔里对亨森说："为了去北极点，失去几根脚指头算不了什么。"康格之行后来证明毫无价值，皮尔里被雪橇拉回船上，又切掉了几根已经烂掉的脚指头。在美国国内，伴随着对远行的丈夫的深深思念，乔又生下了第二个女儿，但是女儿在八个月大的时候死于霍乱。

　　1900年5月，尽管脚有问题，皮尔里还是成功到达了格陵兰的最北端，从而证实格陵兰只是一座岛屿。当年，乔决心带着活下来的女儿玛丽北上和皮尔里会合，但她们的船却被海冰和几场风暴困住了。船上的一位爱斯基摩女性——一个名叫艾丽卡西娜（Aleqasina）的年轻少女——生下了一个孩子，她天真无邪地告诉乔，孩子的生父就是皮尔里。乔写信给她的丈夫说："想到她曾睡在你的臂弯，接受你的爱抚，听你爱的呻吟，我就痛不欲生。"艾丽卡西娜在船上病倒了，乔不得不照顾她，直到她康复。几年以后，艾丽卡西娜又生了三个孩子，其中一个孩子的生父竟然又是那位无可救药的皮尔里！

1901年5月，趁着康格堡和轮船之间路段的天气转好，皮尔里赶到了乔被困住的船上。不知为何，乔一如既往地原谅了她那位一直屡教不改、经常远在天边的丈夫。但皮尔里并没有和她一起回美国，而是留了下来进行另一次北上之旅。1902年，他听说意大利海军上校翁贝托·卡尼打破了南森先前创下的北上纪录，前进到距离北极点只有237英里的位置，这件事更加激发了他的欲望。他告诉亨森："下一次，我要把这些纪录统统打个粉碎。"

1903年，回到纽约后，皮尔里成功争取到了一位重要同盟者支持自己继续探险，这个人就是西奥多·罗斯福总统。随即，大探险家皮尔里晋升中校，获得各种奖章，并当选美国地理学会主席。然而，此时此刻，人们认为罗伯特·斯科特上尉即将为英国占领南极点；如果罗伯特·皮尔里不采取行动，其他国家就会有人从美国人手里偷走北极点。毫无疑问，皮尔里必须再次远行。罗斯福表示同意。

皮尔里将注意力全部集中在准备工作上，忽略了自己的妻女，结果乔在1905年写信给他说："我非常失望，我觉得我们还是就此打住吧。我们越早下决心分道扬镳，对我们俩就越有利。"但当年晚些时候，当皮尔里乘坐"罗斯福号"（*Roosevelt*，相当聪明的命名）离开美国开始最新一次北极之旅时，那个始终忠诚如一、心胸宽大的乔又一次来到码头，面带微笑，挥手送别。这一次，皮尔里到达的最北位置是北纬87度6分，距离北极点只有令人欲罢不能的174英里。

1906年，再次回到国内的皮尔里得知曾经的同船队友弗雷德里克·库克博士已经去往北极，他是一位久负盛名的登山家和极地探险家，打算利用皮尔里进行北极探险时始终携带的同一批雪橇犬和伊塔爱斯基摩人前往北极点。可以理解，皮尔里异常恼怒，恨不得立即赶往北方。当"罗斯福号"于1908年抵达伊塔的时候，库克已经在经由欧洲返回美国的路上，只不过尚未就此次极地探险的结果发布任何声明。

到1909年进行最后一次极地之旅时，皮尔里已经摸索出一种出色的旅行方法：利用200多只雪橇犬和50名伊塔爱斯基摩人组成一支支持团队，开辟出一条向北的通道（呈"之"字形前进，从而避开最危险的冰脊和开放水道），沿途建造冰屋营地，并留下食物储备。随着探险队离开陆地越远，雪橇犬和队员的数量就越少。几十年后，当人们试图登上珠穆朗玛峰时，就复制了这套金字塔系统。

有一座营地是以皮尔里的老朋友——船长兼雪橇手罗伯特·巴特利特（Robert Bartlett）——的名字命名，皮尔里只带着自己忠实的男仆马修·亨森和四个爱斯基摩人从这里踏上了征程。在提供了多年的支持以后，在这个关键时刻竟被皮尔里留在后面，巴特利特当然非常失望。直到今天，仍有许多"极地观察家"认为这都是皮尔里的算计：在没有其他白人分享公众注意力的情况下，到达北极点的荣耀将会更加伟大。而且，如果他未能真正到达北纬90度，而这次航行的目击证人又只有亨森和爱斯基摩人，那么这一事实被泄露出去的可能性就会更低。

从巴特利特被皮尔里留在身后那一刻起，这支北极探险队向北前进的距离每天以惊人的速度增加。这件事后来也引起了批评者的注意。实际上，他们前进的速度差不多相当于此前平均速度的三倍，皮尔里解释说这归功于近乎完美的冰况和天气状况，使得每天前行的时间更长。1909年4月6日，皮尔里写道："终于到了北极点。人类300年探险的奖赏，我23年的梦想和雄心。终于如愿以偿。"

在皮尔里南返的四个月里中，库克到达了一处电报站，向世界宣布：他和三名爱斯基摩人已经于1908年4月21日到达北极点。当时是1909年9月2日。几天之后，佩里宣布了他自己的成功，并谴责库克是个骗子。

公众舆论很快分成了支持库克和支持皮尔里的两派。两个人的说法，都无法毫无争议地证明。但是，库克的说法很快就被证实是假的，并被永远贴上了"大骗子"的标签。皮尔里的旅行日志和航海记录被美国国家地理学会确认无误，他因此获得了更多的奖章和国际大奖，并荣升海军少将。他这样总结了自己的行动："北极点于1909年4月6日被皮尔里北极俱乐部在最后一次探险中发现，这意味着这颗光辉灿烂的北方冰封宝石，多少世纪以来各国海员为之奋斗、受苦、牺牲的宝石，终于被我们收入囊中，它将永远属于星条旗的国度。"

在生命的最后十年，皮尔里患上了恶性贫血，于1920年去世。在他去世后，乔又活了35年。在此期间，她继续维护皮尔里首先发现北极点的荣誉，与无时不在的怀疑者进行斗争。皮尔里去世60年后，仍然争议不断。国家地理学会中皮尔里的忠实支持者，委托我的老朋友沃利·赫伯特评价皮尔里的北极点日记。沃利是航海专家和成功的北极探险家，拥有驾驭雪橇犬的技能，还有许多生活在伊塔的爱斯基摩人朋友，其中就包括皮尔里的孙子。因此，他们认为沃利是一劳永逸地证实皮尔里说法的理想人选。

沃利对皮尔里崇拜已久，因此接受了这项工作。他赶往华盛顿并联系上了皮尔里的家人，他们非常乐于提供帮助，并明确说明希望沃利能够支持皮尔里的说法。可悲的是，沃利发现了许多导航错误、前后不一致的地方和悬而未决的重要问题。涵盖皮尔里行程中最关键的几个日期的页面一片空白，或者作为散页被插进主日志之中。其中一页便是皮尔里在声称已经到达北极点后所做的记录，包括到达的日期。关键的经度记录和每天的行程细节也付诸阙如。

作为一个诚实坦率的人，沃利意识到，他的职责不仅仅是向支持皮尔里的国家地理协会提交一篇论文，而是陈述自己的发现，并将其写成一本书向全世界公布。这项工作花了他四年时间，一丝不苟的研究和巨大的压力导致他心脏病两度发作。当他的著作《桂冠上的套索》于1989年出版后，沃利同时遭到了皮尔里和库克支持者的攻击。皮尔里的家人倒是没有采取任何不友好的行动，但世界各地的其他人对沃利和他的家人展开了尖刻的批评，包括进行人身攻击。沃利在经历过一次紧急心脏四联搭桥手术后活了下来，但1993年11月，他的小女儿帕斯卡尔却在一次事故中失去了生命。

那年圣诞，我和妻子金妮邀请沃利全家来我们位于埃克斯穆尔的住处过节。我们看到他们正在遭受的严重创伤。在领导首次跨越整个北冰洋31年之后，沃利当之无愧地被女王封为爵士。但是，皮尔里的问题总是挥之不去。

2005年，英国极地旅行家汤姆·埃弗里（Tom Avery）决心带上雪橇犬队、复制的皮尔里雪橇、四名手下和一名经验丰富的加拿大赶狗员马蒂·麦克奈尔，循着皮尔里走过的路线，证明是否真能在同样时间内走完全程（皮尔里在1909年曾宣称自己用了37天的时间）。埃弗里在计划这次探险的时候，曾不厌其烦地征求他人对这个项目的意见。但是很明显，当涉及这位老将军时，大家的反应依然很激烈。

2009年，埃弗里关于这次探险的著作出版，书名是《前往世界尽头：解开极地探险最大谜团之旅》。令埃弗里感到惊讶的是，用他自己的话说，他的著作以及在新书发布前召开的新闻发布会，都遭遇到了"96年前当皮尔里返回美国时曾遭遇过的同样的质疑……我们将永远无法弄清楚是谁首先到达北极点。对于这个问题，人们要根据现有的证据，形成自己的观点。但正如我在返回英国时召开的新闻发布会以及在所有后续采访中所说，我认为我们已经证明皮尔里当时应该能够做到"。

还有一个人制订了宏伟的计划，希望第一个到达北极点，但是在听说库克和皮尔里声称已经到达北极点之后，他的梦想破灭了。此人便是挪威探险家罗阿尔·阿蒙森。他立即便将自己的注意力转向南极点。在说到皮尔里时，他说："我知道皮尔里到了北极点。我之所以知道，是因为我了解皮尔里。"

在皮尔里去世61年之后，我和金妮还有查理就住在埃尔斯米尔岛北边的小木屋里。我们唯一的同伴是两条狗：布提和因纽特黑狗图格鲁克。

仲冬时节，我们的营地遭到了风暴连续不断的冲击。我不得不用电缆和绳索将小木屋的房顶绑起来。风暴消退后，在一个月光皎洁的静谧夜晚，我离开小屋，就近走向阿勒特湾冰封海面的边缘。我朝北一看，发现黑色的开放水域直达天际。我查看了一下蜂窝状屏幕上的温度计。-4℃。一年之中如此晚的时节出现如此暖和的天气，这对我们未来的旅行计划来说并不是个好兆头。我们需要一场寒冬将海冰冻厚冻结实。到12月中旬，在英国恰逢有记录以来最寒冷的冬天之一，就连通常较为温和的南部海岸都降到了-18℃。而我们却在阿勒特晒太阳，温度只有-28℃。

我每天都要花很长时间在车库里为即将到来的旅程做各种准备：称重、润滑、修整、打包。把手枪和步枪装好子弹放在外面冻上两天，检查它们的性能。模拟装载8英尺半长的钢雪橇和玻璃纤维的人力船型雪橇。由于小型钢雪橇在1977年表现得非常好，对它们我没做任何改变，但是型号较大的那种在南极洲出了问题。切割并重新设计了铝合金桥架，用于穿越冰封的水道。我检查了手持式指南针在几种情况下的差别：先是在雪地车上和不在雪地车上，其次是启动发动机和关闭发动机，最后是用戴石英表的左手拿着和用右手拿着放在带金属钉的雪地靴上方。除雪和搬运燃油桶也需要时间，并且有助于我保持健康。查理负责每周维护一次发电机，其他时间里都尽量休息，帮助双脚恢复健康。

当我们在慢腾腾地做准备工作的时候，另外四支探险队也在春季宣布要赶赴北极点。一支法国探险队打算乘坐雪地车从格陵兰东岸出发前往北极点，接着前往斯瓦尔巴。一支西班牙探险队打算乘坐雪橇从斯瓦尔巴前往北极点。三名俄罗斯人在蒙特利尔召开新闻发布会公布了一项计划，他们要穿越西伯利亚，经由北极点到达加拿大。所有这些计划都将在九周的时间内开始实施，因为4月1日是最佳出发日期。直到圣诞节，我们才获悉还有一支五人挪威探险队：一个加拿大爱斯基摩人，三个挪威人，再加上领队拉格纳·托尔斯——挪威最著名的当代探险家。圣诞节期间，加拿大的大力神运输机将邮件送到了阿勒特，其中包括安特·普雷斯顿寄给我们的过去一个月的新闻剪报。一家挪威报纸《晚邮报》在11月初报道说：

通向北极点的竞赛

拉格纳·托尔斯打算率领第一支挪威探险队，穿越冰面到达北极点，与好几支外国探险队展开竞争。

与此同时，英国、法国和俄罗斯的探险队也将出发前往北极。"我们的目标是赢得比赛并第一个到达终点，"托尔斯说，"有点竞争才有乐趣。我们差不多将与英国队和法国队齐头并进，将和俄罗斯队发生交叉，但我们的目标是首先到达北极点。只有一个时间可以出发，那就是在3月初。太早了天会太暗，太晚了春季解冻就将开始。"

下一份剪报来自11月下旬的《斯瓦尔巴邮报》，里面又添加了新作料：

勋爵携妓女前往北极点

斯科特-阿蒙森大决战看起来又将在新年上演。当然这次是在世界的另一端，不过仍然会像上次一样，挪威和英国探险队将展开一场奔向极点的竞赛。据本报了解，英国探险队打算与托尔斯在同一地点出发。英国人的领队是位勋爵，而且装备精良。有传言说，在最近一次前往北极点的探险中，他竟然带着妓女，希望沿途不至于困难重重。斯科特在那次悲剧性的南极点探险中还带着马匹。现在的问题是：与马匹相比，妓女能否给探险队带来更好的运气？

12月中旬,《世界新闻报》也支起了耳朵并报道说:

北极探险队爆发性丑闻

由查尔斯王子资助的北极探险队的队员们最近非常生气,因为有人指责他们狎妓。这些指责是由一家挪威报纸公布的,当时的大标题是《勋爵携妓女前往北极点》。所谓的勋爵就是正在领导这支探险队的雷纳夫·法因斯爵士。拥有相同目标的一支挪威探险队将同时出发,这些指责属于一场肮脏的阴谋诡计的一部分,旨在激起两队之间的敌意。

英国探险队驻斯匹次卑尔根岛代表罗宾·布扎(Robin Buzza)表示,这些指责"纯属一派胡言"。就在布扎斥责之后,相关编辑登报致歉,承认自己提供了错误信息。不过他补充说:"竞争确实存在,竞赛早在踏上冰面之前就开始了。"

随着旧的一年渐行渐远,我踩着杂乱潮湿的雪地走到地峡尽头。每小时40英里的大风从南边吹过来,可温度仍然保持在-16℃左右。近岸的大冰块棱角凸出,在正午昏暗的月光下,鬼魅般的剪影依稀可辨。冰块之外,从远方传来飒飒声响,仿佛碎石子从高处倾倒在混凝土地面上。过了一会儿,眼睛更加习惯了黑暗,我才看见距离岸边碎石不远处是大片的黑色海水。海风迎着潮水吹起,传来阵阵轻柔的拍击声、沉闷的撞击声和浮冰断开时清脆的破裂声。我本想爬上最近的大冰块一看究竟,但脑子里突然闪过一句老话——"今天的麻烦已经够多了"。于是,我回到了安全的小屋里。

1月中旬,还有短短的三周时间,我们就必须出发,踏上海面悄悄移动的冰壳。当地气象站传来的消息非常糟糕。海湾冰只有87厘米厚,比以往任何一年1月的记录都要薄,以前的平均厚度是105厘米。

真正的寒冷终于来了,这种寒冷能将鼻子和耳朵冻裂,能像快速凝胶一样令手指和脚趾里的血液凝固,能缓慢而稳步地将海冰冻结成一个通向北极点的不稳定的平台。迟到总比不到好。留待寒潮降临的一大堆任务现在都可以做了。帐篷要在海湾冰上架起来，石脑油加热器要进行烟气测试。当天晚上我就和金妮在帐篷里过的夜。随着浮冰收缩，周围的海冰噼啪作响，闷声低回。

那周，他们在营地里记录了-51℃的低温和10节的轻风，并且在小屋之间拉起了安全线。在厨房里，无论是坐着还是吃饭，都披着羽绒服，穿着靴子，戴着羊毛帽，因为小屋实际上就是一个金属墙壁的大篷车，我贴在墙上的硬纸板块只具有微弱的保温功能。但是，大家现在士气高昂，因为海冰的的确确在增长。时间可能还不算太晚。

金妮由于吃了一块有问题的口香糖，嘴巴肿了起来，不久连腮也肿了。我们给她吃了些青霉素药片，总算消了下去。此时谢菲尔德大学空间物理系的彼得·詹金斯（Peter Jenkins）给她发来了一条消息，这条消息让她非常开心：她在利温根峰那里长时间辛勤劳动的初步成果已经进行了分析，结果表明记录质量甚至比哈雷湾（Halley Bay）英国南极调查局的专业人士获得的记录还要好。

查理的脚已经慢慢恢复了，我们开始每天在一起锻炼。他跟我过了一遍雪地车维护和维修细节。除了化油器不同，车辆和我们在1977年开过的那些一模一样。我跟他一起带着经纬仪爬到山坡上观测星星。每天晚上，我都会利用一个按键和金妮准备好的一盘录音带练习莫尔斯码。

在伦敦，我们的赞助人《观察者报》举行了一场包括整个媒体界的招待会，主编唐纳德·特雷尔福德（Donald Trelford）在会上明确表示，他不希望独享对我们行程的报道。招待会的主持人查尔斯王子通过无线电和金妮通了话，他说自己听说了和挪威人比赛的传闻。

"不要比赛。"他告诉我。

"不会的，殿下。"我回答说，"我们不会比赛的。"

但是突然间我想起他是多么爱好比赛，无论是短时间的马球比赛，还是危险的四人越野障碍赛，我知道他都不会反对我们来一场悄无声息的合理的小竞赛。我下定决心，无论俄罗斯人、法国人或者西班牙人会做什么，我们都不会让挪威人赶在我们前面穿越北冰洋，哪怕他们率先到达北极点。从小处看，75年前斯科特曾轰轰烈烈地败在阿蒙森手里，这次就算作复仇吧。

1月的其他时间天气都很冷。现在金妮要花更多时间敲碎大伙的饭食。尽管储物柜放在厨房中间，而且保温做得非常好，但她还是要用一把锤子才能把冻结的汤从碗里敲碎拿出来，而且还要把水果罐头放在开水里化冻，这样才能吃得上午饭。生鸡蛋从壳里倒出来时就像高尔夫球一样，尽管由于形状所致，它们的反弹能力并不是那么好。

为了对付我夜里开窗的癖好，金妮开始在羽绒被下面放一个热水袋。有一天晚上，房间外面的一只狐狸把我们给吵醒了，金妮发现热水袋竟然结结实实地冻在她的脚边。但我们谁都不介意这些严寒的迹象：这一切都是好事儿。一想起1977年刚到阿勒特时大家对寒冷的恐惧，我们就笑不可抑。在新手状态下，我们那么爱不戴手套触碰金属，这是个很少犯的错误，因为裸露的皮肉很快就会粘在金属上，如果硬扯下来，皮肤就会被扯掉，整只手就像刚碰过火苗一样烧灼般地疼痛。

1月29日，我第一次清楚地看见了北极光，并不是夏夜在苏格兰高地上常见的那种闪电，而是一块块红绿相间的幕布完整而绚丽地呈现出来，奇妙的图案从一种变化到另一种，一小时后才会慢慢褪去，对我来说，几乎具有催眠般的魅力。弗里乔夫·南森曾在1895年描述过这种展示："红彤彤的火球分裂成闪闪发光、五颜六色的光带，舞动盘旋，从南到北，横跨整个天际……一处由闪光的色彩构成的无穷幻境，超越了一个人所能梦想到的一切情景。"

我们都瞪大了眼睛希望看到所谓的新地岛（Novaya Zemlya）效应，这种现象是1597年由威廉·巴伦支首先发现的，但是我们从未见到过。新地岛效应是太阳光线折射造成的幻影，使得人们可以提前在地平线上方看见太阳，实际上真正的日出发生在许多分钟以后，因此一天会看到两次日出。

连续多个夜晚清冽纯净，没有月亮，平均气温-41℃，为进行有益的导航练习提供了良好条件。我最喜爱的目标星是轩辕十四星、大角星和织女星，它们很亮，容易发现，在经纬仪的窄视场中精确定位后，不可能与附近的天体混淆。我先记下一颗星沿直线移动经过经纬仪目镜中心的时间（精确到秒），然后对另外两颗星进行相同操作。接着，利用三个数值计算出逆方位，这样就能弄清楚自己在地球表面上的位置。在正常条件下很简单，但是碰上又黑又冷的时候却一点也不简单，哪怕我拥有在北极和南极地区进行操作的经验。

同样的问题仍然困扰着我：酒精中的垂直和水平气泡，移动缓慢，反应迟钝，由于严寒它们还微微地向左或者向右偏，所以我需要花时间把它们定在中间位置上，确保正确设定经纬仪。因为天气寒冷，我的嘴巴和鼻子不由自主地流水，从下嘴唇到巴拉克拉瓦帽与狼皮大衣交接的地方结成了冰。冰冻得结结实实，脖子不能动，也没法抬头朝上看。尽管有一块麂皮盖在目镜上，但眼睫毛依然会黏在镜片周围的金属上，而且感觉鼻子好像出现了冻伤的最初症状。如果我在靠近目镜的任何位置呼吸，目镜就会立即冻结，我只得从内衬分指手套里抽出一根戴着手套的手指来擦拭镜片。其他困难都出现在用来观察仪器刻度线的那个小目镜身上。

在英格兰只需要25分钟就能干完的事，在这里要花掉一个多小时：每次要完成的哪怕是最简单的任务，寒冷也会让我们筋疲力尽。利用经纬仪每做完一次练习，我都要回到温暖的小屋里让自己的身体和衣服化冻，同时还要把仪器留在外面防止凝水。我以为用六分仪会简单很多。但是，熟练掌握这两种仪器的沃利·赫伯特却强烈建议我们不要使用精确度欠佳的六分仪。而且，我经常怀疑自己在北冰洋的浮冰上追踪方位的能力。只要有太阳，就不会有问题，但考虑到如此多的大雾天……当下还是别理会这些想法吧。

到了1月的最后一天，我需要下定决心到底什么时候出发去横渡整个北冰洋，到达遥远的斯匹次卑尔根岛。为了做这个决定，我考虑了整体上所面临的问题，想到了在我们之前曾尝试探险的那些人，也想到了我们自己在1977年遭遇的失败，当时我们曾试图走到北极点，还不到我们这次要走的一半距离。那一次我们无可置疑地失败了。当时我们是3月初出发的，但严寒瞄上了杰夫，把他的八根手指都冻伤了。于是我们剩下的三个人在3月中旬再度出发。经过艰辛的50天后，我们发现自己位于距离北极点160英里的地方，周围的海面上是一片不断流动的冰泥，冰泥太薄，根本无法在上面行走。

这次我们必须在更短的时间内走得更远。确切来说，我们最迟必须在4月中旬到达北极点。只要到了北极点附近，我们就能逃脱波弗特环流（Beaufort Gyral）的魔掌。环流会让浮冰向后漂向阿勒特，与北极贯穿流的浮冰汇合，接着越过世界顶部，朝下漂向格陵兰和斯瓦尔巴群岛。越过北极点后，还有大约2000英里的漂流行程，预计到时只能跟随已经破裂的浮冰随处漂流。希望"本杰明·鲍林号"能沿着浮冰区的南部边缘穿过浮冰，将我们从斯匹次卑尔根岛地区接出去，船体不会被浮冰挤破。

这段行程能否在一个北极夏季内完成？因为没有先例，无法预测。唯一已经越过北冰洋的人沃利·赫伯特用了两个季节。他当时在英格兰，对我们的摄影队说：

> 我觉得穿越北极浮冰区的一大实际问题是：至少在最初阶段，你得在极寒天气下前行；而且为了在浮冰开裂前到达目的地，你得将大量时间用在走路上，这意味着要暴露在-45℃至-50℃的低温下，每天最多要暴露15小时。目前按照加拿大北部标准来说，-45℃并不是很冷，但是如果你暴露了那么长时间，还要在雪脊中辟出一条路来，并且穿越开放水道，那么这就会成为一种巨大压力。有时候，当你真的需要全力推进的时候，天色又会暗下来，甚至一片漆黑。气温将会更低，而且你要花更长的

时间穿越浮冰，这些浮冰随时可能吞噬你或者需要耗费大量的体力才能砸碎。所以，你每天可能要燃烧7500大卡左右。这个数值是相当高的。

我们的北极顾问安德鲁·克罗夫特说："到2月底，你才能动身前往北极点，否则就会经历过多的磨难和损伤。2月底才是出发时间。"

查尔斯·库拉尔特在写到四人组成的普莱斯特德团队（他们是唯一不带雪橇犬队到达北极点的人）时说："从3月中旬到5月中旬，只有这很短一段时间，人们才可以在北极冰上行走。一年中再早一点，黑暗和严寒将会令整个行程充满危险。再晚一点，上升的太阳就会将海洋上的雪盖变成烂泥，而且大风会将浮冰吹打成千万片小浮冰。"

回到1977年，我们最终的出发日期是3月14日。现在我决定提前一个月至2月14日，然后再减去一周，以应对无法预见的初期困难。我的目标是在2月的第一周在黑暗中出发。最让我担心的是我们有人可能会在黑暗中冻伤。避免冻伤截肢的唯一办法就是疏散到配置了适当设备的重症监护医院。在3月初太阳升起之前，这是完全不可能的，因为就算是像我们的双水獭飞机这样的高效滑雪飞机，再加上像卡尔·兹伯格这样的优秀飞行员，也还是无法在北极浮冰上一片漆黑中降落。不过我还是继续紧盯着2月7日。

1月的最后一周发生了三件事，打乱了这一安排：法恩伯勒机库里的双水獭飞机有一个副翼受损；格里·尼科尔森（Gerry Nicholson）开始感到严重腹痛，后来被诊断为食管裂孔疝；有一天晚上我掉了半颗牙，第二天早上紧邻的一颗又掉了下来。留下的大洞里是黑乎乎的烂肉和暴露在外的神经末梢。

那天早上，每周一班的大力神运输机离开了阿勒特，2月9日再飞回来，正好比我们的双水獭飞机提前三天返回。于是，我便乘坐大力神运输机，去找那位远在图勒的年轻丹麦牙医。他在我嘴巴上花了一个半小时，给我补上了两颗"新"牙。

就在等待返程的大力神运输机时，一位美国陆军上校带我在导弹预警中心周围逛了一圈。"这里所有的事儿都被这种暖和天气给弄糟了。"他告诉我，"正常情况下，我们有一条可以开车的冰路穿过海湾。它避开了长长的一段绕路。但今年冰层只有三英尺厚，而不是正常的六英尺或者七英尺。所以也就没有冰路了。通常10月整个海湾都会冻结。今年冬12月下旬才开始上冻。"

在返回阿勒特的飞机上，导航员让我走进驾驶舱坐在他旁边。他指着下方离海岸线不远处的海面在我的耳朵边喊道："那些深色的阴影区域，既不是开放水域也不是刚结成的冰。"我仔细咂摸了一下这条不利的消息，只好咧嘴苦涩地笑了笑。

卡尔现在告诉我们，他无法在15日之前赶到阿勒特，不过他会乘坐双水獭把西蒙带过来替换生病的格里。我决定只要雪橇装好了，48小时候内就出发，不用再等五天。第二天的装载试验表明负载过重，于是我们又延后至13日。我在那天的日记中记录道："可怜的金妮患上了尖锐的持续性头痛，真的让她头晕目眩。尽管在过去24小时内，她已经吃了四颗对症药片。今天晚上，她确实丧魂落魄，又累又乏，看起来苦不堪言。我很不情愿离开她。"

出发前一天晚上，沃利·赫伯特以韵文形式给我们发来了一封电报：

带着对最后黎明的良好祝愿，
我提出建议帮助把战斗打赢：
要当心风暴过后出现的平静，
还有黑夜里突然冒出的浮冰。

绝不可相信看似死寂的海冰，
如果想在内心深处获得宁静，
你除了要远远避开前方的熊，

> 千万别忘了把身后的熊紧盯。

我将一份有关营地后勤详细信息的文件夹留给了金妮,让她转交给西蒙。里面有一张便条,暗示说如果我和查理遭遇不测,他和支持团队里的另一位长期成员戴维·梅森(David Mason)应当从我们停止的地方继续前进。西蒙到了以后,将像往常一样与金妮和戴维一起工作,进入坦夸里峡湾。

我和查理离开阿勒特经由北极点穿越北冰洋那天,天气晴朗。我们驾驶着没有遮挡、满载着重物的雪地车,每辆车后面都拖着一架雪橇,上面载着600磅重的野营装备、燃料、备件和工具。温度计显示为-45℃,实际上大风将这一温度降低到了-90℃,因此我们都用全套南极雪橇服将自己裹得严严实实。正午过后的四小时里将有足够的光线,稍具经验和旅行常识的人都能一路前进。

营地指挥官和另外六个人来为我们送行,手电筒的光线在哈出的冰冷气体形成的光晕中飞来飞去。他们一直都对我们很好。当时我只来得及和金妮进行短暂的道别。前一天晚上,我们一起住在小屋里,让自己的思维一点点忘却现实。多年来,我们发现这样做会更好一些。离开她可能比在南极更痛苦,因为我俩都明白,与前方的征程相比,南方那段行程将会被证明简直就是一个玫瑰园。

我猛踩油门驾驶雪橇冲出了小屋之间的光明地带。我看见金妮蹲在两只狗旁边,抬头望着我们离开的那条黑暗通道。我将这一幕像照片一样存放在脑海里,就像一只松鼠为过冬而存放的最后一颗坚果。

第九章

最先步行抵达南北两极

趁着短短数小时的苍茫暮色，凭借着短短五年前我们曾沿着同一条海岸线前行的记忆，我们快速前进，而且没有发生任何失误。这里面没有任何诀窍，轻车熟路会让最糟糕的状态变得稀松平常，一无所知的人则会在最小的障碍前摔跟头。

第二天早上，在帕特森湾，我们发现了圆形的熊爪印。据说，如果存在开放水域可以捕鱼，熊就会在这条海岸线上游荡。几年前，两位科学家被直升机送到距离我们所在的位置不远的西边，开展研究工作。他们两人都遭到了熊的袭击，严重受伤。我们检查了一下各自的武器，贴身放好。

在有些地方，海冰对海岸线的压力更大，冲上海滩的距离也比以前更远。而在其他一些地方，曾经竖立着一堵堵的碎冰墙，现在却是空无一物。我们在靠陆地这边的悬崖和高耸的冰墙之间小心翼翼地迂回穿梭，最终来到一个陡坡处，我们将雪橇顺着陡坡一点一点地放下去。等我们在詹姆斯·罗斯湾（James Ross Bay）边上扎营的时候，天已经全黑了。

2月15日，我们顺着帕里半岛山脉之间的一条隘路蜿蜒前行来到赛欧港（Sail Harbour），海港四周全是雪原。海湾里的新雪又松又厚，走起来非常缓慢。海湾两侧的小山渐次变矮，展露出一些冰雪奇景。

克莱门茨·马卡姆湾（Clements Markham Inlet）是一条巨大的海湾，入口处足有10英里宽，深深地透入内陆山区。虽然天空黑暗到足以看清主要的星星，但一直到若隐若现的庞大的佛斯特山（Mount Foster）空气都非常清新，这座山是这处野性海湾的西部哨兵。我们冒着严寒，在海湾以西48英里的地方安营扎寨。黑暗中稍有不慎就会出现失误，停留时间稍微一长就会冻伤手指或者脚趾。

有极少数时间间隔很久的探险队曾沿着这条海岸向西进发，但是有些就再也没有见过。近在1936年，德国北极探险队领队克鲁格（H. K. E. Krüger）和两名同伴一起，就在这条海岸线上更靠西的地方失踪了。人们再也没见到他们的踪迹。1983年，戴维·亨普曼-亚当斯（David Hempleman-Adams），一位经验丰富的登山家等到太阳升起之后于3月10日从同一条海岸出发，但很快就被撤回了基地，他说："过去的九天是这辈子最艰难的九天，在我身体上、思想上和心理上都留下了印记。"但是他曾经爬上过恶名昭著的艾格尔山（Eiger Peak），当时对我来说，这还是一个无法想象的挑战。

2月16日晚，在奥尔德里奇角（Cape Aldrich）冰架上，我发现了贾尔斯留下的食品和燃料存放点，距离我们路线以南还比较远。我们在那里花了一小时补充给养并重新打包，然后在靠北不远的地方扎好营地，此时天色黑暗，温度是-46℃。

第二天，我们早早就出发了。海边泛着棕黑色的霜雾，这是附近存在开放水域的明确信号。据我猜测，一定是海岸边潮水形成的溪流在夜间被冲开了。深冬时刻出现开放水域，而且在日出前很久，还是在海岸压力最大的位置，这可不是什么吉兆。在冒着水蒸气的裂缝边缘行走的时候，每当碎冰场迫使我不得不走到海冰上，我都会尽可能地靠近陆地。每隔几分钟我都会在座位上转过身，查看一下查理是否踌躇不定，或者是很长时间看不到。在来自海面的不断迫近的挤压冰墙和从库珀·凯山（Mount Cooper Key）上倾泻而下的冰川之间，有一条狭窄的走廊，某些地方仅有30英尺宽。因为没有别的路通向西边，我们只得爬进了这条走廊。

我们右边是齐肩高冰封的雪浪,就在这个地方,五年前我曾见过清澈透明的绿色大冰块,一层层堆叠起来达12米高,浮冰的巨大推动力和切割力由此可见一斑。在昏暗的走廊里,我们没遇到任何麻烦,一直来到紧邻哥伦比亚角(Cape Columbia)的一座陡峭的雪坡脚下。我们爬上坡顶,观察了一会儿周围的区域,因为现在这个时候,我必须找出一条通向北部海冰的路线。

漆黑平坦的哥伦比亚角在南部拔地而起,蒙奇诺于1970年冲向北极点时的大本营就设在那里,现在还散落着营地遗留下来的东西。这位意大利伯爵、百万富翁和职业探险家出发时带着150条狗、13名爱斯基摩人和7名同伴。一两个星期后,一半爱斯基摩人、一名丹麦人和一名加拿大人却单独返回了基地,因为有太多的失望和争议。但是每天在一架侦察机和一架大力神运输机的帮助下,蒙奇诺实现了目标。当被问及他是否会再来一次时,他拼命地摇头说:"太难了,一切都太难了。太危险,太寒冷。"

哥伦比亚角西侧不远处,连绵起伏的白色沃德·亨特冰架(Ward Hunt Ice Shelf)在向北绵延了十多英里后插入海中。冰架由海岸外形成的一层层海冰构成,海冰在大多数地方仍处于漂浮状态,仍与原来的海岸线紧紧相连。冰架每年都在朝上生长,因为含盐量降低的海水会在冰架下表面冻结,与此同时,来自内陆的夏季融水又会在冰架上表面冻结。

与所有北极冰体一样,冰架承受着巨大的压力,会在毫无预警的情况下断裂。1961年,沃德·亨特冰架大规模崩解,面积减少了大约600平方公里。因此形成的冰岛朝东西两个方向漂流,后续对其漂流路径进行的空中勘察都表明:哥伦比亚角正好位于东西洋流的分界点处。这使得它成为希望前往北方的人的最佳出发点,因为通向北极点的路线不会受到任何一支洋流的大力拉扯。

大块的挤压冰在有些地方堆积起来高达40英尺。它们在雪原与冰封海洋之间形成了一堵墙，但在某些地方有狭窄的缝隙。我们下了山，接着又滑下一条斜坡。

压力冰大块的地方都堆到40英尺的高度。它们形成了雪地和冰冻的海洋之间的墙，但在某些地方有狭窄的缝隙。我们走下山，用斧子很轻松地在一条20英尺宽的裂缝上架起一座冰桥，然后顺着一条斜坡滑了下去，接着就到了海面上。我们已经朝着目的地走完了100英里或者更远，虽然路线有点迂回，但我们比此前任何一位探险者都要早出发了许多天。2月17日，在太阳出来前两周，我们第一次在海冰上扎营。

当我们在距离海岸900英尺远的地方支起帐篷，站在一望无际的冰原边缘，望着无法逾越的碎冰之野，我不禁拿手套按住已经脱皮的鼻尖，想起即将到来的旅程，想起上次千方百计试图对抗北冰洋的威力时所发生的一切，不由得感到一阵阵的恐惧。

有了1977年未能到达北极点的教训，这一次的时间安排比较谨慎，一开始每天只需要走半英里。第一天在昏暗的光线下辛劳一天后，我们未能走完预定的距离，不过也差不多，因为我们清理出了2400英尺的碎冰。我们用斧子和铲子清理出的"公路"正好与雪地车等宽，在冰墙与单独的大冰块之间蛇行。

在接下来的六个月里，我们有很多次感觉真到了山穷水尽的地步，但一次都没想过要放弃。以功败垂成的结果面对"本杰明·鲍林号"上的船员，这个念头我连想都没有想过。如果放弃的话，是不是更理智，更负责任？谁能说得清呢？后来的事实表明，即使是我们的北极专家也建议撤退，而且有充分的理由。但在最初光线暗淡的几天里，除了在严寒之中再往前辛劳跋涉几步之外，我们什么也没有考虑过。

按照沃利·赫伯特的观点，我们必须走875英里，才能走完到北极点474英里的直线距离——迂回系数达到了75%。沃利说除非我们能在4月17日之前到达北极点，否则就不可能成功。没有人比他了解得更多，因为再无其他人曾穿越过北冰洋。考虑到这样一个日期，我们只能经得起最低限度的延迟。当时，从未有人在不接受空中补给的情况下到达过北极点。对沃利的支持来自加拿大空军大力神运输机。如果我们的生命线双水獭飞机，在任何时刻因任何原因而无法行动，都将会严重延误我们的进展。

2月19日，我们在15节风力和-42℃的低温下用斧子开路北行。到日光熹微的时候，我们又辟出了600英尺，而且我决心将雪地车沿着已经辟出的通道驾驶到距离第一个海边营地3000英尺远的地方。除了那些已经干完的活，还有大量的推拉活要干。车辆上蹿下跳，我们汗流浃背，为的是让雪地车和雪橇沿着我们粗略辟出来的"公路"前进。只要一停下，汗珠就在内衣里变成冰粒。我的一个指甲劈了一半，但由于手指冻僵了，竟没觉得疼痛。

查理和我一样，体重也是185磅。所以我们可以非常巧妙地利用体重，合力将800磅重的满载雪地车和600磅重的满载雪橇一点点地推过每一处新障碍物。但是，很难说有什么进展：我们就像两只周末出来游玩的老蜗牛。幸运的是，在光线昏暗的这段时间内，能见度还勉强凑合，所以我们总算还能找到辛苦开辟出来的"公路"。

雪地车受损严重，因为有时候除了全速前进，根本没法通过"已经清理出的"通道，车辆往往一头撞在冰墙和铁硬的冰坨上又被反弹回来。刚要走完通道，我的那辆车的传动轴突然断掉了。这下完了。我决定放弃雪地车，改用人力拉。

去年冬天在阿勒特的时候，为了应对这种情况，我曾测试过两架8英尺长的玻璃钢人力雪橇，并配置了轻型生存装备。那天晚上，我告诉金妮，第二天就用双水獭飞机将人力雪橇给我们送来。我们要尽量找一处平坦的地方，确保卡尔在投放的时候不会将装备摔烂。在帐篷里，我又列出了其他所需的小物件。尽管我们躺在黑暗和严寒之中，但从帐篷顶上垂下的一根绳子上系着一只塑料袋，里面发出的光足以视物。袋子里装着氚光珠（betalight），它们发出一种绿色、静谧、带点邪恶的光芒。

让滑雪飞机在极小的被冰脊环绕的北极浮冰上摸黑降落，这种技术只有极少数勇敢的飞行员才能掌握。幸运的是，我们这次穿越北极之旅就得到了这样一位飞行员的支持，他就是卡尔·兹伯格，一位瑞士裔加拿大人。他在昏暗的光线中以难以置信的精度降落，卸下两架人力雪橇和轻型装备，和我们握过手，接着就飞走了。

2月22日，在半黑暗状态下，我们开始了漫长的人拉雪橇之旅。我想起了沃利·赫伯特的话："几乎没有几种极地苦差事比在受压冰上开辟道路更令人精疲力竭，尤其是当天气寒冷而且又没有足够的光线看清动作的时候。"八小时之后，我们的内衣、袜子、面罩和夹克衫就被汗湿透了或者冻僵了。到底是湿透还是冻僵，主要取决于它们覆盖的哪个身体部位，取决于我们当时是在拉雪橇还是在休息。每批负载都重达190磅。

崭新的北面牌（The North Face）帐篷只有9磅重，而我们的北极帐篷却重达100磅，而且还很难保暖。帐篷很小而且呈冰屋状，除了一个吊在空中的网篮，几乎没有空间用来晾衣服。衣服上的水就从网篮里滴到我们身上、睡袋上以及晚饭炖的汤里。衣服根本不可能拿到外面晾，不过要是努努力，倒是可以从湿透状态改善到潮湿状态。

炉子烧着的时候，我们的眼睛就刺痛不已，不过从来没有像1977年那样厉害，因为我们一直在烧清洁的石脑油（naphtha），从来不烧汽油。在帐篷里面，往炉子的油罐里加油的时候，偶尔会引发火警，因为总是会有一些燃料溅出来并引燃周围的东西，不过通常很快就用睡袋熄灭了。我总是用胶带粘住睡袋上被烧出来的孔洞，所以下巴的胡子上经常粘着羽毛。

漫长的四天里，我们在一望无际的碎冰上，在昏暗的天光中拖曳、流汗、受冻。我遭遇到的问题和你在温和气候中坐在滚烫的散热器上或者潮湿的草地上所感受到的一样，套索还在不停地剧烈拉扯，这是一种彻头彻尾的痛苦体验。查理的腿和背也被这种生活折磨得非常痛苦。但到第四天结束的时候，我们已经走完了漫长的11英里。除非你亲自见过受压冰块，并在黑暗和-40℃的条件下走过这种地方，否则这听起来根本没什么大不了。一年前，四位加拿大壮汉和我们一样从同一地点出发前往北极点，不过一路有阳光相伴。刚走出五英里，他们就撤了回来，其中一位还被严重冻伤。他们训练有素，精明强干，只不过运气差了点儿。

大部分时间，极度的疲惫已经克服了所有对熊的恐惧，但我经常暗自思忖一旦遭受袭击时应该采取的最佳行动。我记得图勒有位善意的格陵兰人曾说过："年老的熊由于视力原因将慢慢饿死，因为它们在浮冰上游荡时，越来越难觅到食物。但是它们仍然保持着对温血动物的嗅觉，如果碰巧闻到一个活人，那就足够饱餐一顿了。"我一直把手枪放在雪橇上，随时备用。

我们奋力走出大山，但是大山却仿佛如影随形。如果有一天再也看不见山脉了，这将意味着我们取得了重大进展。我们渴望看到有所进展的迹象。我们尽量避免在碎冰原上停留。要是因为打瞌睡而被突袭而至的风暴困住，那该有多傻！但劳累之时，总想在碎冰原上找一块平坦的小冰块扎营休息，这个念头经常诱惑着我们，哪怕碎冰原很容易在瞬间破裂并发生大规模的断裂。在精疲力竭、腰酸背痛的时候，我也经常屈服于自己的软弱，不顾危险，就在这些脆弱的地方扎下营地。

最安全的睡觉地点是许多浮冰冻结成的坚固的大浮冰块。它们从来都不会完全平整，但是如果是由经年老冰构成，都经历过几个夏季而没有解体，那么上面就会布满经过多年风吹日晒后变得非常圆滑的冰丘。从这些老浮冰的黄白色冰丘上劈下一些冰块，融化后会发现，水里竟然没有或者几乎没有盐分。

3月3日，尽管气温稍有下降，伴随着血红色的太阳沿着冰封海洋的边缘短暂滑过，周围的世界披上了一层新奇的玫瑰色光芒。当然，太阳是我们的头号大敌。它的紫外线很快就将对海洋表层产生致命的作用，蚕食海冰，融化较薄的区域。几个星期之内，我们的进展就将取决于风和洋流的脾气，因为它们控制着我们借以前行的松散浮冰。但是，在经历过四个月的黑暗之后，太阳暂时还是一位颇受欢迎的朋友。

3月4日凌晨3点，金妮身边的报警器响了，她习惯性地从铺位上爬下来，接听我们的呼叫。当时，在她的房间和南部两英里之外的加拿大营之间已经架起了一部野外电话。刚要到4点钟，电话响了，是值班守卫打来的。"我觉得你的小屋附近起火了，"他说，"我能看见你那个地方的火苗。"金妮谢过他，从结霜的窗户望出去，只见橙色的火光从车库里冒了出来。两只狗都感觉到有些不对劲。黑色的大图格鲁克畏缩在金妮的桌子底下，小布提则尖声狂吠起来。

金妮不顾外面-40℃的气温，直冲到对面的车库外，试图把主推拉门拉回来。"里面整个是一个大火球，"她后来说，"浓烟从墙壁上所有的缝隙里往外冒，火舌顺着窗口往外吐。我大喊一声'着火了'，可是谁也没听到。我绕到小屋后面，那里靠墙堆着八桶45加仑的汽油。我们曾一度想挪开它们，可它们在那里放了好多年，深深地冻进了冰里。"

整个车库从头到尾就是一团火。包括一台价值不菲的地震仪在内的科研设备都被烧毁了，还有机器、零配件、口粮以及我在冬天改装过的各种物件，包括让我们安全通过北极点附近的粥状浮冰和开放水道的梯子。金妮用光了四个灭火器，不过就像朝地狱之火吐口水一样，丝毫不起作用。

她只好眼睁睁地看着，突然那八桶汽油爆炸了，接着又是一阵火箭弹和FN 7.62毫米子弹齐射，整个场面越发壮观。后来我们才知道，火灾高峰过后还不到一小时，美国人的信号拦截器就接收到了苏联人的信息，大意是发现阿勒特发生了火灾。如果警觉的加拿大人没有告诉金妮，俄罗斯人可能还要比金妮先知道起火了。我们可能永远也无法知道起火原因。西蒙认为很可能和电线有关。

这件事产生了不可预见的副作用。探险队曾在66天里成功穿越南极，又在四周之内成功走完了整个西北航道，这些都没能在英国或者其他任何地方引起任何人的兴趣。突然之间，世界各地的报纸和电视都提到了我们："北极基地大火""北极探险队付之一炬"。自从那晚的火灾过后，我们采取的每一项行动，还有未曾采取过的一两项行动，都成了从伦敦到悉尼、从开普敦到温哥华的大新闻。

但是当金妮告诉我们，所有的一切——七年辛辛苦苦拉来的赞助和测试的设备——全部付之一炬时，我们在冰面上却要为别的事操心。我们还有八天的食物，所以我们尽量不去想发生在阿勒特的灾难，而是将注意力集中在当下要紧的工作，拖着雪橇走完接下来的几英里，或者确切说，走完接下来令人痛苦的几步。

我们的抵抗力在不知不觉中一天天下降，无休止的严寒所造成的影响开始显现，我们步伐开始放缓。我发现最困难的事情就是在前面开路，每走一步，雪地靴都要掉进浮冰上深深的松雪里以及隐藏在冰块之间更深的坑洞陷阱里。双腿很疼，痔疮引发的疼痛也让人难以承受。整天拉着雪橇的缰绳，双肩磨得厉害。我的鼻孔已经掉了两周的皮，现在通红通红的。鼻梁早已冻伤了，已经开始脱皮。随着面罩上冰冷粗糙的材料在上面磨来磨去，鼻梁也开始流血。

我们未能圆满地解决面罩问题。呼吸沉重，再加上连续不断、不由自主地从鼻子和嘴巴里往外流水，脖子周围形成了一个冰质的石膏绷带，我下巴上的胡子被结结实实地冻在里面。我还不能擦鼻涕，因为鼻子已经脱了皮，最好不要擦。等到晚上，我们就在炉子上让冻得像盔甲似的面罩解冻，它们吸满了再水化食品的味道。所以，我们每天都呼吸着前一天晚饭的香味艰难跋涉。这很令人沮丧，因为白天我们根本什么都吃不到——没法将食物从面罩上的那个小孔里塞进去，而且一旦面罩上冻，我们也不愿再打开。如果试图重新戴上一副冰冷而扭曲的面罩，通常无法避免鼻子、前额或者两腮冻伤。所以，白天的小吃也免了。

夜晚最严重的问题还是和脸有关。一般来说，如果不是必须呼吸，极地旅行会令人相当惬意。如果想舒舒服服地缩进睡袋里，把拉绳在头顶上系起来，那么呼出的气体就会在脑袋周围形成一团厚厚的霜雾，霜颗粒会掉进脖子里，掉到脸上，钻进耳朵里。另外，如果你在睡袋顶部留一个洞，大小恰好容得下你的鼻子和嘴巴，而且整个睡眠期间你都能将它们保持在那个位置，一旦温度下降到-40℃左右（当最后一点炉温散失后就会出现这种情况），你的鼻子就会非常疼痛。

到3月7日，那天也是我38岁生日，我们已经在比严寒还要寒冷的气温下，在常常超过15节的风速下，生活并且拖曳了三个星期。现在我俩总算明白了，为什么人们不会赶在3月之前冒险来到这个纬度的海冰上。它已经消耗了我们很多体力，也许是太多体力。查理在谈起这段日子时曾说道：

本来我们每天需要喝六品脱水，但现在只能喝到两品脱，结果我俩都患上了脱水症。一旦脱水了，身体就会变弱。如果在野外走了很长时间不停下来休整，你的身体只会越来越弱，直到连一把斧子都拿不起来……你开始全力挣扎，但要不了五分钟就会倒下，大口大口地喘着粗气，不知道自己到底该怎么做才好。你开始舔冰雪。我记得好几次我和拉恩都再也提不动斧子。我俩彻底崩溃了，筋疲力尽。我们一步一拖地往回走，脚几乎都离不开雪地，就这样爬进帐篷，像块死肉一样睡了过去。但隧道尽头总是会有光亮，每次想自杀的时候，你都必须得想想这句话。

3月8日晚，在风暴之间的短暂间隙，卡尔发现我俩位于一处平坦但狭窄的"小巷"里。他设法降落，卸下了两辆雪地车，这不是我们想要的依兰斯（Elans）雪地车，因为它们已经被烧毁了，而是一个略微重一点的型号，名叫赛特欣（Citation），也是庞巴迪公司生产的。

以前人拉雪橇的时候，我们平均每天能走六七英里，就这样走完了100多英里最恶劣的冰脊路程。现在有了雪地车，我们又退回到以前的速度，9日走了一英里，10日走了两英里。不可否认，暴雪和大风一直都没有停歇，但这并没有什么不同寻常之处。问题还是老问题：雪地车和狗拉或者人拉雪橇不一样，它们连小碎冰堆都越不过去，更不用说大冰块垒成的冰墙了。所以，我们一天天地都在不停地连拽带推，一会儿卡住了，一会儿又翻车了，结果不可避免地出现了故障，造成延误。就进展而言，这一切努力几乎都无济于事。

为了将400磅重的机器拉过冰墙，查理的后背因为压力而变得异常疼痛。这很令人担忧：就像不想自己腰疼一样，我们也不想让自己背痛。

一个大雾弥漫的晚上，西风一直稳定在40节左右，从我们所在的浮冰四周传来轰鸣的水声。浮冰正在移动，但无从知道朝什么方向移动。在狭小的帐篷里，人很容易变得草木皆兵。有几次，大风扯走了迎风那一侧的篷顶。我拿铲子在周围堆起一堵雪墙，又将拉绳都钉上两根帐篷桩。但是从外面传来的每一次断裂声和轰隆声都会让我支起耳朵，同时后背一阵阵发凉。

四天的大风吹在本来就没有普通冬天过后那样冻紧的海冰上，导致几千平方英里的冰面普遍发生断裂，还造成了大片开放水域。至少在接下来的两个月，海冰还能保持在坚固状态。幸好，我们看不到自己所处困境的卫星图片。

开放水道开始不断涌现而且逐渐扩宽。很快这些水道就如蛛网一样密密麻麻，而且还狡猾地隐藏在昏暗的光线和新雪下面。在昏暗之中，我时不时地转身查看查理的方位。有一次转身太频繁了，差点掉进面前一条蜿蜒曲折的大水道里。

刚走出这条水道，另一条两岸高达四英尺的分叉水道又阻断了新路线。我再次急转，可惜这次太迟了。雪地车和雪橇一起栽进了大沟里，一下子把我给扔到了河对岸。我的两条腿砸穿了雪地上的硬壳，靴子里灌满了水。不过胸部正好贴在离岸稍远点的一堵冰墙上，我就这样爬了出来。

雪地车已经够不着了，而且正在像一头掉进泥潭里的奶牛一样急速下沉。几分钟之后，它就消失了，连同它900磅重的负载朝下方远处黑暗的海底沉去。尽管雪橇舱里的物品之间滞留有些许空气，但钢雪橇也在慢慢倾斜。雪橇的前端刚好能够得着，于是我一把抓住了一根绑扎带。我把带子在皮手套上绕了几圈，这样它就不会打滑了。

我大声呼叫查理。他离我有60英尺远，由于雪地车的噪声，他既不知道我这边出了问题，也没听见我的呼喊。我没法站起来吸引他的注意，而是躺下身子用空出来的那只手向他示意。查理发现后立即跑了过来。"雪橇在下沉！"我有点没必要地大喊，"尽量把帐篷救出来。"

帐篷放在雪橇尾部的一个箱子里。每个箱子都用一根带子单独绑扎，因为当天雪橇已经在几处咸水坑里短时浸泡过，所以带子上覆盖着一层光闪闪的硬冰。查理发现自己刚好能够到雪橇尾部，由于戴着厚厚的手套，没法解开绑着帐篷箱的带子。于是，他干脆把手套摘了下来，在帐篷外面我们很少这样做。他开始解已经冻结的绑扎带。他一边忙着解，雪橇一边慢慢地但稳步地往下沉，我开始感到自己的胳膊已经被拉伸到了极限，再也拉不住了。我的身子本来躺在冰岸上，现在正慢慢地被拉向河沿。

我用空出来的手打开了第二个箱子，拿出了无线电和搜索信标。查理没能取回帐篷，不过他解开了另外一个箱子的带子，取回了我的经纬仪。他还取下了单独系在雪橇上的一捆帐篷杆。不过到那时，他的一只手已经失去了所有感觉，我自己的胳膊再也承受不住了。

"我要放手了。"我警告他之后，随即就松开了。如果当场测量我的胳膊长度，而且结果表明两只胳膊一样长，我一定不会相信。一分钟之内，雪橇就悄无声息地消失了。帐篷也随之而去。

夜间温度又降到-40℃。我们俩无论如何也钻不进查理的睡袋，不过它外面有一层防水层，里面有一层布衬里，查理把它们都给了我，总算抵御了部分寒冷。那天夜里，我们冻得牙齿咯咯直响。半夜的时候，我煮了杯咖啡。我们之间点着一根蜡烛，在昏暗的烛光中，查理紧盯着我，他那张脸看上去就像骷髅。

"你看起来半死不活的样子。"我对他说。

"多谢美言。你看上去也不是太健康。"

我犯了一个愚蠢的错误，我们彼此心照不宣。我不顾条件如何，满腔热血只顾往北赶路，结果丢掉了宝贵的装备，而且差一点儿还让查理损失了好几根指头。

午夜时分，我利用那个遭到短暂浸泡但未受影响的小无线电，呼叫金妮，告诉她我们当晚的应急计划。像往常一样，她正在倾听并接收我们通过永远带着噼啪声和静电声的乱糟糟的莫尔斯码发出的微弱呼叫信号。她听上去很冷静，不过当我和她说了情况以后，她开始担心起来。由于所有替换装备付之一炬，我很担心可能会耽搁很久。不过金妮告诉我，奥利弗曾经用过的那架标准负载雪橇一直放在车库外面除雪。她承诺会尽快将那架雪橇、营地里的轻便雪地车以及属于摄影人员的一顶帐篷给我们送过来。她说，如果我再把它们给弄沉了，那就什么也没有了。甚至连我们的滑雪板都已经被烧毁了。

天气一转好，卡尔就出发了。在距离上次事故现场半英里的地方，他发现了一处空地，可以用来降落……刚刚好能够降落。我无法想象别的飞行员甚至会考虑这个地方。在飞回埃尔斯米尔岛途中，卡尔警告我们说海冰现在破裂得非常厉害。他报告说："到处是一片片的开放海域。"

3月16日，我们一觉醒来，发现40节的大风正在吹打着帐篷，阵阵冰霜穿过篷顶撒在我们脸上，撒进睡袋的开口，并立即在那里融化。在半暴雪状态下，我们一步步摸索着朝北方挺进。没有任何太阳的迹象，我只好将磁罗盘方位的误差定在90度左右，希望不会遇到麻烦。温度已经急剧上升到-6℃，这个危险的信号在一年当中从未如此早地出现过。到了傍晚,冰面变得就像一个睡莲池子,我们在漂浮的睡莲叶上从一片跳到另一片。幸运的是,猛烈的西风确保大多数冰块能够在某一点上彼此相接。如果不相接,我们就原路返回,尝试一条新路线。当我们一路曲折北行,免不了要走很多东西向的路程,而且还要用斧子劈下很多冰块作为桥梁。

我们支帐篷的时候,风速上升到了55节,海冰的碎裂声与大风的嘶吼声此起彼伏。我们俩都知道小浮冰非常容易碎裂,不仅几百万吨重的体型庞大的邻居开始挤压它们,而且波浪的横向运动也使得浮冰里的天然裂纹发生弯曲和应变。在那个嘈杂的夜晚,我大半宿都没睡着。

3月17日,我们全天都处在隔绝状态,离帐篷60英尺的地方又出现了一道新裂纹。尽管一切都悄无声息,但当暖空气从身旁的开放海面上飘散过来,我们俩都感觉到了温度的骤然变化。温度略微下降至-26℃,风速仍然保持在52节。通向北方的主水道现在成了一条被大风吹开的大约50英尺宽的河流。在这种情况下入睡,对于毫无想象力的人来说可能并非难事,但对于没那么幸运的人来说,安眠药将是补足急需的睡眠的唯一办法。

一旦浮冰开始移动起来,噪声和振动真可谓壮观。我们之所以忍住没吃安眠药,仅仅是因为它的后效应会影响我们在白天的警觉能力。断裂和挤压的声音千差万别,但最令人恐惧的是那种隆隆作响和吱吱嘎嘎的声音。就像一支正在迫近的敌军发出的风笛声和战鼓声,蜂拥而来的浮冰不断发出隆隆声和断裂声,一小时又一小时,那声音从远方越变越大,越来越近,你很难对它们充耳不闻。

第二天早晨,风速降了下来,温度也降至-36℃。早上7点钟,我绕着浮冰巡视了一圈,在它的最南端发现了一处狭窄的连接点。在这个连接点处,两块浮冰摩擦得嘎吱作响,从我们这一侧落下了大量冰屑。一小时后,我们俩打好包,用斧子稍作修饰,就成功地将雪橇从浮冰之间不断移动的连接处拖了过去。朝北刚走出几英里,我们俩就陷入一团瘴疬般的棕黄色雾气中,这是开放水域的明确标志,没过多久,我们就在一片漂浮着肮脏的雪泥海水前停了下来。这片雪泥就从我们面前漂过,在雾气之中,我们根本看不见这片沼泽地的边缘。

绕着我们做了一圈侦察飞行后,卡尔报告说:"冰烂得很厉害,而且流动得很快。我确信冰上二人组会被困上一个星期或者更久,直到冰块停下来并重新冻结。他们掉进了陷阱。他们东面、北面和西面都是高高的冰脊和开放水域。我只能看到一条出路。他们必须先往回走半英里,然后往西走一英里半,我看见那里有一些冰桥。然后,他们就可以试着往北走。如果他们错过了上述路线的任何一个部分,就再无出路了。"

金妮联系上了一位在格陵兰东北部的诺德角(Cape Nord)外执行飞行任务的飞行员,在接下来的六个月中,我们肯定会在某个时间漂过那里。在一年中的这个时节,那里应该大部分都是坚固的浮冰。他报告说:"没有超过两年的浮冰,所有比较新的浮冰看上去都纤薄脆弱,而且支离破碎。从这里再往北300英里,海面都像是一块水体马赛克。"

那天晚上,金妮说:"当我从营地这里往北看的时候,应该看到一大片完整的冰面。可我看到的却是直达天边的开放水域。"

离开设在雪泥沼泽旁的营地后,我们随身带着武器和斧子,踏上了一段漫长的徒步之旅。头两段路带我们领略了惊心动魄的风景,也看见了广阔的海面上海冰动荡不安的证据。感谢上帝,在最近的大风中,我们没在这片区域内的任何地方扎营。仿佛所有的浮冰都被一个大筛子筛过,然后回落到海面上,就像撒进肉冻里的面包丁。这是最难通行的一片区域,即使步行也是如此。

我们又撤回到了帐篷里。我严格遵循卡尔利用最近一次侦察飞行提供的详细建议。他推荐的路线很复杂,但我们照走不误,即使这意味着我们需要花四小时填满两条20英尺深的大沟,在此期间,大沟附近的冰块动得很厉害,让我们俩好一阵害怕。但我们坚持按照路线走,经过14小时,朝北走了六英里,然后又被一条新水道挡住了。

卡尔后来写道:"我非常好奇他们是否能走完我提供的路线,我不得不说,在这件事上,拉恩是一位优秀的导航员,因为第二天早晨金妮就和我说,他们已经走出了冰雪丛林,而且还往北走了好几英里。"

我在日记里写道:

> 我们今天沿着卡尔推荐的路线走了九英里,到达北纬84度42分。距离北极点只剩下318英里。在北极点的另一侧还要再走将近1000英里,不过现在还不值得考虑那件事……
>
> 当我走进帐篷把炉子点起来,才发现下巴已经冻麻了。肯定是之前把冰冻的面罩扯得太开了。就在给面罩解冻并把冰碴子从开口周围挑出来的时候,我发现一丛直径一英寸的胡楂子连着皮肤一起嵌在一块血红色的冰碴里。我花了好一段时间才把它从羊毛里挑出来。脱皮的地方现在剩下硬币大小的一块裸露的肌肉。过了一会儿,下巴暖和了过来,就开始流血。现在只是在往外冒液体……
>
> 今晚竟然发生了火灾。查理重新生起了炉子,不过油泵周围漏油,导致整块安全毯和帐篷地板都烧了起来。我们连忙把熊熊燃烧的炉子从帐篷里扔了出去,以防油罐发生爆炸,接着又扑灭了明火。现在我们正在使用备用炉,又从一块标志旗上剪下黑布,缝补睡袋上的孔洞……
>
> 今天雪橇陷进了一个流动的水沟里,就在我们努力往外拖的时候,查理的一条腿踩穿冰面掉进了水里。气温一整天都死死地定在-40℃,西北风不断地冲着我们的眼睛猛吹。整个世界都是雾蒙蒙的。我们已经出来了一个多月,行动的时候根本没法戴护目镜。它们容易上雾,致使导航变得难以为继。在一片昏暗之中,我根本看不见那条要紧的最佳行走路线,这对于此行的成败

至关重要。正午时分，黑色的蒸汽云沿着正北方的地平线冉冉升起。没有声音，只有蒸汽。我发现它令人印象深刻，又有点神秘诡异。春分潮很可能要搅动海水，从而令海冰碎裂。

刚刚试图把下巴补好。脱皮的地方现在已经深达骨头；就着指南针的镜面我都能看得见骨头。我的样子令人作呕，查理证实了这一点……

3月22日，由于担心这些天往东漂得太远，已经进入格陵兰以西外泄水道上方浮冰更为松散的海域，于是我便朝西北方向调了15度。当天晚上我一宿没睡，下巴就像个手鼓一样一阵阵地跳疼。由于抗生药膏用完了，我只好把痔疮膏敷在上面。这可把查理给乐坏了，他一边笑一边叫："他脸上长痔疮了。"幸好我们俩都共同拥有某种怪异的幽默感。

我至今还保留着一份我们在帐篷里进行的有关查理脚指头的诡异的谈话录音。这是我们许多次谈话当中相当典型的一次，好像我们两人的脑子都短路了。

"好奇怪呀，"查理说，"就在最下边。我的脚死掉了。没感觉了。好奇怪呀。"

"你能感觉到没感觉吗？"

"我能感觉到没感觉。"

"那是什么感觉？"

"没感觉。"

"嗯，我知道那种感觉。"

3月28日那天夜里，我们睁着眼睛在潮湿的睡袋里冒汗。空气非常压抑，周围死一般的寂静。我突然想起了沃利的那句打油诗："要当心风暴过后出现的平静。"第二天早晨走出帐篷一看，我立即就明白了——正在发生一件不同寻常的事情。我们这块布满碎冰的小地盘已经完全被冒着热气的雪泥组成的斑驳沼泽给围了起来。太阳光泛着苍黄色，仿佛每一分钟都在急剧衰减。于是我们默不作声地加高了营地，又紧了紧雪橇上的绑扎带。东北方一块棕色的湖面消失在黑暗之中。

接下来是五小时的地狱之旅。按理说我们不应该试图前进，整条路线像猪尾巴一样弯弯绕绕，哪里有危险就避开哪里，停下来就意味着沉下去。在这第一块湖面上，我们走了3000英尺。湖面实际上更像一条宽阔的河流，我们进展缓慢，雪泥构成的冲积物就在我们面前铺开。棕色水道尽头是一片开放水域，咝咝地冒着蒸汽，在我们两侧袅袅升腾。一块一侧比较低的大块浮冰给了我们短暂喘息的机会。我们从浮冰上倾听前方昏黄之中传来的信号。

不知从什么地方传来一阵微弱的咯吱声和研磨声，即使撒旦专用的大锅也很难发出这样一种邪恶的声音。那天早上，我们经常在浓雾中看不到对方。有时我们徒步勘察路线，查理就在距离雪地车不远处沼泽中一处隆起的地方等着，通过叫喊指引我返回。我们非常害怕一次新的断裂会将我们与雪橇隔开。如果发生了这种事，我们俩都别指望活很久。到了中午，我们俩因担惊受怕而疲惫不堪，因为据我们所知，这片沼泽还要延伸数英里。后来雾气薄了一些，过了一会儿，感谢上帝，竟完全散开了。整个上午的辛劳终于换来了14英里长的一片坚冰。我们已经到达了北纬87度02分，距离1977年的最远点只剩下九英里，从时节上来说还提前了40天。

如果我们的目标仅仅是到达北极点，当时可能会信心满满。实际上，我们至少快到了极地辐聚区域，目前的洋流在此处将发生变化。一旦越过这片区域，我们就将摆脱波弗特环流——在北极点与加拿大顶部之间以顺时针方向环形流动的一个巨大洋流。在一段时间内，我们将进入无人区，那里的浮冰可能会被推回环流之中，也可能不被推回。但在距离地理北极点几英里的地方，我们将进入北极贯穿流，它从东西伯利亚沿岸越过北极点，然后向下流向格陵兰。在这两种洋流汇合又分散的地方，海洋表面当然会出现相应的扰动，某些地方的浮冰会被撕碎，另一些地方的浮冰则将会被聚集。我们认为这条高速流动的带状区域位于北纬88度附近距离北极点120英里的位置。

　　三天来，在艰难跋涉之中我们遭遇到一些陈年老冰、多次故障和两次严重事故——当时雪橇掉进了水道，雪地车被卡在雪泥里。事故发生时，只要我们两人都在附近，通常都会把受困的物件向前或者向后拖。但身旁总会发出许多咯吱咯吱的声音，对我们的神经来说这可不是什么好事儿。

　　在北纬87度48分处，我们被一堵冰墙挡住了去路，这是我在北极见过的最大的一堵冰墙。不是指高度，而是指体积。首先是一条10—12英尺宽的壕沟（幸好处于冻结状态），接着是一座四壁陡峭、二三十英尺高的墙垛，水下还有300英尺深。接着又是一片锯齿状的碎冰带，尽头处又是另一座墙垛，与前面那座相互平行，而且几乎同样大小。没有长堤越过这个大障碍物，也没有通道可以绕过它，于是我们只好在它上面走出一条迂回曲折的路线。四小时后，我们从它的另一边跳下，前方是18英里长比较好走的路，而且不存在任何可能造成影响的水道。

　　一整天，沿着地平线升起的黑雾——类似在大草原上见到的暴风雨，都在帮我避开开放水域。一位极地海域的舵手通过冰映光判断前方何处能找到浮冰，这种冰映光是原本昏暗的海洋上空中出现的一片明亮区域。与此相反，黑雾（也被称为汽雾或霜烟）会告诉冰面上的导航员在哪里能找到一条离开浮冰的逃生路线。蒸汽来自冷空气侵袭温暖的海水，即海水以可见的方式快速向空气中释放水分和热量。

　　我们试图加快进度。第二天走了21英里，虽然遭遇了开放水道和宽广的碎冰原，并且还用斧子干了很多活。我们一起合作得非常愉快，知道越过北纬88度后产生了奇效。我在日记中写道：

　　　　4月8日：今天跨越了62道雪泥裂缝和两座大冰脊。不过我们仍未松懈。走完了21英里，到北极点还有不超过31英里……

4月9日：查理的雪橇今天游了60英尺，不过冰面破裂的速度永远追不上他的雪地车。这片区域简直一团糟。

就在距离北极点还有大约20英里的地方，冰面状况突然改善了，几乎没有断裂，也几乎看不到障碍物。4月10日中午，经纬仪观测发现我们位于西经60度，本地正午是格林尼治标准时间16时30分。到北极点的最后几英里一路平坦，只有三条狭窄的水道，没有造成任何问题。正午过后，我小心翼翼地检查走过的这几英里路，可不希望因走得太远而错过世界之巅。我们于格林尼治标准时间23点20分到达北极点，并在1982年复活节当天的格林尼治标准时间凌晨2点15分联系上了金妮。在把天线架起来并朝正南方指向她的时候，我不得不考虑了好一会儿，因为现在每个方向都是正南方。气温是–31℃。我们是历史上首批通过在地球表面上行走而到达南北两极的人。

第十章

南北环球行圆满了

在我们到达北极点后,《每日邮报》评论说:"1912年,罗伯特·福尔肯·斯科特惨死于南极。几乎就在周年纪念日这一天,传来一条非常令人高兴的消息:英国人在地球另一端击败了挪威人。"

我们的北极之旅曾被一支挪威探险队紧紧追随,但他们从未追上我们。当斯科特抵达南极点的时候,挪威人已经去过,已经离开,而且还在那里留下了一顶帐篷。但是,如果挪威人跟在我们后面到达北极点,他们将找不到任何我们曾经来过的痕迹,因为浮冰会永远在世界之巅移动。

我们还要再走1000多英里,才能在任何一个可能的会合点和"本杰明·鲍林号"上的其他团队成员会合,当时这艘船还停靠在南安普敦港。我们还不能过早地乐观。我想起来一句著名的维京老话:"到晚上再称赞白天,下葬后再称赞妻子,试过了再称赞刀剑,床铺好了再称赞女仆,越过后再称赞冰面。"

在我们到达北极点的51年前,澳大利亚冒险家休伯特·威尔金斯(Hubert Wilkins)试图驾驶一艘"一战"后退役的潜艇到达北极点。他失败了。直到1957年苏联的太空卫星发射成功,这才刺激美国人去追求一种与之对等的战利品:派遣世界上第一艘核潜艇"鹦鹉螺号"(*Nautilus*)尝试前往北极点。在第三次尝试时,曾在楚科奇海

（Chukchi Sea）的浅滩搁浅，但"鹦鹉螺号"最终经由北极点穿越了北冰洋，仅仅用了四天就走完了将近2000英里的航程。从此以后，成百上千艘来自美国、英国和苏联的潜艇都曾在北极冰下活动。

从北极点起，所有方向都是南方。我决定晚上赶路白天睡觉，这样一来太阳就会位于我们身后，会将影子投射在雪地车前方，我可以用它当日晷，大部分时间里都可以不用磁罗盘。而且这也减少了眩光，拓宽了视野。我们全新的"日间"时间并未得到阿勒特其他队员的欢迎，因为这严重缩减了他们每天的睡眠配额。对他们来说，我们的旅行时间是从下午2点到凌晨2点，凌晨5点开始无线电安全调度。

我喜欢利用可靠信息进行简单的日程安排，但在下一段行程中，我什么信息都得不到。我想走一条海冰最厚的路线，跨越北极到达一个"本杰明·鲍林号"能够接我们的地方。在这个温暖的年份里，我们的确切目标在哪里？哪一条路线最安全？

伦敦继续对最佳路线举棋不定。委员会主席以及另外一两位委员，建议尝试前往格陵兰东北海岸，然后乘坐雪橇越过冰盖，到达"本杰明·鲍林号"可以到达的某处海岸。但安德鲁·克罗夫特不同意，他建议我们坚持按照原来的计划，朝东前往斯匹次卑尔根岛北部海岸。虽然我很信任安德鲁·克罗夫特，但我很担心目前出现的不同寻常的海冰提前破裂的种种迹象。在格陵兰北端孤独的丹麦军事前哨里诺德角，一位美国气象学家曾宣布，自从有记录以来，弗拉姆海峡以北的浮冰破裂的程度比过去37年里的任何一个时间都要严重。

既然如此，我既不愿往西走太远，也不愿往东走太远。看起来保持在格陵兰和斯匹次卑尔根岛的中间位置要更安全些，几乎就是沿着格林尼治子午线，那里的南向洋流被认为是最强劲的。于是，我决心考虑历史上的证据，而不是目前的各种意见。

历史上只有两支探险队从北极点的这片区域往南走，但哪一支都不能当作安全尺度并以此得出适用于我们自己路线的结论。天气一年年变化剧烈，而且不管怎样，那两支探险队都在极端危险的海冰条件下被撤了出去,这种撤退方式对我们是不适用的。

1937年,将近5月末的时候,伊万·帕帕宁被一架滑雪飞机连同三名同伴和一座预制小屋一起投放在北极点,在接下来黑暗的冬季,他们顺着格陵兰东海岸慢慢朝南漂流。他们选中了一块尺寸和硬度都很大的陈年浮冰,但是到了2月中旬,这块浮冰却差一点解体了。此时,斯大林派出了三艘俄罗斯破冰船,它们冲破浮冰,在扬马延岛(Jan Meyen Island)的西边将受困人员救了出来。我们没有破冰船可用,也不能指望英国海军力量会被派过来救援。当年正值福克兰群岛(马尔维纳斯群岛)冲突,撒切尔夫人可没工夫来帮助几只跛脚鸭。

我把所有希望都寄托在"本杰明·鲍林号"身上,但我也知道她没法像一艘破冰船那样突破浮冰。她唯一能接到我们的办法就是利用船长和船员的技能,发挥团队精神通力协作,同时让卡尔在白天和夏季条件下充当他们的眼睛。在一般年份里,这样的天气条件只会存在五六个星期,从7月末到9月末,所以到那个时候,我们至少必须到达北纬81度,最好到达格林尼治子午线以东比较远的位置,否则就算"本杰明·鲍林号"使出浑身解数也将徒劳无益。短暂的北极夏季结束后,如果船只还迁延不去,将是自寻灾祸。

除了帕帕宁和他的船员之外,唯一在世界的这一边从北极点往南走的人就是沃利·赫伯特在1968年率领的四名团队成员。他们带着大约40只雪橇犬,于4月7日离开北极点,但5月末的时候却由于浮冰破裂而被隔离在目的地之外,他们原计划是在斯瓦尔巴德群岛海岸登陆。但是,两名队员却成功地爬上了斯瓦尔巴德群岛以北大约20英里外的一座小岛,并从岛上取了一些花岗岩作为成功的象征。在越来越破碎的粥状雪泥中,他们向西漂流,直到遇见"坚忍号",这是英国皇家海军的一艘冰上巡逻舰,船上的直升飞机设法将队员和雪橇犬安全送到了母舰上。

我们的雪地车无法对付粥状冰和开放水域,因为和雪橇犬不同,它们并不是水陆两用的。"本杰明·鲍林号"的破冰能力也比不上比它大得多的"坚忍号",而且它也没有直升机。因此对我来说,试图追随沃利·赫伯特走过的路线,甚至假定1982年的海冰会像1969年一样在5月末才破裂,都是愚不可及的想法。

我决定走中间路线。希腊哲学家克勒奥庇斯(Cleobis)说过一句人生格言:"中间路线是最好的路线。"这句话似乎跟我所见略同。只要温度足够低,浮冰相对稳定,我们将依靠自己的力量并保持与沃利·赫伯特相当的速度一路南行。不过一旦局部天气状况恶化到我认为浮冰马上就要破裂,我就会找一块和帕帕宁的那块一样坚固的浮冰,乘着这块浮冰朝南漂向最佳会合点——靠近格林尼治子午线而且向东向西都不会偏离太远的某个地方。这样一来,我们就能赶在冬季的黑暗和新冰迫使"本杰明·鲍林号"离开北极之前,抵达其极限破冰点。以前从未有人在一个夏季穿越北冰洋,但如果浮冰再能坚挺几个星期,再加上娴熟操作老"本杰明·鲍林号",我们的成功还是可以想象的。

离开北极点后的四个晚上,冰面状况比以往任何时候都要好。天气温暖宜人,气温从未低于-28℃。除了几处近期发生的扰动迹象,根本见不到开放水域。我们用不着赶路,每晚都能在海面上向南挺进22英里。

4月22日晚,我在距离最近的陆地也有几百英里的北纬88度,发现了一只北极狐留下的爪印。尽管没有明显的北极熊爪印,但还是可以推测,到目前为止,这只狐狸只能靠着紧随一头熊,并以后者吃剩的东西为食,才能依靠天然的猎物来源比如野兔等存活下来。在距离北极点几英里的地方有人就曾从空中发现过北极熊。

那天我们在14小时之内走了31英里,可能是我们夜间走得最好的一次。接下来三个晚上,我们分别走了24英里、20英里和20英里,但冰面状况开始慢慢恶化。出现了许多冰脊区和碎冰区,和在埃尔斯米尔岛海岸外的状况一样糟糕。

从北纬88度下到86度,情况持续恶化。碎冰原出现得越来越频

杰夫·纽曼,身穿格陵兰岛爱斯基摩人为我们量身制作的毛皮大衣。20世纪70年代后期,我们逐步改穿戈尔特斯材料的外套

詹姆斯·克拉克·罗斯,挪威探险家罗尔德·阿蒙森曾称其为"世上最出色的演员,他的名字将被永远铭记"

威廉·爱德华·帕里,西北航道最后一位探索者

詹姆斯·库克船长,从约克郡农场工人之子成长为英国最伟大的航海家和领航员

欧内斯特·沙克尔顿（左2）与英国南极探险队成员在"宁录号"上合影

罗尔德·阿蒙森（前排左1）与探险队员（1906）

罗伯特·富尔肯·斯科特船长操控早期滑雪板，使用两根手杖

查理·霍尔与他最喜欢的两位爱斯摩人

斯科特手下的一位探险队员,牵着一匹蒙古矮马,雪橇上的物品所剩不多

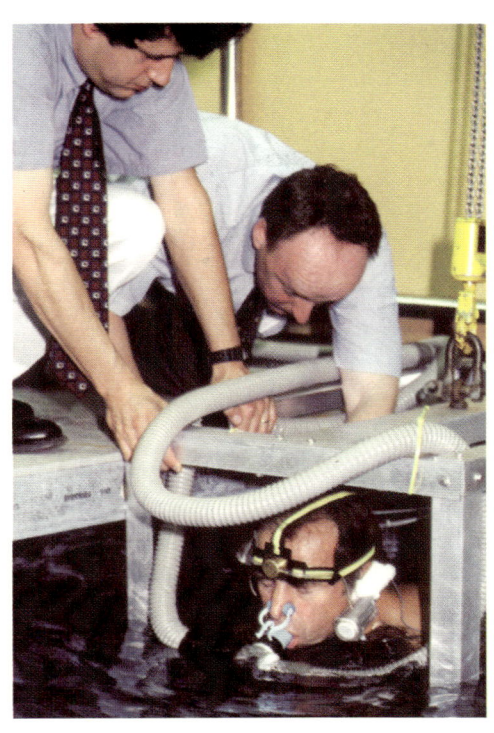

在范堡罗皇家航空研究院参与迈克·斯特劳德博士的研究项目

挪威法布格斯托尔冰川,探险队正在利用德仕安牌商店货架跨越小冰缝

环球探险船"本杰明·鲍林号"于1979年抵达南极

拉恩·法因斯(左)和查理·伯顿正准备从埃尔斯米尔岛北部的阿勒特朝北进发

探险队正迂回穿越埃里伯斯山山脚的一处大冰缝

迈克·斯特劳德的滑雪板固定弹簧断裂，被困在西伯利亚北部的积雪中

小船被海冰冻住（冻了八年），我们只好改用滑雪板

查理·伯顿身处埃尔斯米尔岛的峡谷迷宫中（1981）

迈克·斯特劳德正绕过一小片暗冰（1987）

奥利弗·谢泼德。冰缝太宽，跳不过去？

查理·伯顿正在浮冰一侧巡逻,他与拉恩·法因斯乘坐这块浮冰从北极点往南漂流了数百英里

一只好奇的北极熊在船边嗅探,当时船被困在北极积冰中(1982)

查理·伯顿与拉恩·法因斯于1981年乘坐敞篷船走完西北航道。摄于海冰裂开时,通常海冰并不裂开

拉恩·法因斯（左）与查理·伯顿正在大型极地帐篷内小憩

查理·伯顿正走出里温根峰的纸板屋（1980）

西蒙·格兰姆斯正支起由金妮·法因斯和特耐王公司（Tri-Wall）共同设计的极地纸板屋（1978）

拉恩·法因斯正准备穿越南极,身旁的物品要全部放在一架雪橇上带走

奥利弗·谢泼德正在沃德·亨特岛上的小屋内分配口粮(1985)

冰下食物储藏室,1979—1980年在南极越冬期间曾使用了八个月

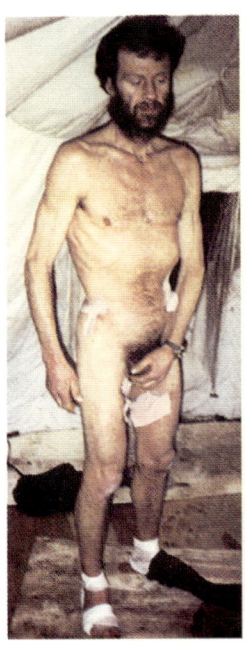

拉恩·法因斯在一次极地探险后,瘦得皮包骨头,浑身生疮

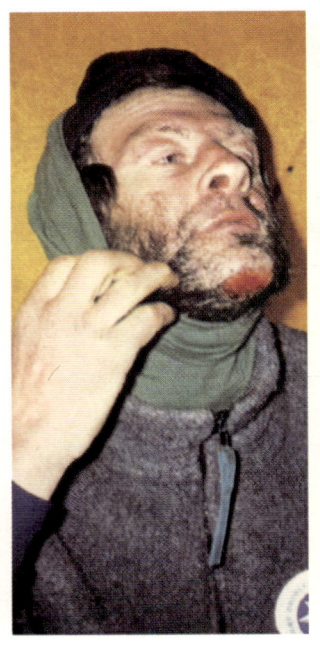

一种常见的极地冻疮,从鼻翼至下巴全部结冰冻结。摘下巴拉克拉瓦帽时,会连带扯掉下巴上的皮肤和胡须

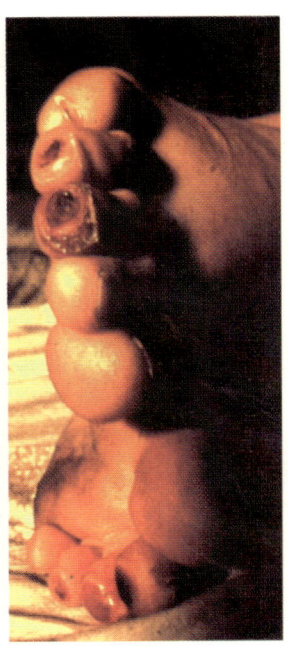

拉恩在南极时的脚部状况。靠人力拉重载雪橇,极易损伤脚趾

拉恩自己对冻伤的指尖实施手术

拉恩在冰冷的极地帐篷内陷入沉思

首次有记录的南极点板球比赛。小狗布提担任右手外场员

从后方拍摄里温根峰山。小狗布提被两条冻硬直立的牛仔裤吓到了

环球探险队员戴夫·希克斯正与南极本地"居民"亲切交谈（1979）

白令海峡,一辆履带式路虎车正将海上平台拖到陆冰上

迈克·斯特劳德(左)与拉恩·法因斯在北冰洋破碎的积冰中前进

整个艾格峰北坡上最缓和的一段,也是通向山顶的最后一段,拉恩差点让伊恩·帕内尔命丧此处

繁，还有更多的开放水道。有潜力可当跑道用的浮冰也相应地变得罕见。我已经习惯了随时睁大眼睛搜索可当跑道用的浮冰。在北极地区，没人敢说一块至少24英寸厚的平坦浮冰什么时候会成为拯救生命的必需品，24英寸是"双水獭"降落的最低要求。4月20日和21日这两天晚上，走了40英里没见着任何可当跑道用的浮冰。浮冰破碎得太厉害了，而且就这么大的区域而言也太薄了。那段时间，我没见过一样东西可以充当我们向南漂流的平台。

温度现在到了-20℃左右，而且还在逐日上升。都没必要再戴面罩了。按理说，在正常条件下，我们还能期望再有四周的时间冰面才会破裂。但今年不比寻常，随着天气越变越暖，我也一天天变得更加谨慎。我第一次觉得，徒步前行时掉进冰窟窿也不算什么大问题。只要能爬出来，就不再会有冻伤的风险。每走一英里，都会出现许多处开放水域、水池和水道，上面根本没有新冰凝结的迹象。

现在不是犹豫的时候。夏日阳光的紫外线每天都在削弱浮冰的凝聚力。超过70%的北冰洋浮冰每年都会沿着格陵兰岛和斯匹次卑尔根岛之间的浮冰高速公路向下漂移，拥挤着，断裂着，浮冰挨着浮冰，一路滚滚向南。只有快速找到一大块浮冰平台充当我们的漂流基地，我们才有希望在这段危机四伏、不可预测的旅程中生存下来。

整片区域好像都要融化掉了。有好几次，就在靠近灰色冰泥的时候，我一下掉进了看起来很坚固的浸满了水的冰里。在一条窄窄的水道边缘，我绊了一跤，迎面栽了下去。我连忙伸出那只拿着斧子的手，想避免一次重摔，可手却消失在冰面之下，连胳膊也直没入肘部，不知何故，一条腿也没到了膝盖。我半身都被湿透了，但白雪覆盖的冰泥承受住了我的重量。

七英里后，海水把我们从各个方向都切断了，我们只好扎营休息。风仍然以30节的速度在吹，气温稳定在-13℃。水坑里和水道里的冰块似乎都在向东漂。在帐篷里，我和查理说要开始寻找一块适合向南做长途漂流的浮冰。三天来都无法通过观测太阳确定方位，但粗略估计我们应该位于北纬86度10分。

查理并未强烈主张我们不应该停下来。他承认一切由我决定,不过希望撇清自己的关系。我能理解他的想法。在冰上走了这么多星期,我们俩都想做的一件事就是尽快离开这个鬼地方。事实上,冒险这么早在这么靠北的地方停下来,在他看来似乎一定是患上了受虐狂症。

"但是查理,"我争论说,"采用漂流模式并不是在片刻之间就能做到的,因为正如我们在过去50英里所见到的,很少有适合用来漂流的浮冰。我也想在漂流之前走远一点,但我们面临的选择是:要么,按照你的建议,等到海冰破裂的迹象明显化以后再停下来,那样一来,很可能找不到合适的浮冰,我们将处于'愚拙的少女'[1]那般尴尬的境地,只因当初明白得太晚了;要么,我可以冒着被指责过分谨慎的风险,在还可能找到的时候,找一块还算安全的浮冰。"

38年来,我的表现都像是一头冲进瓷器店的公牛,嘲弄精明世故之人,鄙薄谨慎从事之辈,现在我已决定加入他们的行列。这个决定正确与否当然是另外一回事。太早从太靠北的地方开始漂流,结果可能是当新冰在9月和10月形成的时候,我们距离冰面边缘、距离"本杰明·鲍林号"能够到达的位置还有很远。如果是这样,别人就会公平公正地指责我"胆小如鼠"。

很明显,没有人想让我们停下来。这个决定必须由我一个人做,而且我能看得出来,周围人普遍的看法是"继续前进"。但我和金妮为了这次探险已经投入整整十年,现在终于到了最后冲刺阶段,而且局面对我们有利。匆忙赶路的本能与小心谨慎的直觉爆发了冲突,而且这是在经历过15年的探险后形成的直觉。当然了,决定漂流是一回事儿,找到一块合适的浮冰完全又是另一回事儿。

---

[1] 源自《圣经·马太福音》。十名童女去迎接新郎,其中五名提前准备了灯油,五名没有准备,后者因此而被主人拒之门外。——译者注

4月最后一周出现的危险而脆弱的冰面将我们困在一块相当大的陈年浮冰上，周围全是开放水域和冰泥，我们就这样被囚禁了整整六天。第六天晚上，我重读了一遍自己为1938年的帕帕宁漂流所做的笔记，日记中写道："如果我们以帕帕宁的速度从这里开始漂流，将会在8月15日到达北纬80度、西经8度。"为了让"本杰明·鲍林号"能在夏季有希望松散的海冰中接到我们，这是一个合理的日期和地点。一周后，在去往诺德角途中，卡尔带着金妮从我们上方飞过，以确保她还在我们的无线电信号覆盖范围内。西蒙也在飞机上，他告诉我们一条好消息：尽管过去三周大风朝反方向吹，但浮冰已经向南漂流了44英里。

那天"本杰明·鲍林号"载着安东·鲍林和他的船员们驶入斯匹次卑尔根岛的朗伊尔城，他们急切地想朝北驶入浮冰区，在日益缩减的浮冰上找到我们。与此同时，我想起了其他北极漂流者和他们的命运。

与南森一样，加拿大人类学家维尔希奥米尔·斯特凡松（Vilhjalmur Stefansson）也是"陆地生活"的坚定信奉者。[1]1913年，他说服加拿大政府资助他前去探索阿拉斯加与北极点之间的未知区域，如果发现陆地，就将其与加拿大合并。

斯特凡松选中了鲍勃·巴特利特担任他的"卡勒克号"（*Karluk*）船长，后者曾驾驶"罗斯福号"将皮尔里送往北极，并在皮尔里最后一次冲击北极点时陪他走完了部分路程。巴特利特本来已经退休并加入了捕鲸船队，但还是欣然接受了"卡勒克号"的任务。"卡勒克号"的船员具有不同的背景，包括五名爱斯基摩人、两名地质学家、一名植物学家、一名动物学家、两名地形测量员、一名海洋学家、一名外

---

1 挪威探险家南森曾于1893年驾船横穿北冰洋，途中差点为浮冰所困，在海上漂流很长时间后终于在1895年登上了法兰士·约瑟夫地群岛（Franz Josef Land）。这令他如释重负，声称再坚实的冰都不如陆地踏实。——译者注

科医生,以及一名苏格兰气象学家威廉·麦金利(William McKinlay),正是他后来在1976年叙述了自己在"卡勒克号"上的痛苦经历。他认为,作为一位受到国家地理协会、皮尔里以及格里利最高表扬的人,领队斯特凡松确实是一位成功的人类学家,但他赖以成名的"卡勒克号"探险在计划、组织和领导方面却非常糟糕。

在绕过巴罗角后不久,"卡勒克号"就被强大的西北海岸洋流困住了。多年来这条洋流曾吸入并摧毁过多条捕鲸船,而这绝对不是斯特凡松计划中的一部分。麦金利在此之前还是这位声名卓著的领队的崇拜者,但此时就像船上的其他年轻船员一样,开始对其产生怀疑。作为一名最擅长在冰区航行的船长,巴特利特奋力掉转船头向东航行。他曾这样描述困住"卡勒克号"的海冰:"很少达到一英尺厚,换了'罗斯福号'早就冲过去了,但'卡勒克号'却无能为力。"

在海上漂流了三个月后,他们距离阿拉斯加海岸依然非常近。于是斯特凡松便带上五名手下,名义上是要进行一次为期十天的狩猎,好让船员们继续吃上肉。巴特利特负责放信标,以帮助猎人们回到船上。但一场风暴打破了船只与海岸之间的海冰,并且以每天30英里的速度将船只往西吹,一天天远离探险领队斯特凡松。

就在"卡勒克号"一直往西朝西伯利亚海岸漂流的时候,斯特凡松在加拿大北部的群岛上开始了为期五年的对爱斯基摩人生活和狩猎技能的研究。他没能发现可以合并到加拿大的大片陆地和矿藏,而且两名手下在试图给他运送补给的时候还丢掉了性命。与此同时,还有数百万人丧生,包括参加"一战"的成千上万名加拿大人。

1月10日,一块锯齿状的大冰块劈开了"卡勒克号"的船体,海水涌进了机舱。巴特利特船长下令弃船。所有物资都被搬运到最近的浮冰上。第二天一早,在22位男性、1位女性、2个孩子、16条狗和1只猫的见证下,"卡勒克号"消失在海冰之下。

巴特利特在前面领路,大家分成好几个雪橇小分队,缓慢而艰难地朝荒凉的弗兰格尔岛(Wrangel Island)海岸进发。3月中旬,为了寻找救援船，他和一名爱斯基摩人踏上了一段极不平凡的旅程。他们穿过海峡踏上西伯利亚大陆，乘坐雪橇朝东走了成百上千英里，来到楚科奇海岸，在那里终于发现了一艘船。这艘船把他们载到阿拉斯加一处有电报站的地方。与此同时，在弗兰格尔岛上，日光盲和饥饿很快就成了家常便饭。其中一位竟拿枪打穿了同帐篷里队友的眼睛。1914年9月，救援船抵达的时候，最初的船员中只剩下12位还活着。

斯特凡松关于"卡勒克号"探险经历的大作出版了，书中将与之相关的许多人物统统指责了一遍，唯独没有自责。1921年，他又以弗兰格尔岛为基地组织了一次探险。这次除了一名队员，全部葬身北极。麦金利曾在1976年写道，即便他后来参加了"一战"，但所有战争的恐怖都无法冲淡他对北极地狱的记忆。

19世纪最后一段时期，美国人确实接替英国人成了北极点探险的主力。但早在19世纪20年代，俄国人费迪南德·冯·弗兰格尔（Ferdinand von Wrangel）就在西伯利亚东北外海第一个发现了一片巨大的冰间湖，又称为极地开放海区。美国水文学家赛拉斯·本特（Silas Bent）和德国地理学家奥古斯特·彼得曼（August Petermann）认为，这一新的地理反常现象表明可能存在一条开放的暖水通道，他们将其称为通向北极点的"暖水门户"。

《纽约先驱论坛报》老板詹姆斯·戈登·贝内特（James Gordon Bennett）知道，没有任何新闻能比极地探险故事以及其他极端探险报道更令报纸畅销。比如他自己就曾委托亨利·莫顿·斯坦利（Henry Morton Stanley）去非洲中部寻找失踪已久的戴维·利文斯通（David Livingstone）博士。搜寻这处通向北极点的新门户在当时看起来一定又是一个很有潜力的畅销独家新闻。于是贝内特便热情洋溢地资助乔治·华盛顿·德朗（George Washington de Long）上尉进行探险，后者曾于1873年参与搜寻失踪的查尔斯·霍尔，因此作为一名意志坚定的探险家而名声大噪。

贝内特为德朗买了一艘他自己认为很合适的船，并以自己妹妹的名字将其命名为"珍妮特号"（*Jeanette*）。美国海军又为其提供了4名军官和23名水兵。当时还没有人到过距离北极点400海里以内的区域，所以当美国海军委托德朗开展各项科研任务，并希望他能在北冰洋中部发现一块北极大陆的时候，贝内特非常开心。

1879年，探险队出发。在白令海峡的圣迈克尔（St Michael），就是我和查理·伯顿开始育空河之旅的地方，德朗又捎上了40条狗和几名驯狗师。他们穿过白令海峡后向北航行，很快就遭遇到了海冰，队伍中的海洋学家打破了所有通向北极点的"暖水门户"的想法。

在接下来的21个月里，"珍妮特号"被浮冰挟持着不断地变换着方向漂流，1881年终被浮冰挤破，几小时之后便没入海中。33名队员乘坐雪橇船向南艰难行进，最后有14人成功踏上了西伯利亚大陆。德朗并不在其中。三年后，一群爱斯基摩人在格陵兰岛西南外海的浮冰上发现了标记着"珍妮特号"字样的装备，清楚表明这条洋流每年会漂流1500英里。

挪威探险家南森对此的反应是设计了一艘防冰船"弗拉姆号"（*Fram*），1893—1896年，他驾驶这艘船漂过了世界顶端。当船只抵达漂流的最北端时，南森和一名队友利用滑雪的方式尽可能继续北行，创造了当时人类到达的最北点世界纪录。这次异常大胆的旅程竟无一人丧生，他们的斯堪的纳维亚同胞，比如1878年的努登舍尔德、1903—1906年的罗阿尔·阿蒙森，在利用西北航道进行后续航行时也未损失一条生命。航行途中，阿蒙森在约阿港的基地内花了两年时间开展多项科研活动，当时就证实磁极并非一成不变。

最后一位伟大的极地漂流者就是沃利·赫伯特。他带着三名驯狗师于1968年从阿拉斯加海岸出发，沿着和我们1982年相似的路线，向北极点前进，然后向南前往斯匹次卑尔根岛，这其中包括在冬季进行的一次漫长的越过世界顶端的漂流。

回到浮冰上，我们已经在帐篷里住了12天。尽管暴雪连续不断，但浮冰表面却变得泥泞不堪。随着表层雪盖日渐减少，去年融雪形成的水坑，像补丁似的闪着绿色的光芒，也日复一日地多了起来。阳光的辐射不断侵蚀着我们本就岌岌可危的浮动平台，一点点把它从我们脚下蚕食掉。沃利·赫伯特曾写道："没有比5月的北极浮冰更不稳定的表面，也没有比它更加雾气朦胧的沙漠。"

5月11日晚，没有听见任何声响，我们的浮冰就在帐篷东边1500英尺的地方断开了。根据我的判断，这次并不是沿着以前某条冰脊或者断层线发生的断裂。我们的领地本来有半个足球场大小，现在突然之间就比前一天缩小了三分之一。我弯腰朝新水道下方看去，发现我们的浮冰貌似约有20英尺深，从学生时代起我就知道，其中九分之一位于水线以上。

我们已经三个月没见过一只鸟或者其他动物，那天清晨却被一阵微弱的吱吱声惊醒了。我朝帐篷帘子外瞅过去，等眼睛适应了刺眼的强光之后，豁然发现一只雪鹀，有知更鸟大小，就栖息在口粮箱子上。不知怎的，我觉得充满了希望和乐观精神。雪鹀很快就消失在潮湿的雾气中，只有天知道它去了哪里。

5月17日金妮报告说，由于风向变化，"本杰明·鲍林号"被困在朗伊尔城峡湾里。同一批咆哮的南风也在把我们朝北极点回推，浮冰上出现了新裂纹，而且纵贯整个浮冰发生了第二次大断裂，正好将我们原来的"安全"区分割成了两半。到了月底，我们已经远远落后于漂浮日程。

每天我都要绕着浮冰边缘走几圈。因为没有发现熊的踪迹，所以我只带了一把手枪。尽管刚走出几步远就看不见帐篷了，但是绝无可能迷路，因为我总能顺着脚印走回去。反正现在浮冰周围全是开放水域，有些地方宽至120英尺，边上还矗立着巨大的冰块。

6月1日，查理从我的一头乱发上扯下来三根白头发。"可怜的老伙计，"他说，"不如当年喽！"我提醒他，他比我还大一岁，而且顶上脱发的那一块自从我们离开格林尼治以来已经扩大了一倍。他核对了一下日记，发现今天正是我们这次探险的第1000天。

看起来好像我们已经在冰上漂浮了亿万年，但奇怪的是我们并不觉得无聊。哪怕最简单的话题我们都能聊个没完没了。那天晚上，我记得我们进行了15分钟的讨论，探讨"柴捆"（faggot）一词怎么会成了对男同性恋者的一种侮辱性的代称。由于炉子的油烟积碳，查理的脸和手现在全都黑乎乎的。两个人的胡子都乱蓬蓬地纠缠在一起，衣衫褴褛。不过前期行程中的各种伤痛现在大部分都已经愈合了。

当时我在日记中写道：

> 6月6日，西风强劲，平均温度-3℃，一直有雾。昨天晚上，我们的浮冰被风吹得撞上了东边的邻居。两者相撞的地方，一堵15英尺高的碎冰墙拔地而起。这堵30米长的冰墙就在你眼前呼呼啦啦地不断地喷涌出新的冰块。现在我每隔一天就要从帐篷的地板上往外舀水。和金妮的通信联系也很糟糕：她完全联系不上英国和我们的船，丹麦人也联系不上任何人。我只能通过莫尔斯码，在9002兆赫下利用短暂的信号高峰期和她通话。

> 我们已经在浮冰上漂浮了50个昼夜，但还没见到北极熊。晚上散步的时候，冰面太湿了，用不着穿雪地靴，我就穿着长筒防水靴，手里拿着滑雪杖保持平衡……

> 在上周的福克兰群岛（马尔维纳斯群岛）海战中，英国皇家海军"加拉哈德爵士号"（*Sir Galahad*，亚瑟王传奇的圆桌骑士之一）遭到轰炸并起火，金妮说戴维·梅森的弟弟当时就在那艘船上。许多船员在轰炸造成的熊熊烈火中丧生或致残，但是小梅森却幸未受伤。

有一件事是肯定的：北极熊迟早会发现我们，因为它们的嗅觉好得出奇。爱斯基摩人说，北极熊在20英里外都能闻到海豹的味道。我们随身携带的加拿大和挪威宣传页上也有对北极熊的说明，重点强调它们庞大的体型和重量。雄性大北极熊可以重达半吨,体长可达8英尺,如果站直了更是高达12英尺。尽管它们体型庞大,却能顺滑而优雅地在冰面上滑行,还能以每小时35英里的速度狂奔。据说它们只消一爪子,就能拍死一头500磅重的海豹。如果它们饿了或者感觉受到了威胁,还会灵活地跳起来攻击人类。

1977年,一群奥地利人带着孩子在斯瓦尔巴特群岛的玛格达莱妮峡湾野营。一头北极熊溜进了营地,并在一顶帐篷外嗅探。里面有个人碰巧拉开了帐篷帘子,那头熊一把抓住他的肩膀,把他直接拖下海,拖到一块浮冰上。大家没有携带武器,只能眼睁睁看着他被熊慢慢地吃进了肚子。

有一天晚上,我正在睡袋里睡觉,突然听到耳边有嗅探的声音,就紧贴着帐篷上的那层单层帆布皮。过了一会儿声音消失了,但没过多久,又靠近了两顶帐篷之间的空地,我听见一只口粮箱子发出一阵刮擦的声音。我原来只穿着长内衣和背心,套上防水裤和夹克后,抓起相机和手枪,小心翼翼地朝帐篷帘子外瞅。

一头大北极熊从帐篷后面冒了出来,两条前腿正好搭在我们前方九英尺远的拉索上。它舔了舔嘴唇,又长又黑的大舌头把我吓了一跳。我想起了官方提供的警示:"不要让北极熊靠近你。"对此我们几乎无能为力。都想不起来聚焦或者调快门,我就拍了两张照片,心想咔嚓声千万不要惹恼这头巨兽。北极熊上下打量了我们一会儿,接着就慢慢地走开了。如同小狮子狗看见斗牛犬从身旁离开后就会恶狠狠地咆哮一番一样,等我们的来访者离开营地很远了,我才冲着它大叫一声"滚开"。

下一次就没这么幸运了。这头熊在帐篷周围游荡了好一会儿,我们才断定又来了不速之客,而不仅仅是大风吹东西的声音。等我俩拿好武器走出帐篷,大熊已经离我们很近了。我们冲着它大喊大叫,而且我还拿手枪朝它脑袋上方开了一枪。对这一切它充耳不闻。查理的0.357口径步枪是手动枪机,当时只有两发子弹。我倒是有足够的弹药，可手里的44毫米口径马格南手枪曾被一些加拿大人取笑说根本不足以吓阻一头富有攻击性的北极熊，因此弄得我对它很没有信心。

有十分钟的时间，我们用三种语言骂它，使劲敲锅，朝它耳朵旁边射子弹，可大熊就在我们身旁的口粮箱子中间呈半圆形地绕来绕去。15分钟后，查理在一架雪橇上匍匐下来并瞄准。我站在他侧后方，发射了一颗降落伞照明弹。子弹从查理的脑袋旁冲出去，直射在大熊面前的雪地上，咝咝地直冒火。大熊还是只当没看见，并在对面的雪地里蹲了下来，屁股轻轻地摆来摆去，就像一条正在追捕耗子的猫。它开始朝我们靠了上来。

"如果它走到距离那个雪坑90英尺以内，我就要朝它开一枪。"我低声对查理说。

那头熊——一头看上去非常漂亮的生物——继续在往前走，我将手枪瞄准它的一条前腿。子弹射得很低，很可能就在距离熊掌很近的位置穿透了前腿。大熊猛地停了下来，仿佛被蜜蜂蜇了一下，它犹豫了一会儿，接着转身朝一侧走开了。没有一瘸一拐的迹象，但一路上留下了点点血迹。我们看着它一直走到浮冰边上，看见它跳进海里，朝另一块浮冰游了过去。

杀掉它岂不更好？但一头死熊躺在营地旁，甚至漂在附近的水道里，都会招来其他不速之客。是不是不该朝它开枪呢？到底该让一头熊靠多近？在我看来，最近的距离就是：如果它发起攻击，你能在它抓住你之前，利用手里的武器射杀它。就算被一头垂死的熊用耙子般的大爪子挠一下，都应该极力避免，尤其是那些没指望获得救援的人。

2011年，在斯瓦尔巴德群岛，我的一个好朋友斯皮克·里德（Spike Reid）和另外一个人带领13名大多在十七八岁的年轻人一起野营。当他们在斯匹次卑尔根岛一座冰川的边缘部位野营时，就遭到了一头北极熊的袭击，他的描述如下：

当时是凌晨，我们都在睡觉。整个团队就驻扎在冯·波斯特冰川（Von Post Glacier）边缘。这是一场大冒险的开始，我们计划在本次探险的剩余时间里，在没有任何支持的情况下，徒步向上穿越冰川并登上一座高山。我们并未安排人在晚上执勤，因为我们觉得这个地方风险很低。作为晚间准备工作的一部分，同时也是为了防御被北极熊袭击的风险，我们在营地周围竖起了一条外围防线。但不知怎的，一头北极熊竟然兵不血刃地穿过了我们的防线。

接着它就发起了攻击。我和另外一名领队安迪知道的第一件事就是听见有人喊叫。我们从睡袋里一跃而起，就发现一头饥饿的大熊已经闯进了霍雷肖·查普尔（Horatio Chapple）和其他两名队员——斯科特和帕特里克——正在睡觉的帐篷。我们从帐篷的后门跑了出去，我还带着一支步枪。我见到的第一个东西就是一头庞大的北极熊，就在几米远的地方。它正矗立在一个年轻人上方，后来我才知道这位年轻人就是霍雷肖，一名非常棒的队员，不过已经被熊从帐篷里拖了出来。

我迅速拉开枪栓，瞄准大熊扣动了扳机。什么都没发生。步枪竟然哑火了。我再次拉开枪栓，把未击发的子弹退出来。我又朝大熊开了一枪，接着又开了一枪，直到整个弹夹都打空了，但一次也没能打出去。四发子弹依然躺在我脚边尘土飞扬的地面上，大熊还在攻击，我竟然没能射杀它。接着它放开霍雷肖，转身便朝我攻来。它一下把我扑倒在地，我根本无法抵挡。它用大爪子猛拍了我几下，接着猛地一下砸在我头上。我清楚地记得当时听见了响亮的开裂声。

幸运的是安迪正好在场，他救了我一命。因为步枪距离我和大熊都很近，而且我们也没有别的枪可用，他只好朝大熊扔石头，直到它停止攻击。他这一番努力不要紧，大熊却转身盯上了他，朝他的头和下巴发动了疯狂的攻击。

大熊毫不留情地返回霍雷肖的身体旁。很快它又盯上了另一名队员马特，后者抓着一支步枪，正在拼命地往里面填子弹，希望结束这场噩梦。大熊绕着帐篷追赶马特，但他巧妙地躲开了大熊。四名队员从他们帐篷的后门溜了出来，开始逃离营地避开攻击。其他队员还躲在他们的帐篷里，因为没有一支子弹上膛的步枪，他们根本束手无策。

帕特里克和斯科特躲在他们残破的帐篷里一动也不敢动，但大熊还是发现了他们。它向睡袋里的帕特里克发动了攻击，打断了他的胳膊，又打伤了他的脸。当这头巨兽走到距离他还不到一米远的时候，斯科特试图逃跑。他前脚跑，大熊后脚就跟了上来。大熊猛力攻击，斯科特的头和下巴严重受伤。

最后，我从受到攻击的地方站起身来。我从地上摸出一颗子弹，飞速地塞进枪里。大熊发现我站了起来，再度朝我靠过来。它发起了攻击，就在此时，我的枪响了。一枪正中它脑袋，大熊跌倒在营地的正中央，和我只有几步远的距离。攻击终于停止了，可我们失去了一位非常优秀的年轻人。

熊死了，团队聚集到一起护理受伤的队员。四名队员面部遭受重创，后来我才发现安迪和我状态危急。这意味着整个团队失去了事先指定的领队。团队中最年轻的队员罗西挺身而出，在马特的帮助下，发出了警报并将一切安排得井井有条。

尽管大多数团员都没超过17岁，那天早上的表现却出人意料。如果没有他们照料，我和安迪肯定早就死了。对此我俩将永远心存感激。还有，如果没有安迪试图将大熊从我身上以及从营地里引开的英勇行为，我也不会活下来。这一切我都将永生难忘。

我将永远铭记在这次袭击中丧生的如此优秀的一名队友。霍雷肖曾立志成为一名医生，他本来应当成为一名伟大的探险队队医。失去了如此优秀的一名年轻人，我永远都不能原谅自己。

我们很快就被疏散到朗伊尔城（Longyearbyen），接着又被送往挪威本土的特罗姆瑟（Tromsø），这里最近的一家医院距离袭击现场也有1000公里。噩梦终于结束了，但就我自己来说，这只是一个开头，此后我便住在那家医院里开始了漫长的康复之旅。

随着冰上漂流的时间越拖越长，随着浮冰表面出现一条条巨大的裂纹，为数众多的北极熊也开始在我们所在的浮冰上来回徘徊，其中有18头甚至靠近了我们的营地。每头熊对我们的吓阻策略的反应好像都不大一样。它们的来访倒是让我们不再那么百无聊赖。日渐收缩的浮冰也具有类似的功能。帐篷外的每一种声音我们都会侧耳倾听。其中有许多都是假警报。有一天晚上，我被一阵大风刮醒了。在嘈杂的风声中，只听见一阵有节奏的沙沙的走路声，我断定必是一头熊。但后来证明这只不过是通过睡帽上的帆布耳罩传来的心跳声。

金妮目前住在与世隔绝的"北站"，这里是丹麦天狼星巡逻队的基地，位于格陵兰岛的东北海岸。在通信方面金妮遇到了很大困难，部分是由于苏联的干扰，部分是由于天气状况多变。她试遍了书上介绍的所有小窍门：调频、精确调谐、变换天线位置等。大多数干扰都是极地地区和极光带所特有的，而非世界各地的通信操作员都要处理的那种普通干扰。

与在低纬度地区一样，无线电波在穿过极地电离层时也会被扭曲，其所携带的语音信息就可能变成毫无意义的乱码。通过使用连续波（莫尔斯码）信息，我们仍能保持通信，因为这种信息在一个比较狭窄的带宽内还是可以解析的。但极地电离层会不时地反射出一些低纬度地区所没有的噪声，而且这些噪声往往又会与地球磁场干扰相关联。太阳活动的急剧爆发或者电离层的离子风暴都可能产生这种干扰。极光以及宇宙射线活动也会导致通信问题。

6月的最后一周，金妮告诉我们"本杰明·鲍林号"已经到达了浮冰的南部边缘地带。我测了一下太阳的高度，确认我们所在的浮冰也已经到达了距离海冰边缘区不远的位置，就在弗拉姆海峡（Fram Strait）的碎冰区域。北冰洋有200万平方英里的表面被浮冰覆盖，其中有三分之一每年都会通过弗拉姆海峡倾泻而出，后者就像一个巨大的排水孔。再过一两周，我们这块已经正在解体的浮冰就要进入这处瓶颈，此处表面洋流的速度会增加一倍，带动支离破碎的浮冰以令人难以置信的每天30公里的速度向南涌流。《北极指南》提醒过往船只注意弗拉姆海峡浮冰造成的特定险情：

> 格陵兰海浮冰一般无法通航。北部浮冰可能厚达六英尺半。由于风和洋流产生的压力，浮冰可能会隆起高达25英尺甚至30英尺。浮冰对船只造成的典型损害包括打断推进器叶片、方向舵和转向器，损坏船尾和外板导致船只前部漏水，挤破船体。海冰的压力还会引起外板屈曲和铆钉脱位，导致接缝开裂并漏水。

7月10日，我们在浮冰上的第70天，太阳观测结果表明我们位于北纬82度，距离北极点有408英里。

就在此时，约两英亩大的一整块冰体从浮冰的东南角断裂开去。相邻的一块浮冰在前方120英尺远的地方抬升起来，耸立在我们这块浮冰部分区域上方。我们这块浮冰80%的区域都被冰泥覆盖住了，深度从18英寸到7英尺不等。接下来一周，在我们这块浮冰与相邻浮冰碰撞的地方，每天都会伴随着巨响隆起新的冰脊。在向海一侧，海风在黑色的湖面上卷起细碎的波浪，碎冰就像帆船一样乘风前进。我们周围的冰全是光秃秃的没有积雪覆盖，因此细小的裂纹现在就像静脉曲张一样清晰地呈现在眼前。日复一日不见太阳。在低垂的天空下，浮冰南北方向全都是呈黑斑状辽阔的开放水域。

没过多久，连竖起一顶大帐篷的空间都没有了，我们只好并排竖起两顶小帐篷。我们没法站起来，因为用斧子劈出的冰面"地板"坑洼不平，因为融雪的缘故每天都会变得更潮湿，这样一来就连坐下来也不可能了。于是我们只好躺在睡袋里，为了防潮防寒，睡袋用口粮箱子支起来。我俩从没洗漱过，因为这毫无意义。

到了7月底，我们的船只两次试图穿过浮冰区抵达南部地区，但都无功而返，只好返回斯匹次卑尔根岛。

查理三年前曾在斯科特极地研究所接受过培训，现在每天都用探针测量浮冰上雪的厚度。从最近的冰脊开始，朝外连排十根探针，结果取平均值。一旦雪化成雪泥，接着又在整个冰面上化成水坑，查理就用探针测量水坑的深度。深度在7月末达到最大值，后来部分通过盐水排水通道排入海中。英国顶尖海洋学家彼得·沃德姆斯（Peter Wadhams）博士对查理在整个漂流过程中所做的记录进行了研究，后来博士还向我解释了此类研究的重要性。

他告诉我，海洋的热量很少能穿透冰盖进入大气，但有时候，尤其在短暂的北极夏天，浮冰会裂开，海洋与大气之间就会发生大量的热交换。随着冰盖减少，大多数洋面的太阳辐射会越来越多地被水体吸收，结果就会增加整个海洋和大气平衡中的热量。极地地区微小的气候变化很容易就会引发洋面大幅甚至是灾难性的上升。

我们的浮冰经常会在周围的浮冰中自由穿行，除非一阵强风在短时内让它撞上另一块浮冰，此时就会造成大量外围损伤。有时我会猛然惊醒并侧耳倾听。是北极熊到了身旁还是浮冰周围出现了新的混乱？答案往往是数吨重的冰块从浮冰边缘崩落入水时传来的轰隆声，紧接着就是一阵微型海啸冲撞水道另一侧时发出的回响。

风声和海浪声之外，现在又加入了汩汩的排水声。雪融水早已冲开了水坑与水坑之间的水闸网络，最终从浮冰上流入海中。在四周的海水中，巨大的浮冰相互碰撞，座头鲸来回游弋，不时伴随着响亮的溅水声浮出水面，除了长着大白鲸似的尾巴，它们倒更像海豚。它们经常像马一样打响鼻，到了晚上，它们那超凡脱俗的音乐般的鸣叫声便会飘过雾蒙蒙的冰原清晰地传来，有时像狼群可怕的嚎叫，有时更像一首深情的密西西比挽歌。

捕鲸人日记曾讲述说，当他们躺在吊床上，听见从木质船壳上传来幽灵般的鲸歌声，思乡者会认为这是自己的亲人正在试图传达某种信息，也许是孩子出生，也许是亲人亡故。科学家曾记录一头鲸鱼的歌声持续超过了18小时。

如同其他地方一样，北极捕鲸迅速摧毁了许多种群，但捕鲸人偶尔也会遭受损失。1777年，一支捕鲸船队便被海冰困在了格陵兰海，26艘小船失事沉没，派来的救援船也沉了。连同救援船上的船员在内，那年夏天共有300多人葬身海底。尽管如此，由于对鲸鱼提取物的需求增加，到了19世纪40年代，共有逾千艘捕鲸船（大部分属于美国）载着10000名职业捕鲸人在这片海域作业。

美国人的记录显示，在1800—1880年，共有19.3万头露脊鲸被捕杀。露脊鲸死亡后会漂浮起来，还能产出大量的鲸脂油和高级鲸须，供制作胸衣和裙箍使用。露脊鲸一度灭绝后，抹香鲸又成了捕鲸人的最爱，因为它的脑袋里含有一种理想的做蜡烛用的蜡质。抹香鲸能潜入水下1000米甚至更深处，大量捕食深水鱿鱼。曾经有一头抹香鲸的肠道被打开后，人们发现里面装着18000多块鱿鱼嘴。

另一种较受欢迎的捕猎对象是弓头鲸。它们能长到60英尺长，鲸脂层厚达两英尺。这层鲸脂不仅可用于保温，还能帮助鲸鱼漂浮。尽管有鲸脂层保护，北极弓头鲸每天因寒冷要损失掉大约10000卡热量。所以，为了获取足够多的脂肪，一头鲸每年需要吃掉100吨食物，这还只是为了保暖，如果要存活、游动和繁殖，还要再吃掉100吨。

蓝鲸是目前世界上最大的哺乳动物，每天需要吃掉四吨磷虾。在部分南极海域，磷虾以巨型种群的形式大量存在，总量据估计多达250万吨。由于它们挤在一起游动，而且就像步兵那样齐步前进，所以鲸鱼吃起磷虾来特别简单。

可悲的是，当今海洋中只剩下很少一些蓝鲸。单在1930—1931年的捕鲸季里，就有31000头蓝鲸被宰杀。

鲸鱼需要呼吸空气，所以在冰下生存是有风险的，即使在必要情况下，它们在浮出水面之前也可以闭气游动一英里以上。

我们的浮冰所流经的纬度，正是两种北极独有的独角鲸和小白鲸的最爱，它们都依赖浮冰区内经常出现的开放水道进行呼吸。

尽管我们一头也没见过，但整个北极地区都生活着环斑海豹，甚至在冬季的北极点都有分布。为了在严寒中生存下来，除了脂肪以外，它们还装备着一层超暖和的皮毛外套。海獭在北部海域也为数众多，它们没有体内脂肪，但作为补偿穿上了一层毛夹克，它比世界上任何其他动物的都要厚。

随着时间在越来越小的浮冰上数周数月地流逝，我们越来越担心，因为就在7月的最后几天里，周围的雪水坑和帐篷地板上的雪泥都开始结冰。太阳也在不知不觉中徘徊走低。

问题很明显。趁着海冰还处在夏季的松散状态，我们的船只已经两次试图向北闯出一条道以接应我们，但两次都以失败而告终。我们在伦敦的委员会成员们极度担心。他们不得不回应媒体和赞助商经常提出的问题：如果到了冬天我们还在浮冰上，到时候船只和飞机都无法接应我们，那该怎么办？不仅我们两人要面临被淹死的高风险，而且十年的巨大努力、筹划、赞助、所有参与者不计报酬的辛勤工作都将因这最后一道坎而前功尽弃。

委员们一天比一天紧张，船只第二次向北进发的时候，海冰又挤破了船尾上的一条大焊缝，这让委员们的心情更加糟糕。当时的船长是汤姆·伍德菲尔德（Tom Woodfield），也是我们船只委员会的委员，曾在英国南极调查局的船只上担任船长。用安东·鲍林的话来说："汤姆控制船只高速撞向六七英尺厚的浮冰……但和上一次相比，这次的海冰更厚而且更靠南。"

大约就在这个时候，我们的两个主要赞助商飞过了弗拉姆海峡。回到伦敦后，他们警告委员会说，说得客气一点，情况看起来不对劲。他们建议立即让卡尔驾驶双水獭飞机，趁我们的浮冰还足够长和足够完整，尝试在浮冰上降落并把我们疏散出去。因此，金妮收到了一条信息，让她安排疏散措施。但她的通信装置碰巧在那个时候出了问题，等到她觉得可以把信息发给我们的时候，我们的浮冰已经肯定不再适合任何滑雪飞机降落了。

安东和所有船员都支持进行第三次尝试以接应我们。汤姆·伍德菲尔德回到伦敦后，向委员会建言，此类尝试必须等到大风吹动浮冰后方可进行。现在掌舵的是莱斯·戴维斯船长。

7月27日，一头熊到了帐篷边，我们却什么也没听到。当时已经刮起了大风，海浪的轰鸣声湮没了所有声响，除了冰块从我们的浮冰边缘处断裂落水的声音。7月28日，我几乎一整夜都没合眼，听着从海上传来的轰隆隆爆炸声——仿佛大象肚皮朝下从摩天大楼上直摔下来。我们的浮冰面积每天都在减少。

7月29日，查理警告我说，厕所与帐篷之间露出的裂缝正在变宽，他的帐篷与最近的雪水坑之间的裂缝也同样如此。迄今为止，我们已经在浮冰上待了95天，很快就要进入断裂区。莱斯决定立即驶往浮冰边缘，一发现浮冰有松动的迹象，立即朝北向我们这边闯。于是在8月的第一天，也就是我们在海冰上的第七个月的那一天，"本杰明·鲍林号"驶入了低垂的雾气之中。之前不久，在最终确认可以从船上或者从朗伊尔城与浮冰上的我们通信之后，金妮已经离开了北站和亲切的丹麦人。现在她也在船上。

8月1日深夜，我听见了安东和西蒙之间断断续续的通话声。船只距离我们最后报告的位置49英里，正在中等厚度的浮冰和浓雾中缓慢移动。船只在大浮冰中间的进度受到了楔形小冰块的阻碍，这些冰块很小，很容易被推到船首之下，但因为太硬又没法被打碎。必须把它们轻轻地推向两侧，然后再利用螺旋桨产生的水流的吸力清扫开去，这是一项令人筋疲力尽的活，需要驾驶员掌握高超的技能。就这样走走停停，左弯右绕，"本杰明·鲍林号"在不断变化、照明度很差的冰景中穿行，偶尔惊起海豹、北极熊、小须鲸，慢慢啃咬着挡住去路的浮冰边缘。"船体的震颤和刮擦声，"安东写道，"一路相随；每撞击一次新浮冰所引发的倾斜经常让大家无法立足。"

许多船员穿着防寒服长时间站在甲板上,一边抓着护栏一边在昏暗中尽力观察。一种审慎而充满期待的乐观情绪慢慢地露出了苗头。8月2日傍晚时分,"本杰明·鲍林号"周围的浓雾散开了,卡尔立即从朗伊尔城起飞。在上空盘旋一阵后,他开始指引莱斯·戴维斯穿过破碎的浮冰构成的迷宫,并利用高超的技巧指引船只驶入一条12英里长的锯齿状水道,沿西北方向朝我们的浮冰驶来。

正在此时,船员们发现了风向变化的不祥之兆。不到一小时,一阵南风便刮了起来。只要稍微再刮大一点儿,浮冰就要开始包围船只,后者现在已经深入海冰边缘区,如果浮冰被挤成皱褶,船只就会因为深陷浮冰而无法逃脱。漫漫长夜里,全体船员凭借着坚强的意志,驾船一寸一寸往北闯。在经历过无数次的碰撞和撤退之后,"本杰明·鲍林号"终于挤了过去。

8月3日上午9点,我和金妮取得了联系,她听起来既累又兴奋。她告诉我说:"我们现在位于你们最后报告的位置以南17英里处,被浮冰卡得死死的。"

我大声把消息告诉了查理。我们必须尽快准备好乘小船离开。我们俩都希望"本杰明·鲍林号"无论如何都会闯出一条路来,直接开到我们身边。对我们来说,离开浮冰哪怕再前进半英里都可能是灾难性的,因为周围的一切都在流动。巨大的浮冰在水道中相互撞击,冰泥带挤满了开放的海上航线。正午时分,我测了一下太阳的高度,并将我们目前的位置发给了安东:北纬80度43.8分,西经01度00分。船只位于我们东南方。要想上船,我们必须在急速流动的、表面湿乎乎的浮冰上前行大约12海里,途中还要跨越格林尼治子午线。

在漂流的第99天下午两点,我们将300磅重的装备、口粮以及冰川学记录装上两条铝制小船,拖着沉重的脚步离开了遍地烂泥的营地。出发时我用指南针确定了一下船只方位:我们走向船只的时间越长,方位变化的可能性就越大。当我们划船穿过第一条波涛汹涌的水道时,风速一直保持在12节。

用于在浮冰上拖曳重载小船的木质雪橇支撑物不到一小时就脱落了。从那以后,我们干脆把裸露的船体直接放在凹凸不平的冰面上拖行,同时祈祷船底别被磨穿。每走到一处水坑、冰河或者冰湖旁,我们都要小心翼翼地把小船从摇摇欲坠的冰岸上拖下来。我们在睡袋里躺的时间太长,缺乏锻炼,拖曳小船带来的压力是相当大的。查理几乎都要累病了。每隔一段时间,我都要从雪水坑里灌满一瓶水,然后两人便痛饮而尽。

有一阶段,一片冰泥和漂浮的碎冰构成的沼泽挡住了我们的去路。一走进去,就会深陷其中。整整一小时我们才走了1200英尺。但通常情况下,当我们爬上高耸的冰脊,提前发现了此类沼泽地带,我们都会迂回一段长长的弯路,以避开风险。几英尺深的雪水坑不是问题。我俩拖着两根绳子直接蹚过去就行。有一次,我试图越过一个大湖里一群不停旋转的冰岛。我回头查看查理是否跟了上来,恰好看见两座高大的冰块撞在一起,冲击力在我的小船后面激起了一拨大浪。幸运的是,查理尚未进入这条移动通道,也就避免了被挤成肉饼。

我俩的手脚又湿又麻。但下午7点,就在我爬上一座小冰脊勘察前方路线的时候,却发现沿着方位线那条破碎的地平线上出现了两根火柴棍。一眨眼的工夫,它们又消失了。接着我又看见了它们:远处"本杰明·鲍林号"的桅杆。

我无法描述当时的喜悦之情,只觉得泪水刺痛了双眼。我大声呼喊查理,但是他距离太远,无法听到。不过我像个疯子一样手舞足蹈,他肯定知道是怎么回事儿。我觉得这是我一生中最美妙、最满足的时刻。直到这时,我才相信成功已经近在咫尺,仿佛血管里喷涌着十个人的力量,一下跪倒在那个小冰脊上,感谢上帝。

在接下来的三小时里,我俩连拖带拉,奋力划船,累得汗流浃背。有时我们暂时看不见桅杆,但每当重新见到时,船总会比以前大那么一点点。8月3日午夜前不久,新西兰工程师吉米·扬(Jimmy

Young）正拿着双筒望远镜在瞭望台上瞭望，突然他冲着船桥大喊："我看见他们了！我看见他们了！"

　　在低沉而黯淡的阳光下，在起伏不定的一片白茫茫之中，船桥上的船员们一个接一个地辨认出了两个黑色的身影。很久之前，在北冰洋另一侧的育空河口，这两个身影正是从这条船上离开的。甲板下方，另一个新西兰人、大管轮约翰·帕斯洛（John Parsloe）正要转身钻进自己的铺位，只听见水手长特里·肯钦顿（Terry Kenchington）一路冲下舷梯，边跑边叫："起来！起来！孩子们回家了。"8月4日0点14分，北纬80度31分，西经00度59分，我们终于登上了船。

　　我们每个人的脑海中都保留着在浮冰之中的轮船上相逢那一刻的情景。我们永远不会忘记。那一刻，我们分享了任何人都无法从我们身上夺走的东西——一种所有人之间同志般的温情，无论是瑞士人、美国人、印度人、南非人，还是英格兰人、爱尔兰人、新西兰人。

　　金妮正站在一个货舱旁边，我们一起花了20年时间才取得今天的成就。我看见她瘦削疲惫的脸上开始显露出放松的神情。她冲我微微一笑，我知道她在想什么。我们不可能实现的梦想——南北环球之行——圆满完成了。

第十一章

全程自持式直奔北极点

> 北极的小路隐藏着秘密故事,
> 听人讲述会让你不寒而栗。
>
> ——罗伯特·瑟维斯,《萨姆·麦吉的火葬》(1907)

随着环球探险的各种令人不舒服的记忆渐渐淡去,我发现自己正在考虑发起新的极地挑战,只是不需要我和金妮再花费七年时间组织。

我们试图通过在企业大会上做演讲来谋生,但日子过得很艰难。直到1984年,有一天晚上凌晨两点,阿曼德·哈默(Armand Hammer)博士从他在洛杉矶的总部给我打来电话,他是环球探险的主要赞助人之一,西方石油公司(Occidental Oil)的创始人兼老板。他给我提供了一份工作:担任他在欧洲的办事员(gofer,这是美国人对杂务跟班的称呼)。我欣然接受。双方约定:我保持自由职业者的身份,如果探险工作需要,每年最多可休三个月的无薪假期。哈默博士曾是列宁的一个老朋友,当时已经87岁了。我与他一起待了八年,直到他去世。他的继任者解雇了我。

利用我们这辈子第一次拥有的余钱,我和金妮一起在埃克斯穆尔国家公园（Exmoor National Park）的中央位置买下了一处废弃的农舍，这里既没有电，也没有其他设施。一条狭窄的、半英里长的马道是唯一的出入通道，我们将其称作"积雪路"，因为第一次在这里过冬的时候，我们发现路堤之间的路面上积雪厚达八英尺。每到这个时候，金妮就会乘坐一架小雪橇去约一英里外的乡村商店买东西，上坡的时候就让图格鲁克帮忙拉。布提一点忙也帮不上，它只会叫。

我通过在大会上给企业做讲座来维持基本生活，其中许多都在国外。为了保持健康，我还尽量在不同的地方慢跑——这些地方经常很怪异。

在加拿大，我被冰雹砸中了鼻子，尽管当时的天气还不是特别寒冷。我以前从未见过比正常的英国萨塞克斯郡（Sussex）冰雹还要大的冰雹，那天加拿大艾伯塔省（Alberta）的大冰雹确实让我大吃一惊。我在灌木丛下蜷缩了好几分钟，直到短暂的风暴结束。

后来我查阅资料发现，已知单个冰雹的最大直径达8英寸，重量达1.93磅，是在美国达科他州降下的。在阿富汗坎大哈（Kandahar）空军基地发生的一次风暴期间，冰雹砸死了三名阿富汗人，并给英国皇家空军的台风战机、直升机和无人机造成了价值数百万美元的损失。1977年，在格鲁吉亚，一个冰雹砸破了驾驶舱的窗玻璃，导致飞机在公路上迫降，造成68人死亡。而在英国德文郡的奥特里圣玛丽（Ottery St Mary），一场雹暴造成了六英尺厚的积冰，埋住了车辆，堵塞了下水道，冰雪融化后又引发了洪水。

深入考察在极地地区从未经历的雹暴发生机制后，我发现它们与地面温度关系极小。冰雹最开始是以小水滴的形式存在于雷暴云中，大部分雷暴云的温度都在冰点以下，同时伴随强烈的上升气流。这些气流将冻结后的水滴以最高每小时110英里的速度向上吹入母云中，冰雹在这里体积增大，直至其重量超过上升气流的承载力，随后便降落到地面上。

除了利用讲座间隙慢跑外，我还为哈默博士工作，同时帮金妮在埃克斯穆尔慢慢养起了一群纯种安格斯（Angus）奶牛。为此，我经常要牵着她那头最优秀的公牛在农业展览会的赛场内转圈，同时我要穿一件白色的长外套，戴着一顶呢帽，还要系一条安格斯协会的领带。

此间没有任何探险计划。直到有一天，奥利弗·谢泼德给我们打电话，建议我们在没有外界支持的条件下徒步或者滑雪去北极点。那位曾以离婚相威胁，导致他离开环球探险队的女士现在依然还是他老婆。奥利弗说这件事迟早会有人做，而且他还补充说，"有人"很可能就是个挪威人。他知道怎样才能最大限度地刺激到我。

我一直在尽力克服内心时不时爆发出的"再闯极地"的冲动，因为我已经过了金妮和我都觉得此类旅程适合我们的年纪。我们一直在专心致志地准备去阿曼沙漠开展一次考古搜索之旅。我屈服于北极点征服者弗雷德里克·库克博士所说的"那种北极声音，那种极地海洋冰冷的回应的味道。有个东西一直在呼喊，呼喊，直到你再也无法忍受，就像中了北极的魔咒一样再度返回"。

1985年冬，金妮参与了一项科考行动，她乘坐的飞机曾短暂降落在沃德·亨特岛（Ward Hunt Island）的最北端，几英里外就是我和查理在1982年出发穿越北冰洋的地方。在那里，金妮参观了一座废弃小屋的钢筋骨架。这座小屋曾被加拿大科学家在短暂的北极夏天使用过，它的帆布墙早已被大风剥掉了。金妮于是测量了小屋的尺寸，回来以后就购置了一张专门定制的带地扣的帆布罩——这比她曾经设计的四间定制的硬纸板屋要简单得多。1979—1980年，我们就是在这种屋子里过的冬。

英国航空航天公司（British Aerospace）将我们的雪橇设计成一种无腿浴缸的形状，方便在必要情况下能够"游泳"。雪橇采用轻芳纶材质。他们先用细铁丝网将够90天用的炉子燃料和口粮包裹成香肠模样，就靠这个简单的程序初步确定雪橇的尺寸。金妮在我们位于埃克斯穆尔的家里建起了一个无线点基站，采用李斯特发电机供电，当时这也是我们家庭用电的唯一电源。

根据我们共有的多年极地探险经验，我和奥利弗都认为，将这次极地探险限制在我们两人之内将会更好。加入第三位更年轻、更强壮的队员固然很好，但除了查理之外，我俩都不认识既可以信任又适合这项工作的人，而当时查理已经受雇于一家安保公司。于是我和奥利弗决意就我们两人拖着雪橇前行。

北极风险的极端性所导致的一个问题是：在挑选合适的旅行伴侣时，选择面非常窄。我收到过很多胸怀大志的极地探险者寄来的信，但是将一个未知数带进北冰洋的风险委实太大了，连想都不敢想。所以只要有可能，我只会带上那些曾在冬天进行过极地旅行并生存下来的人。原则上来说，这对年轻的候选人很不公平，因为这会导致一种先有鸡还是先有蛋的困境，那些需要极地经验的人会发现很难获得突破。

在极地浮冰上拖曳雪橇需要连续数小时付出巨大努力，常常要拖拉300多磅的重物。你会累得像猪一样大汗淋漓，哪怕室外温度只有大约-50℃。每当你停下来喘气，汗水就会在内衣里凝成冰。体型矮小的人，无论如何勇敢坚毅，天生就不适合拖拉重物。所以你需要身材高大、拥有良好拉力的男性，而非女性。你需要一匹干重活的马，而不是一名优秀的赛马。

在飞往北极途中，因天气恶劣而被迫在尤里卡降落，这是埃尔斯米尔岛上的一处远程气象站。被困在那里的还有威尔·斯蒂格（Will Steger），一位著名的美国探险家，和沃利·赫伯特一样，他也是狗拉雪橇方面的专家。

他向我打听关于南极洲的事情，我们一起研究了以前环球探险时使用的南极洲地图。他热切希望顺着南极洲最长的轴线走一遭，并且打算使用狗拉雪橇。我们碰面的时候，他正要赶往沃德·亨特岛以西大约20英里外的一个地方，他带着手下8名队员和50条雪橇犬将从那里出发前往北极点。我祝他在南北两极都交好运。

到达设在沃德·亨特岛的基地后，我们将金妮定制的帆布罩覆盖在旧钢筋框架上，一小时之内就建成了一处温馨舒适、遮风挡雨的营地。接下来，我们设置好科研记录装置，乘坐雪橇穿过黑暗去测量一座浮动冰岛上的冰雪消融情况，并在-50℃的气温下，在由断裂冰块构成的20英尺高的冰原上对雪橇装置原型进行了详尽的试验。有好多次我们都被隔绝在距离基地数英里外的地方，还有两次，暴雪不期而至，时间长而且势头猛，当奥利弗没能按期返回沃德·亨特岛，我都很为他的性命担忧。

只要我们能证明自己有机会成为在没有外部支持的情况下到达北极点的第一人，我就有信心找到赞助商，但我和奥利弗对冬季拉练的结果都不满意。在装满了足够90天用的食物和燃料后，每架雪橇重达460磅。拉着这么重的东西，我们的前进速度为三小时才走完一英里，这意味着我们永远也不可能在90天内到达距此425海里的北极点。于是我们打起了数学的主意。如果少一点可怕的负载，能不能在45天内，也就是在一半的时间内，走完全程？这个问题似乎没有明确的答案。

11月中旬，我们将基地收拾停当，用经过热处理的布胶带将帆布墙上哪怕最小的洞都堵起来，再把烟道和风道都密封起来，整个基地变得风雪不透。接下来，我们将浸过煤油的破布放进罐子里，在小屋东边的高原上按一定间隔排开，随时提供一条照明跑道。参与环球探险的北极飞行员卡尔·兹伯格在充满风险、照明不足的情况下成功降落，三天后我们便又回到了伦敦。

接下来三个月，根据在沃德·亨特岛上得到的教训，我们对雪橇和其他装备进行了调整。我们必须赶在1986年3月3日首次日出之前回到那里。

最小的细节都要考虑到。比如说，在环球之旅中，奥利弗、查理和我无论在南极还是北极，只要骑着雪地车，都会带上一顶大型的金字塔帐篷。但现在这一路上全靠人力，我们就得换一个更轻的型号。

我俩选择了一顶双人测地帐篷，这种帐篷只要把四根10英尺长的多节合金杆插进四个管状套子里就能支起来。在-30℃的温度下，多节杆里的长弹簧将全部丧失弹性，极难将杆子连接成全长状态。于是我们为四根多节杆分别制作了10英尺长的杆筒，外加一根备用杆，这样一来，在艰辛的雪橇之旅中它们就不会脱节。显然这并非一贯重要的细节，但是实际上却是备装过程中的关键一环。

时间过得很快，我在西方石油公司的哈默博士那里积压了一些工作，而且还想尽可能多在埃克斯穆尔陪陪金妮。农舍距离最近的邻居也有将近一英里。对金妮来说，冬季那几个月非常孤独，有时甚至令人害怕，晚上还有各种干扰。幸好有布提、图格鲁克和小狗相伴，金妮才不至于回到伦敦。连续数周的寒冷天气令她与世隔绝，连最近的乡村公路都去不了。当那台老旧的发电机拒绝启动时，她连电都没得用；当水管冻结时，经常连水都吃不上，只能从小溪里取水用。

我们于1986年2月末回到沃德·亨特岛，同行的还有劳伦斯·豪厄尔（Laurence Howell）和他的妻子莫拉格（Morag），劳伦斯曾是环球探险队的一员。几天后，一架双水獭飞机送来了法国雪橇手让-路易·艾蒂安（Jean-Louis Etienne）。我们答应替他在混乱的浮冰中指出一条最佳路线，就在沃德·亨特冰架北边，这些浮冰形成了一堵高墙。尽管浮冰一直在流动，有时候还会被数英里长的开放水域替代，但自从我们去年冬天在那里拉练以来，几乎没有什么变化。我们很快就在迂回曲折的冰原中找到了一条最佳通道。我们和这位身材矮小的医生握手告别，看着他消失在月光下的冰景中。没过多久，由于阿戈斯（Argos）救援信标出了故障，他又回到我们的小屋。劳伦斯帮他修好了信标。在第一次向北突进的这几天里，由于身体挥发出的水分冻结，让-路易的睡袋重量从12磅增加到了28磅。我们将睡袋晾在小屋的一根绳子上解冻。我想起来，在1902年，斯科特的手下阿普斯利·谢里-加勒德进行了为期六周的冬季之旅，开始时睡袋的重量是18磅，结束时却达到了45磅。

我们再次和让-路易挥手告别时，奥利弗评价说："我真希望拥有像他那样的雪橇。"法国人的雪橇重12磅，负载80磅。而我们自己的总负载是450磅，其中包括雪橇的净重70磅。让-路易每八天将获得一次空中补给，雪橇只要受损就会得到更换，所以他尽可以轻装上阵。在前往北极点途中，他还巧遇了威尔·斯蒂格的雪橇犬队。和许多前往北极点的竞争对手不一样，这两人一见如故，后来还共同完成了一次伟大的横跨南极洲的雪橇犬之旅，两人所走的路线正是我和威尔在尤里卡讨论过的那条。

　　当斯蒂格雪橇犬队和让-路易分头朝北缓慢但奋勇前行的时候，我俩却把太阳出现后每一个关键的日子都用来拖着巨大的负载在冰架上做无谓的折腾和试验。对我们蜗牛般的速度而言，就算新雪橇拥有出众的设计也于事无补。我们将装备削减至最低限度，甚至用斯坦利（Stanley）木工刀连雪橇的特氟纶（Teflon）滑板都刮薄了。一切都徒劳无益。3月末无线电上传来了致命一击。奥利弗·谢泼德从他的伦敦赞助雇主必发达金酒（Beefeater Gin）那里收到了一份最后通牒：要么在四周之内返回，要么失去这份工作。既然有妻子和家庭要照顾，总不能选择失业吧。于是在极不情愿的情况下，他示意双水獭在月底前飞到北方来。

　　回到家里，金妮开始着手寻找奥利弗的替代人选。由于她没时间通过一套选择程序来挑选一位具备拉雪橇能力的适当角色，她只好去找一位拥有现成的极地记录的人选。当时仅有四位英国人勉强符合要求，迈克·斯特劳德（Mike Stroud）博士便是其中之一，最近他刚从一趟史诗般的南极拉雪橇探险中返回。迈克接到金妮电话后，向盖伊医院请好假，四天之后便来到了沃德·亨特岛。在接下来的四分之一个世纪里，我们将在极地项目和其他项目中通力合作，这次只是一个开始。

　　几天后，沃德·亨特岛的轮廓逐渐消失在我们身后。穿过极地浮冰区旅行不仅仅是体力和恰当的设备的问题。经验是最大的红利，它让你意识到不断变化的冰况，哪里该避开，哪里最便于找到容易走的通道，如何在到达开放水域前发现它们，哪种颜色和厚度的湿冰可以安全通过，即使每走一步都会吱吱作响并向下弯曲。这些知识可以节省下数小时，甚至是数天时间，除了运气之外，这是决定探险成败的最重要的一个因素。

我们每人都拖着380磅重的负载。因为首先这次探险是不需要任何支持的，所以只要请求援助就等于承认失败。当时还没有人在毫无支持的情况下去过北极点，世界纪录停留在距离北极点98海里处，这个纪录还是辛普森兄弟和罗杰·塔夫特（Roger Tufft）于1968年在一场近乎致命的探险中创造的。后续的尝试，比如戴维·亨普曼-亚当斯和克莱夫·约翰逊（Clive Johnson）在20世纪80年代进行的探险，都在距离北极浮冰群不到50英里的地方因冻伤而失败。

要给这项任务打一个确切的物理意义上的比方，那就是将两个沉重的六英尺高的男人绑在一起，拖着他们在沙丘地带前行425海里。这里的地形包括约两千堵最高达25英尺的堆积冰墙、很多蜂窝冰区域（当你拉着沉重的雪橇试图通过时，蜂窝冰就会断裂倾覆），还有时而延伸至视线尽头的开放水域，水上经常漂浮着稀粥样的变化莫测的雪泥冰。除了这些障碍之外，还有比冷冻区还要低的气温，像刺刀一样切削裸露皮肤的偏北风，怪不得尽管存在激烈的国际竞争，这项挑战至今尚未有人完成。

我和迈克一路上没遇到任何人，尽管我们在没有外部支持、全靠人力的情况下创造了北进纪录，但却因为我早先犯下的一个小错误而不得不骤然停止。迈克对此做了最详尽的描述：

> 离开加拿大后的第三天，正在下一座冰脊的时候，拉恩的雪橇砸穿了薄冰，带着他一起掉了下去。他在冰下消失了好几秒钟，我以为他完了，不过后来却突然冒了出来，并挣扎着爬了出来，一边甩掉身上的水，一边瑟瑟发抖。

那一刻我算亲眼见识了他的韧劲儿。对于掉进去或者觉得冷这件事，他只字不提，只是说："离开这个地方吧。我们要找个地方扎营，把衣服绞干。"留在该地是不安全的，冰层太薄且不稳定，一直都在移动、开裂、相互摩擦。也不存在立即歇脚的可能性，我们花了40多分钟才来到一块安全的浮冰上。

等我们支起帐篷，燃起炉子，准备脱靴子的时候，发现它们已经被冻在脚上了。我们需要用刀子才能把它们撬开，靴子里面的皮肤一块块都变成了苍白色，这证实了我们的担心：他的脚已经严重冻伤。即便如此，拉恩也没有退出的想法，他只是让我尽可能地救治它。

他右脚的小脚趾以及毗邻的皮肤均已深度冻结，几星期后，部分脚趾就在袜子里脱落了。到那个时候，为了防止感染，我们已经用光了大部分抗生素，身边只剩下几天的供应量，我们被迫呼叫飞机支援。事实证明这是一个正确的决定。就在飞机来接我们那天，他的整只脚变成了一堆乱糟糟的蜂窝组织。

回到英国后，医生从我大腿上割下一块三平方英寸的皮肤，嫁接到脚趾和脚掌脱落部位的受损区域上。

几个月前，加拿大《麦考林》杂志曾宣称我的极地探险没有一次有"科学价值"。我们控告他们诽谤，因为这种说法很可能会影响到我们未来的赞助机会。维维安·富克斯爵士和迈克·斯特劳德均出庭作证，并提供证据表明他们过去曾参与过我们的科研计划。经过两天的听证后，由12人组成的陪审团一致裁决该杂志赔偿我们10万英镑并向我们正式道歉。《麦考林》杂志提出上诉，赔偿金被降至10000英镑。但对我们来说，这也算是一笔财富了，而且他们还要支付所有的相当可观的诉讼费用。

1988年，顶级无线电操作员劳伦斯和莫拉格·豪厄尔坐镇沃德·亨特岛，我们第二次在无人支持的情况下冲向北极点，可惜当年这个年份却很糟糕，我们遭遇到了巨大的冰脊、宽广的开放水道以及连续不断的风暴，大风将一块块浮冰吹到一起撞得粉碎。面对现实，而且不愿把赞助商的钱花在没有指望的事情上，于是我们在1989年又进行了第三次尝试。当这次尝试未能达到1986年创下的纪录时，我们商定从世界的另一侧向北极点发起冲击。

戈尔巴乔夫此时刚刚宣布了公开性原则，于是我便趁着苏联对西方人新展现的欢迎态度给他写了一封信，询问我是否可以领导首次从西伯利亚出发的非苏联人进行极地探险。我找到俄罗斯著名极地探险家德米特里·什帕罗（Dmitry Shparo）博士，他是苏联英雄和列宁奖章获得者。他欣然同意负责安排这次极地之行的方方面面，我们将于1990年春从西伯利亚海岸的北极角出发。他警告我说，苏联特种部队的一位名叫弗拉基米尔·丘科夫（Vladimir Chukov）的上校带着一支八人组成的军方探险队，也即将走同一条路线。

事实证明德米特里是一位高效的组织者，他把苏联的各种许可证构成的复杂网络摸得门儿清。我曾和他在莫斯科的谢列梅捷沃（Sheremetyevo）机场待了八小时，只是为了将一把44毫米口径的马格南左轮手枪带进苏联。他曾领导过好几次精彩的探险活动，其中包括1979年首次从欧亚大陆到达北极点。他的探险队也使用人力的滑雪板，空中支持微乎其微。

1989年夏，我和迈克进行了极其刻苦的训练。当时迈克正担任位于法恩伯勒的英国皇家航空研究院军事人员研究所主任。在皇家空军航空医学研究所的实验室里，我们接受了各种身体分析测试。实验证明，我们俩的身体都具备优异的抗寒能力。在用来降低正常体型的大多数男性体核温度的冷水箱内浸泡两小时后，报告显示我"抗寒能力极强，在浸泡期间，体核温度居然出现了轻微上升"。

1990年春，我们的无线电通信团队劳伦斯和莫拉格·豪厄尔，以及我、迈克和德米特里乘坐一架苏联军机，从莫斯科飞抵西伯利亚采矿小镇沃尔库塔（Vorkuta）和诺里尔斯克（Norilsk）。

诺里尔斯克的冬天长达八个月，气温极低，还有几个月24小时都是漆黑一片。约瑟夫·斯大林曾于20世纪30年代将此地用作其西伯利亚古拉格劳改营的一部分。20世纪50年代斯大林去世后，此地又成为庞大的苏联军工综合体的一个机密且关键的部分，专门生产贵金属。现今，这里是俄罗斯最大的单一工业污染源。这里镍含量极其丰富，供应了全球产量的20%，同时还供应了全球3%的铜、10%的钴、17%的铂以及46%的钯。其他大量生产的还有铱、钌和黄金。

我们继续从诺里尔斯克朝北飞抵谢多夫的斯列德尼（Sredniy），在那里和八九十名合同制工人一起住在一个科研营地里。在当时的苏联，这里还是一个高度机密的地方。一年前，也就是戈尔巴乔夫改革之前，我们是绝不会被允许进入的。这个苏联营地就相当于加拿大的远程预警基地。

两辆重卡载着我们顺着雪地里一条小路开了三小时，把我们送到了偏远的戈洛米安尼（Golomiany）营地。基地内一共六人，最近其中一位出去检查发电机的时候，被熊咬死了，身体也被吃掉一部分。基地内的厨师给我们看了照片，可怜的家伙遍体鳞伤，就躺在主屋外的雪地里。营地里养的一群哈士奇后来把熊给轰走了，但其中一条的脊背上至今还留着一道青灰色的疤痕，这是在抵御北极熊而英勇搏斗时受的伤。

剩下的五个人都不会说英语，不过他们通过翻译告诉我们，当天晚上将邀请我们参加一个专为我们举办的宴会，因为"自从沙皇时代以来"，我们是第一批光临戈洛米安尼的外国人。两天后，一架前阿富汗的武装直升机将我们送到100英里外的北极角，这里是新地岛的最北端。

我们飞过大片的苔原和寒带森林，不过这里并非一片原始荒野。位于摩尔曼斯克地区的科拉半岛上的人口接近阿拉斯加的两倍，占了几乎所有北极地区居民的四分之一。

工业及其导致的污染都可谓规模宏大。在沙皇及其后的苏联当局的统治下，均建立了错综复杂的古拉格体系，从而为开采该地区丰富的矿产提供了免费劳动力。远距离输油管线、苔原区公路，以及夏季海港在这个最偏远的地方被纷纷建造起来。

从初期开始，苏联当局就将位于苏联北方的北冰洋视作自己的领土和巨大财富的潜在来源，海岸线稍微靠南的区域已经在生产财富，不断冶炼铜、镍、钴。这些矿石中含有丰富的硫，但大多数冶炼厂并不会脱掉废气中的二氧化硫。仅仅科拉半岛上的三家冶炼厂每年就会向大气中排放约22万吨硫。位于诺里尔斯克的冶炼厂（我们曾中途降落加油）每年的二氧化硫排放量则要超过100万吨，它是世界上最大的单一人造二氧化硫来源，占全球二氧化硫总排放量超过1%。

来自诺里尔斯克和其他工业中心的人为污染正在对北半球的气候产生不利影响。这种对空气能见度的污染被称作北极霾。当北极空气洁净时，人们透过空气能看出120英里远。当雾霾严重时，视距被缩减到18英里或者更短。飞行员在春季首先发现了这一现象，尽管当时天气状况良好。除了雾霾，还有众多采矿作业、倾倒采矿废料、石油泄漏、核废料存储等，可以想象，森林、植被甚至土壤自身都受到了深度污染。生态学家将这种被破坏掉的土地称为"技术导致的贫瘠之地"。

我们在沃尔库塔、诺里尔斯克以及其他与世隔绝的基地内都遇到了和蔼可亲的工厂工人、矿工和士兵，他们大都对在祖国西伯利亚的极端气候中工作感到自豪。我们了解到，诺里尔斯克的艺术家们还举办冰雕大赛，在冰酒吧里喝酒，在冰教堂里结婚，向游客传授冰雕技术，甚至还说要建造一座冰旅馆，就像加拿大魁北克地区、芬兰、瑞典和挪威那些已经建成的冰旅馆一样。而且，他们还钟情于自己所保持的极端气候世界纪录：维尔霍扬斯克村（Verkhoyansk）最高气温为零上37℃，而最低气温则达到了零下68℃。

在苏联的另一侧，也就是遥远的西部，俄罗斯的"冬天母亲"一直以来都是对付入侵者的最值得信赖的防御力量，所有俄罗斯人从学生时代起就知道那些胆敢进攻他们祖国的人的下场。拿破仑无坚不摧的军队曾于1812年胜利攻进了莫斯科，但冬天一到，很快便在混乱中撤退。与一个世纪后的希特勒士兵一样，他们四肢冻僵，成千上万人被冻死，在苔原冻土上留下了一长串冻僵的尸体。

从北极角起，德米特里和他包租的直升机便和我们告别了。我们将手持磁罗盘设定朝北，给步枪装上子弹，开始拖着300磅的水陆两用雪橇沿着海边的碎冰带前进。在整个这一带西伯利亚海岸线上，盛行海流载着浮冰以快于步行的速度大体上朝东涌流，只有当浮冰被某个海角堵住的时候才会暂停。我们必须找到这么一处暂时性的堵塞点，利用它从陆地上行进到移动的海冰上，然后快速往北走，赶到一处较小的漂移区，当地的洋流将会向北移动，从而帮助我们走完接下来的600英里行程，最终到达北极点。

我们是利用戈尔巴乔夫改革和公开声明的第一支国外探险队，但与我们一样不接受外部支持的苏联极地探险队最近已经尝试过这一行程。伟大的意大利登山家赖因霍尔德·梅斯纳（Reinhold Messner）和他的弟弟在北极角进行关键的陆海过渡时触了霉头，不仅遭到北极熊的威胁，还被一片乱糟糟的断裂浮冰给冲走了。他们很幸运地被直升机救了出去，但就在同一年，一位经验丰富的法国女探险家多米尼克·阿尔杜伊（Dominick Arduin）在离开北极角海岸线数日后宣告失踪，据推测是被淹死了。

出发没多久，我的双手就出了问题，没法再详细写日记。但迈克在日记中写得很清楚：俄罗斯人的路线并非这趟北极之行的灵丹妙药。我从迈克的日记中节选几段，以描述我们当年夏天在帐篷内以及在路上的经历。

拉恩在摸索着找东西，我试图用起满水疱、露出红肉、冻得僵硬的手指穿衣服。只有在冻得深到足以杀死肌肉组织的时候，冻伤部位才会变得麻木。表层皮肤受伤后相当敏感，当指尖像有烧红的钢针在扎时，才能体会到拉上一双厚袜子需要多大的力气……

我听见拉恩不耐烦地咳嗽起来。他已经打好了包，正等着拆帐篷。现在寒气已经透进了他的衣服，冻冷了体核，冻疼了手脚。我把帐篷四壁和顶上的白霜扫下来，走到外面加入他的工作。我俩一起做好了准备，整装待发。我讨厌这个地方，讨厌劳恩，讨厌我自己。

为了让身子暖和起来，我们尽量迅速出发，但又不能让冻僵的肌肉太过劳累。损伤肌肉的不仅仅是寒冷；我俩从来没有吃饱过，那点食物不足以让它们从前一天的辛劳中恢复过来。要想正常运转，肌肉需要从储备中获取大量的葡萄糖。鉴于我们的食物摄入量本来就低，一开始葡萄糖就被耗尽了。结果是，肌肉必须从身体其他组织内抽取制造好的葡萄糖，实际上我们每天都在自我消耗。我俩的双腿感觉就像刚刚跑完一场马拉松。

我俩开始接受这样一个事实：在抵达北极点之前，食物和燃料就将耗尽。截至4月底，我们已经打破了此前所有无外部支持的前进纪录，并且超出了数英里。在距离北极点大约89英里的地方，迈克写道：

尽管迟迟未能意识到，但现在我们俩都清楚这趟旅程的终点已经近在咫尺了。数周以来，身体每况愈下，只有对方的坚韧不拔才是支撑着两个人不断前行的动力。我们在一望无际的海冰上蹒跚向前，为了不功亏一篑而拼命挣扎，简直虚弱到了极点。第一周我的滑雪板固定器就断掉了，后来踏着齐膝深的雪整整走了450英里，身体虚弱不堪。拉恩的脚后跟起了一个大水疱，后来转变成了溃疡，向脚跟里面越烂越深，现在巨痛无比。两周以来，他的视力不断下降，现在几近失明。他跟在我模模糊糊的身影后面磕磕绊绊地往前走，每次被没看到的障碍物绊倒就要咒骂一回。

但在目前，和几乎冻僵的手指内的疼痛相比，所有问题都不值一提。每天早晨打包的时候需要做一些灵巧的手工活，每次都要感受那种疼痛。戴着内衬手套和两双连指手套，你根本系不上绑扎带。奇怪的是，手指现在又痛又麻。由于失血的皮肤已经丧失了感觉，疼痛便从关节和肌腱那里冒出来。双手蜷缩在连指手套里根本感觉不到，仿佛手套里包的是冰冻香肠似的。要等半小时才能化冻。随着血液回流，双手就会烧灼般地疼痛；在肌肉组织已经冻成冰的地方，就会形成新的水疱。

……我俩变得亲密无间，一种患难与共的友爱、一种同甘共苦的友情把我们紧紧连在一起。

迈克总结了我们最后一天的行程：

拉恩摇晃着我的肩膀说："迈克，除非风向改变，否则你就是走错了方向，因为风正从我左肩旁吹过来。"

我查了下指南针。快朝正南方了——方向完全错了。我真蠢，竟然未能集中注意力。但是为什么我看不清东西呢？为什么两条腿软得像果冻呢？

"对不起，我感觉在做白日梦呢。"

当时这些词全都说得含糊不清，难以理解。拉恩知道这意味着什么。他放下背包，开始解开帐篷。正如他后来所说，这就像一个醉汉领着一个盲人走路，他意识到再这样走下去就太危险了。我又出现了低血糖的症状。现在到了用卫星信标呼叫救援的时候了。

无论是从北极点还是从途中撤回，我们都已经为这一结果做好了精心准备。莫拉格和劳伦斯联系上了德米特里,一个苏联人驻守的冰岛基地派出了一架直升机。他们发现了我们的信标,把我们送到了300英里外苏联人的浮冰上。抵达不久,在俄罗斯人分拨给我们的帐篷里,我的肾结石病又发作了,迈克只能不断地给我吃止疼药。一周以后,我们回到了莫斯科。苏联共青团主席向我们颁发了奖章,经德米特里·什帕罗证实,迄今为止,我们完成的是北极地区最长最快的无外部支持的旅程。

在等待飞回英国期间,我和迈克惊讶地发现我们俩谁都无法正常看东西,而且任何东西只要超出了几步远,我们都没法聚焦。迈克后来写道:

> 一回到英国,谜底就揭开了。几十年来人们都已经知道,如果看不到任何东西,人眼将聚焦在身前大约一米远的地方,多起飞行事故都与这种效应有关联。飞行员从窗口望出去,只能看见万里无云的天空,习惯之后就会聚焦在眼前很近的某个点上,同时根本意识不到自己已经看不清远处的东西。当另一架飞机在前方出现的时候,他们就没法采取规避动作以避免空中撞车。
>
> 当然,飞行员每隔一段时间会转身看看驾驶舱四周,而且几小时之内就会在机场降落。我们连续数周前行,真的是啥也看不到,所以现在眼睛已经习惯了盯着身前那一点,也就丧失了看其他东西的能力。控制聚焦系统的肌肉因为长期不用而出现了退化,需要再过两周的时间,我们才能重新正常看东西。眼科学年报首次报告了此类事件,我估计将来也不会有很多类似的报告。

回家后不久,我们就了解到了从北极另一侧北美出发的探险对手们取得的成就。一支加拿大探险队出发两周以后就因为冻伤而打了退堂鼓。挪威和苏联各自的探险队在半途中由于队员受伤或者死亡而接受过空中支援,令探险队无外部支持的性质大打折扣。苏联探险队很大方地承认了这一点。但挪威人拒不承认。他们的领队埃尔林·卡格（Erling Kagge）对我们的纪录提出了争议，并宣称他的团队完成了在无外部支持的条件下最终到达北极点的挑战。

回到伦敦后，我接受了肾结石手术，接着便和金妮一起赴阿曼进行考古探险，所以只好拒绝了英国皇家地理学会发来的邀请：在700多名购票进场的听众面前与最近一支挪威北极探险队的领队对质。迈克同意代表我们出场，并记录下了当时的情形：

> 在卡格看来，第三名队员受伤以及疏散无关宏旨……我指出，拉恩和我并不完全认同这种解释。人们窃窃私语，右手边一小撮人开始起哄。
>
> 英国皇家地理学会不习惯闹纠纷——至少从伯顿和斯皮克为尼罗河的起源发生争执以来就是如此。我心生畏惧，但还是坚持住了……
>
> "我和拉恩都承认他们完成了一次伟大的旅程，而且很明显，他们都真诚地认为自己没接受外部支持。但我们认为他们未能意识到自己确实接受了外部支持。"
>
> 更多的听众开始窃窃私语。有位听众喊道："我们必须听这段吗？"但这并不占主流。大多数听众都在静静地用心听我讲。给我的感觉是他们愿意聆听一场公平的听证会。
>
> "埃尔林和他的两个同伴徒步出发前往北极点的时候，和我们一样是没有外部支持的。但十天之后，盖尔受了伤，不得不被疏散出去。这件事导致埃尔林和伯厄花了四天时间等待飞机到来，而且他们承认，在此期间他们吃的是盖尔的食物，而不是他们自己携带的给养。因此，他们在多个方面均受益于此。首先，在最初、最冷、最艰难的那段行程中，有第三个人帮他们运送通用装备。其次，他们实际上吃了额外的食物，而且还能无忧无虑地休息。尽管这件事发生在出发仅仅十天之后，但多出来的那份

食物进入了他们体内本来该被消耗一空的储备库。这在后期帮助了他们，从补给的角度来说，这就像将食物放在他们的雪橇上一样有效……"

"再次……当他们在做探险规划时，规划的是三个人。任何此类行程的限制因素都是个人认为自己能拉得动的重量。在那个限制以内，个人尽可能多带几天的食物和燃料。埃尔林按65天的时间作了计算，但如果一开始规划的是两个人，那他就不会带这么多东西。十天之后，当第三名队员撤出之后，埃尔林和伯厄带着55天的食物往前走。他们认为这很公平，但这是在自欺欺人。当他们吃光了食物才到达北极点的时候，本来就应该意识到，如果没有盖尔的帮助，他们可能永远也到不了那里。如果我们当初得到了如此多的协助，我们本来也能到达目的地。"

"最后一点，大家中有许多人可能都听说过俄罗斯人丘科夫上校。去年，他和他的队员们也到过北极点，但其中一名队员中途被迫退出。一开始，他也声称自己的行程并未得到外部支持，但当有人指出——与我刚才解释过的原因类似——他和他的同伴确实接受过帮助，他当即撤回了自己的观点。"

我停顿了一下。听众们鸦雀无声。

"女士们，先生们，如果一个团队说自己不吸氧就登上了珠穆朗玛峰，哪怕在中途只呼吸过一点点，他们的说法就不能被接受。就算第三人没有受伤，这支挪威团队可能也会取得成功。但第三人确实受伤了，因此他们比我们更不走运。他们完成了一次伟大的旅程，但并不是没有外部支持。我相信他们对这次旅程的解释是真诚的，但他们终究还是弄错了。如果说他们没错，那么丘科夫上校早在去年就完成了首次无人支持的北极点之旅。谢谢大家。"

对质结束后，迈克还和埃尔林握了手，并与皇家地理学会主席共进晚餐。在随后的谈话中，卡格提到他正计划在无人支持的条件下穿越南极。关于这一点，迈克后来写道："我尽量让自己表现出漠不关心的样子，因为我和拉恩已经计划在1992年或者1993年进行一场同样的旅行。我最不愿做的事就是和人比赛。"

杰夫·萨默斯（Geoff Somers）是英国最伟大的极地旅行者之一，一位狗拉雪橇专家，同时也是沃利·赫伯特当之无愧的接班人。皇家地理学会事件发生后，他向迈克说起自己对卡格的观点的看法。"他胡说八道，甚至都不需要逻辑论证。无人支持的旅行根本就不涉及飞机救助。"另外一位老朋友，资深极地探险领队佩恩·哈多在定义"无人支持"时这样写道：

>"无补给"要求你不能让别人将任何食物、燃料或者装备带进去送给你，但它留下的一个悬而未决的问题是，从录像带和多余的装备到受伤或者筋疲力尽的队友，是否可以将任何东西用飞机运出去。业余极地旅行者或者冒险家不一定意识到了这个问题，或者甚至根本就不关心这两者之间的区别。但在这背后却存在一个严肃的问题。如果某人严重受伤，那自然无人反对把他用飞机运出去。但在我看来，除非剩下的队员回到起点重新开始，否则这次探险就不能被认为是无人支持。
>
>原因很明显：该队员可能真的受伤了，但同样也可能仅仅是和领队合不来，或者就像长跑中的"领跑员"或攀登珠穆朗玛峰过程中的夏尔巴人一样只是个被利用的对象——这个人负责所有的脏活重活，过后退到一边，让其他人到达目的地。无从证明这是否一直就是计划中的事：等那个随时备用的人替你运完所有的物资后，就让他退出。如果在逻辑上走向极端，一旦原则被破坏，就无法阻止某个人利用"人力骡子"将他的物资几乎一路送到北极点。

30多年的寒区探险让我对挪威对手的坚韧、顽强以及实践能力敬佩有加，比如20世纪70年代的朗纳·托尔塞斯、20世纪90年代的埃尔林·卡格以及后来的伯厄·奥斯兰（Børge Ousland）。

20世纪50年代，早期挪威–英国–瑞典南极大探险的伟大挪威领队约翰·贾埃弗（John Giaever）曾写道："在极地探险领域，挪威外交官遵守一条很好的规则：远离英国保留地。人们也确信，从英国人那一边来说，他们也不会染指挪威人的保留地。"

迈克曾提到的南极探险计划其实是查理·伯顿和奥利弗·谢泼德的心血结晶。我去伦敦做肾结石手术的时候，就接到了他们的指示，要求我立即赶往皇家地理学会的地图室与他们会面。我去的时候，发现两人正在仔细观察一张南极大地图（更恰当的描述是一大张白纸）。距离我们三人完成最长的首次单队穿越南极大陆之旅已经有十年了。现在他们建议再来一次，但没有任何形式的外部支持。

"既然雪橇犬和机器做不到。"我非常肯定地告诉查理，"人类依靠步行肯定也做不到。阿蒙森已经证明在拉雪橇方面狗比人做得好。"

"胡说八道！"查理大吼起来，"斯科特认为人力才是效率最高的方法，这话绝对正确，我们就是要证明这一点。"

他们的想法是，我负责组织和规划这次行程，金妮负责担任基地主管和无线电操作员。我答应了他们的提议，但有一个条件：迈克将成为团队的第四名队员。有段时间一切顺利，但几个月后，查理的健康状况恶化，奥利弗的工作变得异常忙碌，所以他们决定自己负责组织方面的工作。

迈克认为这项计划值得一试，不仅有机会创造一项重要的极地探险纪录，而且从他的专业角度来说，还有机会在自己的专业医学领域开展独特研究，考察不同饮食对体能以及身体成分的影响。朋友问他到底为何要让自己的身体不断承受各种不愉快的经历，迈克就会用沃利·赫伯特那句被用滥了的名言作答："那些需要问这个问题的人永远也不会明白答案，而那些亲身感受答案的人永远也不会问这个问题。"

等这次探险结束,我还差一年就50岁了,所以这可能是我最后一次接受重大寒冷挑战的机会。迈克38岁,确切来说也算不上年轻了。

第十二章

50 岁无外部支持冲击南极点

克里斯·布拉舍（Chris Brasher）是团队中首次在四分钟内跑完一英里而且后来发起伦敦马拉松赛的人，他替我为这次无人支持的穿越南极大探险找到了一家赞助商，就是最近刚把锐步出售给美国人的攀岭集团（The Pentland Group）。

我们希望能利用南极夏季的天气状况穿越这些冰封大陆，南极夏季最长是108天，由于南极东西海岸之间相距全长1700英里，所以我们必须每天靠人力拖曳雪橇前进16英里，而且全程无休。

迈克费心费力地设计野外口粮，好给大家提供足够的能量去拖曳所有食品和燃料。他和查理·伯顿看法一致，认为斯科特船长的观点虽然招致后人批评，但其实是正确的。这种观点认为：如果按携带燃料的重量和行走距离之比来衡量的话，人力才是最高效的雪橇拖曳工具，并非雪橇犬、小马或者机械。他指出：

> 每个人都认为雪橇犬队或者机动车辆拖曳着满载燃料的雪橇可能会走得更远。他们完全错了。雪橇犬拖曳的负载远不足以维持它们走完比如说从海岸到南极点的距离，除非你像阿蒙森那样让雪橇犬彼此相食。履带车、雪地摩托车以及任何形式的机动交通工具都没法拖着自己的燃料走这么远。只有拖着负载跟随在它

们后面的人才拥有足够的驱动力和决心去争取成功的机会。

迈克将大家拖雪橇的口粮供应设计为每天5500卡路里。这是在和斯科特船长每天4500卡路里的口粮比较后确定的，斯科特团队中幸存的队员平均每人体重仅减轻了20磅。由于体重减轻15%并不会削弱一个人的力量，所以迈克估计这应该能满足我们穿越南极的需要。

据我们估计，如果大家的体能足够拖动每人485磅重的负载，这次穿越才可能成功。斯科特船长的团队在到达南极点后，每人拖曳190磅。强壮些的小马能拖曳580磅，体弱些的能拖曳400磅，由20条雪橇犬组成的两支犬队共拖曳1570磅。在首次乘坐雪橇穿越平坦的罗斯冰架时，斯科特、威尔逊和沙克尔顿每人拖曳175磅。20世纪90年代，世界最伟大的登山员、意大利人赖因霍尔德·梅斯纳在描述自己试图穿越南极时，曾写道："264磅是给马拉的，不是给人拉的。"

我们的负载是有记录的探险以来最沉重的单人雪橇负载。大家主要担心的不仅是纯粹的体力活，还有雪橇对裂缝上薄薄的雪壳造成的重压。我体重98公斤，还要再拉上219公斤重的东西。

我们打算走的这条路线大部分都是未知的，不过人类在南极的所有经验相对来说都是最近才获得的。南极大陆的海岸线在1820年才被首次发现，此后一年内人类完成了首次登陆，并于1908年首次深入大陆腹地。1976年才完成对全部海岸线的测绘，至于冰下陆地轮廓直到1980年才测绘完成。

要到达大西洋这一侧的南极海岸，我们首先必须前行大约2000英里，穿越菲尔希纳冰架，这是一片浮动冰盖，上面布满了裂缝。对于赞助商或者媒体来说，我们是仅仅穿越南极大陆本身，还是要穿越包括与之相连的浮冰冰架，两者并无重大区别。冰架的面积每年都会发生变化，因为它们向海的那一边会不断地断裂并漂浮到海上。为了保持存在，它们需要年均气温低于−6℃，而且最暖月的气温也要在0℃以下。

自环球探险结束以来，外交部极地司对我不断申请探险许可的态度也有所软化。他们最近上任的司长约翰·希普博士（后来担任斯科特极地研究所所长）甚至通过书面形式认可我们以往极地之行的科研成果。极地司并不是唯一不愿批准民间南极探险的机构。每个在南极大陆设有科研基地的国家都必须遵守一套公认的规则。

"二战"期间，德国人曾派飞机将钢制的纳粹党徽撒在具有显著特征的南极地形上。20世纪40年代初，智利和阿根廷曾派军队骚扰位于南极半岛上的英国基地，随着1948年冷战启幕，美国又竭尽全力阻止苏联涉足南极。为此，他们提出设立一个意在拉拢且拥有立法权的多国共管机构，其中包括与南极大陆存在历史联系的八个国家：美国、澳大利亚、阿根廷、智利、英国、法国、新西兰和挪威。由于各种原因，该项提议并未付诸实施。后来在1950年，苏联提出南极洲是由他们的人冯·别林斯高晋于1820年"发现"的，因此宣称未来任何关于共享南极主权的谈判都必须包括他们。

大约有十来年时间，在冷战高峰期，关于这个主题的讨论非常激烈，但都未能找到普遍接受的解决办法。最终在1950年，一群来自各国的科学家找到了解决之道，对他们来说，南北两极之所以重要，仅仅在于地球的磁力线在此汇聚。为了确定地球和太阳的相互作用，当时最杰出的地球物理学家悉尼·查普曼（Sydney Chapman）和其他一些举足轻重的物理学家需要沿着在极地区域汇聚的磁力线测量电离层内的太阳活动。于是，在一个表面上看来非政治性的基础上，各国于1959年签订了《南极条约》，该条约还包括自"二战"以来由多国批准的第一个军控条约。该条约涵盖南纬60度以南的所有陆地和海洋，约占地球表面的10%。重要的是，美国和苏联都同意不在这片指定区域内进行任何领土声索。

随后众多国家争先恐后奔赴南极，纷纷在此设立国家基地，至少先取得"先占先得"的权利，进而在未来的各种南极会议上拥有发言权。截至1991年，已有31个国家在此设立了一处或者多处基地，大多数位于海岸线上或距海岸线不远。就连绿色和平组织，因为急于想成为该条约的一个顾问性质的成员，也在此设立了一处基地（紧邻斯科特船长的一座老木屋）。

从靠近南美洲顶端的蓬塔阿雷纳斯出发，我和迈克飞行了1000英里，越过南极内陆高原，最终抵达这次穿越之旅的起点——伯克纳岛（Berkner Island）的北部边缘。就在同一天，我们昔日的挪威"对手"埃尔林·卡格也在同一条海岸线上稍远的位置出发了，不过他的计划是独闯南极点，而不是穿越整个南极大陆。尽管我未能写下详细的日记，但利用从迈克的日记中节选的内容，我还是能够描述当时可能是这辈子最寒冷的经历。

滑雪飞机把我们放下以后，我们装好雪橇，调整好腹部和肩部的人力套索，我把210磅的体重全靠在拉索上，但半吨重的雪橇连动都没动一下。我发现滑行装置前部横着一条8英寸长的凹槽，于是我左肩又用力拉了一下。雪橇勉强向前动了一下。一想到必须拉着这批重负走一小时或者一英里，就令人震惊，更不用说走到南极点甚至更远了。

四面八方，除了海市蜃楼般的微光和南极洲刺目的白色，一无所有。

五个半小时后停下休息，因为自从离开蓬塔阿雷纳斯以来，我们已经连续24小时没合眼了。出于导航需要，我们每天都必须依照精心安排的日程行进。我打算利用手表和影子一路确定到达南极点的方向，这意味着在当地正午时分太阳必须位于正北方。按照我的推理，还有1696英里路要走，因为我们的口粮可供100天，现在还来得及想办法将每日行程增加到16英里。必须没有休息日，否则我们就会失败。迈克写道：

就算用尽最大力气，我们俩也只能以爬行的速度慢慢往前赶。尽管出发前接受过各种训练，但还是无法坚持。每走几百码，我们都必须停下来歇息，好让火辣辣的大腿肌肉排掉因过度工作而积累下来的酸性物质。经过四小时的挣扎——在-20℃下挥汗如雨——我们才走了两英里。到那个时候，我们都已经精疲力竭，不得不停下来扎营……

　　头两个星期结束时，我们往前走了大约150英里。对于拖着如此沉重的物资进行的探险来说，这样的开头一点也不差，但我俩清醒地意识到，为了确保整体成功，我们必须每天前进大约17英里。这将需要赶很多路。第14天，我们走到一处地方，此地让我们别无选择，只能转身去大陆。再沿着小岛的海岸线往前走就会往西走出太远。我不得不承认，一想到要被赶上空荡荡的冰架，就觉得害怕。

　　我的担心是有根据的。当我们将伯克纳岛留在身后，按照预定路线，我们将穿越一片看上去毫无特征的白色大平原。然而，正当我在拉恩身前约150英尺的地方领路，前方突然传来一声闷响，接着一缕缕冰晶升入空中，仿佛有人刚刚触发了一场小型爆炸。接着又传来一阵又长又低沉的隆隆声，既能听到又能感觉到，就在我前方十码远的地方，看上去坚实的地面开始分裂。起初是慢慢地，然后势头越来越猛，一条黑色的锯齿状裂纹将白色的地面劈裂开来，随着边缘部位自行坍塌，裂纹越来越宽。片刻之间，这条裂纹就在我本来应当走过的地方变成了一条30英尺宽的深裂缝。就在我观看的当儿，它又朝两边扩展至大约120英尺宽。裂缝出现数秒之后，脚下仍能感觉到那些巨大的冰块一路翻滚跌进冰架最深处时发出的隆隆声……

　　我四周哪些地方还存在此类隐藏的裂纹？哪条路能让我们安全走出去？尽管到处看上去都平坦光滑，没有任何迹象显示底下是空的，但四周遍布类似的裂纹，根本没有安全的路线。正当我转身顺着新裂开的裂缝朝前走，蓦然传来另一声闷响，又一条裂纹裂开了。这次这条裂纹位于拉恩身后，就在我们俩刚刚走过的区域。接着响了一声，又是一声，平坦的平原变成了一场起伏不定的梦魇。我们俩吓坏了，赶紧用绳子系在一起。地面成了活物，前后左右全都是张开的蓝色大口。有一次，正当我们一步一探地往前走，不断用滑雪杖的硬刺探测雪地，我们两人之间竟然迸现出一条峡谷。我一转身，发现自己踩出的路径正在支离破碎地掉进深渊，深渊上方横亘着我俩那条可怜巴巴的细绳子。这些裂缝如此之大，本可以将我们俩一下子吞没，它们裂开之前根本就看不见。

我不明白它们为什么会存在。通常当冰川流经一处凸起时，表面会因压力而断裂，此时会出现裂缝。但这是在冰架上，似乎没有充足的理由解释裂缝的存在，不过我猜测可能存在洋面以下的原因，可能我们下方几百英尺深的海床上有一处凸起。但由于裂缝的起源并无任何可见的迹象，我们找不到明确的路径避开它们，我们所能做的就是顽强地走下去，一直朝南走，同时祈祷断裂只会在局部发生。幸运的是事实确实如此。两小时后断裂结束了，恐惧的感觉才慢慢消退。这两小时无疑是我俩这辈子最为恐惧的一段时间。我们将磁罗盘指向大陆，开始穿越一片新的白茫茫的大平原。

我俩此前都没有使用风力设备比如风筝或滑翔伞的经验。但在南美的时候，一支美国极地探险队花了一小时向我们解释人拉雪橇时利用风力支持的原理，并送给我们两个降落伞。我俩头几次试用简直就是灾难，用迈克的话说，经常造成"一场绳子、雪橇和滑雪板纠缠不清的大灾难，而且当我们戴着薄手套或者光着手试图把它们解开的时候，还要冒着冻伤的风险"。

……有一次，我看见拉恩就在我眼前朝一条长裂缝的左边摔了一跤。再往左，地面看上去相当结实，于是我便朝着那个方向继续前进。可我没意识到的是他并不是偶然摔倒的。这条裂缝位于一处凸起后方，实际上朝他左右两边都在延伸，他之所以要摔倒，只是为了避免掉进裂缝。当我走近的时候，他试图警告我，但我当时走得太快了，于是我便连同雪橇一头栽进了张着大口的裂缝。

我很幸运地活了下来。我并没有自由下落，而是被风帆部分挂了一下，更幸运的是，裂缝在我掉进去的这个地方转了个急弯，而且就在这个地方，风吹进来的雪积累起来，形成了一座脆弱的积雪拱桥。我仅仅下落了20英尺，落在一座雪桥上，吓得气喘吁吁却毫发无损，并没有垂直掉进无尽的黑暗中。但是，下一刻我却被吓坏了。裂缝内的冰墙从两边几乎垂直往上，下方几英尺远的地方，黑暗在向我招手。雪桥显然非常脆弱，我费了好大劲才压抑住内心的恐惧，开始每次一份口粮、一只燃料罐、一件装备地清空雪橇。在雪橇最终清空之前，每件东西都要扔给上方20英尺处站在冰缝边缘上的拉恩。接着在一根绳子的帮助下，我满心感激地爬了出去。真可谓九死一生。

当我们离开英国的时候，我记得一位记者曾告诉我："现在当然和80年前不一样了。现在你们拥有技术时代的所有装备。冒险和危险的感觉都没有了。"我试图想明白，一旦真掉了下去，雪橇上的何种技术装备能阻止我掉进裂缝？

正如斯科特和莫森时代一样，裂缝在今天仍然是北极旅行者的头号威胁，在中间这段岁月里，这种危险性并没有减少分毫。但这并不能阻止无知的媒体记者（他们从未在裂缝冰原上旅行过）或者那些老资格的探险爱好者（他们确曾在裂缝冰原上旅行过，不过认为他们在20世纪30、40或者50年代的巅峰时期就是整个伟大英雄时代的终结）将今天的极地旅行者贬低成一群娇生惯养、出门兜风的家伙，无论遭遇何种险境，他们只需按下一只红色按钮，立即就会得到救援。

许多冰缝宽达100多英尺，中间悬挂着冰桥。最薄弱之处并非如人所料位于中间位置,而是沿着断裂线在冰桥与冰墙唇部相接的地方。在最危险的情况下,整座冰桥在抓住一个看不见的临时"制动器"之前,可能已经朝裂缝张开的大口里掉落了数英尺。接着新雪又部分覆盖住了因此而形成的空隙。

将雪橇向下拉到这座摇摇欲坠的雪桥上并不是太费力气,因为重力会帮助我们。如果雪桥承受住了起始重量,那么我们就继续拖着雪橇朝中心跨距前进。在这个节点上,行动就会变得极其凶险,原因是:为了将魔鬼般的负载用人力拉到逐渐解体的雪桥的另一侧,滑雪板和滑雪杖必须在其最薄弱之处施加最大的向下压力。每当我们的滑雪杖刺穿了雪壳,或者雪橇的某个部位摇摇晃晃地倒退(因为它的头部或者尾部已经砸穿了雪桥),这些时刻简直让人惊惧欲绝。

连续三天,冰架都处在坏天气的笼罩之下。裸露的皮肤生出了冻疮。大腿内侧开始出现烂裆现象,尽管在伦敦已经做过深层注射,但痔疮再度复发。我的后背和肩膀长时间疼痛不已。套索、滑雪板和皮肤都需要经常修补,但修补材料并不是无限的。和所有其他东西一样,它们已经被削减到最低限度。

周五,也就是11月13日,我开始朝西南方前进,但突然出现的很多冰洞把我们留在了冰架上。迈克写道:"似乎到处都是裂缝……今天我就掉进去了。这是一处冰壁垂直的裂缝。我的滑雪板紧贴着一侧,胳膊和肩膀紧挨着另一侧。我根本见不着底,只看见蓝灰色渐变成一片黑暗。"由于时不时就要遭遇不测,我俩吓得只好将安全绳紧紧地系在腰上,但这是不得已而为之,因为后面那个人总是会踩在绳子上,绳子一抖就会将领路的那个人绊倒,在彼此之间的容忍度比较低的时候,这便会造成另外一种常见的小烦恼。

尽管我每天都擦凯妮汀(Canestan)克霉唑粉,但裆部依然烂得厉害,阴囊两侧和大腿内侧都被磨破了,非常不舒服。我的棉质短裤(外面套一条薄薄的除湿长内衣裤和军用宽松棉裤)不断产生褶皱,擦破的几块地方情况越来越严重。

在我们头顶上方15英里的地方，臭氧层在今年的这个时候露出了一个空洞（最严重的情形出现在11月）。空洞使得达到危险水平的紫外线未经过滤就直接照射在南极洲和诸如澳大拉西亚（Australasia）和巴塔哥尼亚（Patagonia）这些地球南部区域。尽管英国南极调查局资深科学家约瑟夫·法曼（Joseph Farman）早在1977年就发现并宣布这个至关重要的地球保护层已遭到令人担忧的破坏，但是他有关臭氧层的发现却遭到了美国航空航天署（NASA）的嘲讽。

1985年，沮丧的法曼公开发出警告：南极上空每年夏天都会出现一个如美国领土般大小的臭氧层空洞，使得致命水平的紫外线进入我们的大气层，进而增加癌症的发病率，破坏海洋生物并削弱免疫系统。接着人们发现这个空洞正在扩大，而且北极上空也发现了另一个空洞。截至1988年，臭氧保护层变薄了5%；到了20世纪90年代初，从南极点释放的探空气球发现，在地面上方11英里处，臭氧浓度已经从百万分之两千下降到仅仅百万分之十五。

由于我们在一年中最糟糕的时段在臭氧空洞正中心的正下方行进，保护皮肤免遭阳光直射是合情合理的，但事实证明这根本不可能。我们用雪橇犬的套索拉着沉重的负载，往前走的时候胸腔就会受到压缩，每走一步都要气喘吁吁，没法用限制呼吸的材料把嘴巴罩起来。我们呼吸的时候还不能让护目镜起雾，于是日复一日阳光就直射在我们的嘴唇和鼻子上。可能迈克用防晒霜将自己保护得更好，或者仅仅是因为他拉雪橇时把姿势放得更低，从而遮住了面部。不管什么原因，我的嘴唇因晒伤而急速恶化，鼻子整个肿成了球状水疱。当我们从公用锅里往外舀晚饭的时候，我的勺子里总是带着一滴滴的鲜血，这就是从起疱的嘴唇深处的裂缝里泉涌而出的。

过了一夜，血痂总是会结在一起。一觉醒来，撕开嘴唇的动作（为了说话和喝水）总会揭开所有破皮的地方，早餐就成了鲜血淋漓的麦片粥。迈克写道：

南极洲是一个遭受紫外线辐射的可怕地方。它迅速灼伤敏感区域，我们的嘴唇很快就起疱、开裂、疼痛无比。我自身也出了问题，但拉恩要严重得多。除了直接灼伤某些区域外，紫外线还会重新激活唇疱疹病毒。这种病毒在易感个体中处于休眠状态，拉恩过去就曾患过唇疱疹。现在病毒气势汹汹地回来了，他的嘴唇现在四分五裂、肿胀不堪，变成了一团不断流脓的开放性溃疡。晚上，当我们就着一口公用锅吃饭的时候，血就会流进食物里——我觉得这东西相当倒胃口。夜间他的嘴唇会黏在一起，第二天早晨，在开口说话甚至微笑之前，他都必须用手指将嘴唇扒开。

迈克给了我三支不同的唇膏，但似乎没有一支有助于缓解深度紫外线灼伤。我在日记中写道："肩胛和臀部剧痛难忍。下唇现在就像一块生肉。裆部溃烂，下腰刺痛。迈克的面条煮得很棒。他的'小弟弟'显然冻伤了，还起了水疱。"

我忍不住想，自己这许多病痛主要是由于年龄的缘故。我想起沙克尔顿正好就在我这个年纪去世的。有一天晚上，当我用刀子割开脚上一个坏疽区的时候，迈克说："快50岁了还要尝试这次旅行，你真是不同凡响。"我还记得澳大利亚南极探险服务的头头菲利普·劳博士在挑选南极探险队员的时候说过的话："我们的健康标准非常高。超过40岁的人很少具备我们所需的动力和精力。"

我的精力水平确实严重偏低，而且还在下降。脑子里一直在想，前面还有数百英里的路要走，而且最恶劣的情况尚未出现，包括攀爬10000英尺的高坡，我们的路线顾问查尔斯·斯威辛班克博士曾将此描述成"骨头都要散架的辛劳"。迈克写道：

冰面的摩擦力远比我们预期的要大。尽管雪橇的滑行装置是采用最好的不黏材料制作的，但冰雪本身的顺滑性极低。就算在低纬度且远离极点的地方，气温通常也会低至-30℃。天气太冷了，雪橇产生的向下的压力无法引起常见的表面消融，而正是这种消融才能在滑雪装置下方提供一种滑溜的冰雪混合物。我们更像是拖着沉重的负载在沙子上前行，每小时奋力挣扎着才能走大约一英里半。这意味着要想保持还算合理的进度，每天要拖行10小时到12小时。我们在冰架上走了整整20天，方才抵达陆地的边缘。

抵达陆地之后，我们便朝南极高原——一座10000多英尺高的陡坡——开始了漫长的攀爬。艰苦的跋涉很快就变成了"骨头都要散架的辛劳"。令人失望的是，我们发现自己拖着负载攀爬了一整天，然后一不小心掉进横亘在路线上的某个冰谷里，刚爬完的那段高度几分钟之内就会丧失殆尽。这非常令人沮丧。雪上加霜的是，寒风一刻也不停地从高原上直接往我们脸上吹。我们最长和风暴连续抗争了五天，啥也看不见，而且还被风暴的巨力推着往后退。寒风还雕刻出巨大的雪丘和岩石般坚硬的冰脊，我们不得不绕行或者翻过去。一边攀爬，气温一边稳步下降。我们的步速越来越慢，到最后每小时甚至连一英里也走不了了。

迈克一直在对我们身体所承受的非同寻常的压力进行细致的研究，他发现自己取得了很好的成果。他的主要研究领域之一就是体内脂肪储备消耗完之后的肌肉自噬过程以及胆固醇水平的变化。他记录道：

> 从我和拉恩在穿越南极过程中抽取的血样中，可以发现锻炼对脂肪代谢影响的一个极端例子。为了将拖曳的雪橇重量降至最低，我们在行进期间吃的是脂肪含量极高的食物，脂肪来源主要是黄油。我们的食物不仅脂肪总含量高，而且饱和度也非常高。世界卫生组织建议食物中的脂肪含量不要超过30%—35%，而且

其中大部分应当是非饱和脂肪。而我们的南极口粮中脂肪含量达到了57%，按比例来说，相当于正常成年人脂肪消耗量的两倍多。结果我们摄入的饱和脂肪量相当于正常合理水平的四倍多，但总胆固醇量却保持在健康水平，有益的高密度脂蛋白增加，同时有害的低密度脂蛋白下降。信息很明确：如果运动量足够，脂肪就会用于造物主预定的目的。

我一直很欣赏迈克对研究工作的专注程度。无论当时觉得有多么不舒服，他也绝不会忽略科研计划中最小的细节。坐在帐篷里到了某个固定时间，他就会从科研背包里掏出两个小瓶子，里面装的是一种非常昂贵的水，我们每人喝一瓶。水里包含浓度极高的氢氧重同位素，两者非常稳定，能够无限期保持重态，不会发生放射性衰变。

他向我解释了这样做的目的："这东西由氢和O_{18}构成。和重水（D_2O）很像，但没有放射性。每瓶要花费几百英镑，所以一滴也不能洒。"

"那么重水对我们有什么好处呢？"

"啥好处也没有。它只会和我们体内的其他水混合，我们会慢慢地将它们排出来，我会慢慢地收集。部分O_{18}会以二氧化碳的形式排出。迟早我们会在体内把它们都燃烧掉，但O_{18}消失得最早。我会进行尿样分析，利用不同元素的消失速度测量我们每天的能耗。"

头30天的同位素研究结果表明：当我们在朝高原方向攀爬的时候，同位素显示我每天的能耗是10670卡路里，迈克是11650卡路里。它们证实了有记录以来最高的连续能耗——该数值肯定非常接近生理极限值。这比我们吃进去的食物多出了5500卡路里，这个亏空相当于每天饿着肚子跑两遍马拉松。

正如迈克所指出的那样，和前几代极地探险家相比，我们过得肯定要好得多，因为除了像这样的慢性饥饿之外，他们还要承受对坏血病的恐惧。即使到了20世纪，斯科特依然无法确定坏血病的确切原因。1902年，当坏血病在他的队伍中爆发后，他对这种疾病的起始状态是这样描述的："牙龈发炎肿胀……腿部出现斑点，旧伤口和瘀伤部位感到疼痛；接着，先是双腿后是双臂，先轻度水肿，然后极度肿胀，同时关节后部位变黑。"

法国探险家卡蒂埃在寻找西北航道的时候也曾讨论过坏血病症状，他发现北美香柏树的树皮和叶子对此病有显著疗效：

> 传闻中的无名之病开始在我们中间传播，其传播方式极为怪异，此前从未听过亦未见过，部分人浑身乏力，无法站立，接着双腿肿胀，肌肉萎缩。其他人的皮肤上也布满了紫色的血斑；然后症状一路向上蔓延至脚踝、膝盖、大腿、肩部、手臂和颈部：嘴巴变得臭烘烘的，牙龈溃烂至所有的肉都自行脱落，甚至腐烂到牙根，所有的牙齿也掉光了。

斯科特的日记中记载了许多自相矛盾的坏血病理论。维生素当时尚未被发现，甚至连著名的弗里乔夫·南森都错误地以为坏血病源于受污染的食品罐头。英国极地探险队与皇家海军是交织在一起的，许多早期远航和后来的小船加雪橇旅行都以大量船员因坏血病死亡而告终。历次探险的领队虽然多年来多次遇到过爱斯基摩人——他们以新鲜肉食为生，不吃新鲜水果或蔬菜，但是都未能通过推理得出结论。其他国家的海军也遭遇过同样的灾难。

1497年，瓦斯科·达伽马在其往返葡萄牙和印度的开创历史的远航中，四艘船损失了两艘，且所有水手中有三分之二死于坏血病。1519年，麦哲伦开始了其最伟大的远航，出发时带领着五艘船和265名水手，但回到西班牙时，只剩下一艘船和18名水手。即使到了1593年，理查德·霍金斯爵士也没有更好的办法防止坏血病，他将其形容为"海洋瘟疫"。时隔80年之后，查理二世的内科医生吉迪恩·哈维（Gideon Harvey）徒劳无益地将各种形式的坏血病分为口坏血病、酸坏血病、胃坏血病、陆地坏血病和海洋坏血病。他还认为婴儿被患上坏血病的父母亲吻就会得这种病。

我们自己的坏血病预防手段就是维生素C小药片，尽管口粮中57%都是酥油形式的动物脂肪，但这些药片却让我们免于坏血病。

我们早期犯下的一个大错就是扔掉了主要的几件御寒衣物和笨重的羽绒大衣，因为根本没地方存放。由于不顾一切地想让负载更加稳定，我们俩决定通过拉雪橇让新陈代谢系统不断喷发热量，直至在−30℃时汗流浃背，或者一停下就迅速支起帐篷钻进去。前面一大半路程，这个办法很奏效。但高海拔和日益逼近的严冬却让我们痛悔没带够真正可以御寒的装备。

我们发现导航非常累人，于是就每小时交换一次磁罗盘，轮流在前面带路。除非遇见不同寻常的事情必须说话，否则我们俩一整天都一言不发。如果真的问了个问题，答案肯定会是"啥"。声音在冷空气中比在暖空气中传播得慢，而且冰雪还具有消音作用。耳朵也被至少两层巴拉克拉瓦帽和夹克帽给遮住了，结满冰霜的衣服或者滑雪板在结成硬壳的雪地上的每一个动作都会给听力造成困难。

在晴朗的天气里，导航员会检查磁罗盘指针的摆动是否精确，因为酒精受冷增稠，指针移动变慢。为了避免不停地检查磁罗盘，通常就拿身前反射的光线或者阴影当作定向参照点。在阴天或者更恶劣的风暴天，任何地方都不可能找到参照点。斯科特就曾提到过这个问题：

> 很难形容这项工作有多累人。连续几小时慢慢跋涉，不断寻找某个更确切的标志。有时能瞥见地面上的一块阴影，或者比周围略明或略暗的一片云彩；它们会在任何角度出现，必须时时拿眼角的余光盯住。经常会出现一两分钟的绝对困惑……在此期间，你可能会朝任何方向前进……人们很难想象这项工作有多累人，有多累眼。

有关前进方向的其他线索可以通过判断盛行风的风向获得，也可以通过观察被盛行风吹成的冰脊纹路来掌握。斯科特的手下查尔斯·赖特（Charles Wright）曾在风暴中引导过一支探险队，他写道："在那可怕的一天里，没有地平线，没有风，没有冰脊，也没有积雪来帮助导航员，我整整转了半圈，又转回到自己的足迹上。"

遇到这种天气情况，我和迈克两人天生的方向感知能力就会表现出不同的倾向性。我倾向于到处乱转，而迈克则总是朝右偏，仿佛是在响应某种看不见的磁力。

没有太阳的时候，比用磁罗盘更简单的就是不时瞥一下你的影子和手表上的本地时间。由于太阳在当地正午时分应当位于正北方，所以你只需要踩着自己的影子走，那就是朝正南方前进。因为太阳会以每小时15度的速度穿过地平线，所以当手表显示1点钟的时候，你就和影子成15度角往前走；3点钟的时候，就以45度角往前走；6点钟的时候，影子正好落在自己的肩膀上。要采用这种方法，最好是每天早晨出发，这样一来，本地子午线上的正午就会靠近计划旅行时间的中点。

每天晚上，我都会在帐篷里利用GPS检查我们的方位，一想到1979—1980年环球探险经过南极这一段的时候，我使用经纬仪或六分仪确定方位时所经历的痛苦，我就非常感谢发明了这个东西。

12月初，坡度开始急剧上升。有几次，每走一步，我们的滑雪板都要向后滑一下，唯一能朝上走的办法就是以45度角紧贴着斜坡往上爬，这样一来总行程又多出一大截。在这些无休无止、难以忍受的陡坡上，除了咬紧牙关，强迫自己不要设想未来或者想前面还有多长的距离，几乎无计可施。

当无风时段恰逢万里无云，阳光穿过臭氧层空洞直射下来，热得我们无法忍受，连背心都脱掉了。汗水流进了眼睛里。未曾清洗过的头发和身体一阵阵发痒，散发出浓烈的腥臭味。汗水里的盐分刺痛着裆部的脓疮，紫外线发起的新一轮灼伤攻势进一步摧毁了我的嘴唇，里面流出的脓血渗进了面罩上遮盖下巴的地方。

迈克说他脚跟上的一处脓肿胀得太厉害了，他决定进行手术。我带着无比敬佩的心情看着他给自己打完两针利多卡因（xylocaine）麻醉剂，接着又把手术刀刃口深深地插进脓肿里，呈十字交叉划了一个切口。脓从创口里急涌而出，肿胀消了下去。接着迈克给自己的脚跟打上绷带，又把医疗包收拾停当。我不知道他是否觉得头晕，反正我肯定是晕了。

大部分贴在水疱和烂裆部位的膏药都无法逐日更换，从而变成了半永久性的固定装备，因为和其他东西一样，膏药也供不应求。这种状况有时会导致脓疮恶化，30天过后，我的右脚在走路的时候便开始疼了起来。有一天晚上，我打开绷带一看，发现两英寸长的一片区域又湿又肿。迈克在这个位置上切了一条半英寸长的口子，疼痛立即缓解了。在把脚重新裹起来之前，我把迈克给我的痔疮膏在脚的口子上（以及脱皮的嘴唇上）抹了一遍，迈克有很多这种药膏。迄今为止，我脚上已经分别打了九处绷带。迈克曾把格拉努弗莱（Granuflex）压疮垫贴在水疱上，并且发誓说效果很好，这个东西似乎奇迹般地治好了几处最严重的脓疮。我也试过一次，但发现它对于相对较紧的塑料靴子来说太笨重了。

接下来三天里，尽管八级大风不停往脸上吹，我们还是爬到了海拔5000英尺的地方。第二天我们遇到了第一场真正的风暴，同时还有起伏不平的冰脊和表面冻得极硬的积雪，只有使出最大的力气拖曳，雪橇才能开出一条路来。

20年来，主要是在北极，我曾在最刺眼的雪地里月复一月地导航，并没有采取任何护眼措施。但早在西伯利亚，我做出这一愚蠢之举，是由于厌烦雾蒙蒙的护目镜，它就已经让我遭到了惩罚。伦敦最好的眼科医生曾警告我说，如果我再让视网膜过度吸收蓝色光和紫外光，就有可能失明。我吓坏了，再也不敢忍不住扯掉护目镜，但是迈克这样做，我充分理解。

在真正的风暴条件下,人们很可能会"走下"悬崖,飞机会意外"着陆"。有些人因在风暴条件下行走连身体都会不舒服。那天早晨,迈克脱下夹克帽防止护目镜起雾,就曾抱怨说感觉"心慌意乱,完全迷失了方向"。因此他只好一直戴着帽子,但护目镜又没法穿戴,在一片特别恶劣的冰脊区,他干脆两小时都没戴护目镜。快到中午,云彩移开了,地平线隐约可见。因此,我们可以保持住方向,以70度角穿越一道道冰脊形成的壕沟。

在糟糕透顶的十小时里,我们步履蹒跚地翻过看不见的障碍,越过滑雪道尽头,栽进看不见的壕沟里,等到扎营的时候,我发现自己的脸颊被紫外线烧灼得红肿不堪。半边脸颊上有颗痣一碰就疼。我把脸颊暴露出来是为了帮助护目镜除雾,但这样做是个错误。由于灼伤非常严重,脸颊上生起了水疱。

尽管迈克一整天只有两小时没戴护目镜,但他的眼睛也受伤了。扎营不久,他就出现了雪盲症状。虽然只是最轻微的发作,却足以让他在巨大的痛苦中仰面躺倒。我们带了一瓶丁卡因(amethocaine)眼药水,这些药水会让迈克的症状在大约一小时之内得到极大缓解,但随后他将重新疼醒,只好再滴眼药水。

由于头40天里我们的整体速度和进度要稍好于此前任何有记录的南极人拉雪橇之旅,从理论上来说,我们的速度本不应该引起任何争议。但我们俩承受的压力越来越大,而且在慢性饥饿和巨大的能耗构成的双重压力之下,我们体内的化学成分也在发生变化。后续血样分析表明,我们的整个酶系统,即控制脂肪吸收的所有物质,都在发生变化,胃肠激素已两倍于此前科学界已知的水平。我们正以迄今从未了解过的方式适应高脂肪口粮。此外,不仅机体在损失肌肉和重量,心脏也在损失肌肉和重量。在攀爬通向南极点以及更远处的陡坡期间,我们正在快速地损失肌肉。在行程的第51天,迈克记录道:"昨天晚上我们称了一下体重。拉恩减了40磅,我减了30磅。这可是我们体重的20%。"

尽管当时我们不知道，但后来我了解到，极点附近相对较低的气压会显著增加海拔对人体的影响。极地环流风形成旋涡，降低了极点处的气压，结果在短暂的夏季将此处的有效海拔提升到10000英尺以上，即此处8500英尺的海拔高度产生出如珠穆朗玛峰那样11500英尺高的海拔条件。

高度11500英尺，由于空气稀薄以及由此导致的缺氧会让许多人患上高原病，出现气短、头晕、恶心甚至意识混乱等症状。斯科特手下的一名队员就在9000英尺处因高原病而丧生。尽管有十条雪橇犬拉着阿蒙森的雪橇，但他仍然发现"行动困难，呼吸费力"。在高海拔处满足身体对氧气的需求将增加心跳和呼吸的频率。

即使在极点处整天啥也不干，卡路里的需求量也会从300单位上升到500单位。食物在高海拔处不易分解和代谢，尤其是构成一多半口粮的脂肪。呼吸困难、喘气、半夜因气短而憋醒都有可能在极点处发生。

由于气压低，严格的燃料配额令我们每天最多只能通过融雪获得半加仑水，供一天饮用。在这一海拔高度，哪怕保持静止不动，也会严重脱水。在我们目前这种状态下，正确的水摄入量本应是每天至少一个半加仑。我们拖曳的时候本就气喘吁吁，10000英尺处呼吸比平常愈加频繁，体内二氧化碳流量增大，血液碱性增大，肾脏努力调节才能适应变化后的状态，但肾脏只有在水分充足的时候才能发挥最大效能。由于干燥的极地空气和增加的呼吸频率，我们正在快速损失体内水分，严重脱水。

除了海拔和脱水对身体的影响之外，正如任意两个个体一样，我们俩的体质也存在差异。斯科特就曾注意到"奥茨的鼻子总是处于冻伤的边缘"，而"鲍尔斯却安然无恙……我从未见过如此抗冻的人"。斯科特的手下阿普斯利·谢里–加勒德，曾考虑过高个子雪橇手和矮个子雪橇手之间的差别。"我不相信，"他写道，"这种生活适合高个子。人们期望他干好自己分内的活、支持并驾驶一辆比同伴更大的

'机器'，同时还不多吃食物……很明显，体重最大的人比那些更矮小的人虚弱得更快、更严重。"

在评论斯科特的五人团队中体型最大的西曼·埃文斯（Seaman Evans）首先死亡这件事时，谢里-加勒德写道："埃文斯必定经历过一段最可怕的时期。我觉得从日记中明显可以看到，他曾承受过巨大的痛苦而未说出口。"现代医学研究认为，正常时期体重约200磅的埃文斯在如此寒冷的条件下，每天比体重150磅的其他雪橇手要多消耗400卡路里的热量。如果没有这部分热量，他就会损失更多的体重。就我而言，我一直认为"我比迈克个子大，理应吃得多"。

在抵达南极点前一周，我和迈克感受到了利如刀割的寒风。在距离目的地大约20英里的地方，我们刚从帐篷里现身，迎面一阵大风扑来，立即进入一种特别寒冷的状态。风寒指数在-80℃上下徘徊。风寒指数是指在结合当前风速的情况下，人体在当前温度下的感受。

风寒指数这个概念的提出要归功于著名的美国极地探险先锋保罗·赛普尔，他基于一幅简单的曲线图提出了这个概念。风寒指数对于确定寒带战争中的军队着装至关重要，因此直至"二战"结束，它一直都是军事秘密。除了风速和静止空气温度之外，还必须加上以雾气形态存在的湿度，因为空气中的水分比干燥空气能更快地带走身体热量。这三种因子的测量值合并产生了极地气象学家所谓的"相对室外温度"。

极地统计资料中有很多趣闻，其中就包括华氏和摄氏的相对值在-40℃处相交的公式。当静止空气温度降至-60℃时，威尔·斯蒂格的团队总是能知道这一变化，因为别人赞助的高露洁牙膏会冻成冰坨。

由于戴着笨拙的连指手套、头套和护目镜，拔营和装载雪橇一直都是一份棘手的工作。如果绑带冻在套索扣里，或者一个主要的拉链卡住了，要想解决问题，戴着手套的手指往往被证明是毫无用处的。

然后，摘掉手套的诱惑力会非常大，但是在-80℃的风寒指数下，最好能耐住不受诱惑。

迈克永远也不会忘记那天早晨。他记录道："开始行动的时候，我就觉得比往常要冷得多。特别是双手，因为只戴着分指手套和薄连指手套，变得越来越麻木……我把手指蜷进掌心里，试图恢复血液循环……如果不赶紧做点什么，手指就会冻伤。"迈克需要戴上最厚的那双连指手套——我把它叫作大象手套。他把它们放在雪橇上最便于取放的位置。他在日记中写道：

> 在寒带生存是一门艺术，预见问题更是重中之重。尽管连指手套随手可取，但就是套不到冻僵的手指上。我没法用一只手抓住另一只的边口往上扯。更糟糕的是，尽管手指表面对触碰麻木得毫无知觉，但里面却痛得无法忍受。我发现自己像只狗一样哀号……在我身后出发的拉恩赶过来帮忙，但就算他帮扯上了边口，我还是感受不到里面的那双手。随着时间一分钟一分钟地过去，形势变得绝望起来。我们两个人的手现在都丧失了功能，而且迅速变得越来越冷。这促使拉恩做出了几乎是最大限度的牺牲。他摘下自己手上那双尚显柔软的连指手套递给我，然后奋力将他那双大手插进我冻得僵硬的手套里。他便督促我重新行动起来。这真是一个美妙的动作。
>
> 虽然双手很快就感觉好多了，但由于中间停了十分钟，现在都冻透了。我想加快步伐，好让自己暖和起来，可差点连雪橇也拉不动了。肌肉已经冻结到不再能正常发挥作用。由于无法快速行动，也就不能产生足够的热量来弥补进一步的损耗。我觉得越来越冷，没过多久就意识到自己不得不再度停下来。在一场极地风暴已经全面成形的情况下，身上也需要更多的保暖装备。
>
> 我所富余出来的衣服只有一件羊毛外套。要穿上它却很麻烦，尤其是要在冻僵之前，把它套在风衣下面。穿衣本身也需要

一些灵巧动作，这意味着我要再次把手套摘下来。刚一摘下手套仅仅那么一小会儿，手指就不听使唤了。这次是夹克上的拉链卡住动不了。我沮丧地看着每根手指的指尖变得惨白，几乎能感觉到冰晶在里面凝结。我开始惊慌失措，衣服穿到一半，伸着真正冻僵的手指卡在那里。正当此时，拉恩再次赶了过来。

在他的帮助下，我设法穿上两层夹克，然后强行将一双可怜的手塞进手套里。但这次停顿又花了十分钟，在此期间，我的身体冻得更厉害了。我已经在下降通道中走得太远了，当我们重新出发的时候，思维开始模糊。尽管我一刻不停地拖曳了半小时左右，但前进速度远不足以产生很多热量。我越来越冷，越来越沉默，最终开始偏离路线。

迈克的问题让我自己的手也不听使唤了，尤其是在给护目镜除雾的时候。在近似风暴环境中，我能看到的唯一显眼之物，就是前方24英尺处迈克隐隐约约的身影，他的足迹则根本无法辨认。我的滑雪板顶端猛地撞上他雪橇的尾部，骤然停了下来。正常情况下，当他停下来宣布轮到我导航时，都会大声喊一声"时间到"，声音大到足以让我在滑雪杖的尖啸声之中能够听清。但我并没听到叫声，当我从侧面上前从迈克胸部的套索上取磁罗盘的时候，才注意到他的行为存在着难以名状的异常。

在把磁罗盘别到自己的胸带上以后，我的标准惯例是走到他身前几步远的地方，在开始下一段为期90分钟的导航之前，检查一下方位是否正确。除了裂缝区或存在其他风险的区域之外，我从不习惯往后看。如果在当下这种情况，我也按照通常的步骤行动，那么迈克肯定已经丧生。事实上，迈克姿势的某个方面，可能仅仅是缺少该有的动作，惊醒了我的潜意识。我摘下形同摆设的护目镜，紧盯着他的脸。寒风抽打着我的泪腺，有那么一会儿我根本无法聚焦，而且迈克脸上罩着护目镜和头套，也无法提供任何线索。冰刺从他下巴上水平戳出来，仿佛戴着一个怪诞的小丑面具。"你还行吗，迈克？"我冲他吼了一声，同时拍了一下他的肩膀。迈克根本没有任何反应，他的脑袋也有气无力地歪向一侧。

我记得以前有一次也见过他处于这种状态，就在西伯利亚北极区的某个地方，我意识到他很快就会死于体温过低。由于手指麻木，再加上连续不断的七级大风吹得人行动迟缓，我花了好几分钟才把帐篷打开并支起来。内帐支起来以后，我大喊迈克，让他进去把炉子生起来，我好把外帐固定好。两分钟过后，我发现迈克仍然跪在雪地里，茫然地盯着远方。

我连忙把他推到门帘子里面，打开雪橇，把他的垫子和行囊扔了进去。炉子一生起来，迈克就开始恍恍惚惚地脱衣服。他一句话也不说，不过倒是从热水瓶里接了一杯温汤。他睡了整整一个钟头，醒来后又盯着帐篷顶看了一会儿。就过去那几小时而言，他的记忆完全丧失了，不过现在又逐渐恢复了过来。我给他煮了两杯茶，他自己又吃了两根巧克力棒。在描述这段经历时，迈克写道：

> 从许多方面来说，我能活下来可谓幸运。我陷入困境之际，如果拉恩走在我前面，我就只能自个儿和手套和夹克作斗争。我将不可避免地患上更加严重的低温症，很可能偏离路线，一头栽倒。如果在南极高原上一动不动，我最多只能生存几分钟时间。等到拉恩意识到我没有跟上来，他在身后留下的足迹早就被风吹得无影无踪了。

早在数年前，我和迈克就一致认为，在极寒条件下拖曳极沉的负载，穿在身上的衣服要越轻越好、越透气越好。从理论上来说，不住帐篷的时候，只要出大力干活就能对付寒冷。迈克写道：

> ……[此法]在我们体重正常时，还是很有效的。但是，当我

们的体重越来越轻，这个办法就开始出问题了。如果穿一件相当于英国普通职业装的薄衣服，多半的保暖效果都来自皮肤下面的脂肪层。而我们的脂肪层正在快速消失。与此同时，随着我们拖曳的重量越来越轻，就再也不能长时间停止不动。在每天12小时的拖曳期间，只能停下来两次，每次只能休息短短的五分钟。

无论如何，我都不相信单薄的衣服是导致我体温过低的唯一原因。尽管出现的是典型的严重受寒症状，但我在帐篷里恢复得委实太快了。可能我还伴有低血糖，这种症状会妨碍脑部的体温控制器正常工作。在南极行程中，我们一边吃高脂肪食物，一边出大力干活，消耗体内的葡萄糖储备，有充分的原因导致血糖过低。

血样分析发现，我们的血糖从第一天起就很低，实际上位于正常范围的最底部。在过去30天的探险过程中，它们看上去几乎不可能发生。有一次，拉恩的血糖浓度达到了0.2毫摩尔每升，而我的也才刚到0.3毫摩尔每升。在正常条件下，这种浓度水平将会是致命的，因为人们认为，如果缺乏合理数量的血糖作为燃料，大脑就无法生存。看来我们一定是以某种方式适应了目前这种状况。

迈克糟糕经历的第二天，风停雾散，我们继续前进。傍晚时分，我冲迈克大叫一声："快看前面。就在那儿。有个东西。"历经700多英里，这是第一次在雪地中见到人造的物体。我们两人之间下了一场由两部分组成的赌注。谁首先看见南极点的标志，将获得一份免费的汉堡快餐；谁首先看见南极点本身，将获得一份免费的"高档"午餐。那个东西原来是个被埋住一半的气象气球，它的出现毫无疑问让我们俩士气大振。

晚上7点钟，我登上一面缓坡向前张望，我认为自己看见了什么东西在动。我摘下护目镜，眯着眼睛聚焦观察，发现自己只能分辨出一组黑暗的、模糊不清的物体：五六块黑色大理石在南方地平线的微光中跳舞。

我转身朝迈克大喊。这是为数不多的真正兴高采烈的时刻。整个旅途远未结束,但我们已经将刚好够用的储备拉到了南极点,让我们可以活着穿越整个大陆。前提是要有好运。

美国南极基地阿蒙森-斯科特南极点站,距离我们第一次瞥见它的建筑物的地方有十英里。一系列不断升高的台地总是将科考站掩藏起来,但经过十小时的拖曳后,1月16日,我们终于登上了最后一级台地,来到许多独立科研穹顶的第一座穹顶跟前。时间是格林尼治时间17:00,恰逢斯科特悲剧性到达此地81周年。

试想一下,你父亲在取得非凡成就的过程中去世,接着全世界都欣赏到了一本书和一部长达九小时的系列纪录片,这些东西用一大堆恶意诽谤的鬼话攻击他理所应得的高效加勇敢的好名声。1979年,这样的事就发生在伟大的博物学家彼得·斯科特爵士身上,他父亲就是在南极鼎鼎有名的已故的船长罗伯特·福尔肯·斯科特。

历史事实很简单。斯科特于1910年出发前往南极点,通过团队中的顶级科学家,对世界上这片前所未知的区域了解甚多。他当时并未打算和任何人竞赛,因为据他所知,根本不存在任何对手。1902年,他成为深入未知南极陆地的第一人,也是发现南极是一块真正大陆的第一人。他领导的两次探险,包括导致他死亡的那一次,所产生的科研成果比20世纪上半期所有其他南极探险队的加起来还要多。

先于斯科特数周到达南极点的挪威探险家罗阿尔·阿蒙森,他的极地探险故事则充满了戏剧性。继乘坐"约阿号"成功走完西北航道并在世界上一举成名之后,他决心仿照南森的"弗拉姆号"之行,从不同地点出发,成为抵达北极点的第一人。他总是喜欢采用另类的办法。比如,有段时间他就曾认真考虑过让一群北极熊来拉雪橇。

他说服挪威议会向他提供了巨额拨款,又说服南森把"弗拉姆号"借给了他。

就在他即将出发向北航行的时候，却听说两名美国人皮尔里和库克竟然都声称在头一年夏天就已经到达了北极点，这令他非常沮丧。过后不久，事情就明朗了，库克的说法——1909年9月2日到达北极点——被认为是骗人的。数年之前，阿蒙森曾和库克一起在南极洲度过了一个令人难忘的悲惨冬天，他评论说："不管库克去过还是没去过，但真正去过的那位库克绝不是我认识的那位年轻的库克博士。肯定是某种外在的不幸击溃了他，令他性情大变，对此他无法承担责任。"当皮尔里在几天后提出了自己的北极点之说，同时对库克的说法大加贬损时，阿蒙森写道："皮尔里的行为让我内心充满了最深的愤怒，我要公开声明，库克博士是我认识的最可靠的北极旅行家，怀疑他的话而相信皮尔里所说的，简直不可理喻。"不过后来他改变了自己的想法。

由于皮尔里已经宣称占得先机，阿蒙森的北极点计划显然已经毫无意义，于是他私下里决定掉头向南，抢先拿下另一个极点。如果他能蒙蔽所有人，应该就能在斯科特团队对其意图毫不知悉的情况下获胜。等到斯科特想把稳步推进的极地科考之行转换成一场与专业滑雪手和快速雪橇犬队之间的竞赛，就已经来不及了。依靠精湛的诡诈手法，阿蒙森成功实施了他庞大的欺骗计划，愚弄了挪威政府和他慷慨的导师南森，即使是他自己团队里的专业滑雪手和驯狗师，也只在最后一刻才明白他的意图。

到了1910年9月，他知道斯科特此时正在澳大利亚，根本没有机会招募合适的队员和雪橇犬来参加竞赛，于是便给斯科特发了一封措辞直率的电报："抱歉告知'弗拉姆号'正前往南极。阿蒙森。"就在同一天，他带领19名队员，包括当时世界上最优秀的越野滑雪手和97条最棒的雪橇犬，从马德拉岛启航了。距离启航还剩下三个钟头时，他把团队召集到一起，告诉大家：他们要往南走而不是往北走！他将针对自己欺骗行为的道歉信交给了他在挪威唯一的心腹——他的弟弟莱昂（Leon），让后者在适当的时候转交给南森和挪威国王。

他的南行进展顺利，一行人在鲸湾（Bay of Whales）登陆。鲸湾作为这场比赛的出发点，比斯科特设在麦克默多湾的基地距离南极点要近60英里。阿蒙森运气很好。鲸湾并非像他认为的那样和陆地紧密相连。他设在那里的营地和"弗拉姆号"随时都有可能从冰架上分离出去，进而面临灾难。

挪威人立即开始向南一路投放食品和燃料罐。不过后来有一次投放补给之行恰逢当年天气极冷的一段时期，一名队员差点丧生，许多人被冻伤，还损失了好几条雪橇犬。队员中间爆发了一场小规模的哗变，依靠惯用的无情手段，阿蒙森才将哗变镇压下去。

人们普遍认为阿蒙森策划缜密，但他却忘了带几件至关重要的东西去南极，包括一把雪铲以及当时唯一的导航表中关键的几页。相比之下，后者更为严重。不过幸运女神赐给他了足够多的好运，他碰巧遇见了一条冰川分支，他将其命名为阿克塞尔·海伯格冰川（Axel Heiberg Glacial），而且这条冰川直通南极点。

在距离世界底部300英里的地方，挪威人在冰川上游扎营修整，他们杀掉了24条雪橇犬喂剩下的雪橇犬。此后不久，阿蒙森又忘了给队员们带鞋底钉，这在坚冰区域造成了极大的困难。不过他们又一次摊上了好运气，顺利通过裂缝区。

登顶阿克塞尔·海伯格冰川之后，他们直奔南极点。他们到了之后，就花了大量时间和精力确定其确切位置，所以和皮尔里及库克在北极的情形不一样，他们可以确信自己赢得了胜利。因为相信英国人随时都会到达，阿蒙森便在南极点留下了一顶黑色的小帐篷和其他一些物品，接着便转身返回海岸地区，向全世界宣告他们的成就。他们这次旅程创造了一项伟大的世界纪录，但几乎没有任何科学价值。

尽管阿蒙森手下的两个主要"哗变分子"被留在了鲸湾，但在返回基地途中，剩下的小团队尽管因成功而兴高采烈，但是也闹得很不愉快。事实证明，阿蒙森是一位傲慢易怒的领队。极地团队中的一位主要成员哈塞尔就因为在帐篷里打鼾而遭到了叱责，他后来写道：

"我倒是无所谓，不过说话有多种方式。阿先生总是挑那种最令人厌恶、最傲慢不羁的方式……有人可能会以为这家伙有点不正常。最后那几天，有好多次实际上他都是故意挑事儿，对于一个以和谐友爱为主要目标的管理者和领导者来说，这一立场简直太出格了。"

探险最后一周，阿蒙森和他的首席滑雪专家赫尔默·汉森（Helmer Hanssen）围绕雪橇犬吵了一架，此后两人便形同陌路。阿蒙森一直也没有原谅亚尔马·约翰森（Hjalmar Johansen），后者曾因"过早"设立补给站以及由此造成的人员冻伤对"老板"的领导不力说过几句愤激之词。当挪威举国庆祝探险队的巨大成就时，约翰森却赶到奥斯陆市中心自杀了——这是和阿蒙森在一起所造成的悲剧性的结果。

各种奖项从世界各地蜂拥而至，阿蒙森到处做讲座，其中就包括在伦敦的英国皇家地理学会。讲座结束后，学会主席柯曾勋爵（Lord Curzon）发表了演讲，阿蒙森认为这次演讲是对自己的公开侮辱。他后来写道："总体而言，英国人是一个输不起的民族。"

斯科特及其团队全凭人力赶到南极点的时候，发现自己没有实现目标，当然会极度失望，但是用"输不起"来形容斯科特可能不太妥帖。斯科特曾道出肺腑之言："天哪！这真是个糟糕的地方。我们辛苦赶来，却未能抢先获得奖励。"但他们绝不是"输不起"的人。直言不讳且善于观察的伯丁·鲍尔斯（Birdie Bowers）曾在后来寄给他母亲的一份笔记中写道："我真替斯科特船长难过，遭此重击，他却处之泰然。"爱德华·威尔逊（Edward Wilson）博士在提到阿蒙森的胜利时写道："我们一致认为，他可以声称自己获得了南极点的在先权。就这场比赛而言，他确实击败了我们。但我们此行不虚……"

至于阿蒙森自己那支胜利的探险队，当他们后来听说斯科特的人是自己拖着雪橇走了更远的路才到达南极点时，他们中间最优秀的滑雪手不禁惊呼："我想说斯科特取得的成就远远超过了我们，阿蒙森和我们对此没有一点轻视的意思。可以想象对于斯科特和其他人来说,自己拖曳雪橇意味着什么。我们带着52条狗出发,回来时只剩下11条,许多都在途中累死了。对于拿自己当雪橇犬的斯科特及其同伴们,我们有什么好说的吗?任何稍谙世事者都会向斯科特的成就脱帽致敬。我不认为前人曾展现过如此坚韧的品质,也不认为后辈能与之比肩。"

英国人经历数世纪极地探险,共历苦难与牺牲,却无一人抢先抵达南北两极点,这真是莫大的讽刺。1982年,我和查理·伯顿完成了首次贯穿两极的环球地表航行,成为到过两极并从头至尾贯穿两极冰盖的第一人,我们俩倾尽全力终将纪录扯平。迄今为止,这条路线尚未被重复走完过。

苏珊·所罗门(Susan Solomon)是美国大气科学家,拥有14年的南极天气模式研究经验,她曾著书比较斯科特冰障沿线1912年的已知天气数据与1950—2000年沿途气象站自动采集的详细气象记录。这些数据现在可以通过威斯康星大学麦迪逊分校的互联网档案馆查阅。实打实的数据显示,恶劣的天气让斯科特团队阵脚大乱,而阿蒙森则侥幸选择了一条得到众神护佑的路线前往南极点,来回的天气都很好。在描述1911年12月初延误斯科特极地之行的异常天气事件时,苏珊·所罗门在《最冷的行军》(2001)一书中这样叙述:

  一场暖湿暴雪再加上每小时超过50英里的大风,持续时间之长在附近一座自动气象站整整八年的12月份数据中都未曾出现过,在另一座气象站整整14年的同类数据中都未曾出现过。现代仪器在大冰障区域内录得的持续时间最长、风速最大的风暴发生在1995年12月。它持续了两天,峰值风速达到了每小时约40英里。当暴雪连续四天(1911年12月5—8日)倾泻而下时,斯科特和他的手下只能困守营帐,而且他们估计风速最高达到了每小时80英里。斯科特和他的手下是一场极其严重、极其漫长的风暴的倒霉的受害者,这一定是由于来自海洋的暖湿气流前锋向大冰障地区推进得异常深远。

1911年12月的这场风暴反映的并非两个领队应对天气的技能，而是两人在选择地理方位时的运气。如果同一场风暴提前三周爆发，两支队伍将同样受到牵制。

接着所罗门又转而细致研究影响斯科特和他手下史诗般的返回之旅的天气记录：

> 在他们生命的最后一月，大自然以现在眼光看远超常态，当时看来迥异于合理预测的极寒天气向他们发起了毁灭性的一击。简而言之，斯科特和他的手下在应对天气时，事事得当却处处倒霉。我想说，他们的牺牲首先并非人为失误，而是由于不幸和不可预知的气象事件。
>
> 每日最低气温比该区域内多年观测总结出的典型值低10°F到20°F，酷寒令人虚弱不堪……数十年来，有关斯科特失误的传说长盛不衰，但人们对遥远的南极气象学的兴趣也与日俱增。科研兴趣促使人们从20世纪80年代开始围绕着地球上最寒冷的大陆建立起了一套由自动气象站构成的网络。一群人（斯科特团队）为了活命而挣扎之际，还在为科研收集气象观测数据。与这些年来通过机器例行公事、毫无感情地采集来的数据相比，他们的观测结果就被赋予了令人震惊的全新意义。科学数据表明，1912年2月27日至3月19日这关键三周，气温远低于正常情形，而斯科特他们与想活命而必须每天走完的路程之间的落差却越来越大。新数据指向的不是人为失误，而是大自然的恣意任性，后者才是对斯科特、鲍尔斯、威尔逊和奥茨的令人震惊的致命一击。
>
> 在返程途中，他们曾预计南风将助于加快进度，但与最低气温相关联的却是无风天气。世界级气象学家乔治·辛普森博士后来写道："毫无疑问，天气在这场灾难中起了决定性作用，并

且……是造成悲剧性后果的直接原因。"他认为:"如果当年没那么早就两次遭遇极寒气温,他们本可以多次穿越大冰障。"他还补充说:"十年之中,本来有九年极地探险队都能活下来,但偏偏撞上了倒霉的第十年。"在比较正常的年份里,冻伤概率大大降低,大风吹着他们的负载前进,而且冰面要平滑得多,他们的命运肯定会截然不同。

我和迈克到达南极点时已是饥渴难耐。我们支起帐篷,喝着茶水,吃掉了一条珍贵的巧克力棒。八分钟后,等我厘清该朝哪个方向前进(连我的GPS都混乱了)后,我们又出发了。自从我上次拜访后,短短的12年南极点基地发生了巨大变化。一座黑色穹顶是越冬科学家生活和工作的地方,以这座中央主建筑为中心,奇形怪状的各种设施立在支起的钢架上,从四面八方巨兽般耸立起来。基地占地达两平方英里,不再像我记忆当中由一小簇地球科考站组成的类似月球上的景观。展示在我们面前的是一个在电影中才会出现的场景:一处久遭遗弃的工业区,四周散落着油桶、管道、建筑材料和成千上万只大木箱。

在走过南极点一英里的地方,我们进入一片雪震区。没有任何预警,只听得一声震耳欲聋的轰鸣,脚下坚实的雪地猛地一沉,刹那间一阵极度恐慌骤然袭来。当雪堆积成一块几英寸厚的风化硬壳,无论是大如体育场还是小如一间房,一只狗爪子造成的压力都足以引发整个悬空部分骤然崩塌。下沉深度从不超过几英寸,却足以将对此不了解的过路人吓得呆若木鸡,并引发一场持续数秒钟的雷鸣般的声浪。

当我们俩在浓雾中扎营的时候,抛开在南极点处的耽搁不算,已经拖着雪橇前行了十多英里。我把最后一块玛氏巧克力棒切成两半,我们俩静静地品味着那细腻的味道,奢侈了一分钟,就算是对我们自己抵达南极点的庆祝吧。

我很为我们俩的体重担忧。那天下午,我的体重是11.5英石(161

磅），迈克是9.5英石（133磅）。我们俩的体重大约已经减轻了25%，而具体到我身上就是49磅。迈克预计在接下来的30天里，我很可能还要再减21磅。我们谁也承受不了体重如此下降，因为随着肃杀的寒冬渐渐逼近，接踵而至的更低气温将会直接穿透我们的体核。正常情况下，我们体内的脂肪就能提供天然热保护层，但我们已经耗尽了脂肪，尤其是迈克，极易出现体温过低的症状。

与抵达南极点后这些天里的遭遇相比，此前经受的所有磨难都不值一提。其中大部分都要归咎于我低估了海拔11000英尺处的极寒环境及其对我们单薄的身体将会造成的影响。我本应捎上更多防寒衣物，更不该建议扔掉我们的羽绒服和外层睡袋。我们现在就因这些错误而遭到惩罚，而且接下来的形势会很严峻。

只有在越过南极点之后，我们才发现寒冷的真正含义。我们目前的状态，从体质恶化、慢性饥饿、缺乏衣物、风寒温度、海冰高度甚至是一年中的时节来说，都与斯科特和他的四名同伴从南极点返回时所处的状态完全一致。斯科特的朋友威尔逊博士曾写道："在大约10000英尺处，空气稀薄、低气压和缺氧达到了临界点，在此之上，就算是吃饱喝足、身体健康的人也会受到'高原病'的影响。最好不要使劲，如果一定要使劲，你会发现每个动作都很吃力。脉搏急剧加速，呼吸就是在喘息，因为心肺在拼命地将氧气输送到身体各部。"

我们从莫拉格那里了解到，挪威"老对手"埃尔林·卡格已经先于我们一周抵达南极点，并已被飞机运送出去。挪威的媒体都说他"赢得了比赛"，但我们的雪橇载重相当于他的两倍，而且路程也是他的两倍，所以媒体的这种误导性宣传并没严重影响我们的士气。

离开南极点不远，迈克就写道："我们的身体正在迅速变弱⋯⋯在非常非常寒冷的一天里，当第五个漫长的钟头接近尾声时，我开始感受到彻彻底底的疲劳——这并不是我们在整个探险途中感受过的那种旧有的疲惫，而是一种全新的感觉，就像空着肚子在跑路。"

第十三章

有史以来最长的极地雪橇之旅

永恒是白色的,并非黑色。

疾病开始拖累我们。迈克用消过毒的手术刀切开了我脚上好几处感染的地方,释放出大量表面毒素。脚的那一边现在是死一样的苍白,像海绵一样,而且还超级敏感。就算在帐篷里开着炉子煮面条,还是冷得厉害。我只能强迫自己把裤子脱下来,给各个部位抹痔疮膏,其中包括裆部磨破的地方、结痂的嘴唇、鼻子和下巴。

"我都不敢相信,"迈克盯着我的腿叫了起来,"都坏成这样了,你还拉东西。简直就像从贝尔森[1]出来的人。"

第二天就是一场炼狱。迈克写道:

说冷那是轻描淡写……天气变得非常令人不舒服,早上穿外套的时候稍稍耽搁了一会儿,竟差点丢了性命。我全身都觉得冷,尤其是双手冻得厉害。

---

[1] 贝尔根·贝尔森(Bergen-Belsen)集中营,纳粹德国集中营,又称贝尔森集中营,在距汉诺威以北 80 公里的贝尔根和贝尔森两村附近。——译者注

极其寒冷的一天，可能达到了-40℃，尽管穿上了所有衣服并尽快往前赶，但强风还是把我们冻透了。我两手都冻僵了，每次小便过后，它们都要花30分钟才能恢复知觉。就算恢复过来了，还是虚弱不堪，等到下一次小便，又将导致更多的问题——就这样陷入恶性循环。

我自己的日记开始逐渐退化成一种简单的随感记录。"有时候会突然出现一种全新的坚硬的白霜。现在全身冷得可怕。我感觉好像赤身裸体。中间停下来的时候，我都得抱着自己的身子，边跳边唱或者边骂。抹在皮肤上的保护胶已经用完了。现在每六天平均气温就要下降两度。"

有两次突然腹泻，我只得褪下裤子，脱掉滑雪板，远远地蹲着。这又一次引发了痔疮，进而使腿部活动变得无比痛苦。由于现在风寒指数到了-85℃左右，所以我迅速提上裤子，根本来不及关注细节。结果弄脏了裤子和手套，不过粪便很快冻成了冰块，很容易就敲掉了。

第二天，迈克诊断我可能患上了"足部骨骼深度感染"，让我服用甲硝唑和氟氯西林。不幸的是，我们没有这两种似乎最有效的药物。下午和晚间的寒冷具有超强的穿透力，有效转移了我对脚部的注意力。

我们俩当前这种悲惨状态很大程度上都是由于长期缺乏热量引起的。正如迈克所说，"我们俩的热量缺口相当于一个正常人的总摄入量。这就好比一个正常人不吃任何东西，再重复一遍，不吃任何东西，在所有这段时间里。数周之后，他们将变得虚弱并且极度饥饿。实际上他们将会饿死。我们就是正在慢慢饿死"。

中午时分，迈克发现他的两根滑雪杖不知何时从雪橇上掉了下去。他已经顺着原路搜索了一遍，但毫无所获。我们俩就算把当天剩下的时间全都用来搜索也毫无益处，所以我干脆把自己的滑雪杖给了迈克一根，建议我们每人用一根往前滑。但是我发现，就算在平坦的地面上，仅仅用此前一半的推力往前滑也是极其困难的。由于只能用上一半的推力，我开始觉得快冻僵了，于是被迫加快了步伐。迈克的腿比我的短，再加上他又扭伤了脚踝，所以比我更需要用两根滑雪杖。每次我停下来等他，都会被冻得更厉害，直到整个身子像患了疟疾一样瑟瑟发抖。我愿意拿所有的东西换几件衣服，哪怕是几张报纸或者草秆，能塞在夹克和裤子下面也行啊。我打算把剩下的几个聚乙烯口粮袋剪开，把它们缝到夹克里面。

我们的拖行速度现在慢得可笑，与用滑雪杖的胳膊相配合的那只脚尤其疼得厉害。我冻得脚都麻了。恐慌之余，除了提前休息根本想不出别的解决办法；但这样做又犯了大忌，这是整个行动可能失败的标志。整整30分钟，我们都在极差的风寒条件下前进，但迈克的速度渐渐变成了爬行，而且他的脑袋开始因为疲惫而向两边歪斜。我和他说话，他的回答含糊不清。我开始害怕起来。他明显正朝着体温过低的方向发展。在距离休息时间还有大约25分钟的时候，我支起帐篷并煮了热茶，这次喝起来尤其可口。

我们的身体状况正变得非常不可靠。我可不想领导自杀式探险。我们即将达到安全应对极端状况的极限，我们俩都清楚，这是因为我们正在挨饿。

离开南极点后，导航的精确性变得更为重要，因为一点小小的误差都可能造成严重（如果不是致命的）后果。在往南极点走的时候，就算是一种非常模糊的方位，比如标记出一朵缓慢移动的云彩的位置，都足以让我们不停地大致朝南走。毕竟只有一个"正南方"供我们瞄准。而现在要远离南极点，有360个"正北方"可供选择。即使对GPS来说，这都够混乱的。迈克写道：

[GPS]装置利用多颗卫星的位置来估测自身方位，它要从卫星上接收信号并交叉核对位置信息。由于我们距离南极点仍然很

近，所以经度信息特别容易出错。毕竟，在南极点处，一个位置可以对应所有可能的经度。设备本身并不智能。它不理解为什么要告诉它那些稍有不同的数值，于是经常决定只向我们提供一条简单信息——错误。

仪器一旦稳定下来，确实能向我们提供确切的位置信息，不过我们还是依靠太阳的位置和手表上的时间来确定方向。迈克在日记中解释说：

> 许多日子都是阳光灿烂，出发的时候，我就靠着自己的影子在前面指路朝北走。为了用影子导航，也是为了避免低沉的阳光直射眼睛，我们总是背对着太阳前进。
>
> 在到达南极点之前，这意味着在当地时间的白天赶路，出发时太阳在东，中午时分朝北，停下休息的时候，太阳在西边右手位置。这使得我们利用手表就能朝南走，避免了不断地看磁罗盘，在如此靠近南磁极的地方，磁罗盘要很长时间才能稳定下来。
>
> 由于我们现在已经越过了地理南极，所有这一切都发生了变化。当地时间的白天，我们正冲着太阳走，因为当我们一步跨过南极点的时候，虽然方向未变，我们却从在西半球往南走变成了在东半球往北走。
>
> 我们将行动时间有效地从白天切换到了夜间，甚至更奇怪的是，从一个日期切换到了下一个日期。结果是，我们早晨出发的时间对应的是当地的夜间，而且动身的时候太阳正在西边。

当我们朝巨大的内陆高原的边缘缓慢蠕动并日益接近山脉的时候——我们必须顺着山谷下探10000英尺到达海平面的位置，无论有没有太阳，我都会不停地检查磁罗盘，因为我知道，为了进入米尔冰川（Mill Glacier），我们需要非常高的精确度。那里是一条从南极高原直下太平洋海岸的通道的起点，虽然漫长且危机四伏，却是一条裂缝相对较少的路线。最细微的偏差也会将我们带进巨大的裂缝区，那可是世界上最不稳定的区域。从现在起，成功与否将完全取决于能否在杀人裂缝区之间选择正确而曲折的道路。这就需要用到计时百分之百精确的手表，而且还不能受严寒影响。

在极端条件下计时本就充满了各种复杂情况。在英国钟表匠约翰·哈里森制造出H4这种超精确的航海经线仪之前，航海者没有任何办法来精确确定他们的经度方位。问题源于海上温度和气压的波动。遇到极寒气候，毫不夸张地说，计时器会被冻结，无论采用机械驱动，还是采用电池或者太阳能驱动。

大约98%的常规手表都采用石英机芯驱动，也就是说它们并非机械表。众所周知，电池会随温度降低而损失电量，所以在极地探险中使用电池驱动的手表有害无益。太阳能驱动的石英表上的太阳能电池板同样不切实际，因为极寒温度会迅速增加电池板破裂的概率。

因此，答案就在于使用机械计时器。它们自身也存在一系列问题。金属齿轮和擒纵机构的润滑油往往会变稠，从而丧失黏性，导致手表大幅变慢或者说"走得慢"。但是和石英表不一样，机械表的问题可以用某种巧妙的办法克服。专用于极地区域的手表可以进行专门调校，从而耐受极端温度。例如，劳力士公司制作的探险家Ⅱ型手表，就可以按要求加装一种特殊的润滑剂，确保手表在低至-90℃的温度下都能可靠使用。

美国的科博尔德手表公司（Kobold Watch Company）则更进一步，推出了自己的探险家型号的手表——极地调查员计时器（Polar Surveyor Chronograph）。该手表也配有这种特殊的润滑剂，但表壳却是用钛做的。该金属于20世纪80年代进入手表行业，在寒冷条件下的表现好得太多，因为其导热率比不锈钢要低很多。所以如果某人暴露的皮肤接触到这样一块钛质手表，很可能不会粘在手表上。

大多数专业级腕表都配有可旋转表圈，允许用户进行额外的时间测量，比如已用时间等。极寒条件下，此类表圈常被永久性卡住。冰在表圈滑道和棘爪簧下方聚集，就会将其冻住。科博尔德找到了解决办法，即采用细小的陶瓷滚珠轴承，令其不受此类问题影响。四个滚珠轴承可确保按用户意愿旋转表圈并将棘爪簧归位。所以我和迈克在-50℃下使用劳力士或者科博尔德表都很有信心。

在我们俩看来，能逃离高原上无法忍受的严寒简直太令人开心了，同时对下方9000英尺的迷宫又心存畏惧。南极横断山脉绵延2000英里，宽达200英里，仿佛一座巨大的堡垒有效拦阻住了数英里深的冰洋。当内陆冰海从极地高原上倾泻而下，撞击着横断山脉的上缘。在汹涌澎拜的寒冰的威力下，即使6000英尺高的巨峰也尽显脆弱，其三分之二的岩体被淹没于冰下。岩石和寒冰规模巨大。被压抑的大自然的威力（威胁着一大群巨型冰川分支）、扭曲的冰瀑，还有深埋的冰谷比地球上任何地方都要宏伟壮观。

成千上万座大冰川在横断山脉里强冲出一条路来，它们将山体撕裂，用尾迹将一切的一切掩埋。在所有这些冰川中，比尔德莫尔冰川（Beardmore Glacier）可谓王者。它是世界上第二大冰川，两倍于阿拉斯加的马拉斯皮纳冰川（Malaspina Glacier），后者在沙克尔顿于1908年发现并命名比尔德莫尔冰川之前曾占据第二的位置。就在我们顺着开始漫长的下坡之旅后不久，我毫无缘由地感觉比以前更冷，比这辈子任何时间都要冷得多。

迈克总是热衷于看到光明的一面，他指出我们至少是在降低高度，高海拔地区许多令人反感、致人衰弱的影响也将随之消失。他写道：

> 在高海拔地区，最严重的影响之一就是你总想撒尿，而撒尿的先决条件之一就是你必须先摘下手套才能拉开拉链。你刚站了那么几秒钟，手指就开始疼了起来，接着就没有感觉了。等你撒完尿，手套就戴不回去了。由于某种原因，尿也没法成功撒完。

所有男性都知道"最后一滴顺腿流"的现象,但在这里却是最后半杯顺腿流。我总能感觉到一股暖暖的湿意顺腿流下去,很快便凝成了冰,这种感觉太恐怖了。晚些时候,进了帐篷,被尿液浸透的衣服开始刺激皮肤,骚臭难当。你知道,几个月没洗澡,反正也是个臭,最后我们倒处之泰然了。

我曾研究过以前两支探险队有关比尔德莫尔冰川的评价,他们都曾乘坐雪橇走下比尔德莫尔冰川。1912年的斯科特探险队的记录中写着"每分钟都要掉进裂缝"以及"巨大的裂口,密集且难以跨越"。

他们的地质学家爱德华·威尔逊抽时间顺便去了一处岩壁,捎回来一些煤样品和"煤层间找到的漂亮树叶"。这些化石后来和斯科特团队中其他成员获得的化石一起证实:南极大陆曾经温暖得多。

威尔逊曾描写过比尔德莫尔冰川上的裂缝:"我们拉着绳子一个接一个跨过裂缝,它们一直在塌陷。这段时间,我们从未解开绳索,因为到处都是裂缝,而且没有任何迹象,直到我们中的某位一脚踩进去,发现下方深不可测的蓝色深渊。"

团队中的另一位写道:"但最大的保障还是雪橇本身。雪橇长12英尺,位于雪橇手身后,如果雪橇手踩穿了冰面,雪橇就能充当锚。他头晕目眩地掉了下去,但套索还绑在身上,他荡来荡去,虽然无能为力但还是安全的,直到同伴过来把他救出去……一次又一次可怕地往下掉,那一刻总是害怕套索系不住。"

美国狗拉雪橇手威尔·斯蒂格曾成功领导过多次极地之旅,他在评价像我们这样试图靠人拉雪橇穿越南极时这样写道:

> 如果说有人能完成人拉雪橇之行,那么这个人很可能就是梅斯纳,以及他的同伴德国资深极地探险家阿尔费德·富克斯(Arved Fuchs)。作为成功攀登世界上14座最高峰(每座高度均超过26000英尺)的第一人,他在全球各地登山者中备受尊崇。45

岁之前，他一直过着充满冒险的生活。他住在意大利尤瓦（Juva）城外的一座城堡里；在登山事故中失去了两位兄弟，因冻伤损失了八根脚趾；写了24本书记录自己的艰辛。他比任何在世的登山者都拥有更多的高海拔经验。但通过穿越南极大平原，他已进入一个全新的领域。他计划用120天的时间从龙尼-菲尔希纳冰架的边缘出发，一路滑雪抵达麦克默多。这个计划将耗尽他和富克斯所有的耐力。而且还将需要很多很多的好运气……

赖因霍尔德·梅斯纳史诗般的登山之旅的成功秘诀是：他一直都能轻装上阵。在南极，这个办法却存在严重的局限性，因为涉及的路程很远，而且不可避免地需要大量的食物和燃料。梅斯纳和富克斯利用飞机进行补给，不过他们走完了全程，而且正如我们即将做的那样，走下了比尔德莫尔冰川。

梅斯纳写道："我很难拖得动起始重量达80公斤的雪橇。为了向前走，我必须像匹马一样，套在套索里，在干燥的积雪上用力往前拖。感觉很不舒服。"我们出发时的起始重量是200公斤，抵达比尔德莫尔冰川的时候，我们的负载依然远超80公斤。

我和赖因霍尔德都曾获悉有一条特定的走下比尔德莫尔冰川的路线，这条路线是查尔斯·斯威辛班克设计的，为的是避开最严重的裂缝区。赖因霍尔德肯定是在某个地方转错了弯，因为尽管他拥有无与伦比的在冰川冰瀑区域穿行的经验，但很久就迷失在一片最大的连锁裂缝构成的迷宫中。在其中一个地方，他写道："迄今最艰难、最危险的一天。大多数情况下，我们都在巨大的裂缝之间和之上穿行。我们必须越过一座看起来就像珠穆朗玛峰上那座昆布冰川（Khumbu Glacier）的冰瀑。"接着又写道："我们走完两英里才往北走了一英里。身在上方，我们根本看不到路径。我们试图穿越侧流到达比尔德莫尔冰川中部。我们穿着带鞋底钉的靴子在裸露的冰面上走了三小时，来到一座任何地图上都未曾标出的大面积破裂的冰瀑旁。我们被困住了。部分裂缝大得能容下一座教堂。"

关于这些情况,斯科特的手下谢里-加勒德曾写道:"我无法描述今天闯进的迷宫以及我们如何命悬一线又侥幸逃脱。两侧是垂直下落的无底深坑,数量多到无法想象。我们经常看到裂口,最大的轮船放进去都能漂得无影无踪。"我和迈克在第88天遇到的就是这种情形,不过和谢里-加勒德不一样的是,我们没有冰爪或者尖头滑雪杖,当我们沿着倾斜湿滑的深坑边缘和这些黑暗深坑之间刀锋般的冰脊往前蠕动时,想抓住冰面却无以助力。

迈克写道:"裂缝巨大无匹,冰面、陡坡和方向变化这些因素加在一起弄得我筋疲力尽。"迈克面临的风险特别大,因为尽管我损失的体重更大,但两人之中他仍然是较轻的那个,所以也更容易丧命于雪橇的那些令人心惊胆战的动作。有时当我们走在倾斜的冰块上,两边是令人目眩的垂直陡坡,摩擦力接近于零,往往雪橇就会令人毛骨悚然地朝一侧打滑。由于它们的重量比我们的体重大,就会把我们从岌岌可危的立足之处往外扯。有一次我没系套索,一头栽进了一个很小但很深很隐蔽的冰洞。幸好一根滑雪杖卡在两堵冰墙之间,这才救了我一命。

在挑选宿营地时必须小心谨慎,最好远离冰体的平坦雪地;如果靠近冰川的石质侧壁,则要远离峭壁下方明显的岩崩区。我们确保用最长的冰锥把帐篷固定住,并拴在附近的雪橇上,因为当下吹阵风来袭时,它们就可能会在几秒钟之内掀起标准帐篷钉,而且确实发生过。迈克在日记中写道:

> 大风源自身后高原上的冷空气。当它漫过高原边界上那些宽阔的"堤坝",便开始骤然下沉,速度随之加快,随着冷风依山而行,速度越来越快,最后尖啸着穿过寒冰切割成的山谷,将前方的一切扫荡净尽。寒风正是我们所在的裸露的蓝色冰体的起因,它将冰面吹得干干净净,然后满载着冰雪急速前行。在这种

下吹风面前，我们的衣服单薄得可笑。冰冷的寒风没有任何阻碍地穿透衣服切割着皮肤，仿佛我们俩都是赤身露体的。风吹得身上生疼。每天都从开始疼到结束。

我所携带的澳大利亚指南手册颇为详细地描述了这些风：

> 另外一个南极独有的问题是下吹风，可以达到每小时305公里。在高原之上，你无须担心它们，因为它们的推动力是纯粹的地球引力。当温度发生变化，暖空气上升，冷空气便会填补暖空气的位置。但如果温度变化恰逢地形从高山骤降至深谷，在160公里内下降2740米在南极并不罕见，风就能在几分钟之内从微风加速至每小时160公里。

通过小心翼翼地循着斯威辛班克建议的路线并且时常观察磁罗盘，我和迈克避开了斯科特和梅斯纳所描述的最糟糕的裂缝区。顺着冰川往下走了几天之后，我们来到一处地方，比尔德莫尔冰川两侧之间的宽度在此处已扩展到30英里，而且中心部位的裂缝相对较少。一阵不常见的微风刮了起来，让我们有机会自下行以来首次尝试使用降落伞。降落伞运行良好，但风却将我们远远地吹到了相对安全的斯威辛班克路线的西边，落在一片严重裂缝区内。这片裂缝区位于一处叫作"楔形面"的岩石地形的东边，就在格林尼治以西172度和173度之间。

我知道我们要遇上麻烦。但寒冷的致命影响，再加上要把胳膊举起来控制降落伞绳从而导致的血流不畅，都对我的思维产生了迟滞效果。就像僵尸一样，我只是不停地在想："我们必须趁着风还在吹的时候好好利用它，无论它把我们吹到什么地方。"

经过一场御风而行后，迈克写道：

> 我们发现自己掉了下来，并且在粗糙的地面上被高速拖行。

雪橇也翻了，上下颠倒地一路疾驰。等到解开缠绕在一起的索具，两个人都冻僵了。我手指冻伤了，起了水疱并且在流脓。此外，一只脚踝骨折了，走起来一瘸一拐的。拉恩的脚也出了问题。以前冻伤的地方做过移植，刚出发不久，移植的地方就破裂了，之后他一直在忍受痛苦，现在疼得更厉害了。

尽管我和迈克时不时会把滑雪板摘掉，尤其是在每人只剩一根滑雪杖以后，但大部分时间里，我们还是要依靠滑雪板的滑行动作来减轻每走一步所用的力气。有些日子，当这个至关重要的滑行因素不起作用了，我们俩就累惨了，而且随着寒冬持续，滑雪板的滑行动作越来越少。

尽管人们知道滑行物理学的时间并不长，但是滑雪板已经存在了很长一段时间。据说拉普兰人早在大约4000年前就踩着滑雪板追逐驯鹿群，滑雪板（ski）这个词来自斯堪的纳维亚语"skith"，就是"棍子"的意思。一张被称作《赫里福德古世界地图》（*Hereford Mappa Mundi*）的13世纪地图上显示：地球是个大圆盘，耶路撒冷位于中央，伊甸园以及诺亚方舟都有各自精确的地理位置。地图中还有一人手持长棍，两只脚上均套着长长的平板。除了石器时代洞壁上的雕刻之外，这是已知的第一幅滑雪图。

斯科特的手下对此一无所知，但他们确实发现气温变暖和变冷都会影响到滑雪板上的滑行部位以及雪橇滑行装置的性能。他们发现，最理想的滑行温度是在-9℃。在-29℃左右，滑行动作消失，随着气温降低，拖曳现象越来越严重。有一天-32℃，斯科特写道："极其细微的晶粒……彻底破坏了冰面；尽管负载很轻，风帆也涨满了，但最后一小时我们拖行得非常吃力。"

当下的温度决定了滑行装置下方形成液态水薄膜的难易程度，因为在雪面上滑行会产生摩擦，从而产生热量。人们还普遍认为，在-30℃时，滑雪板下方的雪因过冷而停止融化，因此就会停止滑动并开始拖曳。此外，雪面上的冰冻水分子（处在冻结状态下）和其正下方的结晶层可能结合得不是太紧密，所以它们向滑雪板提供的抓力会更小。很久之前，北极的爱斯基摩人就告诉过我如何利用坚固的冰层制作滑行装置，其中一种办法就是冲它们撒尿。但就像商业滑雪蜡一样，这种处理方法也只在适度寒冷的条件下才有效。

比尔德莫尔冰川下游令人印象深刻。自从古冈瓦纳大陆上的恐龙灭绝以来，这里没有生活过任何别的生物。鸟类、兽类，甚至连最小的细菌都无法生存。这里只有大雪崩发出的低沉的轰鸣声，岩石崩裂发出的尖啸声和摩擦声，冰体移动时发出的嘎吱声，还有从群山万壑赶来的寒风所奏响的或低回或激昂的乐章，在永恒的寂静之中来回游荡。我从不记得曾感觉过如此的寒冷，从来不曾。

八级大风嘶吼着冲向悬崖峭壁。穿上滑雪板后，我发现竟然能以身体为帆，在寒风冲刷出的蓝色冰湖上穿行。大风撞击着我的背部，足以推动我、雪橇以及所有的物品前行，这一天赐的福利减少了靴子的动作，也就相应地减少了脚步的疼痛。由于不用再跟着滑雪杖的节拍前后摆动，我两只胳膊都冻僵了。

南极是目前地球上最寒冷的地方，静止空气温度为-88℃。在如此低温下，水银变成固态金属，锡分崩离析变成颗粒，蜡烛火焰被裹在蜡罩之中，不小心掉落的钢管很容易就会像玻璃一样碎掉。我曾遇见过从加拿大或者美国明尼苏达州过来的人，他们大笑着说："噢，去年我就在-60℃下干活。很轻松。"这些极地老手们八成是在这种状态下体验的寒冷：他们穿着足够厚的衣服，肚子吃得饱饱的，身体棒棒的，而且马上就要回到温暖舒适的大床上。

对于身处南极的人来说，风才是主要的危险。风力每增加一节对人体皮肤的影响就相当于温度降低了一度。和斯科特一样，我们发现自己也在挨饿受冻，而且随时都有掉进冰缝而无从救援的危险。风像刀子一样从身体上洞穿而过，我发现自己在不受控制地发抖，并伴随着一阵阵剧烈的抽搐。伴随着这种全新的体验，脚上永不停歇的疼痛感消失了，至少是从我意识中消失了，就算以前在北极掉进水里全身湿透，后来又在等待中看着衣服变硬，都未曾有过这种体验。在当时那种情况下，至少我的体核部分是在奋力抵抗和战斗的。我们现在正经历着这次探险中最低的"体表"温度。这就是最恶劣的情形。

随着海拔下降，气温回升，下吹阵风会变得越来越大，能将帐篷撕成破布条。我们必须找一处宿营地点，能够避开打磨出这片蓝冰峡谷的狂风的全力攻击。绕过一处悬崖，在漫天风雪中，我发现了一处数百英尺长的陡坡。我掉头往北，直奔岩壁，希望能找个小角落保护我们过夜。冰面上开始出现散落的小石块，而且尺寸越来越大，直至变成巨石。我们就在巨石间攀爬，操控着雪橇，小心翼翼地机动，因为雪橇很容易卡住。

虽然被下吹阵风猛吹，但巨石总算提供了避风所，我们俩小心翼翼地一块儿布置营地，以免帐篷被从手中吹跑。靠着几乎毫无知觉的手指，我们俩尽力将帐篷杆推进被风吹得鼓鼓的棉质帐篷顶部的套子里。当我们俩爬进帐篷后，不禁长长松了一口气。这是我们俩只吃半份口粮的第一个晚上。不知为何，这也是我记得自己在帐篷里闻到一股强烈的体臭味儿的唯一一个晚上。这臭味到底是我的还是迈克的，我不敢确定，因为我们俩都有三个月没洗澡了。

自从迈克的手套在抵达南极点前出问题以后，他双手的状况就在逐渐恶化。它们现在看起来非常吓人，手指上三个大水疱都已经破裂了，死皮脱落以后，露出了裸露的残体，就像红通通的香肠。他继续负责做晚饭，并且拒绝了我的帮助（我的手指尚好）。最让他痛苦的好像就是摘手套，因为手套上的羊毛有时候会粘在裸露的手指肉上。

在抵达"楔形面"黑崖旁的大裂缝区后，因为从未有人——包括斯科特和梅斯纳——试图穿越这片区域，所以我便寻路绕过它。除了向后转，绕一个10英里或者更长的大圈，绕过眼前这片脾气未知的裂缝区，再无其他可见的选择。可能是整个心态受到了严寒的影响，我根本无法面对转身顶着强风前进这个事实，于是我们径直走进了前方这片混乱不堪的死亡之地。迈克写道：

> 我们俩慢慢朝混乱区中间攀爬，来到一处完全杂乱无章的区域。四面八方的冰都裂开了，看起来黑色空隙比白色冰面所占的面积还要大。而且，大部分冰面都是被风刮出来的蓝冰，只有为数不多的几块松雪，行成了裂缝间的雪桥。情况非常棘手。如果不穿滑雪板过桥，那就无异于自杀，但在其他地方，滑雪板又会在滑溜溜的冰面上朝一侧偏，而整个冰面又呈漏斗状倾向几条大深谷。更糟糕的是，雪橇好像也有了自己的想法，一有机会就朝一侧摆，要竭尽全力把我们拖向毁灭之地。简直太恐怖了。好像你随时都可能滑倒、摔倒或者被扯倒，没有任何东西能阻止你掉进张开的大嘴，落入阴森幽暗的喉咙里。
>
> 我们俩在迷宫中穿行，踯躅徘徊，寻找经得住我们俩的雪桥，裂缝太大就绕道而行。整条路径如此蜿蜒曲折，而且如果停下来就会冻得厉害，所以我们俩谁都没提要系上绳子。大家就是碰运气，寻找看起来还算可靠的路线，尽可能快地往前赶。

走出裂缝区的时候，我们俩已经在极寒条件下马不停蹄地走了整整12小时。我们扎好营，疲惫不堪，却也如释重负。迈克写道："距离穿越整个大陆只剩下两天了。真是不可思议。"

此时此刻，我们已经比所有无外部支持的先辈们（包括斯科特的人）多走了数百英里，不过我们也快到了山穷水尽的地步。迈克在日记中写道：

> 我看了一眼拉恩的脚，情形可怖。整个右脚被小趾根部的肿胀弄得变了形，这是两个月的发炎感染造成的结果，其他几根脚趾有些已经发黑起疱。左脚更是凄惨。曾经长脚趾的地方，现

在全是一包包黑色的脓液，它们肿得无比怪异，直接变成了一整个。脓包里不断渗出可怕的黑色脓液，尽管天气寒冷，闻起来依然令人作呕……

[他看上去]又老又瘦，满面憔悴。从瘦骨嶙峋的两片臀部那里伸出两条比我的还要糟糕的长腿，长腿尽头就是那双严重受损的脚。面部饱经风霜，几可谓老态龙钟，在连体帽檐的遮盖下，双眼黯淡无光。躯干肿胀得像个发面团，嘴唇多处破裂或已结痂。这都是风霜留下的印记。耳朵上起满了水疱，一只眼睛下方露出了一块肉，因为当初眼镜还冻在上面的时候，他就把它给扯了下来。头发在出发之前就已略显稀薄，现在更是成簇地往下掉。

现在，在我们与南极海岸之间只剩下一处障碍，就是陆地与海洋之间混乱无序的冰槽。在南极海岸，比尔德莫尔冰川汇入浮动的罗斯冰架。为了穿越这片混乱之地，查尔斯·斯威辛班克给了我一套详细的磁罗盘方位，这些方位基于沙克尔顿于1908年最先开辟的"门户"路线。

在深入海冰约40英里后，整个行程的第95天，我们通过无线电呼叫莫拉格，让她把我们租赁的双水獭飞机派过来，把我们从冰上接出去。迈克坐在太平洋海冰上写道：

当拉恩用无线电呼叫接应的时候，我走出帐篷站在外面。我们的帐篷就支在一片巨大的白色平原中间。在南边，一条细线从我站的地方向后延伸，直至消失在地平线外，指向群山和寒风切削出的山谷。然后爬上冰川，向正南方直抵南极点。它继续前行——直穿南极高原剩下的部分，一路曲折沉降，穿过山谷、冰丘和雪脊，直达另一侧的冰架，随之到达大西洋海岸。这是人们曾走过的最长/最完整的路线。

整整一个世纪，无论是挪威人、苏联人，还是美国人，所有在无外部支持的条件下利用雪地车辆或者雪橇犬队穿越南极大陆的尝试，都以惨痛的失败而告终。通过亲身拖曳负载穿越这片比美国还要大很多的区域，我们已经证明：人力确实可以比雪橇犬的力量更强大；而且这趟行程部分消除了斯科特针对这个问题提出的理论引发的诸多争议。

1993年的《世界吉尼斯纪录》宣布："R. 法因斯和M. 斯特劳德完成了有史以来最长的全程自持式极地雪橇之旅，以及首次全程自持式穿越南极大陆之旅。他们一共走了2170公里（1350英里）。"

有关迈克精心开展的科研工作的实际成果，位于剑桥的斯科特极地研究所主任约翰·希普博士评价说：

> 当拉恩·法因斯和迈克·斯特劳德完成穿越南极大陆就要被人从冰面上接回来的时候，我接到了一位新闻界人士打来的电话，说编辑要求他写一篇关于这次探险的报道。他厌烦地断言："这件事其实一文不值，对不对？"我反问他："你是否通过自己的努力为医学研究贡献过千百万英镑，或者亲自参与过一项人体生理学试验，要求你在100天的时间内，在一部机器上上上下下500万次，而且温度低到你一旦停下就会丧命？"我认为，只有当他做完了这些事情，才有权利去评判这次探险到底有多大价值。可惜他没做过。

拉恩从未拿追求真知来证明自己探险的合理性，但他确实为极地地区的科研贡献良多。在通过著述让公众关注逐步展开的冒险故事的过程中，他已确保探险所及之处皆可为科研所用，眼前所见现象皆可为科研所备。在大型科研项目均采用团队作战的今天，这种偶发性的研究殊为罕见，但也正因此而弥足珍贵。

尽管拉恩可能认为自己追随的是像罗阿尔·阿蒙森等探险家的脚步，但这数卷科研成果却足以将其纳入斯科特船长的科研传统之中。不过，有别于沙克尔顿，他拥有良好的判断力，所以才能活着讲述这些故事——尽管有时命悬一线！

第十四章

这次一个人上路

南极之行后有一年时间,我都在帮金妮干农活,同时也在写书。不过1995年,我从莫拉格和劳伦斯·豪威尔那里听说,埃尔林·卡格的同事伯厄·奥斯兰,也是挪威海军特种部队的一名退役军人,正计划在来年孤身一人仅靠风帆穿越南极。伯厄曾在创纪录的44天的时间里凭借风力一路滑雪到达南极点。这就好比一匹赛马打破了此前由拉车的马保持的最佳成绩。他34岁,体能正处于巅峰期。

孤身旅行对我从来都没有吸引力。探险之趣半数来自事前筹划和事后共同回忆,正如和老战友一样。如果孤身一人,就连对探险结束后的讲座和著述收入至关重要的照片和录像也少了几分趣味。但不受外部支持孤身一人穿越南极这个想法着实诱惑不小,若能赶在伯厄之前完成那便太妙了。

迈克和莫拉格讨论了面临的挑战,两人同意帮忙做准备工作。在52岁这个年龄,我需要保持健康。我和迈克还有另外三人一同训练,为1995年在加拿大洛基山举行的艾科越野挑战赛做准备。莫拉格答应陪我去南极并担任基地和通信主管,因为到那时,金妮要全职投入埃克斯穆尔的农活。

在研究了伯厄的成功经验后,莫拉格建议我学习如何使用一种高科技风筝,这种风筝令极地旅行发生了革命性的变化。威尔士的一位风筝匠为我做了一只风筝，以制造吸尘器成名的詹姆斯·戴森（James Dyson）答应为这次探险提供赞助，前提是为他最喜欢的慈善机构"突破乳腺癌"募集资金。在他位于威尔特郡的工厂外面，一位风筝专家（戴森的一名员工）给我上了第一堂课。但风筝飞过一棵树和几根电线，落在了道路中间，被一辆沃尔沃轿车碾了过去。

接下来的11个月里，我参与了竞争激烈的团体赛跑，一家报纸形容我是"英国最健康的52岁老人"。我勉强挤了两天时间试图学会复杂的放风筝技术。这是个严重错误。

我们飞到智利的蓬塔阿雷纳斯，结果暴风雪把我们——还有伯厄的团队——困了整整两周。还有另外两支团队也打算孤身穿越南极：一位大个子波兰人，名叫马雷克·卡明斯基（Marek Kaminski），32岁，就在上一年成为在一年之内滑雪到达南北两极的第一人；还有一位韩国人，身材不如伯厄和马雷克高大。

一支抵达蓬塔阿雷纳斯的英国团队也要去南极，其中一名成员克莱夫·约翰逊向我展示了一种令人印象深刻的风力辅助装置，叫作翼伞。它比我的风筝好用多了，而且约翰逊还发现，它和奥斯兰和卡明斯基去年成功使用过的那种属于同一型号。在蓬塔阿雷纳斯主墓地旁的一块空地上进行的试验很快就证明：翼伞比风筝优异得太多。我试图弄一件，但爱国者丘陵（Patriot Hills）地带的天气好转，我们第二天就要飞往南极，于是我只好坚持用风筝。

我们四支探险队分别降落在沿南极大西洋海岸分布的四个相距很远的点上，以数小时为间隔分头出发。

我和莫拉格及滑雪飞机上的机组成员快速道了个别，将磁罗盘定在165度，就是正南方，艰难地拖着装有110天物资、重达495磅的负载出发了。

我不奢望自己能击败另外三位，除非没有风或者他们受伤，这也算是对我的慷慨相助，在南极这总是有可能的。不管怎么说，很高兴能回南极执行一项竞争激烈的任务，莫拉格守在无线电的另一端，迈克已经给我精心准备好了口粮和医药包。从慈善的角度来说，戴森计划利用这次探险为乳腺癌诊疗筹集100万英镑。

我身上的衣服是前几次人力拖曳之旅的经验结晶。南极洲是个非常干燥的地方，每年降雨量还不到一英寸，如同撒哈拉大沙漠中部一般，所以没必要携带标准的户外防水服。但人力拖曳即使在低温下也会通过汗液和呼进巴拉克拉瓦帽里的水汽而产生水分。因此，衣服确实会从内部受潮，我的长期服装赞助商为我设计了许多服装，包括羽绒服、袜子、连指手套，还有带防潮衬里的睡袋，为的是防止体内水分饱和。这种防潮材料在极寒条件下会失去其优越性，因为其微小的毛细孔足够汽态水分通过，而无法让液态水分通过，一旦水蒸气凝结，也就失去了效能。

我的主要保暖衣物是连帽雪橇外套（实际拖曳时一般不穿），就带有这种衬里，里面填的是满满的鸭绒。尽管出现了各种现代人造保温材料，但就其重量系数来说，迄今为止鸭绒仍然是最暖和的材料，不过前提是它保持干燥。我没有一件衣服是羊毛的，因为人造羊毛吸收水分较少，而且人造材料内衣比棉质内衣保温效果更好。

我的手套背部就带有人造羊毛垫，我不停地用它们擦鼻涕，否则一滴滴鼻涕就会冻成极地行话里所谓的"鼻涕奶昔"。我脑袋上一直罩着巴拉克拉瓦帽，如果不出汗，还经常戴着毛皮镶边的外套连帽。毛边采用传统的狼獾皮，它最不可能因呼出的水分而结冰。迈克的格言是：

> 当你在寒冷条件下裹得严严实实的，多达90%的剩余热量会从你头皮上散发掉，所以戴帽子或者摘帽子可以极大地改变热平衡。无须摆弄扣子和拉链，你就可以调节整体舒适度，甚至可以影响相隔较远的身体部位的热平衡。如果手部发冷，那就该戴上帽子。

带护鼻器的大护目镜必须贴紧,以免呼出的气体快速雾化镜片。我的滑雪杖设计得比平常短,这样在拖曳时,双手就会保持在比心脏低的位置,因此也就不大可能造成血液停止循环。

我们四支个人探险队从各自的起点处出发,此时一场暴风雪正从高原席卷而下,怒吼着朝海岸线奔来。我没用标准冰桩而是用滑雪板、滑雪杖、冰镐固定帐篷,外加一根锚索将它和雪橇绑在一起,我就这样待在噼啪作响的帐篷里。

后来我才知道,这场暴风雪差点要了马雷克·卡明斯基的命。尽管条件不利,他还是决定赶路。可惜运气太差。他刚解开身上的雪橇和风筝,没想到风筝竟然飞了起来,不仅砸中了他脑袋,还一同带走了雪橇和其他所有物品。等他在暴风雪和一片白茫茫之中恢复神志,才意识到自己身处直接被冻死的极端危险之中:没有帐篷,没有炉子,没有食物,没有无线电。幸运的是,他发现雪地上朝雪橇消失的方向留下了一摊血迹。于是他调整好磁罗盘方位,跌跌撞撞地走进迷雾之中。过了一会儿,他发现自己的雪橇卡在一处雪脊上,正是这座雪脊阻止了雪橇继续朝南极点快速移动,他这才算长舒了一口气。

无论是在南极还是在格陵兰,沿高原高冰盖下方海岸线劲吹的超强暴风雪对驻扎于此的极少数人而言,一直都是一种高风险、令人气恼的气候因素。有记录的南极下吹风速度曾达到每小时200英里以上,在格陵兰的图勒,曾达到每小时208英里。斯科特的手下谢里-加勒德曾描述过他第一次遭遇下吹风的经历:"帐篷外狂风肆虐,一片混乱……出去硬撑着走不了几步,帐篷就看不见了。失去了方向感,没有任何东西能指引你回到帐篷。"

肆虐整个南极的下吹风孕育于极地的寒冬之中。冷空气在高耸的内陆高原上聚集,当高密度的冷气团溢出冰盖边缘,泻入深深的山谷,下吹风便形成了。它们一边加速,一边咆哮着沿冰川席卷而下,朝下方的冰架冲去。

威尔·斯蒂格曾提到,剧烈的下吹风过后常出现寒冷安静的状态,在此状态下，冷风会导致形成冰晶。他的团队在俄罗斯向东方站往返运送补给的飞机飞临头顶上空五分钟之前就能听到它的动静，在超级寒冷的空气中，声音就是如此清晰。而且在飞机飞过去很长时间之后，他还能从下吹风过后的空气冰晶中闻到柴油味儿。

尽管雪橇的起始负载达到了485磅，和两年前我们横穿大陆时一模一样，可我发现逐日的拖曳工作却轻松了很多。我把它归因于设备的改进，比如滑雪板下面的那层皮。以前我和迈克经常需要调节并重新粘固那层皮，但现在新胶水可确保它们永远不会脱落，于是我也就免了让手指挨冻。

我的通信设备比以往任何时候都要更小、更轻、更高效。莫拉格现在拥有了海事卫星装备，每天都用这套装备和远在苏格兰的老公劳伦斯通话，劳伦斯会告诉她伯厄或者马雷克的最新确切位置。所以每晚在帐篷里，我都能拿自己的前进速度和他们的进行比较。只需按下GPS上的一个按钮，立即就能知道自己的方位，根本不需要又冷又费力地架起一套经纬仪或者六分仪观察太阳或者某颗星星的高度。时代确实在变。

我发现很难克制自己不去试图创造极地探险纪录。这是一种瘾，好像已经影响了不少人，沙克尔顿大概就是其中的一位。如今在世的人都还记得，就在80年前，沙克尔顿制订了一项宏伟的计划。他将其称作"最后一次大探险"。以前他痴迷于成为到达南极点或者北极点的第一人，但这些都被别人捷足先登了。他说过一句很著名的话："随着阿蒙森的成功，现在只剩下一项伟大的南极旅程——穿越南极大陆，从大西洋到太平洋。"

靠着稳扎稳打，沙克尔顿终于为探险凑齐了必要的赞助费。他的路线计划很简单，但是雄心勃勃。他带着五位极地探险老手，打算将自己的探险船"坚忍号"停靠在因浮冰错综复杂而恶名昭著的威德尔海沿岸的某个地方，然后沿着一条完全未知的路线驾驶雪橇前往南极点。这条线正好和斯科特顺着比尔德莫尔冰川下行的极地路线相反，他清楚自己将耗尽食物。因此，队伍的另一半将乘坐第二艘船"极光号"（*Aurora*），这艘船是从澳大利亚探险家道格拉斯·莫森的手中买下的。等他抵达比尔德莫尔冰川底部的时候，他们应该已经将食物和燃料罐一直投放到了麦克默多湾。他将另一半队伍称作罗斯海小分队。

对英国男性来说，1914年并非出去冒险的好年头，因为太多的男性都在朝战壕进发。沙克尔顿心脏有问题，虽屡次尝试被派往前线，无奈统统被拒绝。那年8月，英国政府发布"一战"总动员令，沙克尔顿随即承诺自有船只及其海员全部为国王陛下及国家服务。时任海军大臣的丘吉尔和英国国王均让沙克尔顿继续前往探险。于是"坚忍号"于9月离开利物浦，同时沙克尔顿致信妻子。对埃米莉而言，这封信似乎和南极一样冰冷。

> ……过去一段时间，我们总是意见相左，其错在我……不知你是否真正懂我：若真懂我，便无须为我多虑，我曾向你表明或曾试图向你表明这一心迹，但是你总作他想，对不对？……我曾尝试不仅从我的角度，也从你的角度看问题，但一切皆为徒劳：我只在原地转圈……我仅擅长探险，其他非我所能，若我想得到某物，便会意志坚硬且异常执着：总之并非善类。我嗜争好斗，即便诸事顺遂，也会烦躁不安；如果诸事不顺，更是忧心忡忡……既已回归本职，身体将会更好，心境更趋平和，我认为自己将永不再进行长途探险。

"坚忍号"于1915年2月抵达威德尔海，遭遇到严重的浮冰，未过多久便在船体周围如混凝土般冻结下来。八个月之后，船只被浮冰挤破，随即沉没。此地距离最近的人居岛屿有1000英里。说得客气一点，沙克尔顿随后妥善地收拾了残局。他和27名船员拖着三艘救生艇，在不断流动的浮冰上跋涉了五个月。在抵达开放水域后，他们又乘风破浪登上了荒无人烟的象岛海岸。

沙克尔顿心里清楚，若无救援到来，他和手下都将命丧于此。于是，便带上五人乘坐一艘救生艇，在世界上波浪最大的海里行驶了800英里，抵达南乔治亚岛。又用了三天翻过高耸的冰川，最终到达一座捕鲸站。在智利政府的大力支持下，他们先后四次试图到达冰封的象岛，后来沙克尔顿终于救回了五个月前留在那里的手下。"坚忍号"探险显然失败了，因为它从未踏足南极，但沙克尔顿将这次探险变成了一部蜚声国际的英雄传说，赞扬人类战胜逆境求得生存。

1916年，一位心存不满的人在《麦哲伦时报》上撰文说："他早就该上战场了，而不是在冰山上瞎转悠。"正如对专业媒体批评的一贯反应，人们对斯特凡妮·巴切夫斯基（Stephanie Barczewski）最近这段评论也颇有微词："国难当头，沙克尔顿没有任何理由对一块毫无用处的冰冻荒原进行轻率的探险。"不过在很大程度上，沙克尔顿已经成了传说，象征着颠覆不破的超级领导艺术。

维维安·富克斯爵士曾在20世纪50年代成功走完了沙克尔顿规划的穿越路线。在20世纪90年代初，他告诉我，他经过深思熟虑后认为："坚忍号"沉没其实是因祸得福，因为它让整个项目避免了一个更加糟糕的结局。

当今许多极地历史爱好者称赞沙克尔顿，首先是因为他在险境之中"从未损失一名队员"。但这句话只有在忽略另一半探险队——罗斯海小分队——的条件下才能成立，人们经常将他们抛诸脑后。他们的关键任务是将补给从麦克默多投放到位于比尔德莫尔冰川的基地。如果没能做到这一点，他们知道沙克尔顿规划的穿越也将失败，因为后者会在罗斯冰架上饿死。

他们的船只"极光号"将十名队员放在麦克默多湾，其中包括船长埃涅阿斯·麦金托什（Aeneas Mackintosh），整个麦金托什家族的族长继承人。船只在卸货时就已被浮冰严重损坏，后来勉强开回新西兰。尽管大家认为食物足够这十个人生活并完成他们的任务，因为他们可以搜罗留在斯科特小屋里的物资，但证明表明，由于管理不善和准备不足，他们还是遭遇了相当大的困难。

极地探险老手欧内斯特·乔伊斯（Ernest Joyce）经常和麦金托什吵架，并公开向探险队设在伦敦的办事处里的人发火，为雪橇装备打包正是那些人。而必要的衣物还没带够一半。乔伊斯说："我总有一天要去问问对这种丢人的疏忽负责任的那个人。"最初的规划和组织不善将导致在接下来的两年里出现极大困难。即使到了1928年，极地历史学家休·米尔（Hugh Mill）博士依然认为，故事的某些方面最好不要公布。"完整的故事，"他写道，"在未来一段时间内最好不要公开。"

尽管缺乏装备，但处于困境中的队员们拼凑出了足够的装备，依靠人力拖曳了将近2000英里，完成了沙克尔顿交给他们的任务。可大家并不知情的是：他们所遭受的巨大痛苦根本毫无意义，因为"坚忍号"已经长眠在威德尔海海底。如果当时能用上数年后出现的高效无线电通信，也许就能避免一场悲剧：一人死于坏血病，包括麦金托什在内的另外两人消失在破碎的浮冰下。

1917年，在极地老船长约翰·戴维斯的带领下，"极光号"最终救出了罗斯海小分队的所有幸存者。戴维斯见过许多在极地旅行中受苦受难的人，他评论道："他们肉体上遭受的痛苦深入外表之下。他们言语急促却不流畅，有时半歇斯底里，几乎不知所云……发生的事件已经让这些不幸的家伙大异于所有我曾见过的普通人。"南极洲变着花样款待了他们。

沙克尔顿的手下没有风筝，但孤身旅行的第四天，就在我穿越伯克纳岛的时候，偏北方向的暴风雪渐渐平息，代之而起的是一阵来自海边的强风，于是我决定试用一下风筝。当时的想法是两手抓牢控制线，带动系在身上的重雪橇一起滑行。好几次阵风都把雪橇撞在腿肚子上，滑雪板、滑雪杖和绳索纠缠在一起，乱成一锅粥，我只好一屁股坐在地上。有一次高速撞击，不仅撞疼了脚踝，连滑雪板的顶部都撞碎了。我用工业胶带把这两个部位都包扎了起来。

这是学习的过程。需要乃发明之母,我有生以来第一次开始掌握放风筝的诀窍。让我莫名兴奋的是,我竟学会了鼓满风,并保持满风状态。不过只能按照风吹的方向。那天晚上,让我惊讶的是,GPS显示我已经向南前进了117英里,这是在没有机械助力的条件下,我在一天之内的极地行程记录。

11月18日,依靠微弱的信号,我联系上了莫拉格。她告诉我,过去两天我已经走了将近30英里,而奥斯兰才走了21英里。不过第二天刮起了一阵稳定的东风,奥斯兰可以使用翼伞,在两天之内完成了惊人的99英里。他技艺娴熟,能利用东风和西风推动他朝南走。要是我也能这样做就好了。我痛骂自己愚不可及,未能及早发现翼伞这种东西。

11月21日和22日均无风,只有一片白茫茫的大地,我和奥斯兰都拖曳着东西往正南走。他走了19英里,我走了19.3英里,不过我多了100磅重的负载。尽管还没有赶上他,但对于前方500英里的高原来说,却是个好兆头,因为那里盛行逆风,人拉雪橇将会展现实力。

每晚我都用凯妮汀粉擦拭烂裆部位,破皮的地方就用工业胶带粘起来。后背和臀部酸痛,但没有前几次那般疼,因为套索设计师已经开发出一套全新的高效衬垫系统。有史以来第一次,在极地重载人拉雪橇之旅中,生活确实尚可忍受。

阳光并无缓和之意。有一天,它穿透了乳白天空,我立即感到燥热难当。我一直脱到只剩下内衣,但所有裸露出来的皮肤很快就被灼成了紫色,因为每年的这个时候,臭氧层空洞是最大的。我用口粮袋子做了一件头饰,就像法国军用平顶帽的帽檐一样遮住脖子和肩膀。第二天,乳白天空又恢复了,不过我依然连续不停地拖曳了11小时。我远远地赶在进度表前面。

从伯克纳岛开始直到海岸线,冰架都平坦易行,但在海岸线那里,正前方却突然出现了一座上坡——弗罗斯特坡。我天生不善攀爬，因此这座陡坡就是一处布满裂缝、仿佛不可逾越的障碍，一堵骤然上升直插蓝色天际线的冰封悬崖。从20多岁起，我就是眩晕症患者，就连背着轻便背包爬坡我都不乐意，更不用说拖着一架仍然重达470磅左右的雪橇。

沿东方地平线涌起的乌云预示着更多的恶劣天气。我开始攀爬冰坡，但一而再再而三地往后滑，直到筋疲力尽。我支起帐篷，决定将雪橇上的负载分成四份。如果我能趁太阳还照着坡道的时候首次登顶，就能找到一条最佳路线，然后我就再爬下来，吃饭睡觉，等第二天再爬三回。

刚爬了50英尺，手已经开始觉得冷，晕眩症一发作，冰墙就从明亮的阳光下切换到深邃的阴影中。我摇了摇脑袋，摆脱掉晕眩症造成的催眠效果，接着小心翼翼地从雪橇袋里取出冰锥，开始顺着陡坡冰封的表面一步步往上爬。我用了四小时才到达陡坡顶部，暂时放下首批重物。在这片没有任何特征的辽阔区域内，我把口粮堆好，又用一块滑雪板做了标记。向下回到帐篷那只用了4分钟，带着轻松的心情，我煮了一份肉酱面条，又喝了两品脱茶。

我刚睡下十分钟，下吹风便开始连续不断地冲击帐篷。这样持续了个把钟头，后来我意识到必须要搬走，否则帐篷就会被吹破。在四分之一个世纪的旅行中，我从未遭遇过如此凶悍的大风。在两次冲撞之间的短暂间歇期内，根本不可能睡着。在几秒钟之内便拆掉了帐篷，并把所有装备都绑在一个固定的冰锥上。

我又开始爬坡，尽管有好几次大风都把我从脆弱的立足之处吹了下来。有一次我向下滑溜了30英尺或者更远，拼命地试图用冰锥的尖头凿进冰面里。我大口大口地吹着粗气，雪橇就在我下方荡来荡去。我抖抖索索地贴在冰面上休息了一会儿，接着继续蜗牛般地攀爬。

第三次攀爬最糟糕，因为能见度差导致我走错了路线，朝东走出太远。这意味着我得爬到两倍高的地方，才能够得着陡坡围着一圈岩石的上缘。趁着东边的乌云让悬崖变得模糊不清，我立即开始第四次攀爬。可惜我太累了，带不动两只25磅重的口粮袋。所以，我只能再下来一趟取它们。

第五次也是最后一次攀爬，由于肩上只扛了50磅重的东西而且没有雪橇，所以要轻松一些。但东边的乌云赶在我前面到达了坡顶。一场小雪开始降下来，我没法找到存放装备的踪迹或者以前走过的路径。爬坡时流出的汗水在皮肤上凝结，我感到一阵阵寒意。我知道，如果找不到存放的装备，肩上这只供20天吃的袋装口粮对我几乎没有什么用处。

我拼命祈祷，一小时后，无意间碰上了存放的东西，顿时如释重负，整个旅程也由此变得苦有所值。就算买彩票中了头彩，也无法与在弗罗斯特坡上找到存货带来的快乐相提并论。

尽管我无法真正看见南极高原，实际上四面八方都见不到任何特征地形，但我知道自己已经抵达通往南极点的门户。冰架和冰崖上的各种危险已经被抛在身后。接下来的70英里将会有裂缝和可怖的冰碛（由大量冰屑构成的难以逾越的障碍），但此后就只剩下一马平川的极地高原。

11月最后一天，莫拉格从无线电上告诉我：我比卡明斯基和那个韩国人领先了100英里，而且正在慢慢赶上伯厄。到了行程的第20天，我已经比上次穿越提前了十天。倒不是雪橇拉得快，完全是因为牵着风筝朝南跑了一整天。到了12月2日，我日渐增长的乐观主义情绪遭到了打击。奥斯兰利用自己精湛的翼伞技术控制住了侧风，在短短四天之内竟然走了134英里。在我前方横亘着雅堡冰川（Jaburg Glacier）和裂缝密布的雪原。这是南极洲最荒凉、最美丽的地方，有些部分也是最危险的地方。

除了很早之前在布雷肯山里参加英国特种空勤团的选拔课程之外，以前我很少独自旅行。我认为孤身一人在偏远地区旅行很不负责任，而且现在还有两个小烦恼如影随形。第一，任何人都可能掉进冰缝。如果裂缝较小，随着它越来越窄，你可能会被卡在一个光滑的瓶颈处。身体的热量会让你往下滑，卡在冰里直至丧命。如果第二个人带着安全绳，还有可能把第一个人救出来。第二，任何极地旅行者都可能出现体温过低的症状。还有两天就抵达南极点的时候，它就在迈克身上发生了。如果他当时孤身一人，必然会丧命。如果你仔细想想，这一切都合情合理，但这正是我认为独自旅行不负责任的另一个原因。

由于比以往和同伴旅行的时候更害怕裂缝，所以每当滑雪板下面的雪地猛地往下一沉，并伴随着一阵低沉的轰鸣声，就像几吨重的碎石子被从一架大吊车上撒下来，我就会吓得猝然停顿。斯科特手下的一位科学家就曾描述过他第一次遭遇雪震时的经历："时不时地，一阵颤动摇撼整个地面，大家可以听到一阵怪异的声波像涟漪一样朝四周扩散开去。有时候，可以看见整个雪面都在轻微下沉，一开始这种景象非常可怕。"这一现象貌似只在特定条件下在特定区域内发生。累积成数英寸厚的一层雪面可能会覆盖足球场那么大的一片区域，它会骤然从高处往下坍塌，陷落到下方的空气层上。

每天我用十小时往南走，慢慢往上爬，因为没有可用的风力。太阳出来后，汗水从脸上急涌而下，而额头和脖子后面却都被烤焦了。与1993年我和迈克·斯特劳德的那次行程相比，从臭氧层空洞里倾泻而下的紫外线这次要显著得多。我看见细小的冰晶在阳光下闪闪发光，产生出各种光的幻影，形成了发光的柱子和彩虹般的光晕，也可能只是我的想象。我记得自己完全赞同威尔·斯蒂格说过的一段话。在1989年进行南极大穿越期间，斯蒂格曾读过荒野作家巴里·洛佩斯（Barry Lopez）所写的一篇关于短期到访南极洲的故事。斯蒂格写道：

> 洛佩斯对南极洲浪漫而生动的描述让我颇感不安。我担忧的是自己未能正确把握南极洲和它的浪漫。和我的描述相比，洛佩斯的视角显得新颖、绚烂、扣人心弦。对他来说，每一件事都是全新的；短期停留的优势在于：他的思维和表达能力并未受到单

调和荒远的摧残，而单调和荒远才是真正的南极。我能理解：踞下旅游包机小住几日，想象出几幅图景，将南极涂抹成寒冷的天堂，这太容易了。多日之后，我的看法则完全相反。

我并未觉得孤单，尽管一直有此预期。也未因四周的沉寂而感到压抑，因为最小的动作都会被无所不在的寂静放大，所以到了晚上，我能听见自己鼻孔里的呼吸声、衣服的沙沙声、巴拉克拉瓦帽的摩擦声和手表的嘀嗒声。而且，我不在睡袋里时，总能听到雪橇滑行装置、滑雪板和滑雪杖发出的沙沙声或者炉子的轰鸣声。

沙克尔顿在描写自己的孤独时，曾援引柯勒律治的诗句："一人，一人，孤身一人，独自彷徨在辽阔的大海！"他还说自己身处"真正的世界尽头""云生之处"。斯科特曾记录道："过往数日，四周景物一成不变；未来数日，也将如此——景物既如此荒凉凄清，总能让人生出阴郁的念头。"

我的"阴郁念头"主要是担心如果自己掉进了裂缝到底该怎么办。多年来，我总有此担心，但一直都用绳子和另外一个人系在一起，或者至少他就在我身边。任何人都有可能掉进冰缝，因为大多数此类自然险地之间都连着雪桥，就算最有经验的眼睛也无从看见。

在我看来，比沙克尔顿及其手下所经历的险境求生更伟大的，当属道格拉斯·莫森于1912年（也就是斯科特去世那年）进行的令人难以置信的孤身一人之旅。曾在1978年向我赞助"本杰明·鲍林号"的同一家公司也曾向斯科特提供了"新地号"，向莫森提供了"极光号"。

莫森出生于约克郡，两岁那年被带往澳大利亚，并成长为一名成功的地质学家兼探险家。沙克尔顿和斯科特均曾邀请他参加重大探险活动，但均被拒绝。但在1907—1908年，作为沙克尔顿探险队的成员，他曾成功地首次登顶埃里伯斯火山，并首次到达南磁极。

1911年，他拉起自己的探险队，探索并考察紧邻澳大利亚的大片南极区域。他将探险队分成两组,负责探索斯科特和沙克尔顿考察地以西的沿海区域并画出地图。两组之间通过短波无线电保持联络。1912年11月,七支独立的考察组从海岸基地出发,莫森自领的这一组携带了三架雪橇,每架由十条雪橇犬拖曳。组员包括22岁的英国军官贝尔格雷夫·宁尼斯(Belgrave Ninnis)中尉和一名瑞士医生泽维尔·默茨(Xavier Mertz)。他们的任务是考察乔治五世地(King George V Land)。

连续五个星期,他们在布满裂缝的海岸线上奔波了300多英里,采集地质样本,绘制地形图。但后来就在大家穿越现在所称的宁尼斯冰川时,却发生了灾难。宁尼斯连同他的雪橇和雪橇犬队砸穿了一座雪桥,掉进了约200英尺深的裂缝里。莫森和默茨一筹莫展,无法施救。他们运气确实太差,除了供剩下两人吃七天的口粮之外,所有狗粮、大部分生存装备,包括帐篷在内,都放在宁尼斯的雪橇上,因为他们认为最后那架雪橇应当是最安全的。要返回基地,他们还要沿着险象环生的海岸地带再走300英里;而且南极这片区域还常年遭受最猛烈的暴风雪的袭扰,前景一片黯淡。

他们把帆布用三足经纬仪撑起来当帐篷,吃完了食物,就把雪橇犬一条接一条杀掉吃肉。剩下几条雪橇犬很快就变得瘦弱不堪,几乎提供不了什么营养,骨头和内脏还要喂给那些尚未被宰杀的雪橇犬。默茨和莫森两人已是饥饿难当,把任何一丁点儿能吃的东西都咽了下去,包括狗肝。爱斯基摩人很早就知道,海豹、海象、北极熊和雪橇犬肝脏里的维生素A对人是有毒的。由于不了解这一点,两人的皮肤发生黄染,而且一层层脱皮,但是他们还在继续吃狗肝。两人病得非常厉害,而且经常头晕目眩,头发和指甲也相继脱落。

默茨开始发疯。只要天气允许,两人就迫切需要继续赶路,但是默茨拒绝离开湿漉漉的睡袋,而且行为越来越暴力。当他试图摧毁两人赖以为生的临时帐篷时,莫森只好把他捆了起来。快到最后的时候,默茨竟然咬掉了自己一只被冻伤的手指的指尖。莫森试图把默茨放在雪橇上拖着走，但速度仅能赶得上蜗牛，而且默茨很快就被冻透了。他们困守帐篷，莫森眼睁睁地看着发疯的同伴咽下最后一口气，明白自己的生存概率也越来越低，心里充满了绝望。

莫森把默茨掩埋好，自己也已疲惫不堪。只要皮肤脱落，掉皮的地方很快就被磨成了裸露的伤口。有一天早晨脱袜子的时候，他发现一只脚的脚底竟然整个掉了下来，就像一块脚掌形状的铸模。他在脚底脱皮的地方涂了一层羊脂膏，然后用绷带和剩下的袜子把脱落下来的脚底又绑回去，最后再套上靴子。

在我看来，他孤身回归基地之行简直就是人类依靠意志力险境逃生的奇迹。他掉进一个又一个冰缝，仅靠着系在雪橇上的那根14英尺长的打结的绳子才没有丧生。他浑身满脸都是冻疮。等抵达基地上方的某处高地时，都快成了行尸走肉。由于没有冰爪，他发现自己没法顺着被寒风切削出的陡峭冰面下到安全地带。由于遭遇暴风雪和低吹雪，在一座雪洞里又熬了三天三夜，这段时间，他用手头上的零碎物件竟然拼凑出了冰爪，作为权宜之计。

莫森好歹还剩一口气，一瘸一拐地回到了基地，可是就在几小时之前，为了避免受困一年，他那艘"极光号"已经被迫离开基地驶往澳大利亚。留下来寻找他的五个人欢呼着上前迎接。第二年，莫森尚未从可怕的经历中恢复过来，他和手下被送回了澳大利亚，他们对南极地图的贡献比当时任何人都要大。他的探险队探索了地球上最后一片未曾绘制的大陆上将近2000英里长的未知海岸线，并且绘制了地图，为人们科学地认识这些冰封大陆添加了海量数据。

裂缝毁掉了莫森的团队，浮冰毁掉了沙克尔顿的探险，但自己这趟穿越之旅进行三周以后，我却觉得非常乐观。朝南极点的方向已经走完了一半，而且感谢手里的风筝，比我和迈克在1993年同一时间到达的地点多走了125英里。但在第25天，早餐刚吃完稀饭没几分钟，我就觉得恶心，而且头晕目眩。在一个阳光灿烂、既不太热也不太冷的日子里，竟比计划晚了四小时才出发。尽管爬了一段长陡坡，但六小时我才拖着雪橇走了六英里。冰面条件在持续改善，可我只觉得想吐，于是便吃了两片易蒙停（Imodium）。

身后，滑雪装置留下的印迹消失在北方，无数山峰闪闪发光，仿佛飘浮在空气形成的波浪上。身前，只有蔚蓝的天空和平缓的雪原，毫无障碍地通向南极点。

令我惊讶的是，刚吃过晚饭，我便再度剧烈呕吐起来。晚餐吃的是美味的酥油牛乳脂混合农家馅饼，再配上斯马什酒。我盯着帐篷地板上的呕吐物，心里只想着该如何回收利用，因为这顿口粮我可是拖了整整400英里，而且代表着再拖十英里所需要的能量。那天晚上我告诉莫拉格自己病倒了，但不确定是什么原因，因为我并没有拉肚子。她和我说，如果症状持续不退，随时可以呼叫她，她好转告我营地医生的建议。

两小时后，肠胃开始了第一阵抽搐，我立刻意识到这是肾结石堵塞的症状。我生起炉子烧好水。我要把这该死的东西从肠胃里面冲出来。用水淹死它。那种疼痛令人终生难忘。我一边呻吟一边大声叫骂，使劲拽开迈克为我精心准备的医药包。迈克知道我在1990年曾患过肾结石，那次我们正好身处一座位于遥远的浮冰上的苏联科考站内，迈克还是从一位俄罗斯医生那里借的药。我掏出替代吗啡的药片和两粒解痉灵（Buscopan）镇痛丸一口吞下，又把一根扶他林（Voltarol）栓剂插进下体，以求快速止痛。不到半小时，最初的那种疼痛——我觉得我完全可以形容为如受酷刑——钝化成一种隐隐的跳疼。可惜为时不长。

连续六小时，我一小时又一小时地试图呼叫莫拉格。但大气扰动令所有通信受阻，直到第二天早晨才接通。天气非常好。我渴望上路前进。由于我什么也没吃，而且只用燃料融雪烧水而非用来暖帐篷，所以从技术上说，我并没有降低自己整体成功的概率。但奥斯兰已经走到了前边，而且距离正在拉大。卡明斯基和韩国人也从后面慢慢赶了上来。但是在把石头从尿路里弄出来之前，我根本没法继续前进。

当我最终和莫拉格短时通上话，营地里的女医生——一位来自澳大利亚西北部的前空军军医——建议我每六小时吃一次止痛药，同时大量喝水。整整24小时，我在帐篷里痛得满地打滚。这可能是我记得自己度过的最痛苦的一段时间。我吃的止痛药比医生建议的还多，而且喝了巨量的水，但石头还是一动也不动，下腹部、背部和腰部依然疼痛。

12月27日上午11点，我认为，对于成为独自穿越南极洲的第一人来说，除了止痛药正消耗殆尽，自己肾脏将遭受无可挽回的损伤，这些风险所造成的代价太大了。于是，我拔出了紧急信标的插销。数小时后，英国一位叫莫拉格的人收到了卫星信号，转而将我的确切位置告知了位于爱国者山的双水獭飞机机组。

九小时后，就在好天气开始变坏的时候，"双水獭"降落在我帐篷旁边。在飞回爱国者山途中，那位澳大利亚医生通过打点滴向我的血液系统内注入吗啡。肾脏很快就被结石完全堵住了，我陷入一种美妙的、毫无痛感的幸福之中。莫拉格打电话给我的健康保险公司，他们建议立即将我送到蓬塔阿雷纳斯的一家诊所。神奇的是，好天气持续的时间恰好足够将我通过一个大力神运输机定期航班送到蓬塔。

在经过X线、灌肠、注液等一系列操作之后，外科医生发了一份报告给我的保险公司，后者告诉我说，如果我按自己希望的那样返回南极，他们将不再支付因结石而再度产生的费用。尽管吗啡让神经系统放松以后结石就已经排了出来，但症状随时可能复发。未来任意一次飞机救援费用都将超过10万英镑。带着极大的不情愿，我同意本次探险就此结束。

奥斯兰用了惊人的55天时间穿越了南极洲，其中四分之三的路程是利用风帆走完的，避免了人拉雪橇的辛劳。当他抵达斯科特基地时，我第一个向他表示了祝贺。卡明斯基和那位韩国人到达南极点的时间太晚了，无法再继续前行。

风筝或翼伞可180度利用风力。它们提供风力协助的方式与使用降落伞或小船帆等追风装置大大不同，阿蒙森、沙克尔顿、斯科特、迈克·斯特劳德和我（1993年）都使用过后者，但是都相当失败。就算我肾脏正常，奥斯兰肯定还是会先于我穿越南极，但我肯定会对其他两人保持领先优势。我的失误在于光想着为人力拖曳保持身体健康，而不是像奥斯兰那样成为一名风力协助专家。不与时俱进，就会被甩在后面。

戴森通过这次探险筹集了170万英镑，帮助建立了欧洲第一个专门的乳腺癌研究中心。如果我走完这次行程，筹资总额可能还会多很多。

第十五章

北极独行出师未捷

> 海风呼啸，海浪轰鸣，海冰破碎。
>
> ——詹姆斯·汤姆森（James Thomson），《冬季》（1726）

1999年，我答应和俄罗斯顶级极地探险家德米特里·什帕罗及其朋友加拿大的戈登·"红鳟"·托马斯（Gordon "Sockeye" Thomas）一起组织一次驾车绕行世界陆地之旅，最西边从爱尔兰共和国出发，行走23000英里，途经欧洲、俄罗斯和加拿大，直到最东端的纽芬兰。这段路大部分都在寒带地区，但我们三人都拥有开展寒带项目的长期经验。

世上最坚固的全地形车就是基础版的路虎，但它是车不是船，还需要教它学会游泳，因为这次行程中不可避免的一部分就是四大主要水面障碍：爱尔兰海峡、英吉利海峡、白令海峡以及加拿大大陆与纽芬兰岛之间的贝尔岛海峡（Strait of Belle Isle）。最后一处水面障碍位于新斯科舍半岛芬迪湾（Bay of Fundy）以北不远处，潮汐落差可达45英尺。

路虎公司为此次探险提供了赞助，并帮助我们将两台车改造成水陆两用模式。车辆采用专门定制的双体船形状的浮筒式滑行装置，动力采用外置发动机,由驾驶员坐在驾驶室里操纵。除了在雪地或者冰面上拖曳滑行单元外,我们终于能够在相对恶劣的条件下在海面上驾车前行。

经过在英国海岸多次试航之后,路虎公司包下一架货机,将我们所有的装备都送往白令海峡阿拉斯加海岸上一座叫作威尔士亲王的爱斯基摩人村庄。计划是用夏季两个月的时间在那里训练,既在布满浮冰的海峡里航行,也在该村庄往里走的高山上驾驶。为了成功完成这次探险,我们需要了解车辆能否在七级海况下"游泳",能否在积雪条件下穿越人迹罕至的偏远山谷。

我们一行六人将基地设在一位名叫大丹(Big Dan)的美国技师的车库窝棚里,大丹和他的爱斯基摩人妻子及孩子就住在威尔士亲王村。村民们都很友好,许多人家里养着哈士奇,有些家里还在靠近海边的房子外面的围栏上挂着海豹皮和北极熊皮。这片亚北极区域冬夏之间的气温差可达80℃。尽管大多数冬天里降雪量都很小,但一直持续到5月中旬的极寒温度意味着地面在一年的大部分时间里都被白雪覆盖。大丹的妻子告诉我们,在晴朗的日子里,能看到海峡对面约45英里外的俄罗斯。丹开玩笑说,这要在喝了很多威士忌的情况下才可能发生,但威尔士亲王村肯定是当时的苏联与美国之间相距最近的地方。

这片区域与人类奋力穿越寒冷黑暗的北部地区的历史息息相关。如果没有这条深入北冰洋的冰封海峡,就不会有西北或者东北航道。海峡北部是楚科奇海,南部是白令海。亚洲与美洲之间的这片低洼地区,地质学家称为白令陆桥,有时会像今天这样被海水淹没,有时又是干燥的陆地,这要取决于不同冰河世纪的当下状态。白令陆桥在大陆之间形成一条供人类和动物迁徙的桥梁。

直到近代,阿拉斯加先是沙皇在东方的前哨殖民地,后来是苏俄人民委员会的前哨殖民地,这一事实最初是源于皮草的价值。早在1582年,俄国军队就越过乌拉尔山向西伯利亚殖民,以获取精致的黑貂皮，他们知道这些黑貂皮来自遥远的北方。随着毛皮动物被猎杀殆尽，殖民活动进一步向东和向北扩展，并于17世纪20年代抵达宽广的勒拿河。接着，北极海岸上的陷阱捕兽人和猎人利用各条向北流动的河流，深入新的未曾探索过的土地，直至整个西伯利亚最终被全部殖民。

正如在1648年首次穿过白令海峡的俄国探险家谢苗·杰日尼奥夫（Semen Dezhnev）所经历的那样，楚科奇半岛（Chukchi Peninsula）与科雷马河（Kolyma River）地区最东边沿海的几个部落最难被征服。杰日尼奥夫率领的探险队由90人组成，分乘七艘船只。其中五人失踪，船员也被楚科奇人杀掉了。当最后两艘船失事以后，杰日尼奥夫和25名手下幸存了下来，他们展开了繁忙的毛皮贸易，并于数年之后返回家乡。

当杰日尼奥夫远航的故事在莫斯科传开之后，人们重新开始对潜在的、可令俄国和中国开展贸易的东北航道产生兴趣，并引发了维图斯·白令（Vitus Bering）于18世纪30年代进行的伟大远航。白令最终穿过了白令海峡，并在海峡中间位置发现了迪奥米德群岛（Diamede Islands）。他还推测说，尽管浓雾妨碍了他真正看到美洲海岸，但亚洲与美洲之间并无陆地相连。1741年，白令的探险船失事沉没，他和大部分手下均死于坏血病和寒冷。就在他发现阿拉斯加外海的岛屿之后不几年，俄国人就和阿拉斯加的爱斯基摩人建立了联系，并将贸易一直做到了旧金山。

白令去世30年之后，沙皇俄国已经成功占据了整个阿拉斯加，此时英国的海上力量已进入鼎盛时期。1778年，英国派出了自己的伟大探险家詹姆斯·库克船长去寻找通向中国的西北航道。通过精心绘制阿拉斯加沿岸地图，正如白令所推测，库克证实亚洲与美洲真的是两片完全分离的陆地。他的说法于1792年得到了乔治·温哥华（George Vancouver）的支持，乔治告诉海军部，由亚历山大·麦肯齐（Alexander Mackenzie）开辟出的唯一自西向东穿过新成立的美国或加拿大纵贯大陆的路线，是通过陆路或者河道，而非通过位于遥远北方的某条冰冷的海路。

多支探险队都曾尝试徒步穿越白令海峡，但尽管距离很短——宽度大约相当于英吉利海峡的两倍——激流经常会冲破冰盖，所以鲜有人能在坚冰上走到对岸。但就在我们到达威尔士亲王村的头一年，我朋友德米特里·什帕罗和他儿子马特韦（Matvey）完成了当代首次踩着滑雪板穿越白令海峡的壮举。

无论是白天还是夜晚，我们都驾驶着带浮筒式滑板的车辆在浮冰和冰山中穿行，经常行进在强风和波涛汹涌的大海之中，逐渐胆大起来。当我们的基地司令官安德鲁·"老兄弟"·麦肯尼（Andrew "Mac" Mackenney）和三位路虎机械师继续在各种天气和冰况下进行海试时，我和托马斯画出了走完俄属区域并跨过白令海峡后驾车穿越加拿大的路线，我们希望能在来年夏天进行。

从威尔士亲王村出发后，我们必须穿过阿拉斯加内陆山区，到达以前淘金潮时兴起的小镇诺姆（Nome）。但是这一路都没有车道，而且在诺姆另一侧几百英里范围内，也没有任何明显的路线。因此我们便租了一架私人小型飞机，飞过崎岖地带。基于飞行员的建议，我们考察了年度大型雪橇犬比赛的路线——艾迪塔罗德古道（Iditarod Trail）。这是一条崎岖的道路，每年由乘坐雪地车的志愿者负责清理，位于诺姆和675英里外的阿拉斯加南部小镇卡尔塔格（Kaltag）和鲁比（Ruby）之间。比赛最初是两位雪橇犬爱好者于1973年组织的，从那以后就开始闻名世界。这条路线部分基于诺姆和安克雷奇（Anchorage）之间一条曾经至关重要的货运道路，也被称作世上最冷的赛道。

人们经常忘记1925年1月发生在诺姆的为期一周的恐慌，当时那里没有雪地车，也没有能在冬天飞行的飞机，而且最后一班船在短暂的夏季结束后已经离开诺姆，返回了最近的大港口——2400英里外的西雅图。那个时候诺姆还通过无线电、电报或者海底电缆与外部世界沟通信息。不幸的是，冰块不停摩擦海底导致电缆频繁受损，电报线经常被暴风雪破坏，无线电也常受到太阳耀斑的干扰。

小镇被年度隔绝大约一周后，医生柯蒂斯·韦尔奇（Curtis Welch）接诊了一位患了咽喉痛的爱斯基摩女孩。她第二天就去世了，另外两个出现类似症状的爱斯基摩儿童也很快离世。韦尔奇仔细察看了第四个生病儿童的口部，发现了出血性扁桃体溃疡。他开始担心会暴发白喉。现有的少量抗毒血清已经过期了，尽管当年夏天他就订了货，但一直没送来。

白喉杆菌令最初的咽喉溃疡增厚并结痂。溃疡继续变大，阻塞气管，导致受害者慢慢窒息死亡。未满十岁的儿童最有可能死亡，在抗毒血清投入使用之前，整个社区的居民都可能因此死亡。在欧洲，这种病被称为"咽喉瘟"。如果用钳子撕下病灶和结痂，只会让咽喉表层脱皮，造成极大痛苦。白喉杆菌传染性极强，咳嗽一声都能在空中传播，与携带体接触一下也能感染，而且能潜伏在桌面、书本或者水龙头上，保持活性长达数周，等待下一位受害者的致命触碰。

韦尔奇紧急呼吁阿拉斯加政府提供抗毒血清，很快"迫在眉睫的阿拉斯加灾难"就成了北美各地的新闻头条。将血清送往诺姆的唯一可行途径就是利用雪橇犬队接力。60年前，美国就从俄国手里买下了阿拉斯加，但是阿拉斯加尚未成为一个州，所以一切事务都要由华盛顿决定。这造成了延误，但最终人们找到了足够数量的血清，并送往尚可出入的阿拉斯加小镇尼纳纳（Nenana）。许多顶级狗拉雪橇手志愿参加这趟充满危险的速运，他们要走完674英里的恶劣地形才能到达诺姆，其中包括白令海沿岸的208英里，他们要穿越河流三角洲、潟湖和众所周知的暴雪区域。老林山路上满是巨石遍布的山坡和难以通行的冰坡，夜间行走凶险异常。

不幸的是，1925年的阿拉斯加冬天创下了20年来最冷的纪录。狗拉雪橇手当时都很清楚，让他们珍贵的雪橇犬在如此低温下连续发力很可能引起他们所称的"烧肺"——一种发生在犬类身上的肺出血。

雪橇犬吸进-50℃的空气，肺囊里的血管就会破裂。肺部充血，雪橇犬要么因缺氧死亡，要么被自己的血淹死。

凭借着数支人和雪橇犬团队的勇气、耐力和技术，诺姆最终避免了发生大规模死亡事件，著名的"血清速运"也被载入当地史册。

我们在雪橇犬路线上方飞行过后，"红鳟"认为这也将是我们自己的最佳路线，前提是我们将现在擅长"游泳"的路虎训练成能穿越陡峭山坡上厚厚积雪的工具。

在海试期间，为了保持体形，我们驾着雪橇沿着洛普潟湖（Lopp Lagoon）岸边飞奔。"红鳟"这辈子一直都在北美各地进行野外旅行，他很以此为荣而且确是一座知识宝库。据他说，阿拉斯加灰熊经常光顾这片区域，但通常并不和它们的北极远亲北极熊交配。不过如果交配，任何人都会猜测它们的后代到底是棕色的还是白色的。无论哪种颜色，后代的体型都会很庞大，体重可达近1600磅，而且能活30多年。

"红鳟"称自己为"嗜冷生物"——喜爱所有寒冷的东西，而且还说很羡慕我的极地之旅。他的家距离温哥华不远，除了享受自己的业余爱好，在牛仔竞技表演中套牛和骑野马，他最喜欢的户外度假就是去加拿大北部最荒凉、最寒冷、最孤独的地方徒步旅行。他说，身旁这片漂满浮冰的海域就像淘金潮时期的妓院一样，里面的生活丰富多彩。他曾在阿拉斯加湾里的小岛上宿营，看见大群大群的海象出没，阳光照在巨大的象牙上闪闪发光。它们每天要消耗将近45公斤，主食是在冰冷的阿拉斯加水域大量生长的贝类。生长在黑暗寒冷的极地深海里的鱼类体液就像汽车防冻液一样。在我们脚下的这片极地苔原里，各种昆虫、蠕虫和跳虫同样可以在终年低至-38℃的极地严寒中生存。

"红鳟"兴奋地说，苔原对他而言是一片美丽、简洁和幽静之地，在此他更易思考时空的起源和生命的意义。他对阿拉斯加交通局很有意见，因为后者曾打算用推土机从费尔班克斯（Fairbanks）到普拉德霍湾（Prudhoe Bay）的大石油基地在苔原上挖出一条几百英里长的路，穿越原始荒地。推土机的大铲子刮掉了苔原表层（夏季会短时融化）以及位于下方坚硬的永久冻土层。一开始倒是建好了一条优良的冬季道路，但是第二年夏天，新暴露的冻土层（冰沙黏合物）融化成一条又长又直的疤痕一样的沼泽，不仅车辆无法通行，在后人看来也是一根越扎越深的眼中钉。

"红鳟"曾见过北美野牛的尸体，死了数千年，却被完好无缺地保存在冻土中。除冰川地区外，地球上20%的陆地都位于冻土层之下，其中包括"干"冻土层——虽然冻结，但不含冰。海底冻土层可深达100米。在西伯利亚，某些冻土层经测量可深达1500米。但就算在那里，表层在夏天也会融化，从而形成沼泽、湖泊和水生植被。在崎岖不平的地形上，它们将在未曾融化的地面上四下流动，可将大石头冲到数英里远。美国一个为人所熟知的例子就是一整块重达13000吨的岩石漂移了七公里以上。

距离我们首夜扎营的地方以北大约30英里处，就是白令陆桥国家保护区的边界。这片地区就像历史悠久的白令陆桥的其他地区一样，曾经一度被灌木和大树覆盖的北极草原已经看不到树木。生活在这条海岸上、住在草皮房子里的爱斯基摩人只能用鲸骨或者从当地海滩上捡来的浮木支撑屋顶。纬度产生的各种影响会控制高山上不同树种的林木线，同样道理，寒冷也会控制树木在北极或亚北极区域的生长地点。

在树木确实能够生长的那些北极区域，风吹雪造成的磨损和重压可以将它们塑造成各种古怪的形状，比如所有逆风枝条都被大雪磨光的"旗帜"树，或者只有地面吹雪层上方的枝条才能存活的"拖把头"树。数千公斤重的大雪堆积在树上足以将树根扯出来，于是枝条发生了进化，就像某些冷杉树一样，所有枝条都直指向下，这样雪就会滑落而无法堆积。

我们在平古克河（Pinguk River）入海的地方扎营，吃完热腾腾的烤豆子，两人躺在那儿无法入睡。浮冰沿着海滩发出尖锐的摩擦声，曾当过高等数学教授的"红鳟"向我简要解释了人类充分利用寒冷的多种方法。他试图向我解释绝对零度这个概念，我认为用最简单的话来说，就是理论上能达到的最低温度——假设存在这么一个极限值的话。绝对零度被认为是−273.15℃或−459.67℉，达到这个温度，物质的热能就会消失。我让"红鳟"用通俗的英语来解释这个概念。

他说："我要用通俗的加拿大语告诉你有关温度测量的基本常识。"接着便开始解释。丹尼尔·华伦海特（Daniel Fahrenheit）是一位德国玻璃吹制工，他的姓名因其设计的温度标准而永载史册。他在1709年发明了现代水银温度计，其中"0℃"被设定为在其玻璃作坊里能达到的最低温度值。他采用96℃为基准温度，即将温度计放入口中而获得的"健康人体的热度"。按照华伦海特的温度标准，水在212℉时沸腾，在32℉时结冰，两极之间相差近180℃，也就是"半个圆"。20年后，瑞典人安德斯·摄尔修斯（Anders Celsius）发明了摄氏温度标准，水在0℃时结冰，100℃时沸腾。时间再往前快进一个世纪，英国人开尔文勋爵在摄氏温度的基础上提出了自己的温度标准，但他将零度设定为已知的最低温度——−459℉，略低于氦气液化时的温度。"红鳟"最后指出了他认为很不专业的"冰点以下的度数"的测量方法，"他们所用的标准就是冰点下的一度等于华氏温度标准零下的一度"。

在巧妙总结了各种温度测量方法之后，"红鳟"开始解释热力学和量子力学零度能量测量，此时我觉得自己开始目光呆滞。

首先追求绝对零度的是苏格兰的一位教授威廉·卡伦（William Cullen）。1748年，他用一个非常引人注目的标题概括了自己所从事的试验："关于通过液体蒸发和其他制冷方式制造的寒冷。"早在卡伦之前很久，人类就已经学会了利用冰雪将肉类保鲜。爱斯基摩人、古埃及人和中国人都曾留下证据表明，这种做法已经有了2000多年的历史，罗马人和希腊人在自己的别墅里也这样做过。

19世纪30年代，试验员雅各布·帕金斯（Jacob Perkins）设计了一种隔热箱，箱子里有一根管子，管子里的液体可以蒸发，这一过程可以吸收热量，从而令箱子内部温度降低。用来加速蒸发过程的各类化学品包括氨、二氧化硫和二氧化碳。一旦使用不当导致有毒气体泄漏，所有这些化学品都可能会让屋内的人丧命，而且这样的事故确实发生过。氟利昂是一种稳定无毒的制冷剂，它被发现后，才开始出现更安全、更高效的冰箱和冰柜。

这类制冷剂的问世终结了像弗雷德里克·图德（Frederic Tudor）这样的冰贩子们的生意。图德号称马萨诸塞州"冰王"，通过创造对冰镇饮料的需求，并使其成为加勒比热带度假时尚的一部分，图德逐渐致富。为了满足需求，冬天他从美国池塘里采集冰块，然后运到自己建的隔热"冰库"里，提供给最终用户使用。

从理论上来说，用船拖曳冰山确实可以帮助缺乏饮用水的国家解决问题。冰山绝对够大。1965年，苏联水手曾测量过一座长达87英里、面积达2700平方英里的冰山。一座25英里×45英里的大冰山曾裂开过一座13英里×36英里的小冰山，仅仅较大的那一座所含的水量就足够加利福尼亚州所有人喝上很多年。但是，将冰山拖曳至洛杉矶或者缺水的阿拉伯国家成本巨大，因此开发"冰川水"的商业活动至今尚未起步。

"红鳟"指出，对此前诺贝尔奖获得者的一项研究发现，这些年来"求冷者"颇受重视。20世纪40年代的诺贝尔获奖名单中就包括所谓的绝热退磁冷却系统的发明者；20世纪90年代，诺贝尔奖曾被授予一套基于激光的冷却系统的开发团队；2001年，大奖又被授予一支从事铷原子研究的团队。在"红鳟"看来，未来的大奖将被授予他所说的冷冻消融技术的发明者，该技术利用超冷针冻结癌症肿瘤。由于所有人体细胞大半都是水，这项技术成功的概率很大。

对人类来说用处很小，但对嗜冷生物"红鳟"来说兴趣很大的一件事，就是人体冷冻科学的最新进展，人体冷冻科学研究如此将活器官冷冻起来短期存放。20世纪60年代，一位教授曾将一只猫的大脑冷藏了七个月，后来尽管没有完全恢复到能够喵喵叫的程度，但至少在短期内出现过活跃的脑电波。同样在60年代还出现了一种商业设施，人体（或者某个身体器官）在死亡之后可以立即浸入液氮之中。数年之后，当医学上取得了某种突破，就可以将其解冻，原则上说，最初致其死亡的各种病症也就能够治愈了。

目前负责这座人体冷冻库的阿尔科（Alcor）公司还冷冻了贵宾犬以及其他深受人们喜爱的宠物，但并非所有人体冷冻学教授都对死者成功复活抱有信心。引用一位阿瑟·罗（Arthur Rowe）博士的话说："相信人体冷冻技术可以让某个被冰冻过的人复活，就好比相信自己可以将一只汉堡再变回一头牛。"

"红鳟"指出："不过，要是知道自己不久就能回到世上来，看看亲人都在做什么，那么临死的时候也就轻松多了。"我脑子里立即浮现出那些不惜一切代价也要避免死人复活的场景。

用"红鳟"的话来说，"冷就是酷"。有些认同这一说法的公司付钱给身体健康的捐献者，购买他们的卵子或精子。然后，它们把卵子或精子冷冻在$-320℉$（约$-195.6℃$）的液氮中，以极具竞争力的价格在全球销售。

说起另外一件事，"红鳟"坦承自己是一位狂热的冬泳爱好者。由于对斯堪的纳维亚和所有与之相关的事物感兴趣，他言之凿凿地说在那片午夜阳光之地冬泳非常流行。显然，大多数人只是蒸过桑拿后在冷水里短时浸泡一下，或者在当地池塘里游，但其他人却会参加冬泳比赛，连首届冬泳世锦赛都已经在赫尔辛基举行过了。现今一个新兴的基于冷水浸泡的保健产业正在兴起，而且承诺会给参与者带来许多可能的好处，包括促进血液循环，缓解背部、颈部和肩部疼痛，减少抑郁、失眠、哮喘甚至类风湿性关节炎。

瑞典的冰雪酒店公司（Icehotel）在多个城市特许经营冰吧理念，其中包括在伦敦、斯德哥尔摩和奥斯陆。伦敦冰吧的广告上写道：

"欢迎光临冰雪酒店冰吧,这是伦敦唯一永久冰雕酒吧,尽情享受令人刺激的-5℃体验,然后再去截然不同的温暖餐厅里热身。"奥斯陆冰吧还提供冰雪会议室和冰雕课程。冰吧最早就设在荒凉的瑞典托尔讷河(Torne River)河畔的拉普兰村里,用冰做的杯子向在雪地上跳舞的人提供饮料。拉普兰还提供冰雪旅馆供人住宿,旅馆设在玻璃顶的冰屋里,家具全部都是冰做的。里面的蜜月套房还配有优质的保暖睡袋和带动力装置的转床,没事时可以尽情仰观北极光。

我和"红鳟"乘雪橇返回丹的小屋后,我们一行六人便出发穿越横亘在威尔士亲王村和诺姆之间的约克山(York Mountain)。车辆并未采用冬季胎,以对付六英尺厚的积雪和陡坡,我们的路虎技术员查尔斯(Charles)、吉尔(Gill)和格兰维尔(Granville)在每个轮毂上安装了串联起来的三角形履带,从而将车辆变成了小型推土机。它的效果比我们在最疯狂的梦里想象到的还要好,我们很少使用提前准备的长长的绞车缆索。

回到英国后,我们向赞助商路虎公司做了视频演示,并让"红鳟"和德米特里分别在加拿大和俄罗斯做好最后的准备。就在出发前两个月,德国宝马公司买下了路虎,并在一夜之间抹掉了我们的整个预算。

正如所有探险活动一样,通常你要花数年时间组织筹划,在此期间没人会为你掏钱。你希望成功,但一直要记住:若想做前人未做之事,成功的机会很渺茫。所以,如果活动未能如期进行,自怨自艾毫无意义。那年我们在阿拉斯加实训遇到的问题是:我和金妮急需用钱,很大程度上,我们靠着卖书才能维持下去。

1999年初,我的出版商同意支付一个非常合理的数目,购买另一次极地之行的故事:孤身一人,在没有外部支持的情况下,尝试从加拿大海岸直达北极点,这是为数不多的尚待完成的极地挑战之一。

我们在阿拉斯加的大本营主管马克·麦肯尼答应在莫拉格·豪厄尔的帮助之下,负责处理与雷索卢特湾之间的通信,莫拉格当时正在雷索卢特湾为第一航空双水獭包机公司担任基地主管。他称了一下我在85天行程中所需的全部装备，总重510磅，将分装在两架两栖雪橇上，每架雪橇都需要单独拖曳。当时，用来在浮冰之间游动的救生服尚未完成试验。

2000年2月17日，我和随着20年前在环球之旅中结识的老朋友兼专家级极地飞行员卡尔·兹伯格一起飞往沃德·亨特岛，他在黑暗中将我和雪橇放在冰架上一处狭长平坦的地方。我们一起卸完货，又紧紧地握了握手，卡尔便飞走了。小飞机闪烁的灯光消失在身后以南的地方，我独自一人留了下来。

太阳还有三周才能照到这个地方，就算照到了，每天也只能持续30分钟。不过这不要紧，因为我打算就着星光和月光赶路，再加上一盏锂电池头灯。我要朝北走，但磁罗盘磁针指的是北磁极——雷索卢特湾以西300英里、我所在位置以南600英里的地方，所以我便把磁针定在98度位置上。由于磁针盒里的酒精黏度比正常值低，磁针过了一分钟才稳住。我无法利用北极星作为标记，因为它几乎就在我头顶正上方。拉着雪橇，我也无法利用GPS定位装置来寻找方向。

在28年的极地探险过程中，我形成了自己的穿衣原则，即以便于不停运动和轻质透气的衣服为基础。任何停顿，无论为时多短，都可能导致失温症。一旦新陈代谢系统开始运行，血液被强力泵送至四肢各处，我便脱下羽绒服，把它塞在雪橇上靠近保温瓶和12孔唧筒式霰弹枪的位置。现在我只穿着一件薄薄的防潮背心和长内衣裤，外面穿着由百分百文泰尔料子做成的黑色外套和裤子。料子不防风，所以无法将体热封闭在里面。令人遗憾的是，没有任何一种现代布料完全透气，比如戈尔特斯。在崎岖地形拖曳过重负载，拖曳者就会出汗。汗水在衣服内变成冰，很快就会导致失温症。除非身处帐篷或睡袋之内，只要你能让血液不断快速流动，棉料依然是最好的折中之选。

七小时的艰苦拖曳之后，我遇到了一堵碎冰块垒成的冰墙，就是冰架边缘与海水相接的地方。我把两架雪橇都拖过来，然后在六分钟内搭起帐篷，四分钟内生起了炉子。生活还是不错的。像以往许多次探险一样，我把0.44马格南左轮手枪就放在电台旁边。正如慢跑者会沿着湖边跑步，北极熊也会在海边巡视，而我正好把营地扎在它们的足迹线上。这并不是个好选择，但我已经很累了。

多年来，我听说过许多关于北极熊的故事，也亲身近距离遭遇过几只，但从来都不是一个人。我知道它们总会袭击队伍当中的最后一位。而在北极之旅中，大家都会鱼贯而行，而非齐头并进，因为探路需要花更多力气。所以，作为领队，我喜欢走在最前面，把武器交给殿后的那个人。因为这是我第一次独自在北极海冰上行走，所以我要比寻常花更多的时间考虑北极熊的问题。

狗比大多数文明人都拥有更加优异的嗅探能力。狼群能从几乎半英里远的地方嗅到受伤驯鹿的气味儿，而即使在无风条件下，北极熊也能在20英里外嗅到猎物。这其中就包括受伤的人的气味儿。它们的夜间视力很好，考虑到夏天通常要在炫光环境中狩猎，所以它们的眼睛要比人类的小。

从体型上来说，它们是地球上最大的食肉动物。它们的背部相当于狮子或者老虎的两倍，雄性北极熊的平均体重足有半吨，爪子宽度至少有一英尺。站立起来时身高超过11英尺。利用两只前爪，它们可以将一头远比自己重的成年白鲸提出水面。它们的颈部肌肉令拳王穆罕默德·阿里（Muhammad Ali）都要相形见绌。就像著名的新西兰橄榄球运动员约拿·洛姆（Jonah Lomu）一样，它们将大块头与惊人的冲刺速度结合在一起，在地面上最高可达每小时35英里，游泳时最高可达每小时6英里。它们可以在水下待两分钟，还能连续不断地游出创纪录的距离——100英里。

它们的食谱主要是海豹肉。由于只能在有浮冰的地方捕捉海豹，所以没有浮冰也就意味着无法进行捕猎。每年7月，当北极更靠南的区域内无冰时，夏季这三个月它们就必须到处搜寻猎物。它们将一路游荡数百英里，一路上吃野果，抓旅鼠，在悬崖底部逡巡以抓获掉落下来的雏鸟，寻找绒鸭蛋，偶尔捕杀几头驯鹿、人或者麝牛。它们甚至会像温顺的牛一样，低下头来啃食一块块的莎草。如果可以选择，它们还是更爱吃海豹，狼吞虎咽一口气能吃下150磅肉，大约每四天就要捕杀一头成年海豹。

所有海豹的呼吸和体味儿都像臭中之王海象那样臭不可闻，所以即使它们临时不在，它们最喜欢的休息场所也会散发出一股浓浓的味道，这正好告诉了北极熊它们可能会在什么地方再度现身。于是，一头狩猎的北极熊就会找出海豹的呼吸孔（爱斯基摩人把它叫作aglu，而且也是守在aglu旁边捕猎海豹），然后就在那里等着，因为它们知道海豹必须每20分钟浮出一次呼吸空气。爱斯基摩人说，北极熊除了鼻子之外通体雪白，它们在追踪海豹的时候，会将一堆冰推到自己面前，隐藏自己的黑鼻头，但这可能是无稽之谈。无冰海面上没有海豹时，北极熊就捕杀白鲸，甚至潜到海里吃海藻或者贝类。

如果能吃饱又不带幼崽，北极熊通常不会攻击人类，除非人类做出威胁它们的动作或者身旁的狗惹怒它们（狗叫会让通常温顺可亲的北极熊变得富有攻击性，甚至有很多次，爱斯基摩人发现拴在绳子上的狗全被咬死，但一只也没被吃掉。想必北极熊只是为了让它们闭嘴罢了）。北极熊通常在海边捕猎海豹，距离去北极旅行的人非常远，因此如果这些旅行者真的碰到了北极熊的捕猎路线，这说明这头熊很可能已经饥肠辘辘，正打算吃掉他们。1978年，我们在雷索卢特湾遇到的那位日本探险家植村直己（当时他正开始独自前往北极点）就在自己的帐篷内遭到了袭击。他很走运，逃过一劫，但帐篷却被撕成了碎片。1990年，就在我和迈克·斯特劳德从苏联那一侧往北极走的时候，两个挪威人也在往北极点赶，他们在距离北极点仅剩下120英里的地方被迫射死了一头北极熊。2000年，就在距离北极点只有60英里的地方，一头北极熊袭击了一位直升机工程师，当时这架飞机刚刚临时降落在一块浮冰上。很多捕猎者虽然逃过一死，却被咬断了胳膊。荒野中许多偏僻的猎人小屋都曾被觅食的北极熊袭击过。

在冰川公园，一头北极熊无端杀死了一位年轻女性，却没有吃她，后来公园护理员在为这头熊体检时发现它身上长满了旋毛虫幼虫。护理员们认为，可能就是这些旋毛虫让北极熊狂躁不安，最终发动了袭击。被旋毛虫高度感染自然是不幸的，但肯定不是因为不卫生的习惯。就像猫一样，北极熊在吃完食物以后会将爪子舔干净，以免皮毛上沾上油脂。在野外，它们通常会蹲在浮冰边上将粪便排进海里，而不是排在冰面上。

尽管有许多北极熊发动致命袭击的先例，但位于哈得孙湾西岸曼尼托巴省（Manitoba）的丘吉尔镇（Churchill）却存在实实在在的证据，证明它们基本上对人类无害。丘吉尔镇上冻的时间往往比其他地方早，一代又一代的北极熊对此心知肚明，每年秋天都会来此聚集，海面冰封时刻一到，它们就会出去捕食海豹。在此期间，它们会扫荡市政垃圾场，还会在小镇周围游荡。有些拿自己不当外人的北极熊也会打破窗玻璃，把校园或者店铺门口当自己的家，不过人们会阻止这种行为，有时候甚至会把它们空运到几百英里外的地方，但很少发生伤亡事故，大多数丘吉尔镇居民都欢迎"他们的"大熊在每年秋天回归。

可以拿这种和谐共处的场景与灰熊的场景进行比较，灰熊天生就对人类具有攻击性。尽管加利福尼亚州的标志物是灰熊，当地的灰熊数量在19世纪末还高达15万头，但由于大规模捕杀，到1925年已经一头不剩。

即使在最寒冷的冬季，北极熊在非冬眠时期也能借助浮冰在北冰洋的不同区域四处游走。它们的保暖能力来自出色的隔热性能，从空中对冰面拍摄热成像照片都无法发现它们。

它们御寒的主要手段，并非像常人所认为的那样是毛皮的隔热性能。其他活动范围偏南的熊，比如灰熊，皮毛更长更密。北极熊拥有至关重要的脂肪层，有些部位厚达三四英寸，无论是入水还是出水，这些脂肪层都能保暖。身上的"皮毛大衣"意味着可以干净利落地甩掉水分。它们的耳朵很小，上面布满了血管，有利于血液高效循环；体型笨重，有利于存储热量；白色皮毛下面长着一层黑色皮肤，更是理想的太阳能对流传热工具；胃部能容纳150磅的高能海豹脂肪，这种储能方式有利于提升冬眠能力——对越冬而言，冬眠能力非常关键。

多年来，在我注意到北极熊足迹的地方，常常能见到同样清晰的北极狐脚印。有记录显示，一只耳朵上带着标记的北极狐在五个月的时间内，在海冰上行进了1500英里，完全依靠自己傍上的北极熊导师吃剩的残羹冷炙生活。

动物园里的北极熊，养尊处优，可以活到40岁，但在野外，通常活到15岁就会死掉。直到20世纪60年代中期，为了获取熊皮，人们一直滥加捕杀，整个北冰洋地区都在担心它们会不会灭绝。1967年，多项国际协议开始生效，苏联和挪威先后禁止了所有猎熊活动，丹麦的格陵兰岛、加拿大和美国的阿拉斯加只允许爱斯基摩人进行有限的捕猎活动。北极熊的种群数量开始逐渐恢复，它们现在面临的威胁不再是不受控制的狩猎，而是气候变化。全球变暖导致北极熊以前那被海冰覆盖的领地越来越小。据美国地质调查局预测，到2050年，世界北极熊数量将会减少三分之二。

在北极浮冰上宿营，帐篷外只要没有大熊惊扰、没有各种可疑的声响，一早醒来我都会非常开心。一旦生起了炉子，能听见的就只剩下它的轰鸣声。我在浮冰边缘度过的第一个清晨，恰逢满月当空，只不过被沃德·亨特岛上的小山给挡住了。于是，我便拖着较轻的那架雪橇踏入由大批碎冰块构成的一片混沌之中，在冰块之间经常掉进齐腰深的软雪里。一旦月亮现身，前方的冰景便在明亮的星空下延伸开去，如果我擅长绘画，就会画下这幅仙境。我手里有近40年来拍摄的同类场景的照片，我喜欢暖暖和和地待在家里仔细欣赏。

身处浮冰之中的第二天，在绕过一块巨大的冰板时，我失足掉落在下方15英尺处的一块棱角锋利的冰块上。雪橇腹部被撕裂了，尽管滑行装置的滑行性能貌似未受影响，但雪橇本身明显已经无法再水陆两用，因为它会像一个漏勺一样漏水。由于距离以前的沃德·亨特小屋仍然很近——20世纪80年代中期，我们曾在这里遮风避雨，因此不妨多花一天时间，循着足迹回去把雪橇好好修一修。

当我回到海冰边上，对修理结果满心欢喜，但满月已经开始影响浮冰，因为涨潮将整个冰面拱了起来，有些冰面支离破碎，另一些则正在漂走。在新开放的水面与更加寒冷的空气接触的地方，升腾着黑色的水蒸气云，在月光下看去无比诡异。就这样不快不慢地走了八小时，我将两架雪橇在记忆中最难走的碎冰原上拖了一英里。当时本该停下来，但我需要找一块年深日久的坚固的浮冰，因为这样的浮冰含盐量低，适合饮用。而且更要紧的是，如果涨潮导致这片臭名昭著的裂缝区出现重大问题，这样的浮冰还能提供更加牢固的避难所。为了抵御失温症，我含化了几块巧克力。在这片由流动的黑色护城河构成的区域内，我却疲惫不堪，这一点相当危险。于是，我决定冒险在平坦一点的冰面上扎营，不管冰面是否是刚形成的。

事态的发展表明我根本用不着冒险。我发现一座由几百块小冰板构成的临时冰桥，这些冰块大约12英寸厚，2英尺见方。我正在穿越时，比较重的那架雪橇突然一歪，顺着桥边掉进了海里。我被套索拉着摔了个跟头，跟在雪橇后面往下掉。我拼命地想按下套索上的快速释放按钮。就在一只靴子沉进水里的关头，我终于松开了套索，同时还抓住了一块楔形的冰板，总算不再往下掉。雪橇还漂着，但也岌岌可危，因为好几个大冰块正在把它往下压。

我已经感觉到了寒冷，能不能活下来取决于能否快速找回两样东西——我的炉子和帐篷。两样东西都在那架落水的雪橇上，冰板还在不断地从冰桥上往下滑落，把雪橇压得慢慢往下沉。

我趴着，用那只戴手套的手紧紧地抓着那块固定的冰板，另一只手在水里四处乱摸。就像刚才拼命挣脱套索一样，我现在却要拼命地抓住套索。最后摘掉手套才算摸到了，我拼力把雪橇往面前拉。雪橇一开始卡住了，经过一番左摇右摆，它总算松动了。我用力往上拉，湿透的雪橇在水里翻滚着浮了上来。等我在摇摇欲坠的冰桥顶部重新站稳脚跟，就开始把雪橇一寸寸地拖出水面，又拖到海冰上，与此同时，海水像瀑布一样从雪橇顶盖上漫下来。

这时麻烦才真正开始。我像疯子一样上蹿下跳。我把双手的手套都套上，开始用"冷手复活术"让冻僵的手指恢复活力：我将手指张开，轮圆胳膊像风车一样快速转动，用力往外甩。平时，血液会伴随着剧痛回到手指上，但这次却没回来。我脱下手套，只觉得整个手都死掉了。手指笔直僵硬，如同象牙般苍白，仿佛是木头做的一样。我心里清楚，如果我让那只还算正常的手哪怕再冻僵一点点，就没法支帐篷和生炉子了——我需要快速完成这些动作，因为穿着单薄的拖曳服，我已经在瑟瑟发抖。

我回到大雪橇旁边。接下来的几分钟简直就是一场噩梦。雪橇顶盖上的拉链卡住了！等我把拉链拉松，把帐篷打开，已经损失了很多宝贵时间。等我把第一支帐篷杆插进杆套，牙齿就开始剧烈地打寒战，而且那只正常的手也冻僵了。我必须在数分钟之内把炉子生起来，否则便为时晚矣。我钻进刚支起半拉子的帐篷，拉上门帘拉链，开始了一场精疲力竭的生炉子大战。冻僵的手指没法使用煤油打火机，不过我倒是找出了几根火柴，用牙齿咬着划着了。

要想生起冰冷的煤油炉子，充油的时候必须慎之又慎，确保适量的煤油渗入煤油喷口下方的垫子里。严寒之下，垫圈变得生脆，油泵柱塞也黏滞不灵。靠着牙齿和一根冻僵的食指，我总算用油泵把足够多的煤油喷到垫子上。可惜在关阀门的时候慢了一步，我刚把火柴一凑上，一条三英尺长的火苗便呼地一下蹿上了篷顶。幸好我装了一层专门定制的防火内衬，帐篷才没有受损。炉子总算点着了——这是我这辈子最幸福的时刻之一。

慢慢地，一丝生命的感觉又伴随着剧痛回到了我那只正常手的手指上。又过了一小时，等到身子暖和过来，我脱掉了那只湿漉漉的靴子。只有两根脚指头受到了影响。很快它们就会冒出大血泡，而且趾甲也会脱落，但万幸没有真正冻伤。帐篷四周噼啪作响的断裂声盖过了炉子稳定的轰鸣声。对那只坏手的命运，我没存任何侥幸。我见过太多发生在别人身上的冻伤事件，完全明白自己遇到了大麻烦。

人体皮肤从设计上说散热效率比吸热效率高，这一点在热带地区大有益处。我们体内还有一种天生的救援功能，就是当最脆弱的部位（包括手指、脚趾、鼻子等）面临冻伤时，热量会从体核涌向受到威胁的区域，避免冻伤。如果这种体核热量转移发生在身体可以保暖的条件下，本可以避免出现失温症状。但我的体核早已冻透了，本来就处在失温症的边缘，如果再晚四分钟还接收不到炉子传来的救命热量，我心里很清楚，我就会被活活冻死。事已至此，我必须尽快赶去医院，让外科医生的刀保住几根手指头。

我很不情愿离开温暖的帐篷。两只手都像在遭受酷刑般疼痛难忍。我敲掉小雪橇上的冰，把货物从上面搬下来，又把它拖到大雪橇旁边，然后再装上绝对必需的物资。我在惶恐不安中出发了。以前走过的路有两个地方都被新开放的水道切断了，但幸好只需要稍稍改道，就能绕过开放水域，五小时后我再次回到了冰架上。

我支好帐篷，花了三小时在炉子上暖暖手脚。我必须尽力避免手指上被冻伤但尚未死去的部位进一步受损，因为最糟糕的情形就是让半受损组织上冻-化冻-再上冻。我喝着热茶，吃着巧克力，感觉浑身乏力，昏昏欲睡。有迹象表明外面的风越刮越大。我知道自己不应该再冒险直面风寒，必须在能见度尚好的情况下尽力返回坚固的小屋。

回归小屋的行程好像永无尽头。有一次，我走着走着就睡着了，醒来一看，发现自己正身处一堆软雪之中，已经离开预计路线很远一段距离。终于回到小屋之后，我在地板上支起帐篷，生起炉子，准备好通信器材。我联系上了雷索卢特湾的莫拉格。她答应我说，第二天就会派一架本来要去尤里卡替换气象员的双水獭飞机来接我。

我的左手手指上冒出了大水疱。我忍着疼痛，把药箱翻了个底朝天。第二天，我在小屋旁边发现了一处简易机场，于是用蘸了煤油的抹布标记出跑道两端。听到滑雪飞机接近后，我把抹布点着。一小时后，我就已经在去往尤里卡的路上。

36小时后，我躺在渥太华总医院里，亲眼看着外科医生剥开外皮，把水疱从指头上切下来。接下来两周，我每天都躺在高压氧舱里接受治疗。回到英国后，我让半受损组织慢慢愈合，准备为完全坏死的拇指关节和其他手指做截肢手术。为了防止开裂的地方（受损但鲜活的肌肉与死亡发黑的指尖交接之处）出现坏疽，我连吃了四个月的青霉素。到了6月末，我狠狠心用一把线锯把死亡的指尖锯了下来。这样有助于新残端愈合，为最终手术做准备。手术主刀是一位专家级的整形外科医生。

26年的极地旅行，出现冻伤的概率越来越小。事情本可能比这糟糕得多。事实上，外伤愈合不久，受损的那几根手指就开始出现一种类似于常见的俗称为雷诺病（Raynaud's Disease）的症状。生活在寒带国家的人群中，有二十分之一会患上这种病，大部分都是女性。抽烟会引起这种症状，重复进行损坏手足部血管主导神经的活动（比如操作振动工具或者长时间弹钢琴、操作打字机或者电脑键盘等）也会致病。冻伤或者其他局部手足损伤，也会引发雷诺病。

这种病比较温和的症状是使向皮肤供血的动脉变窄，当这种情况发生时，四肢的血液循环受限。雷诺病，又叫血管痉挛，会引起皮肤患处疼痛，外观会呈僵尸状。甚至打开冰箱门都可能引发这种症状。雷诺病严重时可能会导致手指变形、坏疽，直至最终截肢。我在美国的内弟本来在明尼苏达州行医，就是因为患上了雷诺病，才不得不搬迁到南部较为暖和的佐治亚州居住，任何一点寒冷，甚至是一阵凉爽的微风都会带来不适。我很幸运，因为一旦重新开始全天锻炼，手指上的血液循环又重新恢复到以前的良好状态。

从北极回来以后，我发现自己深陷有关斯科特船长的探险是否有效的百年大争议之中。斯科特船长的声望在20世纪70年代遭到了一位剑桥作家的非难，这位作家没有极地探险经验，但非常善于通过一套屡试不爽的手段，对国家标志性人物进行人格诋毁以博取名声。他这招很管用，连他的书都被改编成了一部所谓的纪录片。这部影片至今仍在世界各地放映，仿佛它说的就是历史事实，而不是一堆经过巧妙歪曲的质疑。

  我花了两年时间阅读了百余本有关斯科特的书籍以及斯科特手下人写的日记。我带着完全开放的心态着手研究，针对他在严寒地区旅行时应对各种障碍与危险的是非功过，准备阐发自己的批判性观点。结果让我坚信，就全方位的成就而言，尤其是科研成就，他是有史以来最伟大的极地探险家。

第十六章

攀登艾格峰与三登珠峰

> 感谢上帝！总有一片远方土地
> 留给喜欢在小路上前行的我们；
> 去寻找风景，攀登迷人的山峰，
> 前往一个从不令人失望的远方。
>
> ——罗伯特·瑟维斯，《远方的土地》(1912)

2003年，受一位美国长跑运动员的启发，我和迈克·斯特劳德打算完成一项他已经筹划了六年的项目——七天之内，在地球七大洲分别跑完一场马拉松。英国航空公司答应利用仅有的大型喷气式客机，安排一份极其紧凑的日程表，将我们送往各地，每个洲平均只停留五小时，刚刚够跑完一整场马拉松。我们的赞助商路虎公司向媒体宣布：

> 这支团队将在南极洲跑完首场马拉松，七天将从他们起步的那一刻起开始计算。然后，一架双引擎飞机将立即带他们飞往圣地亚哥跑完南美马拉松（第二场）。从圣地亚哥再到悉尼、新加坡、伦敦、开罗，最后一站是纽约。但在跨越国际日期变更

线时,他们将损失掉一天,所以只能通过在24小时内跑完两场来弥补——上午在伦敦跑完一场,晚上在开罗再跑一场。如果成功,两人将会在不到7×24小时之内跑完七场,从日出和日落的角度来说,仅仅用了六个整天。

我们本来计划从南设得兰群岛中的某个岛上开始进行南极马拉松,但在最后一分钟,岛上的简易机场被关闭了,于是我们只好改在福克兰群岛(马尔维纳斯群岛)上跑,这里曾经是英国南极调查局的总部。

这场南极长跑并非真正的极地马拉松。岛上气候温润,我终于理解了为什么南极洲南部,或者"南极洲本部"的科考基地里的人,都将朝北突出的南极半岛以及亚南极群岛上的基地称作"香蕉带"。身旁不时有军车经过,司机纷纷向我们挥手喝彩。当地的电台也在报道我们的活动。一路上有很多长长的爬坡,而且鹅卵石路面也不平整。身旁的骷髅头和交叉人骨标志警示我们路边就是已有21年历史的雷区。跑了三小时后,我们从危岩山(Mount Tumbledown)下经过,这里在1982年军事冲突期间曾爆发过激烈的战斗,当时英国伞兵曾向把战壕挖在山坡上的阿根廷步兵发动正面进攻。

著名植物学家约瑟夫·胡克(Joseph Hooker)爵士是一个一丝不苟的人,他曾将福克兰群岛(马尔维纳斯群岛)上的植物归属在"南极植物区系"这个地理大标题之下。在干旱地区,我们看见名叫摇摇李(diddle-dee)的小灌木丛四处蔓延,上面结着红色的浆果。树丛间混杂着通体暗黑色的小草,白色羽毛般的头状花序,还有一丛丛低矮的猪尾巴藤(pig vine)。偶尔还能看见长腿兀鹰,福克兰当地居民通常将其称作约翰尼·鲁克(Johnny Rook),而居民则自称为开尔普人(Kelper,意为采集海藻者)或者本尼人(Benny)。我曾希望见到美丽的当地白草雁(kelp goose),但可惜未能见到。按照紧凑的日程安排跑马拉松并不能激发人们去欣赏当地的动物。

等我们在纽约跑完第七场，确实感到很疲惫，但远远没有在严寒中拉完一天的雪橇后感觉那么精疲力竭。

在接下来的那一年中，我心爱的妻子金妮死于癌症，此后还不到18个月的时间里，我的母亲去世了，我三个姐妹中的两个又相继离世。

我试着进行了一次南极讲座巡航，从火地岛（Tierra del Fuego）南端的乌斯怀亚（Ushuaia）出发，沿着南极海岸线一路巡航。过后没几年，这艘船便在一次类似的讲座巡航途中沉没了。多年以后，我有幸乘坐一艘由伟大的帆船运动员罗宾·诺克斯-约翰斯顿（Robin Knox-Johnston）爵士驾驶的小游艇，实地参观了合恩角，这次航行也是从乌斯怀亚出发的。我很容易晕船，所以这两次航行过后我再也不想回到海上了。

金妮去世之后，我总在寻找参加活动的机会，希望借此至少能减轻心头的阴郁和黑暗。所以，当一位曾在一起跑步的朋友、《跑步者世界》杂志编辑史蒂文·西顿（Steven Seaton）向我提出为一家慈善组织在北极点跑一次马拉松的时候，我欣然同意。2004年春，我在斯瓦尔巴德群岛和他会合，然后乘坐直升机飞往北纬89.5度，俄罗斯在那里设有一处叫作巴雷奥（Barneo）的冰上基地，每年春天都会有科学家在那里工作。

自从20世纪中叶以来，俄罗斯人和美国人都在利用冰岛作为浮动基地，但已知的第一个此类营地当属维尔希奥米尔·斯特凡松于1913年设立的探险营地。他手下五个人在距离阿拉斯加北方不远的一座坚固的浮冰上漂浮了六个月。用术语说，冰岛的正常厚度至少要达到30英尺，而浮冰的厚度可能只有前者的三分之一。就像巴雷奥一样，冰岛通常不会被邻近的浮冰轻易撞碎，因此可以安全地用作长期活动基地——其中一座被使用了3129天。不过它们一旦被卷入北极贯穿流和东格陵兰洋流，就像"珍妮特号"和"弗拉姆号"一样，会漂出北冰洋，此后就要挑选一处新的科研基地，继续开展研究工作。

由于俄罗斯人在巴雷奥只有两架直升机，每架够载八名乘客，所以总共有16名竞争者参加这次马拉松。史蒂文警告我，其他人大多是非常有能力的马拉松选手，我们两个估计会排在最后。

整场比赛需要沿着浮冰上一条五英里长的小道跑五圈。比赛开始30分钟后，为了调整雪地靴，史蒂文落在了后面。不久我就追上了一名运动员，心里开始想，无论如何自己可能都不会是最后一名。那名运动员冲我喊道："俄罗斯人说我们必须戴上护目镜，不然就可能会被太阳照瞎眼。可它们总是起雾。我该怎么办呢？"

因为夏天还没有到来，太阳在地平线上还是相当低的，所以我知道目前还不存在被太阳照瞎眼的危险，是俄国人谨慎过头了。不过我心里想："为什么告诉他？这是一场比赛！"于是我礼貌地耸耸肩，从他身旁超了过去。

在接下来的四小时里，每超过一名精疲力竭、试图除雾的竞争对手，我都会摘下护目镜。我竟然跑了个第二名！因此，至少一种我吃过亏才学到的寒带教训最终派上了用场。

在金妮去世之后，我觉得能摆脱绝望和自怜情绪的一种更复杂的活动就是学习爬山。这项活动还可以让我为玛丽·居里癌症护理中心募集资金，玛丽·居里癌症护理中心是一家慈善组织，该中心的工作人员为金妮提供了精心的照料，后来我便参与其中；而且，我觉得它能帮我摆脱可恶的眩晕症，从孩提时代起我就一直被这种症候折磨。而且，如果幸运的话，它还能帮我实现一个拖延已久的想法——成为穿越南北两个冰盖并爬上世界最高峰的第一人（正是由于眩晕症才一直拖延）。

我在斯威士的一个朋友，西布西索·维兰（Sibusiso Vilane），是第一位从尼泊尔登上珠峰的黑人。在他尝试成为从西藏一侧登顶的第一个黑人时，曾邀请我加入他的行动。他建议我先通过一家名为"锯齿环球"（Jagged Globe）的山地旅游公司学习如何爬山。但他们的老板认为我可能不适合爬山，因为我"已经60岁了，心脏有问题，而且还没了好几根手指头"。不过他说，如果我能参加两次"锯齿环球"

的培训课程，并且得到教官的认可，他就会同意我报名参加他为西布西索安排的珠峰之旅。

阿尔卑斯山的培训课程进行得很顺利，因为它仅需要沿着多雪步道往前跋涉，但第二场培训课程将基地设在厄瓜多尔的基多，需要攀爬十几座火山，而且一座比一座高。科托帕希（Cotopaxi）火山海拔19000英尺，与乞力马扎罗（Kilimanjaro）火山大致相当。两天后，我们又爬上了附近的钦博拉索（Chimborazo）火山，这座山海拔20000英尺。

这些山上都不冷。当地向导佩佩（Pepé）强调说，岩崩和雷电才是主要杀手。他告诉我们，邻国哥伦比亚保持着每年每公里110次闪电的世界纪录，与之相比，意大利每年每公里只有28次。世界每年雷击致死人数约为24000人，但受伤人数却达十倍之多，其中许多人一生都要遭受严重的神经系统问题的折磨。佩佩警告大家，基多的火山特别容易招雷击，我们要时刻注意预警信号，及时躲避。预警信号可以提供数秒珍贵的躲避时间，它们包括头发竖起、皮肤刺痛、尖锐的噼啪声、电晕放电以及任何轻质金属物体振动。

"蹲在地上，"佩佩扳着手指一项项解释道，"但别在潮湿的地方。彼此之间保持数米的间隔。别躺下，只需双脚并在一起蹲着，低下头，捂住耳朵。"

佩佩曾在钦博拉索火山口边缘发现了一位著名的挪威登山者，他的头顶被烧出一个圆洞。他的冰镐和冰爪烧得只剩下一堆熔融金属，而且闪电电流还顺着结冰的绳子一路传导，电死了他的向导。

我的基多训练报告并无问题，于是"锯齿环球"便接受我参与西布西索的珠峰之旅。一个月后，在乞力马扎罗火山边缘，我突发了一阵心绞痛，但在下山路上症状又自动消失了。当天晚上，两名中年南非人就因心脏病死在乞力马扎罗山上。这些山上都不冷，也没有对眩晕症构成挑战，因为不存在明显的巨大落差。我猜想珠峰会很冷，而且会让人头晕目眩。

去年夏天，我给皇家地理学会的切斯特分会做了一场讲座，并结识了一位名叫路易丝·米林顿（Louise Millington）的会员。从那以后，只要她不忙着打理自己在位于柴郡的家里组建的马匹运输公司，我就带她出来玩。路易丝36岁，充满活力，机智活泼，有一个十岁大的儿子亚历山大。她让我摆脱了惨淡的心境。我们一致同意在2005年3月结婚，然后去西藏的珠峰大本营度蜜月。

西布西索团队成员中有一位队医，是美国人，上一次尝试登顶时冻伤了指头和鼻子。他告诉我们："通常是三样东西干掉了这么多的珠峰登山者，即缺氧、寒冷和恶劣天气。"

在漫长的、被恶劣天气围困在帐篷内的日子里，我们的教官毫无疑问就像其他团队帐篷里的教官一样，向我们灌输了大量有关珠穆朗玛峰的事实。正如喜马拉雅山脉的其余部分一样，珠穆朗玛峰也由两个巨大的构造板块碰撞而成。承载着现今的印度的那个板块，大约在1.35亿年前从南部巨型冈瓦纳古陆上分离出来并向北漂移，直至撞上亚洲板块。在与西藏相撞之后，隆起了地球上最高的山脉。该板块的压力依然存在，珠峰高度的卫星测量数据表明，珠峰仍在以每年一英寸的速度增长。

当地人将该山称为珠穆朗玛峰，意思是万山之母。但在20世纪50年代，当它被印度大三角测量局确认为世界最高山时，就以测量局主管的名字命名为"Everest"。一旦有消息说它是真正的万山之王，人们就想着要爬上去。

大家都清楚，你爬得越高，可用的氧气就越少。于是，在1875年，三个法国科学家乘坐气球升到了珠峰峰顶的高度。结果三人全部昏迷，两人因此丧生。但是到了19世纪之交，英国人已经开始尝试从西藏这一侧找一条登山路径。经过30多年并且付出了乔治·马洛里（George Mallory）死亡的代价，他们开始考虑从尼泊尔开辟一条路。20世纪50年代，这个设想终于取得了成功。

正如我们队医所强调的那样，很多人都死在珠峰上，而且每年仍有人在不断死亡，原因是寒冷（因为每攀升100米，温度就会下降0.6℃）和海拔（因为海拔越高，气压越低，可供呼吸的氧气就越少）。海拔17500英尺往上的地方，无人永久居住，那些试图这样做的人都没能活很长。我们的队医解释说，21000英尺往上就是死亡区，前进营地（Advanced Base Camp）就设在那个地方，我们很快就要赶过去。他希望我们只在绝对必要的情况下才在那里停留，因为我们的身体在那里"每天都要死一点"。

刚超过12000英尺，队医一边用曾经冻伤的指头摸着自己曾被冻伤的鼻子，一边警告大家，无论我们觉得自己多健康，都很容易患上高原肺水肿——就是肺部积液，通常能听见肺部冒泡的声音，而且很快就会让病人"淹死"在自己的体液里。病人可能还会引发血痰。高原病的其他症状还包括登山者变得动作不协调、容易迷失方向、一反常态地烦躁不安或者失去理智，同时面部发紫。上述任何一种症状都可能表明发生了高原脑水肿——大脑膨胀，也是由于体液过多引起的。由此产生的颅腔压力可能会导致瘫痪、中风或者视力受损。

向导告诉我们，1996年，九位登山者连同两位最有经验的团队向导死在珠峰上。这一悲剧留下的教训是：永远不要在氧气瓶中的氧气不够返程所需时继续登山。如果我们在死亡区耗尽了氧气，很可能就要加入珠峰死亡者的行列。

团队中经验较为丰富的登山者一致认为：西藏北线比尼泊尔南线更有挑战性。这是因为我们这条路线在8400米往上那个恶名昭著的死亡区待的时间更长。大部分时间里，团队里每个人都在谈论两个词"海拔"和"适应"。老手们不断向我们保证，合理利用后者将是我们击败前者的潜在致命影响的主要途径。

在乘坐吉普前往大本营途中，队员们纷纷抱怨自己嗜睡、食欲不振、头痛欲裂，于是队医便为大家发放了乙酰唑胺片——一种高原病预防药物，据说治疗高原反应的效果比万艾可（伟哥）还好。

我们的车队慢慢驶入喜马拉雅山脉的腹地，这是地球上最宏伟壮观的地理特征。它拥有100多座海拔超过24000英尺（7315米）的巨峰，其中包括所有14座8000米（26247英尺）以上的高峰，以及代表最高荣誉的超过8000米的著名高峰，这些巨峰曾纷纷被专业高海拔登山员"收入囊中"，其中第一位便是赖因霍尔德·梅斯纳。

连续数小时，我们都在尘土飞扬的高原上奔驰，直到遇上两个山口，较高的那个海拔5050米，名叫拉隆拉山口（Lalung La）。青藏高原横跨中国西南部，北部以塔里木和柴达木沙漠为界，南部和西部分别以喀喇昆仑山和帕米尔山脉为界。海拔将近5000米，这个荒凉、干燥、多风的地方便是世界上海拔最高的高原。

翻过海拔5120米的庞拉山口（Pang La），便到了绒布寺，附近就是20世纪20年代英国的探险先驱使用的大本营。1924年，乔治·马洛里和安德鲁·欧文（Andrew Irvine）正是从这里出发踏上不归路的。然后，我们沿着一条狭窄的绒布峡谷笔直地往上爬。突然间，眼前一片开阔，峡谷变成了一片荒凉的平原，四周小山环抱，将近有500米宽，正前方就是珠峰。这块平原就是现代珠峰大本营所在地，上面点缀着五颜六色的帐篷，至少有十多支探险队，全都沉浸在从上方冰川席卷而来的刺骨的寒风之中。珠峰本身现在只有12英里远，在我们上方高高矗立，黑色的岩石上披挂着冰条，顶上是皑皑白雪。

由于尼泊尔政府每年限制珠峰登山者人数，越来越多的团体和个人转向西藏路线。据我们了解，至少有400个人希望在接下来的数周内攀登北线。有些年份，好天气足够多，登山者尚能短暂地爬上山顶，其他年份则没人能爬上去，无论他们拥有多少技术和实力。大多数年份都有人在尝试过程中丧生。目前的死亡率估计在每十次尝试就会死掉一个人。

我和路易斯合住一顶双人帐篷，这很难说是一间蜜月套房。她头痛得厉害，但还是坚持陪我住了两周。两周之后，由65头牦牛驮着装备，营地领队便带领我们朝上方的前进营地进发了。路易斯返回了英国，她警告我说她做了一个梦，让我务必提防绳索被磨破。

我的一位爱尔兰朋友，也是全英国最健康的人之一，在从前进基地下山的路上遇见了我们。他在上面视力开始出问题，领队诊断为视野狭窄。后来医生通过眼底镜发现视网膜后面存在"积血"——那里的血管发生了爆裂。现在他要尽快返回爱尔兰接受治疗，否则就会像医生警告的那样，面临永久性眼睛损伤，甚至可能失明。

在赶往前进基地途中，我们在5500米处遇到了第一处临时营地，当天晚上我睡得很好。我背着轻质背包，花了三小时慢悠悠地走到这个地方，仍然没觉得头痛，没有生病，也没有失去食欲。西布西索不停地让我多喝水，我确实喝了很多水，不过主要是为了让他开心，因为我一般不怎么喝水，尽管我也知道（实际上是被教导）有关H_2O的各种好处的标准化格言警句。

第二天一早，团队开始顺着一条冰谷往上爬，冰谷高度950米，道路两边耸立着鲨鱼翅般的冰塔，因此也被称作"魔幻公路"。我们直接穿过或者绕过冰封的融水湖，巨大的冰川从高高的山谷中蜿蜒而下，直冲到我们跟前。不过我们知道，这一切都在收缩。就在过去十年间，主要冰川的垂直高度就收缩了100多英尺。我很轻松就跟上了队伍，就这样走了五小时，大家来到位于6088米处的第二处临时营地帐篷旁。

我醒着躺了一会儿，倾听着水滴打在睡袋上的声音，远处冰川移动发出的开裂声，还有某位打鼾的邻居发出的咕哝声。突然，没有任何警报，仿佛触电一般，我猛地坐起身来，大口大口地喘着粗气，那感觉如同窒息一般可怕。心脏狂跳不止。好在它来得快去得也快，很快便又感到昏昏欲睡。没过几分钟，或者可能是几秒钟，我又在恐慌之中一跃而起：又一次感觉自己仿佛被掐住了脖子。我刚一吓醒，呼吸就立马恢复正常；刚要迷糊，喘不过来气的感觉便又回来了，根本没法睡觉。

度过了忧心忡忡的不眠之夜，第二天我从医生那里了解到，我的问题确切地说叫潮式呼吸症，这是呼吸调节系统不同步导致的一种疾病。由于体内二氧化碳聚集，睡眠者不由自主地通过过度换气进行应对，这反过来又会导致呼吸中心中断呼吸。然后体内的二氧化碳含量又会上升，这个不幸的循环就这样周而复始。标准治疗方法是在睡觉之前服用乙酰唑胺片。乙酰唑胺会阻隔肾脏里的一种酶，令血液呈酸性，大脑会将此解读为一种增进呼吸的信号。但对于我的呼吸问题，我已经在服用最大剂量的乙酰唑胺片——每天250毫克。医生建议说，唯一的解决办法就是：在6000米或者更高的地方，如果想睡觉，就直接吸氧。

第二天，我沿着陡峭的小道一路攀爬到前进营地，大约400名登山者和他们的夏尔巴向导的帐篷挨着簇拥在登山路线两侧。现在的高度是6460米，是我到过的最高的地方。到目前为止，我得感谢上帝垂怜，我似乎已经逃过了视网膜损伤、严重头痛、心脏疼痛、脑水肿和肺水肿、与同伴关系紧张，甚至逃过了在大本营那里就让许多登山者痛不欲生的昆布干咳（Khumbu Cough）。潮式呼吸症只是在睡着或者不吸氧的时候才来折磨我，所以我登顶的机会仍然没受影响。

离开前进基地后，我们这个团队就像大多数其他团队一样，连续两周不断地翻山越岭。到了5月的第三周，大家都真正适应了，我们便开始了最后一段向上的行程，一待天气向好，即行登顶。我听说有几位登山者已经做了尝试，但糟糕的天气却已让数人丧生。从我的帐篷里，就能看到另外一些人在夏尔巴向导的搀扶下，带着冻伤的手脚一瘸一拐地往下走。

2005年，从西藏前进基地出发的400名登山者中后来只有60人成功登顶。如此高的失败率存在多方面的原因。天气固然很糟，但往往造成伤亡的却是高原反应、腹泻和昆布干咳。高海拔地区的干燥空气足以摧毁哪怕是最强壮的登山者的登顶希望。昆布干咳，又被称作高海拔干咳，厉害到足以造成肋骨骨折。

1924年，登山者霍华德·萨默维尔（Howard Somervell）曾参与了早期英国尝试开辟北线的行动。就在珠峰北坳这个地方，一阵咳嗽让他痛不欲生，过后他发现自己的喉咙被堵住了。他既不能呼吸，也无法呼救，只有干坐等死。他后来说，情急之下，"用双手按住胸口，使尽平生之力压了最后一下，堵塞物总算吐了出来。虽然疼痛剧烈，但终获新生"。他咳出的是喉咙里干燥的黏膜。

  高原病两大主要杀手脑水肿和肺水肿，都是由身体对缺氧的反应造成的。许多从海平面攀升到8000英尺以上的人都会报告头痛、食欲不振、恶心等各种症状。为什么？随着可用氧气量降低，作为反应，身体开始加大向大脑的供血量，但可能出现过度补偿，于是体液便从血管内泄漏进大脑内，致其膨胀。受害者于是便患上了脑水肿。毫不奇怪，海拔越高，水肿越厉害。避免患病的办法就是慢慢向上爬，超过8000英尺以后，一天向上攀登大约1000英尺，给身体时间，让它正常适应。

  由于身体试图从空气中获得尽可能多的氧气，肺部血流量大增，就会导致出现肺水肿。通常要好几天时间才会发病，而且过劳还会加剧病情。这是一种严重的疾病，在几小时内就足以致命，要避免这种病，最好的办法就是慢慢往上爬。治疗方法是立即下撤数千英尺，如果有氧气，让病人立即吸氧。

  为了应对氧含量降低，身体还会向血液循环中增加红细胞。在一定程度上，这是件好事。但是如果增加得太多，血液变稠，就容易引发血栓。血栓脱落后到处流动，又会引发中风、心脏病和肺栓塞。鉴于我的心脏状况，在到达高海拔地区以后，每天用来稀释血液的阿司匹林摄入量已经从75毫克提高到了350毫克。

  北坳营地的厕所相当简陋。你要跑到营地的另一侧，在安全的前提下，尽量在靠近冰崖边缘的位置上蹲坑。在冰面上滑倒可是个糟糕的主意，因为你会往下摔1000多英尺。我花了大量时间在帐篷里摆弄我的供氧系统，因为我知道，珠峰上游大多数死亡事件都是由于缺氧，一套高效的氧气调节装置是生存的关键。

  我们团队终于从北坳营地出发了。天空晴朗，风速还能对付，所以大家很快就爬完了几处坡度相当大的长雪坡，来到下一处营地。位于7500米处的这个营地比上一个要小得多，几十顶帐篷全都破烂不堪，有几顶完全成了烂布条。

在7300米到7500米之间，风大起来了，感觉很不舒服。我的氧气面罩不断需要调整，冻伤的双脚也一直抱怨在加德满都买的靴子太紧了。有些路段，我需要紧抓住左手边的防护绳，在此期间，那只曾被冻伤的手要停下来好多次，好让血液重新流回到手指上。

防护绳上分布着数百个绳结和固定点，而且你得一直使用两个吊索，将其中一个越过障碍物挂在绳子上以后，才能把另一个解下来。沿着防护绳下方散落的那些尸体很多都是因为偶尔没挂住山体或者防护绳而失足掉了下去。只要你坚持使用双吊索系统，就不会加入那些遭受不幸命运的尸体行列中；还有一个前提是：挂住的绳子不会断也不会松。旧绳子经常会被落下的石头割断，或者由于在尖锐的物体上摩擦而被磨断。

7500米处的这座营地其实是悬崖中间一连串杂乱无章的凸出部位：任何地方的大小都仅够支起一顶小帐篷，拉索不是系在帐篷桩上，而是环绕着系在大石头上。最近狂风大作，我路过的许多帐篷都只剩下帐篷柱和帐篷箍拼成的骨架，连带着几缕破布条在上下翻飞。几乎每隔一段时间，都能见到三三两两的登山者慢慢往下走。许多人走起路来像僵尸一样，戴着千篇一律的面罩和护目镜，真是难分彼此。其中之一便是我们的队医，他很明智地掉头往回走，因为病得太厉害，根本无法继续。

在7500米和7900米这两处营地之间，行动越来越艰难，要经过许多湿滑的岩石和小冰河。不知道为什么，从侧面刮来的一阵强冷风竟然掐断（至少是部分掐断）了我的氧气供应，就在背包里的氧气瓶和面罩之间的某个位置。这导致我不断停下脚步，转到背风那一侧用力呼吸。我的连帽羽绒服盖住了供氧系统的某些部件，以防止它们上冻，但为了够着氧气瓶，或者为了调节流速，我得拉开羽绒服上的主拉链。面罩上的水珠经常落在拉链上，把它冻得结结实实。要是护目镜起了雾或者脱了位，我还得拉开拉链。

这类着装问题也经常在极寒条件下的极地探险中出现，但当时并不存在氧气系统所带来的复杂问题，不需要紧抓住山体，也不会因为高海拔而感觉不舒服。在北极地区，大部分时间都是在海拔三四英尺的高度上行走，而在南极地区，我们只在11000英尺高的地方患过高原病。我不停地检查供氧管道有没有被卡住、面罩上的零件有没有上冻，但我一直都没有弄明白为什么强风一吹过来，氧气就要不时停供，我就得摘下面罩，大口喘气。

7900米处的营地，设在一处倾斜的、非常小的凸出部位上，这种悬空感让我非常不舒服。不过同时也生出一种全新的预感，因为将近70天来，那座看上去遥远高大、不可企及的峰顶，终于第一次出现在尚可触及的范围之内。有多少满怀希望的家伙曾到过此地，曾像我一样觉得自己能够成功，却在48小时内死于非命？有很多！每十名登山者中至少就有一个。最有名的当属1924年的马洛里和欧文。

1999年，一批美国顶尖登山者在7900米营地周围及以上区域，特别是陡峭岩壁下的积雪盆地，搜索马洛里和欧文的遗体。裹着鲜艳的戈尔特斯夹克衫的遗体并不难找到。登山者记录说："我们发现自己身处某个坠落登山者的聚集区……这些扭曲破碎的尸体以一种相当冷酷的方式提醒着我们——生命是何等脆弱。"

其中一位美国登山者康拉德·安克尔（Conrad Anker），看见了一样不同寻常的东西。他以为自己发现了安德鲁·欧文的遗体。"我们眼前的这个人已经在山坡上紧贴了75年。身上大部分的衣物都被吹烂了，皮肤仿佛被漂洗过一样洁白。我觉得自己正在看着一尊古希腊或者古罗马的大理石雕像。"很快五名搜索人员便在遗体周围蹲下身来，大家一片肃穆。

遗体本身说明了一切。因为其他的遗体都蜷缩在平台各处的裂缝里，但这具遗体不一样，它完全伸展开，脸朝下趴在地上，头部指向山顶，以一种防滑的姿势被冻在那里，仿佛不久前才跌落一般。数十年来，头部和上肢已被冻进了周围聚集的碎石堆里，但胳膊依然强健，伸到头顶上方，孔武有力的双手紧抓着山体，弯曲的手指深深地抠进了冰冻的碎石堆里。双腿伸向山下，其中一条已经折断，另一条轻微交叉着遮挡在上方。

这是乔治·马洛里的尸体。

记录显示，截至2006年底，也就是自从马洛里遇难（遇难地距离我在7900米处的帐篷不远）76年以来，2062名登山者成功登顶，203名死在了山上。由于我们两支队伍共有10名登山者，我在想是否某一位会遵循这条珠峰死亡定律而丧命。据我了解，上个月就已经有五名登山者死在山上，而且可能更多，因为有许多孤身登山的人，并未被计入前进营地内的人数。

戴维·布里休尔（David Breashears）是美国最著名的现代登山者之一，他曾这样描述一路向上攀登的感受："我们的身体脱水了。手脚麻木，因为珍贵的氧气都被分给了大脑、心脏和其他重要器官。在26000英尺以上攀登，就算带着氧气瓶，也像是一边在跑步机上跑步，一边通过一根吸管呼吸。你的身体尖叫着命令你转身。一切都在说，太冷了，不可能爬上去的。"

就在我们登山的第二年，在距离山顶大约1300英尺的地方，当其他登山者经过戴维·夏普（David Sharp）身旁上山又下山的时候，后者的身体状况却在慢慢恶化。他的腿、脚和手指全被冻伤并坏死，所以他既不能走路，也无法使用双手。就像这段路上的另一些登山者一样，氧气一耗尽，他就死了。登山者如果在峰顶附近达到了一种严重疲劳和缺氧的状态，再也无法自己行动，通常就只能坐以待毙。地形如此险峻，一位登山者绝不可能背着或者拖着另一位动弹不得的登山者下山。山上散布着此类登山者的遗体，他们全都是坐在地上活活冻死的。西布西索差一点就加入他们的行列。

我终于来到8400米处一串悬空的凸出部位上，上面栖息着几顶破旧的帐篷，这里就是所谓的死亡营地。我们疲惫不堪地钻进帐篷，同时又觉得颇为兴奋。70天之后，我们终于快要到了。帐篷支在一个斜坡上。夏尔巴向导尽了最大努力想找个平坦的地方，但一处也找不到。我和我的夏尔巴向导，还有另外一个人，合住在一顶狭小的双人帐篷里，帐篷就支在岩石和冰面上。我们解下背包，各自检查供氧系统，为晚上的行动做准备，彼此尽量不挤占对方的空间。任何东西只要出了帐篷门，很容易就会滑倒，接着就会摔落数千英尺，掉在下方的雪地和冰川上。周围的帐篷里曾发现过好几具遗体，其中就包括上星期发现的一位印度登山者。

那天就在死亡营地上方不远处，当西布西索往回走的时候，差点因为氧气耗尽而丢了小命。我们对此一无所知，直到第二天早晨，我们的一位夏尔巴向导发现他无精打采地躺在帐篷下方一两米处的安全绳旁边。就在几天前，一位斯洛文尼亚登山者就死在了峰顶山脊上，跟在他后面的一位来自不丹的独自登山者也耗光了氧气，并开始因缺氧出现幻觉。他迷迷糊糊地走到安全绳附近的一具遗体旁边，可能就是大多数登山者都记得的那具穿绿靴子的遗体，他自认为看见那具遗体指着旁边的某个东西。那样东西原来是一个橙色的氧气瓶，一半已经埋在了雪里。让这个不丹人惊喜的是，瓶子里面竟然还有氧气。他把瓶子和自己的供氧系统接到一起，正是靠着它才活了下来，并把他的奇遇告诉了前进营地的人。

从死亡营地开始，最后一段要往上爬，而且还要穿过一段陡峭的带条纹的石灰岩，这段路被称作黄色地带。到了午夜时分，或者说约莫就在这个点儿，正常冲顶的出发时间到了，我费力地穿好靴子，背上背包，调整好氧气系统，而我的夏尔巴向导博卡喇嘛（Boca Lama）就跟在我身后几步远的地方，一如既往地笑嘻嘻的。我给手电筒装上新电池，顺着安全绳开始爬陡坡。再过七八小时，我希望自己能一路抓着安全绳，顺利站到珠峰顶上。

打着手电筒，最好走慢一点儿。我发现自己比爬前一段的时候喘得更加厉害，尽管我走得很慢，不过可能也是因为坡度的关系。除了累，我还觉得发冷，而且头晕目眩。什么地方出了问题，但我又说不出来，所以就走走停停地往前挪，每走几米便要停下来大口喘气。

出发大约40分钟后，我的世界崩溃了。好像有个人正用强有力的胳膊紧紧地箍住了我的胸部，拼命地往里挤压。连接肋骨的手术缝合线貌似就要透胸而出。当时的想法很简单：我的心脏病又发作了。几分钟内就会丧命。这一次手头可没有除颤器。

记得路易斯曾再三叮嘱我要随身携带几颗特殊药丸——硝酸甘油。放一颗在舌头底下，它会在那里咝咝冒泡，体内所有该舒张的地方都会随之舒张。我撕开上衣口袋，摘下手套，塞了至少六粒在舌头底下，接着咽了下去。我紧抓着绳子，悬在大陡坡上方，一心等死。我瞥了一眼博卡喇嘛，他啥也没说，当手电筒的光照着他时，他脸上还是一如既往地堆满笑容。

五分钟后，我还活着。我知道，如果幸运的话，这些药片可以延缓心脏病发作，挤出时间让你去心脏科。它们可不是用来防止心脏病、让你继续攀登的办法。这可能不是我的末日，但肯定是一个信号，提醒我立即下撤到低海拔地区。

"我必须马上往回走。"我告诉博卡喇嘛。他摇了摇头，脸上的笑容也消失了。他解释说，在能"看见自己的脚"之前下山太危险了。这意味着要再过五小时后等到天亮。

我知道最大的生存希望就是迅速降低高度。胸口的勒紧感没有了，但吊索周围尖锐的不适感仍然存在。我开始考虑不带博卡喇嘛，独自下山，但最终还是决定不这样做。在黑暗中顺着一座湿滑陡峭的冰坡往上爬比往下爬要安全得多。据统计，绝大多数事故都发生在下坡期间。上坡时的那种集中精神的劲头消失了，代之以疲惫过后的漫不经心。除了对温暖和舒适的渴望，一切都不再重要。沉浸在这些念头里，你就会粗心大意。注意力不集中，脑子也不灵了。很容易一步踏空，或者把挂钩随便往安全绳上一挂。帐篷下方便是3000米的悬空。

曾九次登上珠峰的登山家埃德·维耶斯图斯（Ed Viesturs）说过两句我最喜欢的名言，一句是"你爱山并不意味着山就爱你"，另一句是"登顶可以选择，下山却无从选择"。四小时后，终于有了足够的光线让我们继续往下走。胸口的疼痛渐渐消退了。我既感到欣慰，又觉得遗憾。

回到前进营地，曾领导过35次喜马拉雅探险的邓肯·切塞尔（Duncan Chessell）告诉我："对一位60岁的老人来说，能走这么远已经非同寻常了。估计只有一半的登山者能爬到这么高的位置，尤其是在这个季节。"我向同行的"锯齿环球"登山者表示祝贺，尤其是西布西索，他是从两侧登上珠峰的第一位黑人。

一天之内我就赶回了大本营，48小时之后便在伦敦哈利街对新造成的心脏损伤进行了检查。没发现任何明显症状，所以在珠峰和以前在乞力马扎罗山发生的症状很可能只是心绞痛预警。如果当初没有理会这些症状，或者没有服用硝酸甘油药片，现在无法知道会是什么结果。后来我才知道，就在珠峰的另一侧，49岁的苏格兰登山者罗伯特·米尔恩（Robert Milne），就在同一天晚上死于心脏病，而且和我得病时处于同一个高度。

我攀登珠峰的所有费用均由约克郡商人保罗·赛克斯（Paul Sykes）慷慨赞助，此行的公开目标是为伦敦的大奥蒙德街儿童医院的心脏核磁共振成像科和导管实验室募集200万英镑善款。尽管我未能登顶，但英国心脏基金会还是通过"拉恩·法因斯健康心脏筹款行动"最终募集了200万英镑，我还为新诊所正式启用剪了彩。

数月之后，路易丝告诉我，她怀孕了。2006年复活节，我们的女儿伊丽莎白发出了第一声啼哭。一个月后，在62岁这把年纪，我生平第一次为孩子换了尿布。

在珠峰上的72天里，我从未见到令人心悸的悬空之处，也没见到任何令人警惕的垂直落差，只看到平缓洁白的山肩在身下消失。假如有人从山坡上摔下去，他们肯定会和此前的许多人一样，必死无疑。此外，我的眩晕症，只有在脚下存在明显悬空时，才能被激发出来。我接受西布西索的邀请攀登珠峰的两个目标均未实现：我没能登上峰顶，也没能直面并战胜眩晕症。

我记得当初在参加"锯齿环球"训练课程的时候，一位年轻的教官肯顿·库尔（Kenton Cool）曾建议说，任何人要想挑战眩晕症，最好是去爬阿尔卑斯山，而不是去爬喜马拉雅山，因为"万险之王"距离日内瓦机场只有三小时的车程。所谓的"万险之王"就是艾格峰的北崖，德国人叫它"杀人崖"，因为许多国际顶级登山者都在攀爬过程中命丧此地。

有一次我曾试探性地联系过肯顿，问他就悬空而言，艾格峰是不是真的比珠峰更具挑战性？他是否愿意带我去攀登？如果愿意的话，什么时候带我去？我知道肯顿曾和两个朋友一起爬上过艾格峰北崖，而且花了三天三夜的时间才爬上去。我还知道他在整个英国登山群体中备受尊敬。他33岁，非常健康。

他非常坦率地回答了我的询问：除非他先教会我如何爬上一座标准难度（确信不会拿自己的生命冒险）的悬崖，否则他压根儿都不会考虑带我爬艾格峰。他建议我先读一遍海因里希·哈雷尔（Heinrich Harrer）写的《白蜘蛛》，他于1938年第一个登上死亡崖。哈雷尔将攀登过程总结如下：

> 正如每位与之交过手的登山者所知，艾格峰北崖依然是阿尔卑斯山最危险的去处之一。攀登其他地方……可能从技术上讲难度更大，但没有任何一处会像艾格峰这样，存在纯粹偶发性的雪崩、岩崩以及天气骤变所导致的可怕危险……攀登艾格峰北崖需要高超的技巧、强大的耐力和无比的勇气，如不进行最充分的

准备，根本无法登上去……艾格峰悬崖是检验登山者是否是登山家、是否是男子汉的颠扑不破的试金石……任何人无论犯过多少错，只要在艾格峰北崖上取得进展并在上面生存数日，他取得的成就以及克服的困难，都远非普通登山者所能企及。

美国著名登山者兼作家乔恩·克拉考尔（Jon Krakauer）曾写道：

> 攀登艾格峰北崖所面临的问题是，除了爬上垂直高度达6000英尺、摇摇欲坠的石灰石和黑冰之外，你还必须超越某种可怕的神话。攀爬过程中最棘手的活动是精神活动——一种克制恐惧的心理体操……北崖不断冲下的岩崩和雪崩都被传得神乎其神……无须赘言，这一切使得艾格峰北崖成为世界上最受追捧的攀登对象之一。

这里冰雪密布，适合挑战眩晕症，因此攀登这座山不但很理想，而且不用付出很高的代价，因为利用周末从希思罗机场就能过去。于是，我又去问肯顿，他答应先试着教我如何攀爬阿尔卑斯山里的岩石和冰雪混合地形。

为了做慈善，我询问玛丽·居里癌症护理中心是否想再次参与。他们决定，如果这次攀登艾格峰能被拍摄下来，并在全国新闻节目中播放，他们就能募捐到100万英镑到300万英镑。英国独立电视新闻公司答应负责拍摄，保罗·赛克斯再次提供了赞助。

肯顿非常肯定地告诉我，这次攀登最好在3月进行，此时冬季气温会将松散的碎石子冻住，将岩崩的可能性降至最低。

"哪年3月？"我问他。

他冲我微微一笑。"假如真有可能，这要看你什么时候具备条件，让我不再像现在这样把你视为致命的负担。"

于是，整个2006年，我每个月都要飞去日内瓦，在阿尔卑斯山里参加为期五天的培训课程，尽力掌握绳索保护的基本原理，学会如何在垂直冰面上利用一把或两把冰镐配合冰爪朝上爬。这并不仅仅是像在珠峰上那样慢慢地爬坡。有一天，我们完成了我的第一个五级瀑布训练——被非常贴切地称作"艰难瀑布"。2006年11月，肯顿最终同意，如果我继续进步，就可以定在2007年3月1日攀登艾格峰。

通过参见肯顿组织的训练，我对沙莫尼镇（Chamonix）上方的群山了如指掌。沙莫尼镇可能是世界登山者的最大圣地，站在勃朗峰的大圆顶上可将其一览无余。在夏天的登山季，沙莫尼及其周边地区平均每天都有一名登山者丧生。直升机在头顶上来回穿梭，执行救援任务。返航的时候，有时下面会挂着一只运尸袋晃来晃去。

正如所有从事冬季运动的人一样，生活在沙莫尼依靠阿尔卑斯山上的积雪谋生的登山向导也忧心忡忡：阿尔卑斯山上的积雪正在消失。确实，在古罗马时期，阿尔卑斯山的气候甚至比现在还暖和，但让法国和瑞士科学家担忧的是目前变暖的速度。他们估计，阿尔卑斯山在过去一个世纪里已经失去了一半的冰川，其中自从20世纪80年代以来就失去了20%。瑞士的冰川在15年里就已经损失了表面积的五分之一。一个副作用就是巨型岩崩和雪崩的发生率升高。

在那次失败的珠峰之行中，肯顿的长期登山伙伴伊恩·帕内尔（Ian Parnell）大部分时间都和我在一起。他答应和我们一起攀登艾格峰，如果肯顿有事，他就负责我的训练。他不断向肯顿汇报我的进步，其中的一次报告是这么说的：

> 拉恩那只冻伤的手真的很麻烦，有时候他那段"残肢"完全抓不住岩石。我敢肯定，这让拉恩很有挫败感，不过他并没表现出来。但真正的大问题是拉恩的眩晕症。对此他也很少提到，而且有时候你会忘记他正在和恐高症做斗争，但是当情况变复杂时，他就开始心慌意乱，眩晕症就会失控暴发。

为了克服眩晕症，肯顿将我介绍给一位苏格兰登山教练桑迪·奥格尔维（Sandy Ogilvie）。有一天，他带我去多塞特海岸的斯沃尼奇。我沿着一条叫"神仙渡"的海边悬崖路线爬到一半时，关键时刻没抓牢，立刻像长长的钟摆一样掉了下去，只差一米就撞在下面落潮时露出来的岩石上。我挂在距最近岩面点大约12英尺的地方来回晃荡。此后不久，桑迪又带我去苏格兰奥克尼群岛（Islands of Okreny）攀登著名的霍伊岛老人礁（Old Man of Hoy）。这座海柱是我第一次真正悬空攀登，它与海面的垂直落差将近有400英尺。

除了学到的其他教训，我意识到在攀登此类岩石的过程中，偶尔会有那么一处关键抓取点，由于我手指末端受损，只有在它们灵敏度最高的时候，才能获得足够的抓力，不过也只是刚刚抓牢。但是，如果手指发冷不够暖和，就不会具有最高的灵敏度。想到未来的艾格峰，我知道自己无法承担单手攀爬的风险。于是，在经过漫长的极地极限探险岁月之后，我第一次购买了一批暖手包放在手套里。暖手包的形状就像茶叶包，两英寸见方，里面装着化学混合物。一旦撕开包装纸，里面的暖手包就暴露在空气中，慢慢就会变热到比体温稍高的状态，而且预计可以持续大约六小时。我发现有些暖手包的效果会更好，但在高海拔条件下效果都不好，因为和我一样，暖手包也缺氧。

2007年3月1日，我和家人一起飞往日内瓦，租了一辆车赶到了格林德瓦（Grindelwald）。我们住在当地一家名叫尊贵女王（Grand Regina）的家庭旅馆里，这家旅馆在英国游客中间享有瑞士最佳旅馆的美誉。店主汉斯·克雷布斯（Hans Krebs）慷慨地免除了我们的食宿费用，因为他非常赞成我们的玛丽·居里筹款计划，而且愿意提供帮助。

旅馆经理警告说，隆冬时节的群山并不像正常情况下那么稳定，一定要警惕因此产生的后果。整个阿尔卑斯山冰川急剧收缩，再加上永久冻土层融化，导致落石积累成临时河坝，阻塞高山沟壑，形成堰塞湖。越大越多的夏季暴雨随后冲破这些碎石子累成的根基薄弱的堤坝，引发山洪和泥石流，导致岩石更加松动。去年秋天，艾格峰上就发生了一次大岩崩，崩掉的一块石头比两个帝国大厦还要大。

格林德瓦的3月在一天天过去。我开始发现耸立在旅馆上方的艾格峰让人感觉有点压抑。我尽力让自己忙起来，每天都要去村外顺着丘陵小径和冰川峡谷跑上两小时。一边跑，一边听着从四周的阿尔卑斯巨峰高处传来的雪崩爆裂声。

连续报了六天的坏天气之后，我在格林德瓦四处乱转，越来越担心3月不会出现连续五天的好天气。每次我从窗口向外张望，或者拖着沉重的脚步穿过村里的街道，我发现自己都会仰望那堵黑色的巨崖，它的顶端遮蔽在浓雾之中。有一天晚上，我睡不着觉，正好发现北崖高处竟然出现了一丝光亮。看到这个，再想象自己必须在那堵面目狰狞的悬崖上的某个地方睡觉，胃部肌肉就不禁一阵收缩。

3月中旬，天气预报说将有五天的稳定天气。肯顿和伊恩带着安全绳、独立电视新闻公司的人员带着他们的长距镜头来到格林德瓦。伊恩写道："对拉恩说，尽管他干得不错，但登顶珠峰还是失败了。这一次我们要尝试攀登艾格峰北壁，虽说没有高海拔的问题，但在我看来，此次挑战的难度更大。"

我们在一处叫"第一柱"的地形下面固定好冰爪。许多登山者在这个地方都找不到路径，但是肯顿抬头望着我们的第一个障碍，却看上去信心满满。这个障碍是由雪谷、松动的碎石坡、光滑细密闪闪发光的石灰岩岩脊以及暂时卡住的巨石混合而成的约2000英尺高的陡坡。几次著名的艾格峰悲剧都没发生在开头这段2000英尺的路上，但我们四周却有许多从艾格峰事故中掉下来的残留物。我记得有本关于艾格峰的书中包含了一张照片——登山者埃迪·雷纳（Edi Rainer）的遗体支离破碎地散落在这片集水区内的碎石坡上。在这些碎石遍地的下游地区，克里斯·伯宁顿（Chris Bonington）在攀登艾格峰的时候，就曾从斑斑血迹和一块尚粘着肉的骨头旁经过。

据我了解，世界顶级徒手登山家——顶级联盟中的空中飞人，几小时之内就能爬上北壁，根本用不了几天，而且还不用系安全绳，不过他们穿的是那种如同羊毛袜一般轻的粘底攀岩鞋。脚下一滑或者一步走错就死定了，会掉在岩石上摔得粉身碎骨，但他们依靠对专业知识的自信活了下来。一想到不系安全绳爬上那么高的一段岩壁，我就望而却步。

数小时后，在肯顿和伊恩的不断鼓励下，我已经在最初这段碎石坡上跌跌撞撞地向上爬了1000多英尺。每隔几小时，我就用牙齿撕开一个新暖手包，将里面的两个小袋子塞进手套里面。它们的效果非常好，每当手指被截掉的敏感部位开始因为受寒感觉到麻木，我就把暖手袋放在上面贴一会儿。

我以前从未爬过类似的岩壁：光滑得像石板一样，几乎没有任何位置能提供可供冰镐尖和冰爪使用的哪怕是最小的着力点。有时候，我不得不用牙齿咬住一只手套将其摘下来，光着手抓住岩面上的隆起或者轻微的凹凸点，才能避免自己摔下去。我很讨厌这样做，因为手指受一点寒，需要很长时间才能暖和过来，就算用暖手袋也不行。

在一座陡峭的冰坡上，令我无比警惕也无比沮丧的是，我的一只靴子踩在一块凸出的石头上一滑，左边的那只冰爪被甩脱了。尽管还有鞋带连着，但冰爪是不能用了。幸运的是这只冰爪以前也脱落过一次，就发生在一个月前我和肯顿一起爬冰瀑的时候。于是，我压制住恐惧，就挂在一只冰镐和一个小小的落脚点上，成功地将冰爪重新安装在靴子上，同时心里默默地诅咒了千百遍。

伊恩以一位一流登山家的眼光记录下了我攀登"艰难裂缝"的过程，他知道我正面临北壁上的第一大考验：

  在为期两年的线路训练期间，拉恩已证明自己是一位精干高效的冰面和混合地形登山员，但陡峭的岩石往往会暴露出他的弱点。尤其是他左手上那几根近乎无用的断指……拉恩最大的担心在于可能要被迫赤手空拳地往上爬。幸运的是，他也有一个很大的优势。当我和肯顿把宝贵的时间都用来担忧和测试单薄的挂钩是否安全时,我们发现拉恩(毫不客气地说)对此竟然一无所知。他的办法基本上就是把攀岩工具顺着岩面从上往下拖,一旦卡住,就不管不顾地往下扯。他在岩面上的步法也同样完美:纯属一种野路子的蹬踏技术,尽管在工具使用上相当幼稚,但效果却出奇地好。

从"艰难裂缝"顶上,我们能看见一堵巨岩矗立在头顶上方,它被称作"红崖":一面光滑的红色悬崖,以动辄朝下方人脸上落石头而臭名昭著。从裂缝顶部开始,包括横切在内,我们还要在北壁上再爬8000多英尺。据我所知,其中很大一部分都要比前面80英尺高的裂缝更难爬,悬空度更大。肯顿已经计划大家第一天晚上就在一处叫作"燕子窝"的岩脊上露营。"艰难裂缝"与露营地之间是那段臭名昭著的"欣特斯多瑟横切",是通往北壁中央位置的关键通道。

1935年,两位德国人泽德尔迈尔和梅林格,曾在山体上爬出了创纪录的距离,但在3300米处,两人被冻死在一处岩脊上。一年后,欣特斯多瑟和他的同伴(怀着就算不能登顶也要创造新纪录的希望)来到两具冻僵的遗体所在的岩脊上,出于攀岩者那种令人脊背发麻的幽默感,他们将此地命名为"死亡露营地"。没想到他们自己也被恶劣的天气和落石给挡了回来。但致命的是,他们当初在穿越关键横切时没有留下路绳,而且他们在这面湿滑笔陡的悬崖上屡次拼命尝试原路返回,但是均以失败而告终。于是,他们试图绳降到下方岩壁上一处人工掏挖出的石洞里,石洞后面就是供隧道列车上的游客参观用的过道。可惜他们永远也没能到达这处不可能到达的安全避难所。其中一位跌进了下方的山谷,另一位被安全绳勒死,第三位被冻死。

第一支登上北壁的攀岩队采用了同一条路线,他们的故事叙述者海因里希·哈勒曾写道:"我们现在要横切过去的岩面几乎是笔直的,直插进下方稀薄的空气里。"脚下整整2500英尺,只有大风吹刮着笔直的岩面。我的冰爪又从细的挂钩上滑了出来。我紧紧地抓着摇摇晃晃地悬挂在岩面上的黑色安全绳，一面用腾出来那只脚拼命地摸索立足之地。脑海里不由自主地闪现出这样一幅画面：我沉重的身体将肯顿从悬崖上扯下，接着我们两个人的重量又把伊恩给扯了下来，我们带着气流翻滚着从空中落下。奇怪的是，我主要担心的是"我会尖叫吗"。

我们到了燕子窝，这是一处四英尺宽的小岩脊，上面还覆盖着一层冻雪。在第一天攀爬期间，每次内急我都成功地克制住了，在这片狭窄的岩脊上，却无法再忍。寒风凛冽，我感到非常冷。

世界著名攀岩者沃尔特·博纳蒂（Walter Bonatti）曾率先登上阿尔卑斯山数座最难攀登的悬崖峭壁，他本人曾于20世纪60年代造访过燕子窝，后来写道："我并非第一位试图登上北壁的人。近年来，另外两位也曾尝试过，但不幸都在尝试过程中丧命。对一名徒手攀岩者来说，笼罩在这座杀手山上、用生命和鲜血构成的光环似乎总在刺痛他的眼睛。"

七年前，当乔·辛普森（Joe Simpson）和雷·德莱尼（Ray Delaney）在此露营的时候，另外两名攀岩者——来自英国汉普郡的马修·海斯（Matthew Hayes）和来自新西兰的菲利普·奥沙利文（Phillip O'Sullivan）——被一根绳子连着，从上方一处冰坡上栽下来，从岩脊旁边掉了下去。辛普森写道："我想到他们没有尽头、没有摩擦力的下坠，在最后清醒的时刻，由于意识到正在发生的事件恐怖至极而吓得魂飞魄散……我紧盯着下方，想着他们被绳子连在一起，并排躺在地上……我们没听到他们坠落的声音。他们并没有尖叫。"

第二天早晨，伊恩提醒我小心自己的靴子和冰爪。"穿的时候一定要小心。用冻僵的手把冻僵的脚硬往靴子里塞的时候，很容易脱手，接着还没等你发觉，一只靴子就不见了，而且已经掉下很长一段距离。这样，你的麻烦就大了。"

离开燕子窝后，我们又攀上了"第一冰原"以及一条300英尺高、被称作"冰管"的岩沟,岩沟近乎垂直,而且部分岩面上还覆盖着冰。我绝对不喜欢这一段,作为业余攀岩者,我发现自己很难描述它。不过我倒是从哈勒那里得到了一些安慰,因为他也赞同我的看法:"没有一处裂缝可供插进一只可靠的岩钉,也没有多少天然抓手。此外,岩面被落石打磨得光滑无比,上面还散落着积雪、冰块和碎石。此处绝非快乐攀爬之地,它会令人灰心丧气,异常艰辛和危险。"

我顺着"冰管"一步步往上爬,更多的石块从身旁呼啸而过。我不由自主地左躲右闪,竟然一块落石也没砸中我。当我又一次到了肯顿扎绳的位置时,伊恩看起来很高兴,对我们能够安然无恙地到达"第二冰原"显然很满意。"第二冰原"就是从格林德瓦很容易就能辨认出的那个巨大的白块。就在我们用冰镐开路往上爬的时候,肯顿看见一只冰镐从我们身旁呼啸而过,顺着岩面掉了下去。最后我们也未弄清它的主人。

下一个难关不是冰而是岩石,被称作"扁铁"。1962年,两名英国攀岩者布赖恩·纳利(Brian Nally)和巴里·布鲁斯特(Barry Brewster)正在这块拱壁下方攀爬,布鲁斯特突然被一块飞石击伤。克里斯·伯宁顿和唐·威兰斯(Don Whillans)放弃了攀登,试图赶来救援。但在他们赶到之前,一阵岩崩就把已经昏迷的布鲁斯特卷下悬崖摔死了。

在"扁铁"上方,我们来到了"死亡露营地"。这是一处被冰雪覆盖的岩脊,长度足够我们三个人并排平躺。那天晚上,我的右臂就搁在3500英尺高的悬崖边沿上。

"第三冰原"是一处令人头晕目眩的地方,直通向一处700英尺高、被称作"斜坡"的石缝,攀岩者将其攀登难度确定为VI-6级——当我在英国参加攀岩比赛的时候,这个难度级别,如果不摔下来几次,我是爬不上去的。

就在"斜坡"上的某个地方,1961年有一位曾在阿尔卑斯山完成过极高难度攀岩、拥有辉煌攀岩背景的奥地利攀岩者——22岁的阿道夫·迈尔（Adolf Mayr），在史上首次尝试徒手攀登北壁的过程中不幸遇难。当时在下方的格林德瓦，游客们排着队轮流通过酒店里的望远镜观察"阿迪"（阿道夫的昵称）。大约就在中间位置，一处叫作"瀑布烟囱"的地方，他需要横切过一段潮湿的岩面。下方的观察者发现他用冰镐凿了一处落脚点，然后便侧着身子往前走。突然一脚踩滑，他便掉下4000英尺高的悬崖摔死了。

过了"斜坡"就是"脆弱岩脊"，这是一块棘手、松散的岩板。冰镐起不了任何作用，最后我只好把手套摘下来，用那只受过伤的手抠进一条垂直的石缝里，以获得所需的抓力。就在做这个动作的时候，恰好最后一片暖手袋也用完了。剩下的都放在背包深处取不出来，于是手很快就冻麻了。时机选得真不好，因为在"脆弱岩脊"上方，伊恩已经攀上了一堵大约90英尺高的垂直岩板。

可能是太累了导致思维不清晰，或者也可能是又冷又麻的左手除了冰镐之外（就连这也多亏了连在腕套上的手柄），已经抓不住任何东西，当时差不多只剩下一条胳膊能使唤。不管是什么原因，在那段90英尺高的岩板上，我比在北壁上之前任何一段都要爬得辛苦、爬得拼命。

尽管岩面很松脆，但从一条冰雪覆盖的小岩脊往"脆弱裂缝"攀爬的前几米真的是处于一种悬垂状态。在攀爬最后12英尺的时候，需要令人胆战心惊地悬空横切，绕过一处拐角，只觉得周围的空间都在朝我大吼。就在快要接近顶部的时候，就连供冰镐着力的细小的裂缝和零星几处插岩钉的地方都消失了。所有可见、可供抓握的凸起部位都非常光滑，且朝下倾斜。裸露的手指一抓上去就打滑。我的胳膊和腿开始发抖，肱二头肌开始出现烧灼感。纯粹是凭借运气，我才爬到岩板顶部的雪地上。我如释重负地把冰镐凿了进去，接着便把自己拉上了那处小小的冰雪覆盖的岩脊。伊恩已经在上面布好路绳，正笑嘻嘻地等着我，而我已是疲惫不堪。

伊恩说："好。我们今晚就在这里过夜。景色真不错。"

晚上一只手套从平台上掉了下去，不过很快又补了一只。左手手指断碴处隐隐作痛，但比起大多数极地之旅中十指剧痛要轻多了。

石壁上的第四天早上，一觉醒来，觉得嘴里发干，胃里仿佛有只蝴蝶在不断翻腾。乔·辛普森对"神仙渡"的专业描述让我记忆犹新。"400英尺长的一段路，能提供保护的地方可以说是微不足道——纤细且破损的岩钉被砸进支离破碎、向下倾斜的石缝里。大多数攀岩者连慢慢把重量加在上面都不敢，更别说一下子扑过去……攀岩者脚底下是5000英尺的干净空气。"

伊恩这样描述"神仙渡"："即便对经验丰富的攀岩者来说，在这里攀登都会感到心惊肉跳、紧张不安。但对于像拉恩这样患有恐高症的人来说，很容易就变成一场彻头彻尾的噩梦。这里的岩石很松散，冬天上面还覆盖着冻雨，悬在高处，非常吓人。实际上，到了某个地方，你贴着整堵石壁，脚下就是少女峰的雪顶。"

我在"神仙渡"这里着实吓得够呛，在沿着"白蜘蛛"往上爬的时候，觉得所有的力气都耗尽了。就在这里，我竟然把防风夹克给弄丢了。万一天气生变，在这个高度丢掉夹克简直太糟糕了。上方是1000英尺长的错综复杂的岩石和被称作"裂缝出口"的冰沟。我喜欢"出口"这个词。裂缝内分布着各种尺寸的石槽，裂缝两侧石壁光滑，角度往往达到了80度。一条两壁光滑的石沟差点阻住了我的去路。

肯顿指着一座小平台说："科蒂露营点。"科蒂是一位意大利攀岩者，他的同伴从这里失足掉到下方100英尺处的另一座平台上，而他就在这座平台上枯坐了五天，直到同伴去世，他才被活着救了出去。同伴的尸体在那里挂了两年，下方格林德瓦的游客通过望远镜都能看到。

噩梦般的"裂缝出口"尽头是一线令人欣喜的天空，上方一段陡峭的雪墙直通山脊。这段急剧倾斜的雪墙就是一座雪库——是从北壁上席卷而下的雪崩的源头。新降下的湿雪往往粘不住粒雪和下方的冰体，脱落成致命的雪浪冲下"裂缝出口"，淹没"白蜘蛛"以及更远的地方。

最后这段陡坡由伊恩在前面带路,他小心翼翼地放慢了速度。攀岩的第五天上午10点,完全凭借着肯顿和伊恩的睿智和耐心,我们登上了艾格峰的峰顶。尽管我意识到自己并没能摆脱恐高症的魔咒,但我的另外一个目标——玛丽·居里募捐活动,却筹集到了140万英镑。而且我还了解到,垂直攀岩活动中因身体发冷而引发的一系列问题和任何极地之旅中非常不一样,而且更加严重。以前,最好和最快捷的热身运动是四处跳跃并挥舞手臂。但在岩壁上,这是不现实的。

珠峰登顶失败后,"锯齿环球"公司的一位教官尼尔·肖特(Neil Short)曾写信建议我:"因为你只差那么一点就上去了,所以我经常在想你愿不愿再试一次。也许你可以和肯顿·库尔一起从南坡往上爬,在5300米以上花的时间要短得多。"

玛丽·居里慈善机构迫切需要资金,用来培训更多的护士,而且伯厄·奥斯兰也还没有登上珠峰,所以我真动心了。让我下定决心的是世界上最伟大的登山家赖因霍尔德·梅斯纳无意中说的一句话。当时我正堵在路上收听BBC第4台,在那档报道中,他大意是说尼泊尔一侧的珠峰登山路线在很多方面都要比中国一侧容易爬。于是,我便加入了"尼泊尔喜马拉雅导游团",肯顿·库尔就是其中一名导游,我跟着他来到了珠峰"容易爬"一侧的大本营。

尽管环境适应计划做得非常周到,又有肯顿在旁指导(就在我写这本书的时候,他已经13次登顶,令人叹为观止),但是过了南坳营地(相当于西藏的前进营地)一两小时后就再也不能往前走了。对那天晚上发生的事我只有一个模糊的印象,但确实记得自己路过三处死亡地点:一位著名的瑞士登山家当天早些时候就在其中一处丧命;我的夏尔巴向导腾多(Tundu)的父亲在另一处丧命;三年前,就在我从西藏折返的那天夜里,罗伯特·米尔恩因心脏病发作在第三处丧命。

这件事真令我气恼,特别是我已经两次爬到距离山顶只有六小时的地方停住了。玛丽·居里慈善机构通过我那次功亏一篑的尼泊尔登山行动，又筹集了100万英镑。因此，2009年，他们建议我再试一次。在慎重考虑了自己的两次失败之后，我得出了结论：一旦越过死亡地带，海拔和寒冷对我的表现产生的影响比我意识到的大很多；天生好胜的本性促使我走在团队前面，怕在其他人面前显老，其中去西藏那次包括伊恩，去尼泊尔那次包括肯顿。因此，是我把自己逼得太狠了，最终导致了我的失败。

我断定这种推测合情合理后，便回头去找玛丽·居里慈善机构的负责人，并达成了一项协议。我愿意尝试最后一次，但前提是在我登顶之前，不要做任何宣传。他们不喜欢这个想法，因为只要牵涉到募捐活动，前期宣传时间越长，募集到的资金就越多。不过他们也清楚，如果别人看见我第三次失败，就算路上不会发生高海拔导致的（可能致命的）问题，也会引发媒体对所有参与方的严厉批评。BBC电视新闻决定将这次登山录下来，放到全国新闻节目中播放，这将极大地增强这个项目的募资能力，而且他们也同意在登顶之前不播放任何镜头。

亨利·托德（Henry Todd）是一位著名的登山队领队兼尼泊尔喜马拉雅导游团老板，他同意我和夏尔巴向导腾多再爬一次，但这次不带肯顿以及任何其他夏尔巴人。由于腾多爬起山来力量和速度就和山羊一样，所以我心里清楚，我不存在任何求胜争先的危险。

于是，在2009年3月，我和老牌制片人马克·乔治乌（Mark Georgiou）率领由三人组成的BBC拍摄团队，开始了标准的、为期六周的环境适应过程。BBC的摄像师在去往大本营途中患上了高原病，被直升机送了出去，另外两位接替了他的工作，并教会了腾多使用小型智能摄像机，在他们无法达到的更高区域摄像。

像往常一样，训练就是沿着昆布冰瀑爬上爬下。一天爬完之后，一场雪崩席卷了冰瀑的部分区域，将一位奥地利登山队领队连同他的夏尔巴向导一起卷进了冰缝里。夏尔巴向导消失在一堆冰块之下，奥地利人摔落45英尺，头朝下揳在冰缝里，却大难不死，一支救援队找到了他，把他救了出来。

当最后一夜来临时，我和腾多从南坳营地出发，很快就来到了去年曾经路过的那处陡峭的雪坡——也就是他父亲和另外两人的埋骨之处。数小时后，在广阔无垠的星空下，我们来到一处薄薄的脊线和南山顶处。我记得，这里就是我的极地"对手"伯厄·奥斯兰曾于2004年到过的地方，此后他便转身下山了。这个念头无疑增强了我的决心。也就在这个时候，身体开始感到一种很古怪的寒冷，既不像英国的潮湿阴冷，也不像极地的寒冷。后来有人告诉我，高海拔登山会产生一种冻伤，这种冻伤有别于标准冻伤，会将肌肉组织因缺氧冻伤和一般的身体脱水结合起来。

我们沿着脊线一路苦苦攀登，顺着"希拉里台阶"，最终爬上了珠穆朗玛峰顶部那块圆圆的小雪地。时间仿佛停止了。因为我比腾多高六英寸，在那一刻我就是地球上最高的人。此情此景，我永不会忘记。脚下远远的地方是月光照耀下的云朵，偶尔几处被黑黢黢的峰顶刺穿。山顶非常寒冷。我和腾多紧抱在一起，尽量小心，避免碰上面罩或者连着氧气瓶的管子。

"现在我们下山吧。"腾多在我耳边大声喊道。

"首先，你得把我们拍下来，交给马克。"我回答。

为了帮助玛丽·居里慈善机构，我们需要立即通过卫星电话告诉他们，好让他们最大限度地筹款。而且，我们还要把登顶录下来，好让BBC宣告这次登顶成功。腾多点点头，取出专用摄像机，挥手让我摆出"登顶的姿势"。

他摆弄了相机上的控制装置好一会儿，最后冲我摇了摇头。相机没法工作。他试图向我解释，但我能听懂的就是光线不足。我们必须等待日出。于是我们便留下来等着，我开始剧烈颤抖。看起来最好是忘掉拍摄登顶这件事，立即朝山下走。但我也没法让卫星电话工作，因为手指全冻僵了。

仿佛过了一个世纪，我们登山队里的一位墨西哥登山员终于到了山顶。在看了一眼BBC摄像机后，他耸了耸肩并提出给我们俩照一张合影，BBC也只能凑合着用了。

与此同时，肯顿带着他的客户也到了。他很快就让卫星电话重新工作，并接通了远在伦敦的《今日》节目组。他们宣布，我是登上珠峰的年纪最大的英国人，也是第一个登上珠峰的领取养老金的人。

挪威的埃尔林·卡格是第一个到过两极又攀登过珠峰的人，但我是第一个实现穿越两极冰盖又登顶珠峰的人。当玛丽·居里慈善机构撤销募捐账户，盘点我这三次登顶项目的募捐成果时，募捐总金额达到了630万英镑。保罗·赛克斯赞助了所有爬山费用，所以不必从募捐总额中扣除任何款项。

返回英国不久，我脚趾和手指的血液循环就出了问题，但没过几个月又恢复了正常。我决定不再尝试任何同时出现极低温度和极高海拔的旅行。就算不会从冰缝摔下去，光是寒冷就已经够受了。

后记

珠峰之后

2007年，迈克·斯特劳德发邮件给我，建议我们通过人拉给养的方式（正如我们在1992年夏季所为）完成首次冬季穿越南极大陆之旅。我们俩合计后一致认为，极低的气温意味着必须将食物和燃料预先存放在预定路线各处。

我去白厅的外交部极地司申请所有南极非政府项目所需的许可证。他们的回答是：在任何情况下，任何国家的任何人都不会得到冬季去南极旅行的许可，因为没有可用的救援设施。只有当我们能向极地司保证，在整个冬季都能百分之百地自给自足，并且购买了足够保险的情况下，才能获得许可。

在接下来的五年里，我将规则要求的东西全部置办到位，包括两辆25吨级的D6N履带车，两个轮船集装箱：一个改造成可供六人住一年的带滑板的大篷车，另一个用于科研工作。定制了14架燃料雪橇，用来运送200吨Jet A-1航空燃料。还有数百套赞助商捐赠的专业设备。

迈克由于臀部问题不得不退出，但继续全力参与科研项目。在瑞典北部，我们从一批申请者中挑选了两位履带车机械师志愿者。英国南极调查局的三位前工作人员也加入这个团队。我们的赞助商渣打银行从南非政府手里租了一艘加强冰级船。该银行选择支持这项计划，是因为他们相信，他们可以利用我们为其"眼见为实"慈善行动筹集500万英镑（银行自己将再追加500万英镑），用于帮助防止全球可避免的致盲现象。

许多学校加入了我们的教育网站；多所科研机构，包括欧洲航天局，委托我们完成科研工作。

我们把这个项目叫作"极寒之旅"，并于2013年初从南极大西洋海岸边的克朗湾正式启程。我患了冻疮，只得让队伍里的其他五人继续前进。我知道这不会影响他们继续前进的机动能力，因为我无非就是去滑雪罢了。

深入内陆大约30公里后，这也是南极冬季旅行的世界纪录，车辆遇到一块致命的裂缝冰原，当时海拔10000英尺而且全天24小时黑暗。在那里，他们开始了漫长的冬季守夜，在一片危机四伏的地方开展有价值的研究工作，同时希望随着日光回归，他们可以逃离那个地方。届时他们收集到的数据将会极大地增进人类对地球极寒地带最深处冰盖、海洋与大气之间复杂的联系机制的了解。他们还将真正了解寒冷的意义和感觉。

附　录

附录 1

气候变化

　　这本书显然不是一本科研参考书,也不是针对人类面临的可怕威胁而吹响的政治号角。但它确实从整体上描述了各种寒冷现象,而冷热之间的相互影响正是气候变化的宏旨所在。接下来的内容并非对人类末日的精妙预言,而是就我的看法说明几点理由:为什么我会认为如果地球能继续保持至少像现在这般寒冷将会是件好事儿。

　　20世纪70年代,为了不让开放水道挡住去路,我在北冰洋里对人拉雪橇进行了重新设计,目的是让它们防水。到了20世纪90年代中期,四周多出那么多开放水域,我只得参照独木舟来设计雪橇。这件事表明北冰洋的整个融冰现象已经清晰可见,不再需要通过精密的科学测量仪器才能发觉。

　　从科学的角度确切来说,目前世界海平面每年上升约三毫米,这听起来并不怎么令人吃惊,除非你碰巧生活在一座像马尔代夫那样的低地岛屿上,这些岛屿已经受到了影响。但对于生活在距离海岸线100公里范围内的三分之一的全球人口而言,尤其是对那些生活在像纽约、迈阿密和荷兰大部分地区的地势低洼地区的人来说,这一事实应该成为警钟。

　　有两条主要途径可使得世界海洋体积增大。第一条,陆基融冰倾泻入海;第二条,如果海洋水体变暖,其体积就会增加,因为温水比冷水密度小，因此占据的空间就会更大。

全球陆基冰的来源主要在南极洲和格陵兰岛。目前，南极冰盖（有些地方厚达4200米）正在大面积融化，阻拦内陆冰盖入海的巨大的浮动冰架本身也正从下面融化变薄；这降低了它们阻拦内陆冰流动的效果，进而导致海平面上升。格陵兰岛南部对温度变化尤其敏感，自20世纪80年代以来，这里的气温一直在上升，目前已非常接近0℃。持续变暖很可能导致海平面因水体膨胀和冰体消融而上升。

对冰盖体积的观察结果表明，如果陆基冰全部融化，全球海平面最终将上升约70米。荷兰的建筑师们都在忙着设计浮动房屋，这并不值得讶异。

除了南极和格陵兰冰盖正在发生的变化之外（地球上99%的冰川储存在这两个地方），世界各地体积较小的山脉冰川也在融化。在世界海平面每年升高的3.2毫米中，这些山脉冰川的贡献比冰盖还要大。如果所有山脉冰川和小冰盖（例如冰岛）全部融化，将会令全球海平面升高约40厘米。与20世纪60年代相比，世界各地的小冰川（不包括南极和格陵兰）在2003—2009年损失了43%的冰体。

东英格利亚大学的研究人员研究了50000种现有的生物物种。他们发现，如果全球变暖不能立即减速，到2080年，这些物种的生存范围将会损失掉一大半。比如中国的大熊猫，目前全世界只有不到800只野生大熊猫[1]，它们的持续生存依赖于三种竹子。而随着气候变暖，这些竹子正在慢慢消失。过去40年来，全球渔业对气候变化的影响有着切身感受，因为许多鱼类被迫迁徙到温度更低、更深的水域。

臭氧层空洞被认为是导致许多气候变化的罪魁祸首。尽管全球起保护作用的臭氧层在20世纪80年代和20世纪90年代只减少了5%，但真正令人担忧之处位于南极点上空，原因就在于极地涡旋——平流层

---

[1] 根据中国第四次大熊猫调查结果，2013年底，中国野生大熊猫1864只，圈养375只。——译者注

内形成的温度低至-80℃的极寒气旋。涡旋内的氯元素发生化学反应，导致臭氧层局部出现空洞。在过去半个世纪中，氯氟烃不断上升至平流层顶部，在紫外线照射下发生化学反应生成氯气，氯气又转而破坏臭氧，而且氯含量一直在升高。

除了令冰盖和冰川融化之外，全球变暖也在对其他寒带环境造成不利影响，其中就包括积雪和冻土。

雪下世界是一种季节性微环境，无数昆虫和动植物将其作为避难所。按照《生态和环境科学前沿》杂志的说法，这条重要的防护带正面临着危险，因为在至关重要的三四月，北半球的积雪区面积消失了将近320万平方公里。由于亚北极地区气温升高，永久冻土层也在融化，造成包括甲烷在内的温室气体被加速释放到大气中。

世界上面积最大且对地球健康至关重要的西伯利亚森林的大火会在温暖年份里提前发生，而且发生频次在过去20年里增加了十倍。

还有反照率的因素。反照率是日光入射量与反射量之比。冰雪的反照率相对较高，因此相对于其他暴露在短波辐射下的地表，冰雪地面的温度就保持得较低。由于地球上大部分冰雪都位于极地区域，预计这些地方受冰雪地面反照率反馈效应的影响也最大。简而言之，由于全球变暖，部分冰雪融化，这将降低相关地面的反照率。这些地面转而吸收更多太阳辐射，进而又会使环境温度进一步上升。实际上，北极是地球上升温最快的地区之一。

人类对环境最严重的影响，就是主要通过排放越来越多的二氧化碳，导致地球越变越暖和。

由于气候行为异常复杂，科学家和环保主义者提出的任何气候模型都不得不考虑到许多不可预测的因素和相互作用，包括云雾状态、植被变化以及许多其他变量。每个新模型纳入的程序越多，整个图景就越完整，但由此凸显出的不确定性也就更多。这显然帮了众多反对者一个大忙，因为他们正等着抨击所有有关全球变暖的预测。

当戈尔（Albert Arnold Gore）拍摄的有关该话题的争议性影片[1]发布后，麻省理工学院的气象学教授曾评论道："戈尔影片的一个整体特征就是刻意无视这样一个事实：地球和它的气候是动态的。即使没有外力驱使，它们也总是在不断变化。将所有变化视为恐惧的对象已经够糟糕了；利用这部电影煽动恐惧则更加糟糕。"

许多媒体气象学家也倾向于淡化全球变暖与人为因素之间的任何联系。戴维·伯纳德（David Bernard）利用其作为哥伦比亚广播公司（CBS）电视网灾害性天气顾问以及迈阿密（一座易受海平面上升侵害的城市）首席气象学家的身份，将气候变化描述成一个自由派的大阴谋，目的是实现"全球财富再分配"。

这种态度可以部分解释为什么大西洋两岸民调显示，公开发表的科研论文与过半人口的整体看法之间存在如此巨大的差距。前者在大多数情况下都认为人类活动对气候变化存在影响，而后者（据2012年民调）要么不知道绝大多数科学家都认为地球因人类活动而变暖，要么根本不同意这种看法。

无论人类是否牵涉其中，可以肯定的是，全球变暖正日益成为一种现实……正如我们所知，寒冷正在缓慢却坚定地离我们而去。

---

[1] 戈尔曾在克林顿任期内担任美国副总统。其于2006年发布的环保纪录片《令人难堪的真相》，主要谈论气候变暖对地球生态的影响。不过，影片发布不久便受到质疑。2007年，英国高等法院曾裁定该影片中有多处失实。——译者注

附录 2

参与本书探险活动的人员

1967年，挪威
Peter Loyd, Simon Gault, Nick Holder, Don Hughes, Martin Grant-Peterkin, Vanda Allfrey

1970年，挪威
Roger Chapman, Patrick Brook, Geoff Holder, Peter Booth, Brendan O'Brien, Bob Powell, Henrik Forss, David Murray-Wells, Vanda Allfrey, Rosemary Alhusen, Jane Moncreiff, Johnnie Muir, Gillie Kennard; George Greenfield(UK)

1976—1978年，格陵兰/北极点
Oliver Shepard, Charlie Burton, Ginny Fiennes, Geoff Newman, Mary Gibbs; Mike Wingate Gray(UK), Andrew Croft(UK), Peter Booth(UK)

1979—1982年，环球之旅
Oliver Shepard, Charlie Burton, Ginny Fiennes, Simon Grimes, Anton Bowring, Les Davis, Ken Cameron, Cyrus Balapoira, Howard Willson, Mark Williams, Dave Hicks, Dave Peck, Jill McNicol, Ed Pike, Paul

Anderson, Terry Kenchington, Martin Weymouth, Annie Weymouth, Jim Young, Geoff Lee, Nigel Cox, Paul Clark, Admiral Otto Steiner, Mick Hart, Commander Ramsey, Nick Wade, Anthony Birkbeck, Giles Kershaw, Gerry Nicholson, Karl Z'berg, Chris McQuaid, Lesley Rickett, Laurence Howell, Edwyn Martin, John Parsloe, Peter Polley and others; Anthony Preston(UK), David Mason(UK), Janet Cox(UK), Sue Klugman(UK), Roger Tench(UK), Joan Cox(UK), Margaret Davidson(UK), Colin Eales(UK), Elizabeth Martin(UK), Sir Edmund Irving(UK), Sir Vivian Fuchs(UK), Mike Wingate Gray(UK), Andrew Croft(UK), George Greenfield(UK), Sir Alexander Durie(UK), Peter Martin(UK), Simon Gault(UK), Tommy Macpherson(UK), Peter Windeler(UK), Peter Bowring(UK), Lord Hayter(UK), Dominic Harrod(UK), George Capon(UK), Anthony Macauley(UK), Tom Woodfield(UK), Sir Campbell Adamson(UK), Jim Peevey(UK), Eddie Hawkins(UK), Eddie Carey(UK), Peter Cook(UK), Trevor Davies(UK), Bill Hibbert(UK), Gordon Swain(UK), Captain Tom Pitt(UK), Alan Tritton(UK), Jack Willies(UK), Graham Standing(UK), Muriel Dunton(UK), Edward Doherty(UK), Bob Hampton(UK), Arthur Hogan-Fleming(UK), Dorothy Royle(UK), Annie Seymour(UK), Kevin and Sally Travers-Healy(UK), Jan Fraser(UK), Gay Preston(UK), Jane Morgan(UK)

1986—1990年,北极点

Oliver Shepard, Mike Stroud, Laurence Howell, Paul Cleary, Beverly Johnson; Ginny Fiennes(UK), Alex Blake-Milton(UK), Andrew Croft(UK), George Greenfield(UK), Perry Mason(UK), Dmitry Shparo(UK), Steve Holland(UK)

1993—2000年阿拉斯加、北极和南极

Gordon Thomas, Dmitry Shparo, Laurence Howell, Morag Nicolls, David Fulker, Bill Baker, Graham Archer, Charles Whitaker, Granville Baylis, Steve Signal, "Mac" Mackenney, Steve Holland, Mike Stroud, Oliver Shepard, Charlie Burton

2003年，7×7×7马拉松

Mike Stroud

2005年、2008年、2009年，珠穆朗玛峰

Sherpa Tundu, Sibusiso Vilane, Kenton Cool, Ian Parnell

2007年，艾格峰北崖

Kenton Cool, Ian Parnell

2013年，最冷之旅

Anton Bowring, Brian Newham, Ian Prickett, Spencer Smirl, Richmond Dykes, Rob Lambert

附录 3

北极探险史要略

北冰洋面积500万平方英里,即使在隆冬季节,其中10%以上仍是开放水域。

以下是部分已知北极探险家的名单。对于无意中疏忽的其他探险家,无论其是否健在,我们均表歉意。

公元前 320 年	皮西亚斯(Pytheas),一位来自马西利亚(Massilia,今马赛)的希腊殖民者,据说曾驾船环绕英伦三岛,可能曾跨进北极圈。
500 年	据传说,圣布伦丹(St Brendan)从爱尔兰航行至北美。
870 年	拉布纳·弗洛基(Rabna Flok),一名来自挪威的维京海盗,向西航行至冰岛。
875 年	奥塔尔(Ottar),另一名维京海盗,航行至科拉半岛并抵达白海。阿尔弗雷德大帝曾命人将奥塔尔的故事翻译成盎格鲁-撒克逊语。
982 年	红胡子埃里克(Erik the Red)发现格陵兰岛,并在那里生活了三年。他于 986 年返回冰岛并将殖民者带至格陵兰岛。
1000 年	冰岛传奇中包括六段关于文地(Vinland)和马克地(Markland)远航的传说,很可能就是今天的纽芬兰岛和美洲大陆上的拉

	布拉多地区。其中一个传奇说比亚德尼·赫沃夫森（Bjarni Herjulfsson）发现了美洲，另外一个又说是莱夫·埃里克森（Leif Eriksson）发现了美洲。
1025 年	某些学者认为古德莱夫·古德拉森（Gudleif Gudlaugsson）在被风吹离航线后曾在美洲海岸登陆。
1059 年	约恩（Jon），一位传教士，可能航行到达文地，但被杀害。
1121 年	埃里克·格努森（Erik Gnupsson）主教离开格陵兰岛寻找文地。据传说，他在返回之前在那里生活了很长时间。
1347 年	据说有一艘船会定期从格陵兰航行至马克地，很可能是去采集木料。
1480—1495 年	据说布里斯托的商人派出多艘船只寻找"巴西岛"。其中几艘可能到过加拿大。
1497 年	约翰·卡伯特（John Cabot）在寻找西北航道途中，在拉布拉多外海和纽芬兰岛发现了鳕鱼渔场。欧洲捕鱼船队很快就在该区域内定期捕捞。
1498 年	约翰·卡伯特再次出发寻找通向日本的西北航道。他可能已在途中丧生。
1500 年	加斯帕尔·科尔特–雷亚尔（Gaspar Corte-Real），一位葡萄牙人，看见了格陵兰岛或者纽芬兰岛。
1501 年	加斯帕尔·科尔特–雷亚尔在寻找西北航道途中丧生，此前有人在纽芬兰岛以北见过他。一年之后，他的弟弟米格尔（Miguel）也遭遇了同样的命运。
1504—1506 年	法国和葡萄牙的捕鱼船队开始在纽芬兰岛外海捕鱼。
1508—1509 年	塞巴斯蒂安·卡伯特（Sebastian Cabot）可能在寻找西北航道途中发现了哈得孙海峡和哈得孙湾。
1513 年	巴斯科·努涅斯·巴尔沃亚（Vasco Nuñez de Balboa）发现了太平洋，并宣称从北极点直到南极点的太平洋海岸归西班牙所有。

1524—1525 年	法国和西班牙的西北航道探险队抵达纽芬兰岛。
1527 年	亨利八世在罗伯特·索恩（Robert Thorne）的鼓动下赞助了两艘船，首次尝试到达北极点。这次探险以失败告终。
1527—1528 年	约翰·鲁特（John Rut）在探索拉布拉多海岸之前可能到过北纬 64 度。
1534—1536 年	两支法国探险队探索了圣劳伦斯湾和圣劳伦斯河。
约 1543 年	法国人让·阿方斯（Jean Alfonse）很可能进入了戴维斯海峡。
1553 年	休·威洛比爵士和理查德·钱塞勒率领三艘船只寻找西北航道。威洛比和他的船员们中途丧生，但他可能到过新地岛。钱塞勒最终经陆路从白海到达莫斯科。
1556 年	史蒂文·伯勒（Steven Burrough）到达伯朝拉河的河口。
1558 年	芝诺地图（The Zeno Map）出版。
1569 年	墨卡托出版了他的地图，上面可能标出了昂加瓦湾（Ungava Bay）。
1576—1578 年	马丁·弗罗比舍连续三年驶抵巴芬岛，主要是去寻找黄金。他的船队带回 1200 吨"金矿石"，但后来证明毫无价值。他曾驶入哈得孙海峡，并将其称作错误海峡（Mistaken Strait）。
1580 年	查尔斯·杰克曼（Charles Jackman）和亚瑟·佩特（Charles Jackman）乘坐"乔治号"（*George*）和"威廉号"（*William*）驶入喀拉海（Kara Sea），这是西欧人第一次驶入该海域。
1584 年	荷兰人奥利弗·比内尔（Oliver Burnel）尝试穿越喀拉海，但未能成功。
1585—1587 年	约翰·戴维斯三次试图找到通往中国的西北航道。他乘坐 20 吨的"艾伦号"（*Ellen*），最北到达位于北纬 72 度 12 分的戴维斯海峡。
1594—1597 年	荷兰人威廉·巴伦支探索了斯匹次卑尔根岛和新地岛。他的调查成果卓著。1596—1597 年，在新地岛上的冰港（Ice Haven）越冬后，他和船员们乘坐小船成功抵达将近 1600 英

	里外的拉普兰。这是一段了不起的航程。巴伦支本人于 1597 年 6 月 20 日在巴伦支海北角去世。
1602 年	乔治·韦茅斯（George Weymouth）船长携带着呈给中国皇后的信件乘坐"发现号"和"成功号"（Godspeed）前往中国。不幸的是，船员们在戴维斯海峡哗变，他被迫返航。他声称自己到达了北纬 69 度。
1603 年	英国人詹姆斯·坎宁安（James Cunningham）再次发现了格陵兰。
1606 年	约翰·奈特（John Knight）船长乘坐"霍普韦尔号"（Hopewell）寻找西北航道。船只在拉布拉多海岸边损毁，奈特上岸后失踪。很可能被爱斯基摩人杀害。
1607—1608 年	亨利·哈得孙试图穿越北冰洋，并到达了斯匹次卑尔根岛附近的北纬 80 度 23 分。他还曾登上新地岛。
1610—1611 年	亨利·哈得孙（Henry Hudso）率领 20 名船员和 2 名小男孩乘坐"发现号"试图找到西北航道。在哈得孙湾越冬后，一些船员发动叛乱，将其放在一艘敞篷小船上，随波漂流，自生自灭。和他一起的还有他 7 岁的儿子和七名船员。"发现号"被罗伯特·贝罗特开回了英国。
1610—1611 年	约纳斯·普尔（Jonas Poole）驶抵斯匹次卑尔根岛，试图横穿北冰洋。这次尝试最终变成了一次捕鱼之行。
1612—1613 年	托马斯·巴顿（Thomas Button）船长率领"发现号"和"决心号"抵达哈得孙湾，试图找到西北航道。在与爱斯基摩人的冲突中损失了五名船员，在纳尔逊堡（Fort Nelson）越冬时又因条件艰苦和寒冷导致更多船员丧生，他只得于 1613 年返航。他坚信西北航道（如果存在的话）应该穿越罗斯·韦尔卡姆海峡（Roes Welcome Sound），他深入北纬 65 度处。
1612 年	詹姆斯·霍尔船长在格陵兰岛被爱斯基摩人杀死。他的死亡终结了威廉·巴芬引领的一场探险活动。

1614 年	威廉·巴芬登上了斯匹次卑尔根岛,很可能还登上了法兰士约瑟夫地群岛(Franz Josef Land Islands)。
1614 年	威廉·吉本乘坐的"发现号"因厚冰而未能进入哈得孙海峡。
1615 年	"发现号"第四度出发寻找西北航道,罗伯特·贝罗特担任船长(此前曾与哈得孙和巴顿一起航行),威廉·巴芬担任导航员。他们在抵达哈得孙湾西端的诺丁汉岛(Nottingham Island)后返航。
1616 年	巴芬和贝罗特再次乘坐"发现号"出海,目的是直抵北纬 80 度处的戴维斯海峡,然后向西南航行到达日本。他们抵达了北纬 78 度,并命名了史密斯海峡、琼斯海峡和兰开斯特海峡,但未驶入后两处。巴芬在巴芬湾内的发现后来受到了质疑,并被埋没了将近 200 年。
1619—1620 年	延斯·芒克(Jens Munk)率领两艘船驶入哈得孙湾并在丘吉尔镇附近越冬。在他率领的 65 名船员中,只有芒克和另外两人熬过了冬天并活着返航。
1620—1635 年	荷兰捕鱼和捕鲸船队在夏季数月里占据了斯匹次卑尔根岛和格陵兰海里的扬马延岛。船队共有约 300 艘船和 15000 名船员。
1625 年	威廉·霍克里奇(William Hawkeridge)乘坐"幼狮号"(*Lion's Whelp*)在哈得孙湾北部航行了一段时间,但一无所获。
1631 年	卢克·福克斯率领 20 名船员乘坐"查尔斯号"(*Charles*)前往哈得孙湾,在詹姆斯湾附近巧遇"亨丽埃塔·玛丽亚号"(*Henrietta Maria*)。他后来在福克斯盆地处跨入北极圈,并安全返回,毫发无损。
1631—1632 年	托马斯·詹姆斯船长乘坐"亨丽埃塔·玛丽亚号"在詹姆斯湾越冬,通过采取极端措施将船自沉于浅水区,从而拯救了船只。多人死于事故或坏血病,剩下的人安全返回。
1636—1639 年	以利沙·布萨(Elisha Busa)从陆路探索了勒拿河三角洲(Lena Delta)(东经 130 度)。

1640 年	波斯尼克（Postnik）发现了因迪吉尔卡河（Indigirka River）（东经 150 度）。
1644 年	俄国人在科雷马河流域建立了一座贸易站（东经 160 度）。
1646 年	伊赛·伊格纳季耶夫（Isai Ignatiev）朝科雷马河以东航行，开展海象牙贸易。
1648 年	杰日尼奥夫、阿列克谢耶夫（Alexiev）和安库季诺夫（Ankudinov）率领七艘船从科雷马河起航，从西北方向驶入白令海峡。船队在堪察加海岸失事，仅有杰日尼奥夫和他的船员幸存。
1651—1652 年	雅克·比特（Jacques Buteux）两次试图从南方经陆路抵达哈得孙湾，以此为法国圈地。他被印第安人杀死。
1666 年	伍德（Wood）和弗劳斯（Flaws）在新地海岸失事。
1670 年	哈得孙湾公司成立。此后在哈得孙湾各处设立了临时和永久性贸易站。船只定期从英国供应物资。英国人和法国人在此地连续多年经常发生致命冲突，有些贸易站多次反复易手。
1715—1716 年	哈得孙湾公司的威廉·斯图尔特（William Stewart）从约克·法克特里（York Factory）出发进入内地，抵达大奴湖（Great Slave Lake）和阿萨巴斯卡湖（Lake Athabasca）之间的一片区域。
1719—1721 年	詹姆斯·奈特率领 27 名船员乘坐两艘船试图经由西北航道抵达科珀曼河。他们从此消失。40 年后，人们在大理石岛上发现了两艘沉船和一间房子的残骸，此处位于哈得孙湾丘吉尔以北 300 英里。爱斯基摩人说他们全部死于饥饿和疾病。
1721 年	格陵兰岛西南部两大定居点之间的沟通中断。岛上的古挪威人全部死于营养不良和佝偻病，有些可能死于爱斯基摩人之手。这片区域最终被丹麦重新殖民，领导者是挪威传教士汉斯·埃格德（Hans Egede）。
1725—1728 年	沙皇彼得大帝雇用的丹麦人维图斯·白令命名了白令海峡中

	间的圣劳伦斯岛,但在北纬67度18分、西经170度处返航,未能发现美洲大陆。
1728年	帕尔斯(Paars)试图穿越格陵兰内陆冰盖,但未能成功。
1729年	来自波士顿的亨利·阿特金斯(Henry Atkins)在捕鲸途中抵达戴维斯海峡。
1731年	格沃斯杰夫(Gvosdev)率领首支俄国探险队穿过白令海峡,到达阿拉斯加。
1733—1742年	维图斯·白令率领570人组成的大北方探险队离开圣彼得堡,经陆路向东走了3000英里。1740年,白令和奇里科夫(Chirikov)从勘察加半岛的彼得罗巴甫洛夫斯克(Petropavlovsk)启航。前者在圣伊莱亚斯角(Capes St Elias)和圣赫莫杰尼斯角(St Hermogenes)之间的阿拉斯加登陆。后者的船只在白令岛上失事,白令绝望而死。奇里科夫抵达了阿拉斯加的克罗斯湾(Cross Bay),并让一些船员登陆。他们从此消失。
1741年	克里斯托弗·米德尔顿(Christopher Middleton)船长试图找到哈得孙湾西北部的西北航道。他发现了韦杰贝湾(Wager Bay)。
1746年	威廉·穆尔(William Moor)探索了韦杰贝,他认为这里可能就是西北航道。
1749年	威廉·科茨(William Coats)探索了哈得孙湾东岸。
1751年	德拉戈尔(Dalager)试图穿越格陵兰岛内陆冰盖,但未能成功。
1751年	格陵兰渔业(公司)的麦卡勒姆(MacCallum)船长抵达北纬83.5度。
1755年	英国议会通过法案,向首艘到达北极点1度以内的船只提供5000英镑的奖励。
1761年	威廉·克里斯托弗乘坐"丘吉尔号"(*Churchill*)沿切斯特菲尔德水湾(Chesterfield Inlet)溯流深入90英里。次年返

	航后,确认该水湾里并无西北航道。
1767 年	辛德(Synd)在搜索西北航道途中,在阿拉斯加的威尔士亲王角(Cape Prince of Wales)登陆。
1770—1772 年	塞缪尔·赫恩和一名印第安向导从丘吉尔走到科珀曼河的河口,来回行程 1300 英里。他很可能是首位到达加拿大北方海岸的白人。
1773 年	J. C. 菲普斯(J. C. Phipps,议员)船长率领"赛马号"(Racehorse)和"残骸号"(Carcass)试图抵达北极点。他在北纬 80 度 42 分斯匹次卑尔根岛附近被海冰所阻。这次远航中有一名船员就是 14 岁的霍雷肖·纳尔逊(Horatio Nelson)。
1777 年	沃尔特·杨(Walter Young)乘坐"里昂号"(Lyon)抵达巴芬湾内北纬 72 度 42 分处。
1778 年	詹姆斯·库克船长乘坐"决心号"试图从太平洋一侧走完东北航道,但在冰角(北纬 70 度 41 分)处被海冰所阻。但他确定俄罗斯和北美大陆是分开的。
1788 年	曾在库克船长手下工作的英国人约瑟夫·比林斯(Joseph Billings),替俄国叶卡捷琳娜女皇效力,负责绘制北角地图。但未能完成工作。
1789 年	亚历山大·马更些(Alexander Mackenzie)率领 12 名印第安人和混血人,乘坐独木舟从大奴湖出发,沿马更些河顺流而下,直达波弗特海的河口。
1791—1795 年	乔治·温哥华乘坐"发现号"、威廉·布劳顿(William Broughton)乘坐"查塔姆号"(Chatham)分别探索了阿拉斯加海岸。当时西班牙人在该区域内活动频繁。
1806 年	英国捕鲸船船长威廉·斯科斯比(William Scoresby)到达斯匹次卑尔根岛北部北纬 81 度 30 分、东经 19 度处。
1809 年	赫登斯特伦(Hedenstrom)、桑尼科夫(Sannikov)和科舍

	文（Koshevin）探索了几年前被猎人们发现的新西伯利亚群岛。证实利亚科夫岛的土壤中存在猛犸象骨骼。
1809 年	约翰·克拉克（John Clarke）可能到过马更些河河口。
1810 年	俄国商人桑尼科新（Sanniko）发现两座西伯利亚北极岛屿。
1816 年	奥托·冯·科策比（Otto von Kotzebue）到达阿拉斯加的克鲁森施滕角（Cape Krusenstern）（北纬 67 度）。
1817 年	缪尔黑德（Muirhead）船长带领两名英国捕鲸手跨过位于北纬 77 度处的巴芬湾北端。
1817 年	小威廉·斯科斯比（William Scoresby Jr）勘察了扬马延岛（Jan Mayen Island）。
1818 年	戴维·巴肯（David Buchan）中校和约翰·富兰克林（John Franklin）上尉分别率领"多萝西娅号"（*Dorothea*）和"特伦特号"（*Trent*）试图越过斯匹次卑尔根岛朝北极点进发，但由于船只被风暴和海冰损坏而被迫放弃。他们到达了北纬 80 度 17 分。
1818 年	议会通过法案，悬赏 20000 英镑寻找西北航道。
1818 年	约翰·罗斯中校和威廉·爱德华·帕里上尉分别率领"伊莎贝拉号"（Isabella）和"亚历山大号"（*Alexander*）试图找到西北航道。在发现史密斯海峡被海冰阻塞并通过琼斯海峡之后，罗斯进入兰开斯特海峡。他以为兰开斯特海峡被群山阻隔，于是返航。该决定遂招致后人批评。
1819—1920 年	帕里率领"赫克拉号"和"格里帕号"（*Griper*）穿过兰开斯特海峡，经康沃利斯岛，于 1819 年 9 月 6 日到达西经 110 度处的梅尔维尔子爵海峡，从而赢得了英国枢密院提供的 5000 英镑悬赏。他们用长矛和毛毯搭建帐篷在梅尔维尔岛上越冬，并徒步穿越该岛。这次探险因其高昂的士气、良好的健康状况，以及优良的纪律而著称于世。后来又到达更往西的西经 113 度 48 分。

附录 3 北极探险史要略

1819—1822 年	富兰克林、胡德、巴克、理查森博士、数名加拿大船夫，以及其他一些人一起乘坐独木舟或者步行了 5550 英里。他们的路线是哈得孙湾—温尼伯湖（Lake Winnipe）—派恩艾兰地（Pine Island Land）—阿萨巴斯卡湖—大奴湖—科珀曼河河口—肯特半岛（Kent Peninsula）—巴瑟斯特湾（Bathurst Inlet）—科珀曼河—大奴湖。他们遭遇重灾，多人丧生。最后只能吃青苔、鹿皮以及任何能找到的骨头。富兰克林的旅程很大程度上受益于赫恩、马更些以及其他探险家的探险，其中包括巴克、胡德、理查森、赫本、肯德尔、辛普森和雷。
1820—1823 年	俄国人费迪南德·冯·弗兰格尔（Ferdinand von Wrangel）上尉勘察了西伯利亚海岸。在旅行过程中，他带着犬队在 78 天内完成了史诗般的 1530 英里的旅程。他后来担任俄属美洲（今天的阿拉斯加）总督。
1821—1823 年	帕里中校率领"赫克拉号"和"狂怒号"再次穿过哈得孙海峡试图找到西北航道。他确定里帕尔斯湾被陆地包围，并探索了梅尔维尔半岛（Melville Peninsula）。他命名了弗里海峡和赫克拉海峡，并在伊格卢利克（Igloolik）度过了第二个冬天。但因海冰所阻无法穿过海峡，只得于 1823 年 10 月返航。
1822 年	威廉·斯科斯比父子发现了斯科斯比海峡（Scoresby Sound），并绘出了格陵兰东海岸部分地区的地图。第二年，两人出版了一本内容非常翔实的书。
1823 年	克拉弗林（Claverin）船长和萨拜因（Sabine）船长乘坐"格里帕号"探索并勘察了勘察格陵兰东北海岸。
1824—1825 年	帕里率领"赫克拉号"和"狂怒号"试图穿过摄政王湾寻找西北航道。在布罗德半岛越冬后，两艘船均被风暴和海冰损坏。"狂怒号"被放弃，"赫克拉号"得以返航。
1824 年	莱昂（Lyon）中校试图到达里帕尔斯湾，但"格里帕号"在格德莫西湾（Bay of God's Mercy）和罗斯·韦尔卡姆海峡

	差点被风暴击沉,所以未能成功。
1825—1827 年	富兰克林、理查森、巴克、迪斯和其他人乘坐特制的小船沿马更些河顺流而下到达河口。尽管波弗特海(Beaufort Sea)上有海冰,富兰克林和巴克仍然向西航行了 174 英里,到达西经 148 度 52 分后才返航。他们发现了赫歇尔岛(Herschel Island)、卡姆登湾(Camden Bay)和普拉德霍湾(Prudhoe Bay)。同时理查森和肯德尔向东航行 900 英里,到达科珀曼河的河口,然后步行至大奴河。两支队伍在富兰克林堡会合。此行共勘察了 1000 多英里的加拿大北方海岸线。
1825—1828 年	F. W. 比奇(F. W. Beechey)船长率领"兴旺号"(Blossom)穿过白令海峡到达冰角(Icy Cape)。他派队友埃尔森前往巴罗角(Barrow Point),希望遇到预期从东而来的富兰克林,但未发现任何踪迹。双方到达此地的时间相差了一年,距离相差了 156 英里。
1827 年	帕里乘坐"赫克拉号"到达斯匹次卑尔根岛的托叶登贝格湾(Treurenberg Bay)。从那里开始,他拖着雪橇船出发前往北极点。尽管他们在海冰上走了 900 多英里,但浮冰和洋流使得他们仅仅到达船只北部 172 英里的北纬 82 度 45 分处。
1829—1833 年	约翰·罗斯船长主要依靠一位名叫费利克斯·布斯(Felix Booth)的杜松子酒蒸馏商的赞助,驾驶一艘 150 吨的明轮蒸汽船"胜利号"到达摄政王湾,在那里他拆掉了船上那座已被证明不可靠的发动机。在接下来的两年里,他徒步探索了布西亚半岛(Boothia Peninsula),并在北磁极处升起了英国国旗。他的侄子詹姆斯·C. 罗斯发现了威廉国王岛。他最终被迫放弃"胜利号",在经历许多磨难后,被自己原来那艘"伊莎贝拉号"从兰开斯特海峡救起。
1833 年	乔治·巴克中校探索了大鱼河(现被称作巴克河)并画出了地图。他的地图一直使用到 1948 年。

1836—1837 年	巴克率领"惊恐号"进入福克斯海峡,但为海冰所困。
1837—1839 年	哈得孙湾公司的托马斯·辛普森(Thomas Simpson)和彼得·迪斯(Peter Dease)沿马更些河顺流而下,到达波弗特海,然后转向西行,到达巴罗角。然后向东越过雷海峡(当时他们并未意识到,因为海峡正被冰封),画出了维多利亚岛和威廉国王岛南部海岸的地图。巨大的工作压力压垮了时年31岁的辛普森,他骤然发疯,开枪打死了两位同伴,很可能也打死了自己。
1839 年	哈得孙湾公司的约翰·贝尔(John Bell)探索了皮尔河(Peel River)和拉特河(Rat River)。
1840 年	约翰·贝尔在皮尔河上建立了麦克弗森堡(Fort McPherson,后人命名)。
1845—1848 年	时年59岁的约翰·富兰克林爵士和弗朗西斯·克罗泽(Francis Crozier)船长分别率领"惊恐号"和"幽冥号"寻找西北航道。在比奇岛越冬后,两艘船在威廉国王岛外被海冰所困,最终只得在维多利亚海峡(Victoria Sound)弃船。尽管他们携带了三年的给养,但所有139人要么死于船上,要么死于向南朝巴克河河口区域进发途中。在随后十年中,大约40支探险队被派出去搜寻他们。
1847—1848 年	约翰·理查森爵士、约翰·雷和约翰·贝尔搜索了马更些河和科珀曼河之前的区域,以寻找富兰克林,但未能找到。约翰·雷此前曾对雷地峡(Rae Isthmus)区域进行过勘察。
1848 年	托马斯·李驾驶捕鲸船"威尔士亲王号"(Prince of Wales)驶入琼斯海峡150英里处。
1848—1849 年	詹姆斯·罗斯爵士和爱德华·约瑟夫·伯德(Edward Joseph Bird)分别率领"调查者号"(Investigator)和"企业号"(Enterprise)前往兰开斯特寻找富兰克林。他们在巴罗海峡为海冰所困,但乘坐雪橇在该区域以及沿萨默塞特岛

	沿岸进行了四次搜索,其中一次搜索比1857年之前任何一次搜索都更接近解开富兰克林失踪之谜。
1848—1852年	穆尔(T. E. L. Moore)率领"普洛弗号"(Plover)从西往东搜索富兰克林,乘坐小船到达巴罗角。
1849年	约翰·格拉维尔(John Gravill)乘坐一艘英国捕鲸船进入琼斯海峡。他在埃尔斯米尔岛南部进行了首次有明确记载的登陆。
1849年	亨利·凯利特(Henry Kellett)乘坐"先驱号"(Herald)在位于东西伯利亚海的弗兰格尔岛附近发现了赫勒尔德岛(Herald Island)。
1849年	罗伯特·谢登(Robert Sheddon)率领皇家泰晤士游艇俱乐部的帆船"南希·道森号"(Nancy Dawson)协助"普洛弗号"从阿拉斯加开始搜寻富兰克林。
1849—1850年	詹姆斯·桑德斯(James Saunders)率领的"北极星号"(North Star)在试图向詹姆斯·克拉克·罗斯爵士的搜索队运送给养,并在史密斯海峡和琼斯海峡搜索富兰克林的途中,最终抵达摄政王海峡。
1850年	由富兰克林夫人赞助,查尔斯·福赛思(Charles Forsyth)和威廉·斯诺(William Snow)驾驶"艾伯特亲王号"(Prince Albert)寻找富兰克林。为海冰所阻,他们无法越过弗里滩,但进入了惠灵顿海峡,并在那里得到了有关富兰克林设在比奇岛的冬季营地的消息。
1850—1852年	以前曾和帕里一起探险的霍雷肖·奥斯汀船长用了两个冬天在巴罗海峡地区寻找富兰克林。他在那里遇见了威廉·彭尼——著名的捕鲸队长。奥斯汀的搜索队乘坐雪橇走了将近7000英里后,于1852年返回。
1850—1855年	理查德·柯林森(Richard Collinson)船长和罗伯特·麦克卢尔(Robert McClure)船长受命分别率领"企业号"和"调查者号"在太平洋和白令海峡地区展开搜索。柯林森的航行

更加著名，因为他向东穿过西北航道，差一点到达威廉国王岛。在北极度过四个冬天后，他于 1855 年返回。与此同时，麦克卢尔于 1853 年被迫在班克斯岛北岸弃船。

1852—1855 年　爱德华·贝尔彻爵士在同一年夏天派遣四艘船返回北极，爵士本人并无任何北极探险经验。亨利·凯利特船长（"坚决号"）和利奥波德·麦考林托克船长（"无畏号"）在梅尔维尔岛越冬时接到了 160 英里外麦克卢尔率领的"调查者号"的位置报告。第二年，此前曾和詹姆斯·罗斯和奥斯汀一起越冬的麦考林托克在野外进行了 105 天的探险，发现了帕特里克王子岛。他一共行走了 1408 英里，这是人拉雪橇走过的最远距离。弗雷德里克·米奇姆（Frederick Meecham）上尉曾在 70 天内走完了 1336 英里。

贝尔彻将"北极星号"留在比奇岛上作为基地，率领"协助号"（*Assistance*）和"先锋号"（*Pioneer*）到诺森伯兰海峡（Northumberland Sound）越冬。第二年在惠灵顿海峡越冬后，贝尔彻发现无法到达兰开斯特海峡。他弃掉两艘船后前往"北极星号"。在那里他和"无畏号""坚决号""调查者号"上的船员会合，这三艘船也被放弃了。当补给船"凤凰号"（*Phoenix*）和"垂耳猎犬号"（*Talbot*）抵达后，这两艘船连同"北极星号"载着所有船员返回英国。贝尔彻被送上军事法庭，侥幸被判无罪释放。

1855 年 9 月，美国捕鲸船"乔治·赫兹号"（*George Herz*）的船长巴丁顿（Buddington）发现"坚决号"完好无损地漂浮在戴维斯海峡内。美国政府买下这艘船，重新装上设备，并将其作为礼物送给了英国海军部。

1852 年　在富兰克林夫人资助的另一次探险中，爱德华·英格尔菲尔德（Edward Inglefield）在史密斯海峡内到达了更远的北纬 78 度 23 分。"伊莎贝尔号"后来驶入琼斯海峡，又穿过兰

	开斯特海峡抵达比奇岛，接着又搜索了巴芬岛东岸。
1853—1855 年	美国人伊莱沙·凯恩（Elisha Kane）驾驶"前进号"（*Advance*）穿过巴芬湾，但被海冰困在格陵兰西岸的伦斯勒岛（Rensselaer Island）外。他带人驾驶雪橇和小船到达北纬 80 度 35 分，在探索完凯恩·巴芬地区后弃船，依靠小船和步行撤至戈德港（Godhavn）。
1853 年	西曼（Seeman）在白令海峡开展水文测绘工作。
1854 年	哈得孙湾公司的约翰·雷博士报告，在其从科珀曼河出发对布西亚半岛西海岸进行勘察途中，爱斯基摩人告诉他，他们曾看到约有 30 名白人拖着小船在冰面上向南行进，后来又曾在附近发现过几具尸体。 克里米亚战争爆发后，英国政府拒绝再作进一步搜索。
1855 年	哈得孙湾公司的詹姆斯·安德森（James Anderson）和詹姆斯·斯图尔特（James Stewart）取道巴克河，从内陆到达蒙特利尔岛，发现了富兰克林探险队的遗迹。
1855 年	约翰·罗杰斯（John Rodgers）上尉到达北纬 72 度 05 分西经 174 度 37 分。
1857—1859 年	富兰克林夫人委托麦考林托克指挥 177 吨的蒸汽游艇"福克斯号"。第二年冬天，麦考林托克在威廉国王岛上发现了弗朗西斯·克罗泽船长在 1848 年留下的记录。富兰克林去世后，他曾放弃两艘船（"惊恐号"和"幽冥号"），并率领 105 名幸存者向南进发。 后来他又发现其他各类遗迹，包括在一艘 28 英尺长的小船内发现了两具遗骸。小船重约 700—800 磅，雪橇重约 650 磅。在富兰克林于 13 年前离开英格兰之后，麦考林托克和其他经验丰富的北极旅行家已经极大地减轻并改进了旅行设备。但可惜的是这些改进很快就被人遗忘了。

1860—1861 年	伊萨卡·海斯（Isaac Hayes）率领一支美国探险队乘坐"合众国号"(*United States*)，试图通过史密斯海峡到达北极点（当时许多人还相信北冰洋没有冰）。当船只在格陵兰西北部的福克峡湾被冻住后，他乘雪橇越过冰面到达埃尔斯米尔岛，并声称自己到达最北端的北纬81度35分处，但这一说法后来遭到质疑。他很可能到过北纬80度14分处的约瑟夫·古德角（Cape Joseph Goode）。
1861 年	托雷利（Torrell）和A. E. 努登舍尔德（A. E. Nordenskjöld）乘坐小船探索了辛罗盆海峡（Hinlopen Strait），到达菲普斯岛（Phipps Island）上的最北点北纬80度42分处，发现了奥斯卡王子地（Prince Oscar Land）和斯匹次卑尔根岛外海上的卡尔十二世岛（Charles XII）和德拉班顿岛（Drabanten）。
1863 年	埃林·卡尔森（Elling Carlsen）船长沿着巴伦支走过的路线绕过新地岛北端，发现300年前的巴伦支小屋仍然完好无损。他首次环绕斯匹次卑尔根岛。
1867 年	温珀（Whymper）试图穿越格陵兰冰盖，但未能成功。
1868 年	冯·奥特（Von Otter）船长邀请A. E. 努登舍尔德担任科学顾问，率领"索菲娅号"（*Sofia*）到达最北点北纬81度42分东经17度30分。
1868 年	科尔德韦（Koldeway）率领首支德国北极探险队乘坐"日耳曼尼亚号"（*Germania*）前往北极，他们未能到达东格陵兰，但到达了北纬81度05分处。
1869—1870 年	科尔德韦率领"日耳曼尼亚号"和"汉莎号"（*Hansa*）再次试图到达北极点。"日耳曼尼亚号"仅在东格陵兰地区进行了一些局部的、有益的探索。"汉莎号"被海冰挤破，船员们在浮冰上经过201天、600英里的漂流后侥幸逃生。
1871 年	卡尔·魏普雷希特（Carl Weyprecht）上尉乘坐"伊斯博恩号"（*Isbjörn*）试图穿越东北航道。

1871—1873 年	查尔斯·霍尔（Charles Hall）率领一支美国极地探险队乘坐"北极星号"进行探险。在穿过史密斯海峡后，"北极星号"被海冰阻止在北纬 82 度 11 分处。在北斯塔湾（North Star Bay）内的萨克·高德港（Thank God Harbour）越冬时，霍尔神秘死亡，原因可能是砷中毒。在返航途中，一部分人与大船脱离，被困在一块浮冰上。这些人在冰上漂流了五个月近 1300 英里后，最终在拉布拉多海岸外被救起。"北极星号"在福克峡湾（Foulke Fjord）内被放弃，剩下的船员被一艘捕鲸船从小船内救起。
1871 年	A. E. 努登舍尔德从米瑟尔湾（Mussel Bay）出发，乘坐雪橇到达菲普斯岛（Phipps Island），"普尔海姆号"（*Polhem*）曾在此地设立冬季营地。
1872—1874 年	卡尔·**魏**普雷希特上尉和朱利叶斯·帕耶（Julius Payer）上尉乘坐的"特格特霍夫号"（*Tegetthof*）被海冰困在新地岛外不远处。经过一年的漂流后，他们发现并探索了法兰士约瑟夫群岛。帕耶乘坐雪橇到达弗利格利角（Cape Fligely）（北纬 81 度 51 分），这是欧洲最北端的土地。
1873 年	D. L. 布雷恩（D. L. Braine）和詹姆斯·格里尔（James Greer）中校为寻找霍尔和"北极星号"搜索了史密斯海峡。
1875 年	艾伦·杨（Allen Young）乘坐"潘多拉号"（*Pandora*）尝试穿越西北航道。穿过皮尔海峡后，在富兰克林海峡为坚冰所阻，被迫放弃。
1875—1876 年	乔治·内尔斯和亨利·斯蒂芬森（Henry Stephenson）分别乘坐"警报号"和"发现号"试图经由史密斯海峡到达北极点。"发现号"在埃尔斯米尔岛富兰克林夫人湾的北侧越冬。"警报号"继续穿过罗伯逊海峡，抵达弗鲁伯格浅滩（Floeberg Beach）的冬季营地（北纬 82 度 28 分）。阿尔伯特·马卡姆（Albert Markham）和阿尔弗雷德·帕尔（Alfred Parr）

	从那里出发，乘坐雪橇到达北纬83度20分。与此同时，佩勒姆·奥尔德里奇（Pelham Aldrich）沿着埃尔斯米尔岛北岸向西进发，到达耶尔弗顿湾（Yelverton Bay）。他将奥尔德里奇角和哥伦比亚角确定为埃尔斯米尔岛的最北端（北纬83度06分）。坏血病重创了探险队，导致"警报号"上一人丧生，"发现号"上两人丧生。
1875年	A. E. 努登舍尔德乘坐由谢尔曼（Kjellman）率领的"证实号"（*Proven*）到达叶尼塞河（Yenisei River）位于喀拉海的河口（东经80度）。第二年他又重走了一遍。
1878—1879年	A. E. 努登舍尔德乘坐"维加号"（*Vega*）自西向东穿越东北航道，这次探险大部分由瑞典政府资助。与往常一样，他进行了大量科研工作。
1878—1880年	弗雷德里克·施瓦特卡（Frederick Schwatka）率领一支美国探险队至威廉国王岛搜索富兰克林探险队的遗迹。
1879—1880年	约翰·斯派瑟（John Spicer）乘坐美国捕鲸船"纪元号"（*Era*）发现了福克斯湾（Foxe Basin）内的斯派瑟群岛（Spicer Islands）。直到1946年，这一发现才被确认。
1879—1882年	德朗上尉（美国海军）和梅尔维尔（G. W. Melville）穿过白令海峡，希望在弗兰格尔岛越冬（他们以为这里是大陆）。"珍妮特号"被海冰所困，在西伯利亚海里漂流了两年，后在赫勒尔德岛附近北纬77度36分东经155度处被挤破并沉没。他们发现了亨丽埃塔岛（Henrietta Island）和珍妮特岛（Jeanette Island）。梅尔维尔和另外九人历尽磨难安全到达勒拿河河口。德朗那一支仅有两人幸存，德朗和另外11人死于布伦。梅尔维尔后于1882年找到了他们的遗体。
1880年	利·史密斯（Leigh Smith）乘坐英国游艇"爱尔兰号"（*Eira*）探索了法兰士约瑟夫地群岛西部，发现了许多岛屿。他采集了许多有价值的海洋和植物标本。

1881—1882 年	利·史密斯再度探索法兰士约瑟夫地群岛。因"爱尔兰号"沉没,被迫在此越冬,后逃生至新地岛。
1881—1884 年	理查德·派克(Richard Pike)船长指挥"普洛透斯号"(Proteus,意为希腊海神)将一支由阿道弗斯·格里利(Adolphus Greely)率领的美国探险队送至埃尔斯米尔岛的富兰克林夫人湾,然后返航。格里利和另外 24 人留在岛上,并在迪斯卡弗里港内建造了康格堡。他们在此驻留了两年,乘坐雪橇探索了埃尔斯米尔岛。由于接替探险队未能按期到达,他们乘坐小船向南航行至萨宾角(Cape Sabine),并在那里越冬。等到施莱率领的接替探险队找到他们时,许多人已死于饥饿和坏血病,一人自杀,另一人因屡次偷窃食物而被杀。洛克伍德(J. B. Lockwood)上尉率领的一次雪橇探险曾到达创纪录的最北点——北纬 83 度 24 分。
1882—1883 年	首届国际极地年。这一想法由卡尔·魏普雷希特首先提出,并于 1879 年在汉堡召开的国际极地大会上获得了 12 个国家的同意。当时约有 700 人分布在北极各地的 12 处研究站点内从事科研活动。格里利的命运多舛的探险就是该项目的一部分。
1882—1883 年	美国人伦纳德·施泰纳格尔(Leonard Stejneger)探索了白令海峡内的一块区域。
1883—1886 年	丹麦皇家海军的戈德(Garde)和霍尔姆(Holm)上尉勘察了格陵兰的东南海岸,继续完成格拉于 1829 年未能完成的工作。从此时起,丹麦派出许多探险队到格陵兰。
1888 年	弗里乔夫·南森完成了首次穿越格陵兰冰盖之旅,从乌米维克湾(Umivik Bay)直至戈特霍普(Godthaab)。
1888 年	美国捕鲸船长乔·塔克菲尔德(Joe Tuckfield)证实,在赫歇尔岛地区有许多鲸鱼。从那时起,捕鲸船纷纷朝巴罗角以东航行,将赫歇尔岛作为越冬基地。

1888—1889 年	朗斯代尔（Lonsdale）勋爵成为有记录以来班克斯岛上的第一位游客，他进行了一次私人探险，在为期六天的行程中，从马更些三角洲（Mackenzie Delta）走到了凯利特角（Cape Kellett）。
1890 年	在哈得孙湾公司的詹姆斯·麦金利（James Mackinlay）的陪同下，沃伯顿·派克（Warburton Pike）探索了巴克河流域，后者只是为了竞技运动。他们是完成该项工作的第三组欧洲人，第一组和第二组分别是巴克（1833—1835）和安德森、斯图尔特（1855）。
1891—1892 年	罗伯特·皮尔里乘坐雪橇从格陵兰西部的英格尔菲尔德湾（Inglefield Gulf）出发，到达北部的内维悬崖（Navy Cliff）。
1893—1895 年	皮尔里从惠尔海峡（Whale Sound）出发，再次穿越格陵兰冰盖，到达独立峡湾（Independence Fjord）。
1893—1896 年	南森和斯韦德鲁普打算乘坐特制的"弗拉姆号"利用浮冰漂流至北极点。在新西伯利亚群岛西北部受困以后，他们漂流了 35 个月，到达最北点——北纬 85 度 57 分东经 100 度。斯韦德鲁普最终在斯匹次卑尔根岛以西将"弗拉姆号"从冰里捞了出来。与此同时，南森和约翰森上尉试图从冰面上走到北极点。他们在距离目的地 228 英里的北纬 86 度 12 分东经 100 度处折返。在经历许多艰难险阻后，他们在法兰士约瑟夫地群岛被碰巧救起。
1894—1897 年	英国运动员弗雷德里克·杰克逊（Frederick Jackson）绘出了法兰士约瑟夫地群岛大部分地区的地图。就是他遇到了南森和约翰森，并救起了他们。
1897 年	瑞典人萨洛蒙·安德烈（Salomon Andrée）试图乘坐气球从斯瓦尔巴群岛的丹麦岛出发到达北极点。尽管人们知道他已经飞完了 295 英里，但却从此消失了。1930 年，安德烈和同伴的遗体在怀特岛（White Island）上被发现，当年放弃气球后，

	他们曾在此地的冰面上行进。遗体上的照片竟能成功冲洗。
1898—1902 年	皮尔里乘坐"向风号"（*Windward*）首次认真尝试通过史密斯海峡到达北极点。他在迪维尔角（Cape d'Urville）离船，然后乘坐雪橇到达康格堡，证实"贝奇岛"其实是一个半岛。他历尽艰难才回到"向风号"上，因冻伤而失去了八根脚趾。在以后数年中，他确定了格陵兰的最北端，并将其命名为莫里斯·杰塞普角（Cape Morris Jessup）（北纬83度39分）。1902年，他从赫克拉角（Cape Hecla）出发向北，到达最北点——北纬84度17分。
1898—1902 年	奥托·斯韦德鲁普乘坐"弗拉姆号"探索了海斯峡湾地区（遇见了皮尔里）和琼斯海峡。他们乘坐雪橇发现了斯韦德鲁普群岛中的阿克塞尔·海伯格岛和阿蒙德·灵内斯岛（Amund Ringnes Island）。他们还到达了德文岛西南角的比奇岛。
1900—1901 年	路易吉·阿马德奥（Luigi Amadeo）王子，阿布鲁齐公爵，率领一支北极探险队乘坐"北斗星号"（Stella Polare）到达法兰士约瑟夫地群岛。翁贝托·卡尼船长乘坐雪橇从特普利兹湾（Teplitz Bay）出发到达北纬86度34分东经65度20分，比南森曾到过的地点更往北22英里。因被浮冰所阻，探险队仅到达哈雷岛（Harley Island）。此次探险共造成三人丧生。
1901 年	齐格勒（Zeigler）乘坐"亚美利加号"（*America*）到达创纪录（对乘船航行而言）的北纬82度04分。
1903—1906 年	罗阿尔·阿蒙森乘坐"约阿号"成为穿越西北航道的第一人。他的路线是兰开斯特海峡—巴罗海峡—皮尔海峡—雷海峡—毛德皇后湾—科罗内申湾（Coronation Gulf）—阿蒙森湾。
1903 年	加拿大西北骑警在赫歇尔岛设岗，控制美国捕鲸船在该地的活动。该岗一直保留到1964年。
1904 年	加拿大地质学家R. P.洛（R. P. Low）乘坐"海王星号"（*Neptune*）对埃尔斯米尔岛进行了地形测量，并宣称该岛归属加拿大。

1905—1906 年	坚持不懈的皮尔里乘坐"罗斯福号"到达格兰特地（埃尔斯米尔岛）。他带领大批爱斯基摩人和雪橇犬，从此地出发前往北极点。虽因恶劣天气和海冰而未能成功，但他到达了创纪录的北纬 87 度 06 分西经 70 度。
1905—1907 年	阿尔弗雷德·哈里森（Alfred Harrison）率领一支英国私人探险队勘察了赫歇尔岛，并参观了班克斯岛。
1906—1907 年	拥有冰岛血统的维尔希奥米尔·斯特凡松参加了欧内斯特·德·科文·莱芬韦尔（Ernest de Koven Leffingwell）组织的探险队。他研究了马更些三角洲和琼斯群岛（Jones Islands）上的爱斯基摩人。
1906—1907 年	约瑟夫–埃尔泽尔·伯尼尔（Joseph-Elzear Bernier）对北极富兰克林地区的岛屿展开巡逻。他的目的是为加拿大占有该地区的所有岛屿。1907 年，参议员帕斯卡尔·波里尔（Pascal Poirier）提出决议案，占有加拿大大陆与北极点之间的所有陆地和岛屿。这就是所谓的"扇形理论"。该决议案得到了伯尼尔和沙皇俄国的赞成。奥托·斯韦德鲁普曾通过探险为自己的祖国占据了部分群岛，但此时只得到了 67000 美元，作为对"没收"其所有声索权的补偿。根据地理发现的先后原则，英国人（也即后来的加拿大人）主要将内尔斯于 1875 年的行进路线作为主权声索的基础。
1906—1908 年	路德维希·米利乌斯–埃里克森（Ludwig Mylius-Erichsen）率领一支丹麦探险队到达格陵兰东北部，对该片未知区域进行了首次勘察。（很大程度上）由于皮尔里在 1894 年画出的地图失准，埃里克森、哈根（Hagen）上尉和约恩·布隆伦德（Jorgen Bronlund）因饥饿而丧生。J. P. 科克（J. P. Koch）上尉、奥格·贝特尔森（Aage Bertelsen）和托比亚斯·加布里埃尔森（Tobias Gabrielsen）率领的第二支勘察队活了下来，并在第二年春天

	发现了布隆伦德的遗体、他的日记,以及一只装有哈根所画概略图的瓶子。
1907—1909 年	弗雷德里克·库克博士声称自己从阿克塞尔·海伯格岛出发,于 1908 年 4 月 21 日到达北极点。当时就有许多人不相信,直到现在仍存争议。无论是否属实,库克的确在北极地区远离文明社会生存了 14 个月,这是耐力上的一项巨大成就。
1908—1909 年	伯尼尔继续采取行动,对诸岛确立主权。他还发现并带回了帕里和凯利特探险队的许多遗物。
1908—1909 年	皮尔里宣称自己从停靠在埃尔斯米尔岛谢里登角(Cape Sheridan)越冬营地内的"罗斯福号"上出发,于 1909 年 4 月 6 日到达北极点。补给队在返回途中,队员罗斯·马文(Ross Marvin)淹死在一条水道内。由于返回速度过快,皮尔里的说法遭到了部分人的质疑。他在 16 天里走了 485 英里,平均每天至少要走 30.3 英里,这相当于乌鸦飞行的距离。
1908—1912 年	斯特凡松和鲁道夫·安德森(Rudolph Anderson)联合展开探险,研究了沿加拿大北部海岸分布的爱斯基摩人,在维多利亚岛发现了"金发爱斯基摩人"。
1909—1912 年	埃纳尔·米克尔森(Ejnar Mikkelsen)和伊弗·伊弗森(Iver Iversen)探索了格陵兰东北海岸,发现了米利乌斯 – 埃里克森留下的信息和两处食品补给点,但未能发现其日记。他们还探知所谓通向西海岸的"皮尔里海峡"根本不存在,这导致两人经历了一段艰难的返回基地之行,等到两人筋疲力尽地赶回时,船已经开走了。他们在那里生活了一年后才被救出去。
1912 年	三支探险队登上巴芬岛勘探金矿,但就像 350 年前的马丁·弗罗比舍一样,未取得任何成功。
1912 年	克努兹·拉斯穆森带着彼得·弗罗伊肯(Peter Freuchen)和两个爱斯基摩人从图勒出发,穿过格陵兰,从英格尔菲尔德湾走到丹麦峡湾(Denmark Fjord)。在长达 1200 英里的

	探险途中，他勘察并汇出了格陵兰这片基本属于未知区域的地图。他采集到的信息证明皮尔里所画的格陵兰东北部轮廓图是错误的。
1912—1914 年	谢多夫（Sedov）和布鲁西洛夫（Broussilov）率领两支俄国探险队试图到达北极点，但以灾难告终。谢多夫在法兰士约瑟夫地群岛去世，其探险队返回俄国。布鲁西洛夫率领的"圣安娜号"（St Anna）在喀拉海的浮冰中漂流至北纬 82 度 55 分（18 个月内漂流了 1540 英里）。船员中仅有两人幸存。
1913 年	J. P. 科克乘坐矮种马在格陵兰冰盖上进行了最长的横向穿越，从东部的丹麦港直到西部的乌佩纳维克（Upernavik）。
1913—1917 年	美国人唐纳德·麦克米伦（Donald MacMillan）出发寻找"克罗克地"（Crocker Land），皮尔里声称自己曾在阿克塞尔·海伯格岛北部见过这个地方。在到达北纬 82 度 30 分西经 108 度 22 分后，他意识到该地根本不存在，于是返航。
1913—1918 年	斯特凡松率领的加拿大北极探险队分成两支，南支在科罗内申湾进行科研工作，北支乘坐"卡勒克号"展开探索。在探索途中，"卡勒克号"在波弗特海为海冰所困，漂流了三个半月后最终沉没。两个月后，船员们到达弗兰格尔岛，八人在浮冰中丧生。"卡勒克号"大副罗伯特·巴特利特（Robert Bartlett）带着一名爱斯基摩人在 17 天内走完 600 英里到达白令海峡，剩下的 12 名幸存者因这一英雄壮举而最终获救。与此同时，曾离船狩猎的斯特凡松乘坐雪橇，独立探索了波弗特海的东海岸，穿越班克斯岛，并登上了斯韦德鲁普岛和帕里岛。南支成功完成了科研工作。
1915 年	W. E. 埃克布劳（W. E. Ekblaw）发现了埃尔斯米尔岛内的坦克里峡湾。直到 1961 年，加拿大国防研究委员会的杰弗里·哈特斯利 – 史密斯（Geoffrey Hattersley-Smith）才再度来到此地。

1915 年	俄国海军少将维利基茨基（Vilkitski）从东往西穿越东北海道，并在西伯利亚海进行了大量水文研究工作。
1917 年	克努兹·拉斯穆森、托里尔德·武尔夫（Thorild Wulff）和劳厄·科克（Lauge Koch，J. P. 科克的侄子）组织了第二次图勒探险，从北斯塔湾出发，探索了格陵兰西北部。武尔夫和一名爱斯基摩人因饥饿和疲劳丧生。
1920—1923 年	劳厄·科克博士率领丹麦二百周年银禧探险队到达格陵兰西北部，继续绘制海岸线地图。
1921—1924 年	在其著名的第五次图勒探险中，克努兹·拉斯穆森和多位格陵兰爱斯基摩人及丹麦科学家一起，用了三年半时间研究加拿大北极地区的爱斯基摩人。其中一年，他乘坐狗拉雪橇走完了整个西北航道，富兰克林、巴克、理查森、雷以及其他人曾用了 25 年时间才走完全程。
1921—1924 年	乔治·宾尼（George Binney）负责组织首次牛津探险（共三次），在两次世界大战期间，该探险队在北极成功完成了大量科研工作。继 1921 年的斯匹次卑尔根岛植物学和生物学项目之后，他率领探险队分别于 1923 年和 1924 年到达东北地，首次使用无线电通信，后来又首次使用水上飞机"雅典娜号"（Athene）。
1923 年	瑞士飞行员米特尔霍尔茨（Mittelholzer）上尉在斯匹次卑尔根岛地区进行了多次短途飞行。
1924 年	阿蒙森和里瑟-拉尔森（Riiser-Larson）最远飞行至北纬 87 度 34 分，勉强返回陆地。
1925 年	阿蒙森和林肯·埃尔斯沃思（Lincoln Ellsworth）乘坐两架道尼尔水上飞机试图从斯匹次卑尔根岛飞往北极点。两人到达北纬 87 度 43 分后，由于发动机故障被迫着陆，其中一架飞机被放弃。他们花了 25 天时间在冰上为另一架飞机铺了一条跑道，然后成功起飞并安全返回。

1926 年	理查德·伯德中校和弗洛伊德·贝内特（Floyd Bennett）从斯匹次卑尔根岛出发，据说于 5 月 9 日在 15 小时内乘飞机往返北极点。
1926 年	包括阿蒙森、林肯·埃尔斯沃思、芬恩·马尔姆格伦（Finn Malmgren）和飞行员翁贝托·诺比莱（Umberto Nobile）在内的一行 16 人乘坐一艘意大利飞艇"挪威号"（Norge）飞越北极点，并扔下美国、意大利和挪威三国国旗。他们于 5 月 11 日乘坐"挪威号"从斯匹次卑尔根岛出发，于 5 月 14 日在阿拉斯加的特勒（Teller）着陆，共飞行了 3300 英里。
1926 年	休伯特·威尔金斯（Hubert Wilkins）和卡尔·艾尔森（Carl Eielsen）乘坐一架单引擎飞机从巴罗角出发，探索了波弗特海的大片地区。
1926 年	曾在 1914—1917 年的沙克尔顿"坚忍号"南极探险中担任首席科学家的剑桥大学圣约翰学院辅导员詹姆斯·沃迪（James Wordie）进行了第五次北极探险，以绘制出东格陵兰克拉弗灵岛（Clavering Island）周围地区的地图。1929 年，他登上了北极圈内当时已知的最高峰彼得曼峰（Peterman Pea）。1934 年，本来要驾船前往巴芬湾，但由于冰况恶劣而放弃。但 1937 年，他成功开展了宇宙射线研究，发掘了爱斯基摩人的宅基地，并勘察了巴芬岛东北部的海岸线。沃迪的伟大成就之一是训练出如维维安·富克斯爵士这样的人，继续在北极地区开展他开创的工作。
1926—1931 年	威廉·霍布斯（William Hobb）教授率领的美国格陵兰探险队从 1926 年一直工作到 1931 年。
1927 年	20 岁的吉诺·沃特金斯（Gino Watkins）率领一支探险队到达斯匹次卑尔根岛的埃季岛。
1927 年	威尔金斯和艾尔森再次驾驶飞机从巴罗角出发，但由于发动机故障，飞机在巴罗角西北方数英里外的地方迫降。经过冰

	上漂流和徒步行进，两人成功登陆。
1928年	翁贝托·诺比莱将军、芬恩·马尔姆格伦博士和其他16人乘坐飞艇"意大利号"（*Italia*）飞越北极点，但不幸于返程途中在斯匹次卑尔根岛坠毁。一半人员死亡或因失踪而假定为死亡，幸存者最终获救。诺比莱被德国船长伦德堡（Lundborg）救下，后因在意大利名誉不佳而前往俄国。另一大悲剧是阿蒙森在一架救援飞机内丧生。
1930年	H. K. E. 克鲁格博士率领德国北极探险队从北格陵兰出发，穿过埃尔斯米尔岛，到达洛卡地（Lands Lokk），但一行人从此消失。
1930—1931年	吉诺·沃特金斯率领英国北极航线探险队进行探险，目的是对南格陵兰地区进行勘察和测绘，同时展开气象调查，最终目的是在加拿大和英国之间建立一条航线。他们在冰盖上建立了一座气象站，从1930年12月3日到1931年5月5日，只有奥古斯丁·考陶尔德（Augustine Courtauld）一人在此值守。好在他的汽化煤油炉燃料刚用完，就被吉诺·沃特金斯救了出去。
1930—1931年	阿尔弗雷德·韦格纳（Alfred Wegener）教授率领德国格陵兰探险队，一支在西格陵兰开展工作，一支在东部的斯科斯比海峡和冰盖上的一座科考站内开展工作。韦格纳在从冰盖科考站返回途中丧生。
1930—1932年	俄国人乌沙科夫（Ushakov）绘出了切柳斯金角（Cape Chelyuskin）东北部尚未探索过的北地地图。
1931年	休伯特·威尔金斯乘坐美国潜水艇"鹦鹉螺号"试图穿越北冰洋。
1932—1933年	第二届国际极地年，北极、南极和温带及热带地区（较少）共建立了45座永久性科考站。共14国参与。

1932—1933 年	由于无法筹集到足够的资金用于穿越南极大陆,吉诺·沃特金斯率领赖利(Riley)、赖米尔(Rymill)和查普曼(Chapman)返回东格陵兰。8 月 20 日,沃特金斯乘坐皮艇外出打猎,从此下落不明。
1933 年	亚历山大·格伦(Alexander Glen)率领一支 18 人的夏季探险队,从牛津前往斯匹次卑尔根岛,开展科研工作。
1933—1934 年	首支沃特金斯东格陵兰探险队成员马丁·林赛(Martin Lindsay)上尉、安德鲁·克罗夫特(Andrew Croft)和丹尼尔·戈弗雷(Daniel Godfrey)上尉成功勘察了位于斯科斯比湾与福雷尔山(Mount Forel)之间的未知山峰,包括北极圈内的最高峰。他们从格陵兰西海岸行进至此地,进行了有史以来最长的自持式狗拉雪橇之旅,总长达 1080 英里。
1933—1938 年	汤姆·曼宁(Tom Manning)一生大部分时间都在加拿大北极地区从事勘察和研究工作。在哈得孙湾周围地区度过两年后,他返回英国组织一支探险队前往南安普敦岛(Southampton Island)。罗利(Rowley)、贝尔德(Baird)和布雷(Bray)陪同他一起前往,但三人于 1937 年返回,将曼宁一人留在那里。在返回途中,布雷淹死。自"二战"结束后,曼宁及其妻子杰姬(Jackie)、罗利和贝尔德对加拿大北极地区的开放和开发产生过巨大影响。
1934—1935 年	由爱德华·沙克尔顿组织的一支牛津探险队,在诺埃尔·汉弗莱斯(Noel Humphreys)博士的率领下,以西北格陵兰的伊塔为基地展开探险。但六名成员对爱斯基摩人过于依赖,因后者缺乏狗粮,在埃尔斯米尔岛的探险不得不缩短。
1935—1936 年	格伦率领的一支由 10 人组成的牛津探险队(以安德鲁·克罗夫特作副手)对东北地进行了一次全面考察。他们建立了两座冰盖科考站并派人值守,对整座岛屿进行了非常详细的勘察,并确定了威尔士岛的面积。他们对电离层进行了为期十个

	月的集中研究，这对于雷达的开发具有相当大的价值。克罗夫特和沃特曼穿过斯匹次卑尔根岛到达克拉斯·比伦湾（Klaas Billen Bay）。
1937—1938 年	约翰·赖特（John Wright）和理查德·汉密尔顿（Richard Hamilton）对贝奇半岛以南的埃尔斯米尔岛东海岸进行了勘察，两人以前都曾随格伦探险。与此同时，探险队领队戴维·黑格-托马斯（David Haig-Thomas）乘坐雪橇到达阿蒙德·灵内斯岛。
1937—1938 年	伊万·帕帕宁和其他科学家在 1937 年 5 月乘坐滑雪飞机降落在北极点。他们从那里组织了一场井然有序的冰上漂流，在一块大浮冰上一路漂流至格陵兰东海岸，最终于 1938 年在北纬 78 度被一艘破冰船捞起。
1937 年	俄国飞行员契卡洛夫（Chkalov）和格罗莫夫（Gromov）从莫斯科经由北极点一路飞至北美，中间未作停留。
1940—1944 年	加拿大皇家骑警副督察亨利·拉森（Henry Larsen）指挥 80 吨的帆船"圣罗克号"于 1940—1942 年穿越西北航道，其路线和阿蒙森一致，但方向正好相反。1944 年，他驾船穿越兰开斯特海峡和梅尔维尔子爵海峡，再从那里向南穿越威尔士亲王海峡（Prince of Wales Strait）到达温哥华，在 86 天的时间内完成了一次经典航行。
1946 年	第二次世界大战结束激发了人们对开拓北极地区的巨大热情。加拿大陆军和空军带头展开"麝牛行动"，他们乘坐雪地车从哈得孙湾出发到达维多利亚岛，并从那里向南穿过科珀曼河、大熊湖，再穿过亚北极地区直达艾伯塔省的大草原，行程 3000 英里，取得了巨大成功。这次行动由曾和曼宁一起在北极探险的贝尔德指挥，克罗夫特作为英国代表参与行动。各个国家的许多探险队都在北极地区展开探索。大部分英国探险队都规模较小，专注于科研工作，并且经常得到英国皇

	家地理学会和斯科特极地研究所或多或少的支持。
1948—1957 年	保罗–埃米尔·维克托（Paul-Emile Victor）率领探险队在格陵兰冰盖开展了一系列科考活动。
1952—1954 年	英国皇家海军约翰·辛普森（John Simpson）中校率领一支联勤探险队（汉密尔顿担任首席科学家）到达格陵兰的路易斯皇后地。21位科学家和军人开展了地质、冰川和地貌研究工作，并建立了一座气象站。皇家空军的桑德兰（Sunderland）水上飞机一度曾被用来在距海岸200英里的一座无冰湖泊上建立一处临时基地。
1953—1972 年	杰弗里·哈特斯利–史密斯（Geoffrey Hattersley-Smith）博士和一支8人至20人不等的科考队每年夏季都会在埃尔斯米尔岛的坦克里峡湾开展地质和其他科研工作。
1954 年	斯堪的纳维亚航空公司在北冰洋上空开始定期商业航班。
1958 年	美国核动力潜艇"鹦鹉螺号"一路不上浮从太平洋一直航行至大西洋，于8月3日越过北极点，并在96小时内穿过北冰洋。
1959 年	另一艘美国核潜艇"鳐鱼号"（Skate）于3月17日在北极点破冰上浮。
1959—1961 年	维克托继续率领多支法国探险队到达格陵兰。
1960 年	美国核潜艇"海龙号"（Seadragon）自东向西穿越西北航道。
1963 年	斯堪的纳维亚人比约恩·施泰布（Bjorn Staib）到达北纬86度，并"登上"一座美国浮冰科考站逃生。此前已有多座此类科考站被设立。
1965 年	由休·辛普森（Hugh Simpson）博士、默特尔·辛普森（Myrtle Simpson）、罗杰·塔夫特和比尔·华莱士（Bill Wallace）组成的苏格兰探险队拖着雪橇滑雪穿越格陵兰冰盖。
1967 年	美国人拉尔夫·普莱斯特德试图驾驶雪地摩托车从北埃尔斯米尔岛出发到达北极点。他在北纬83度36分处被救出。

1968年	休·辛普森和默特尔·辛普森拖着雪橇于3月26日到达沃德·亨特岛以北的北纬84度42分处。
1968—1969年	由沃利·赫伯特、英国皇家陆军军医队的肯·赫奇斯（Ken Hedges）少校、艾伦·吉尔（Allan Gill）和罗伊·"弗里茨"·克尔纳（Roy "Fritz" Koerner）博士组成的英国跨北极探险队首次利用雪橇犬拖曳雪橇穿越极地冰盖。他们于1968年2月21日从阿拉斯加的巴罗角出发，于1969年4月5日到达北极点，并于1969年5月29日在东北地以北不远处的七岛港内一座岛屿上登陆。他们在476天内走完了3720英里。
1970年	意大利百万富翁兼运动员蒙奇诺（Monzino）伯爵于1970年5月19日到达北极点。他的五人探险队得到了13名爱斯基摩人和150只雪橇犬的支持。
1971年	福德姆（D. Fordham）和安德森（J. Andersen）率领英国－丹麦跨格陵兰探险队依靠人拉雪橇走完了最长的跨越格陵兰冰盖之旅。
1974—1976年	日本人植村直己带着雪橇犬独自一人走完了从格陵兰到阿拉斯加共7450英里的路程。
1977年	沃利·赫伯特和艾伦·吉尔试图乘坐狗拉雪橇和敞篷小船环绕格陵兰。
1977年	俄国核潜艇"北极号"（*Arktika*）于8月19日从拉普捷夫海到达北极点。
1978年	植村直己独自一人从加拿大的哥伦比亚角到达北极点。
1978年	日本人池田锦重率领一支10人探险队乘坐雪橇到达北极点。
1979年	俄国人德米特里·什帕罗率领六名滑雪者从亨丽埃塔地出发到达北极点。他是从欧亚大陆到达北极点的第一人。
1979—1982年	环球探险——首次环绕地球两极的地表之行。
1986年	威尔·斯蒂格带领雪橇犬队在没有空中支援的情况下到达北极点。

1986 年	让－路易·艾蒂安独自一人到达北极点。
1988 年	德米特里·什帕罗首次从欧亚大陆穿越北冰洋到达北美。
1989 年	德米特里·什帕罗和他的儿子徒步穿越白令海峡。
1994 年	伯厄·奥斯兰在无外部支持的情况下成功到达北极点。
2000 年	戴维·亨普曼－亚当斯首次乘坐热气球到达距离北极点只有不到1纬度处（1926年诺比莱乘坐的是飞艇）。
2001 年	伯厄·奥斯兰首次独自一人穿越北冰洋。
2003 年	鲁珀特·"佩恩"·哈多（Rupert "Pen" Hadow）首次独自一人在无外部支持的情况下从北美到达北极点。
2005 年	汤姆·埃弗里乘坐狗拉雪橇到达北极点，试图重复皮尔里在1909年的行程。
2007 年	比利时人阿兰·于贝尔（Alain Hubert）和迪克西·当塞克尔（Dixie Dansercoer）首次也是唯一一次从西伯利亚的北极角穿越北冰洋到达格陵兰。

（本要略由P. M. 布思和R. 法因斯编写）

附录 4

南极探险史要略

以下是部分已知南极探险家的名单。对于无意中疏忽的其他探险家，无论其是否健在，我们均表歉意。

650 年	据波利尼西亚拉罗汤加岛（Rarotonga）的传说，他们的酋长威－特－兰吉奥拉（Ui-te-Rangiora）乘坐战船"特尤奥特亚号"（*Te-Iui-O-Atea*）向南航行，直到海洋被"白色的粉末覆盖，白色的巨岩直冲云霄"。古希腊人将北极点上方的星座称作 arctos（熊）。后来他们又将南极点称作 anti-arctos（与熊相对的地方）。据亚里士多德推断，地球是一个球体，北方欧亚大陆必定有某个当时尚未知晓的南方大陆（Antarktikos）与之保持平衡。过去 1000 年里，各种宗教都将这种并非基于神学的地理理论视作异端邪说。
1519—1522 年	费迪南德·麦哲伦于 1520 年率领探险队环绕世界，确认地球是圆的。
1570 年	奥特里斯出版了一本名为《世界大舞台》（*Theatrum Orbis Terrarum*）的地图，将南极大陆标注为"未知的南方陆地"。
1578 年	弗朗西斯·德雷克爵士穿过麦哲伦海峡。两个世纪以来，人们都以为火地岛是一片巨大的南极大陆的一部分。

1642 年	亚伯·塔斯曼（Abel Tasman）发现塔斯马尼亚岛（Tasmania Island）。
1675 年	安东尼奥·德·拉罗什（Antonio de la Roche）率领的英国探险队可能发现过南乔治亚岛。
1699 年	海军部派遣天文学家埃德蒙·哈雷（Edmond Halley）向南寻找"未知的南方陆地"，并调查磁偏角。他深入接近南乔治亚岛的地方。
1722 年	颇为有趣的法国人伊夫·约瑟夫·德·凯尔盖朗－特雷马雷克（Yves Joseph de Kerguelen-Tremarec）乘坐"幸运号"（*Fortune*）在南纬 49 度以南发现了凯尔盖朗群岛（Kerguelen Islands）。他回国后把那里说成天堂，于是第二次被派去。后一次航行的同行者说他是撒谎，于是他便被囚禁了起来。就在同一年，荷兰人雅可布·罗赫芬（Jacob Roggeveen）成功到达南纬 65 度附近，并报告说在如此之南的地方存在许多鸟类，说明附近存在陆地。
1738—1739 年	让－弗朗索瓦－查理·布韦·德·洛齐耶（Jean-François-Charles Bouvet de Lozier）船长率领"艾格勒号"（*Aigle*）和"玛丽号"（*Marie*）进行探险，意图将"南方陆地"并入法国。他于 1739 年 1 月 1 日发现了布韦岛（Bouvet Island）（南纬 54 度）。
1762 年	"极光号"报告发现了奥罗拉群岛（Aurora Islands）（南纬 53 度西经 38 度），现在被称为沙格岩（Shag Rocks）。
1768—1771 年	英国皇家海军的詹姆斯·库克上尉乘坐"奋进号"环游世界。他的任务之一就是赶在法国人之前发现"南方陆地"。他未能发现，但证实如果存在"南方陆地"，肯定位于南纬 40 度以南。
1771—1772 年	伊夫·约瑟夫·德·凯尔盖朗－特雷马雷克乘坐"幸运号"于 1772 年 2 月 12 日发现了凯尔盖朗群岛（南纬 49 度东经 70 度），但他以为该岛是南极大陆的一部分。

1771—1772 年	马里昂-迪弗雷纳（Marion-Dufresne）乘坐"马斯卡林号"（*Mascarin*）发现了爱德华王子岛（1772 年 1 月 13 日）和克罗泽群岛（Crozet Islands）（1772 年 1 月 23 日）。
1772—1775 年	詹姆斯·库克中校和托拜厄斯·菲尔诺（Tobias Furneaux）船长分别率领"决心号"和"冒险号"（*Adventure*）试图找到"布韦地"（Bouvet Land），但未能成功，因为此前报告的位置不准确。库克继续向南航行，成为首个跨入南极圈的欧洲人。1774 年，他到达南纬 71 度 10 分，此后便为浮冰所阻。截至 1775 年，他已经环绕了位于南方高纬地区的极地大陆，且四次跨入南极圈。有几次他距离陆地只有一天的航程，但却从未发现。他替国王乔治三世占据了南乔治亚岛（1775 年 1 月 17 日），并且发现了南桑威奇群岛（South Sandwich Islands）（1775 年 1 月 30 日）。直到南方之行结束，他仍未确定是否存在南方大陆。
1776—1780 年	詹姆斯·库克和查尔斯·克拉克分别率领"决心号"和"发现号"造访并命名了爱德华王子群岛（Prince Edward Islands），而且还造访了凯尔盖朗群岛。
1778 年	英国猎海豹船还是利用南乔治亚岛作为行动基地，三年后美国人尾随而至。从此时开始，猎海豹船和捕鲸船定期进入南方海洋开展作业，他们造访了凯尔盖朗群岛和克罗泽群岛，并于 1808 年重新发现了布韦岛。随着捕猎活动增加，1820 年（主要是英国人和美国人）组织了超过 35 次猎海豹和捕鲸行动。优质毛皮的海豹很快便被猎杀殆尽。
1810 年	一次由澳大利亚人组织的猎海豹行动乘坐"矢志号"（*Perseverance*）于 7 月 11 日发现了麦夸里岛（Macquarie Island）。
1819—1820 年	英国人威廉·史密斯乘坐的"威廉姆斯号"（*Williams*）被吹离航线后，于 2 月 18 日发现了南设得兰群岛。当年晚些时

	候返回途中，他于10月16日登上并占据了该群岛。根据英国皇家海军谢里夫（Shirreff）上校的指示，爱德华·布兰斯菲尔德率领"威廉姆斯号"再度返回以调查这一发现。1820年1月30日，布兰斯菲尔德在格雷厄姆地（Graham Land）西北海岸登陆。他很可能是首个登上南极大陆的人。
1819—1821年	沙皇亚历山大一世派遣撒迪厄斯·冯·别林斯高晋船长和M. P.拉扎列夫（M. P. Lazarev）分别率领"东方号"（Vostok）和"和平号"（Mirny）寻找大陆。别林斯高晋环游世界至南纬60度处，且六次跨进南极圈。其中有两次他很可能看见了陆地，但并未意识到；第一次发生在1820年1月28日（比布兰斯菲尔德在格雷厄姆地登陆还早两天），当时他可能看见了马塔公主海岸（Princess Martha Coast）。因此，别林斯高晋可能就是南极大陆的发现者。他还于1821年1月发现了彼得一世岛（Peter I Island）和亚历山大一世岛（Alexander I Island）。
1820年	美国海豹猎人纳撒尼尔·帕尔默乘坐"英雄号"于1820年11月16日看见了帕尔默海岸上格雷厄姆地的峰顶。英国人罗伯特·菲尔德斯率领"科拉号"（Cora）也开展了雄心勃勃的猎海豹之行。
1820—1821年	猎海豹船"梅尔维尔勋爵号"上的11人在南设得兰群岛中的乔治王岛上登陆，并在此越冬。
1821年	美国海豹猎人约翰·戴维斯在南极半岛登陆。
1821—1822年	英国海豹猎人乔治·鲍威尔和美国海豹猎人纳撒尼尔·帕尔默分别乘坐"鸽子号"（Dove）和"詹姆斯·门罗号"（James Monroe）于1821年12月6日发现并测绘了南奥克尼群岛（South Orkney Islands）。
1822—1823年	美国海豹猎人本杰明·莫雷尔（Benjamin Morrell）乘坐"黄蜂号"（Wasp）可能到过威德尔海的南纬70度14分处。

	他还在布韦岛完成了首次有记录的登陆。
1822—1824 年	英国人詹姆斯·威德尔乘坐"简号"到达南纬 74 度 15 分西经 34 度 16 分（威德尔海内）。
1828—1831 年	亨利·福斯特（Henry Foster）乘坐"雄鸡号"（*Chanticleer*）测绘了迪塞普申岛，并对引力和地磁进行了观测。他还测绘了帕尔默海岸（Palmer Coast）的一部分。
1829—1831 年	本杰明·彭德尔顿率领首支美国政府资助的探险队乘坐"撒拉弗号"（*Seraph*，意为《圣经》中的六翼天使）于 1830 年造访了南设得兰群岛。"撒拉弗号"曾到达南纬 60 度西经 101 度。
1830—1832	英国人约翰·比斯科（John Biscoe）和汤姆·埃弗里分别乘坐"图拉号"（*Tula*）和"轻快号"（*Lively*）进行环绕南极大陆航行，两人到达南纬 69 度东经 10 度 43 分处，并发现了恩德比地（Enderby Land）（1831 年 2 月 28 日）、阿德莱德岛（Adelaide Island）（1832 年 2 月 15 日）和比斯科群岛（Biscoe Islands）北部。1832 年 2 月 21 日，比斯科又发现了一处陆地(布兰斯菲尔德和帕尔默所发现陆地的延伸)，他将其称为格雷厄姆地。
1833—1834 年	彼得·肯普（Peter Kemp）船长率领一支英国探险队乘坐"磁石号"（*Magnet*）于 1833 年 11 月 27 日发现了赫德岛(Heard Island)，又在同年 12 月 26 日发现了肯普地(Kemp Land)。
1837—1840 年	法国人迪蒙·迪维尔和 C. H. 雅基诺（C. H. Jacquinot）分别乘坐"星盘号"（*Astrolabe*）和"泽莱号"（*Zelée*）于 1840 年 1 月 22 日发现了阿德利地（Adélie Land），并宣称它属于法国。1840 年 1 月 31 日，他们又发现了克拉里海岸（现在的威尔克斯海岸），但比查尔斯·威尔克斯晚了数小时。

1838—1839 年　英国人约翰·巴勒尼（John Balleny）和 H. 弗里曼（H. Freeman）分别乘坐"伊丽莎·斯科特号"（*Eliza Scott*）和"萨布里纳号"（*Sabrina*）于 1839 年 2 月 9 日发现了巴勒尼群岛（Balleny Islands），并且看见了萨布里纳海岸（Sabrina Coast）以东的陆地。首位有记录的跨越南极圈的女性在搭乘"萨布里纳号"时失踪，该船的船主系英国油商恩德比（Enderby）兄弟，多年来许多英国探险队均曾租用该船。该失踪女性的姓名与国籍均无人知晓。

1838—1842 年　查尔斯·威尔克斯上尉率领美国探险队开展探险，但他们乘坐的五艘船只均不适宜探险且装备很差。他们测绘了威尔克斯地海岸（最初于 1839 年 12 月被发现），但后来发现威尔克斯的部分测绘结果存在错误。不过他的贡献是巨大的，他第一个意识到该地属于大陆的一部分。威廉·沃克（William Walker）乘坐 96 吨的"飞鱼号"（*Flying Fish*）航行至南纬 70 度西经 105 度，但为海冰所阻。卡德瓦拉德·林戈尔德（Cadwaladar Ringgold）乘坐"海豚号"（*Porpoise*）到达南纬 68 度西经 95 度 44 分。

1839—1843 年　詹姆斯·罗斯和弗朗西斯·克罗泽分别率领"幽冥号"和"惊恐号"环绕南极大陆航行，并进入罗斯海。他们发现并测绘了维多利亚地（Victoria Land）海岸，并登上了富兰克林岛（Franklin Island）和波塞申岛（Possession Island），接着又发现了罗斯岛和罗斯冰障（或罗斯冰架）。埃里伯斯山（一座活火山）即由本次探险而命名。他们到达最南点南纬 78 度 10 分西经 161 度 27 分。

1844—1845 年　T. E. L. 摩尔（T. E. L. Moore）乘坐"帕戈达号"（*Pagoda*）在进行一项重要的地磁测量途中到达南纬 67 度 50 分东经 39 度 41 分。

1872—1876 年	乔治·内尔斯带领英国海军军官怀维尔（Wyville）和汤普森（Thompson）首次乘坐蒸汽轮船"挑战者号"（*Challenger*）到达南纬 66 度 40 分东经 78 度 22 分。他们对南部各岛进行了重要的海洋海冰研究和科学观测。
1873—1874 年	德国海豹猎人达尔曼（Dallman）乘坐"格伦兰号"（*Grönland*）首次测绘了俾斯麦海峡（Bismarck Strait）。
1874 年	美国、英国和德国探险队于 1874 年 12 月在凯尔盖朗群岛上观测了金星凌日现象。
1882 年	第一届国际地球物理年。19 世纪初，亚历山大·冯·洪堡（Alexander von Humboldt）劝说英国和俄国建立一套全球地磁监测站网络。以 1882 年的国际地球物理年为起点，科学家高斯、莫里和魏普雷希特引领了进一步的国际合作。下一届国际地球物理年是 1932—1933 年，再下一次是 1957 年。
1892—1893 年	一支英国捕鲸侦察探险队的队员们在茹安维尔群岛（Joinville Islands）和特里尼蒂半岛（Trinity Peninsula）进行科研工作。
1892—1893 年	利厄塔尔（Lieutard）中校率领一支法国探险队乘坐"厄尔号"（*Eure*）重申法国对凯尔盖朗群岛的主权，并进行了水文调查。
1892—1893 年	挪威捕鲸人卡尔·安东·拉森乘坐"贾森号"（*Jason*）发现了福因海岸（Foyne Coast），并到达威德尔海的南纬 64 度 40 分西经 56 度 30 分。他还在西摩岛（Seymour Island）上采集了化石。苏格兰人威廉·布鲁斯（William Bruce）和威廉·伯恩·默多克（William Burn Murdoch）分别乘坐"巴莱纳号"（*Balaena*）和"活跃号"（*Active*）发现了阿克蒂乌湾。
1893—1894 年	卡尔·安东·拉森发现了奥斯卡二世地（Oscar II Land）和罗伯逊岛（Robertson Island）。他到达了威德尔海南纬 68 度 10 分处。

1894—1895 年	挪威人亨里克·约翰·布尔（Henrik Johan Bull）和伦纳德·克里斯滕森（Leonard Kristensen）乘坐"南极号"（*Antarctic*）到达库朗岛（Coulan Island）（南纬 74 度）。卡斯滕·博先格雷温克（Carsten Borchgrevink，一位随船考察的小学校长）在波塞申岛和阿代尔角（Cape Adare）发现了地衣。后者还首次登上了维多利亚地（1895 年 1 月 14 日）。
1897—1899 年	在阿蒙森、弗雷德里克·库克博士和其他人陪同下，比利时人阿德里安·德·热尔拉什在格雷厄姆地和帕尔默群岛（Palmer Archipelago）之间发现了热尔拉什海峡（Gerlache Strait）。"比利时号"（*Belgica*）被海冰所困，并随冰漂流了 12 个月，成为第一艘在南极越冬的探险船（弗雷德里克·库克博士就是后来声称第一个到达北极点的人）。
1898—1900 年	挪威人博先格雷温克（Borchgrevink）率领一支英国探险队探索了维多利亚地海岸。他和另外十人在阿代尔角越冬，成为在南极越冬的世界第一人。他们乘坐的"南十字星号"（*Southern Cross*）到达了南纬 78 度 21 分，但被罗斯冰架所阻（该冰架多年来已向南收缩）。博先格雷温克和科尔贝克（W. Colbeck）从冰面上走到了南纬 78 度 50 分，并开展了动物学、地质学、气象学和地磁研究工作。雪橇犬首次用于南极大陆。
1901—1903 年	埃里希·冯·德里加尔斯基（Erich von Drygalski）教授率领一支德国探险队乘坐"高斯号"（*Gauss*）发现了威廉二世地（Wilhelm II Land），又乘坐雪橇进行探索，画出了地图。当船上的锅炉燃料耗尽后，德里加尔斯基一度用企鹅油来代替。1902 年，德里加尔斯基和"高斯号"上的船员被困在浮冰之中，尽管受困长达一年之久，他们仍实施了一项颇有价值的科研项目。

1901—1904 年	罗伯特·福尔肯·斯科特司令（皇家海军）率领英国国家南极探险队乘坐"发现号"驶抵麦克默多湾。探险队成员包括欧内斯特·沙克尔顿、阿尔伯特·阿米蒂奇和爱德华·威尔逊博士。在麦克默多湾越冬后，他们发现了爱德华七世地（Edward VII Land）。斯科特、沙克尔顿和威尔逊试图到达南极点，但于 1902 年 12 月 30 日到达南纬 82 度 17 分后被迫返回。他们又饿又累，还患上了坏血病，好不容易才安全返回。科尔贝克在接应船"破晓号"（*Morning*）上发现了斯科特岛。气球首次用于南极。
1901—1904 年	奥托·努登舍尔德和卡尔·安东·拉森率领瑞典南极探险队在斯诺希尔岛（Snow Hill Island）越冬（格雷厄姆地东侧）。他们沿拉森冰架完成了南极首次大规模的雪橇之旅，到达南纬 66 度处。"南极号"在试图接应他们时被海冰挤破并沉没。所有队员均被阿根廷的"乌拉圭号"（*Uruguay*）救起。
1902—1904 年	布鲁斯（W.S. Bruce）博士率领一支苏格兰国家探险队乘坐"苏格兰号"（*Scotia*）发现了凯尔德海岸（Caird Coast），并对威德尔海进行了首次海洋调查。
1903—1905 年	让-巴蒂斯特·沙尔科（Jean-Baptiste Charcot）博士乘坐"法兰西号"（*Français*）在格雷厄姆地以西的布斯岛（Booth Island）越冬。他发现并测绘了卢贝海岸（Loubet Coast），且绘制了帕尔默群岛部分地区的地图。
1903—1907 年	挪威船长卡尔·安东·拉森乘坐"命运号"（*Fortuna*）在南乔治亚岛上建立了第一座捕鲸站。
1907—1909 年	欧内斯特·沙克尔顿率领英国南极探险队乘坐"宁录号"（*Nimrod*，圣经中的猎人）在罗斯岛上的罗伊兹角（Cape Royds）越冬。沙克尔顿、阿米蒂奇、埃里克·马歇尔（Eric Marshall）博士和弗兰克·怀尔德（Frank Wild）向南穿过罗斯冰架，接着又越过了横贯南极山脉（途中失去了所有小矮马）。

	在低温和风暴的阻拦下，他们到达了南纬88度23分东经163度处，距离南极点只有97英里。戴维教授和道格拉斯·莫森到达了南磁极，并于1909年占据了维多利亚地。1909年1月9日，沙克尔顿宣称南极高原归属英国国王爱德华七世。
1908—1910年	让–巴蒂斯特·沙尔科乘坐"何不号"（Pourquoi Pas）在彼得曼岛（比斯科群岛）越冬，绘制了格雷厄姆地海岸新区地图，并开展了科研工作。
1909年	戴维教授和道格拉斯·莫森首先到达南磁极。
1910—1912年	威廉·菲尔希纳（Wilhelm Filchner）率领一支德国探险队乘坐"德意志号"（Deutschland）发现了路特波德海岸（Luitpold Coast）和菲尔希纳冰架，但"德意志号"被浮冰围困了九个月。他们的科研测量结果显示，大西洋存在四个交替海洋层，分别向南北两方输送暖水和冷水，其中威德尔海发挥着中心作用。在穿越南乔治亚岛周围的南极海洋时，"德意志号"上的海洋学家威廉·布伦内克（Wilhelm Brennecke）注意到，向北流动的表层水体盐度出现骤然下降。虽然他没有意识到，但其实他已经发现了南极辐合带。在南纬50度附近，这是南极地区的起点，也是独特的南部极寒水域最可靠的边界。大西洋环流系统的所有关键要素均已被发现。
1910—1912年	在惠尔湾（Bay of Whales）设立基地后，罗阿尔·阿蒙森和另外五个人乘坐狗拉雪橇于1911年12月14日到达南极点。他们在此地度过三天后安全返回。
1910—1912年	英国皇家海军的R. F. 斯科特船长乘坐"新地号"在麦克默多湾越冬。在建立了多处补给点后，斯科特和另外11人爬上了比尔德摩尔冰川。在距离南极点300英里处，支援组中四人被遣回。大约两周后，支援组中剩下的三人也被遣回，剩下斯科特、L. E. G. 奥茨船长、爱德华·威尔逊博士、埃德加·埃文斯和"伯迪"·鲍尔斯上尉继续拖着雪橇向南进发。他们于

	1912 年 1 月 17 日到达南极点，比阿蒙森晚了一个多月。极度失望之下，斯科特和其他人开始往回走，但因饥饿和坏血病而日渐衰弱。首先是埃文斯死于疲劳，接着奥茨走出帐篷不知所踪。斯科特、威尔逊和鲍尔斯被暴雪困在帐篷里，距离下一个补给点只有 11 英里，三人全部死于饥饿、寒冷和疲劳。他们的遗体和日记于当年 10 月在罗斯冰架上被一支搜索队发现。
1911—1912 年	日本人白濑矗中尉在惠尔湾登陆，乘坐雪橇到达南纬 80 度 05 分西经 156 度 27 分处的爱德华七世地。
1911—1914 年	道格拉斯·莫森率领的澳大利亚南极探险队发现了乔治五世地、玛丽女王地（Queen Mary Land）和沙克尔顿冰架（Shackleton Ice Shelf），还探索了阿德利地和南磁极地区。
1914—1917 年	欧内斯特·沙克尔顿率领英国帝国横贯南极探险队展开探险，但其乘坐的"坚忍号"在威德尔海被困，并在漂流 700 英里后沉没。凭借不懈努力，沙克尔顿率领探险队乘坐轮船上的小艇到达象海豹岛。将 22 名队员留在岛上，沙克尔顿和另外五人乘坐一艘 22 英尺 6 英寸长的小船"詹姆斯·凯尔德号"（James Caird）去寻求帮助。凭借沙克尔顿的卓越领导和沃斯利（F. A. Worsley）技艺高超的领航，他们安全到达南乔治亚岛西海岸。沙克尔顿、沃斯利和克林（T. Crean）徒步穿过该岛，到达位于葛利特维根（Grytviken）的捕鲸站。大队人马最终被智利的"耶尔乔号"（Yelcho）救出。
1914—1917 年	埃涅阿斯·麦金托什船长率领"极光号"驶入罗斯海，试图与"坚忍号"上的沙克尔顿取得联系。但一场风暴将"极光号"吹离锚地，将十名队员留在了冰面上。"极光号"被海冰围困了九个月，在漂流期间发现了奥茨地（Oates Land）。被困在罗斯岛上的十人之中，只有七个人于 1917 年 1 月被约翰·戴维斯驾驶"极光号"救了出来。

1921—1922 年	在率领"寻求号"（*Quest*）前往恩德比地途中，沙克尔顿于 1922 年 1 月 5 日在南乔治亚岛去世。弗兰克·怀尔德率领探险队继续探险，但未能发现任何新陆地。
1925—1939 年	英国人尼尔·麦金托什（Neil Mackintosh）参加了发现调查探险队，在南极海域开展了一系列海洋调查。
1927 年	一支挪威探险队成功登陆布韦岛，该岛是世界上最与世隔绝的小岛，与任何地方都相距千英里。
1928—1929 年	澳大利亚飞行家休伯特·威尔金斯（带领美国飞行员卡尔·艾尔森）开创了南极的空中勘测活动，首次将飞机和空中摄影应用于南极探险。他两次试图从威德尔海起飞，越过整个南极大陆，到达罗斯海，但均未成功。利用从空中拍摄的照片，他得出了一个错误结论，即格雷厄姆地是一个群岛。
1928—1930 年	美国海军少将理查德·伯德（纽约市）率领一支装备精良的探险队并驾驶一架双翼飞机前往南极探险，1929 年 11 月 29 日，他驾机从罗斯冰架上的"小美洲一号"基地出发首次飞越南极点。他还驾机探索了爱德华七世地和伯德地。
1928—1937 年	五支挪威（克里斯滕森）南极探险队探索了多个地区，特别是恩德比地和毛德皇后地。
1929—1930 年	休伯特·威尔金斯爵士继续对格雷厄姆地进行空中勘测，不幸再次确认了早先的错误结论。与此同时，挪威人拉尔斯·克里斯滕森（Lars Christensen）乘坐"诺维吉亚号"（*Norvegia*）在空中勘测的帮助下在毛德皇后地（Queen Maud Land）有了大量新发现。
1929—1931 年	道格拉斯·莫森爵士率领英国－澳大利亚－新西兰联合探险队探索了恩德比地和威廉二世地之间的区域，在地图上新增了伊丽莎白公主地（Princess Elizabeth Land）和麦克罗伯逊地（MacRobertson Land）。

1933—1934 年	美国人林肯·埃尔斯沃思试图驾机飞越南极。飞机坠毁在惠尔湾内的海冰上。
1933—1935 年	海军少将伯德重返罗斯冰架。他建立了南极当时最大的基地,并成为首位独自在南极越冬的人。他进行了广泛的空中勘察,并在冰面上成功使用了履带车辆。他拍摄的航空照片显示格雷厄姆地是一个半岛。
1934—1935 年	林肯·埃尔斯沃思受恶劣天气所阻,未能从格雷厄姆地飞至罗斯海。
1934—1937 年	约翰·赖米尔(John Rymill)和英国格雷厄姆地探险队乘坐"潘挪拉号"(*Penola*)连续几年在阿根廷群岛和德贝纳姆群岛越冬。他们乘坐雪橇到达乔治六世海峡(George VI Sound)内的南纬 72 度处,证实威尔金斯在 1928—1929 年报告的海峡并不存在。
1935—1937 年	挪威的米谢尔森夫人乘坐"托尔斯港号"(*Thorshavn*)成为首位踏上南极大陆的女性。
1935—1939 年	由霍利克-肯扬(H. Hollick-Kenyon)领航,林肯·埃尔斯沃思成功飞越南极大陆,于 1935 年 11 月从邓迪岛(Dundee Island)飞至惠尔湾。他命名了埃尔斯沃思地,并在途中四次着陆。1938—1939 年,他继续进行空中勘察。
1938—1939 年	德国探险家兼飞行家阿尔弗雷德·里彻率领一支德国探险队,拍摄了毛德皇后地大约 35 万平方公里的区域,并宣称部分区域归属德国。他在"施瓦本号"(*Schwabenland*)上携带了两架 10 吨级的瓦尔(Wal)水上飞机。最初,他们的所有活动均悄然进行。但在 1939 年 3 月,他宣布自己发现并测绘了 13.5 万平方英里的南极陆地,并在一系列标志点上空撒了许多纳粹十字标,划出的这片领地可能会在战后归属德国。实际上,这些声索从未获得推动。

1939—1941 年	美国海军少将伯德在罗斯冰架上设立了两个基地，并开展了大量有益的探索和科研工作。伯德所期望的永久性占据未能成为现实，因为国会在 1941 年停止了资金支持。
1943—1945 年	约翰·马尔（John Marr）和安德鲁·泰勒（Andrew Taylor）率领多支英国政府探险队（塔巴林行动）分别乘坐"菲茨罗伊号"（*Fitzroy*）、"威廉·斯科斯比号"（*William Scoresby*）、"雄鹰号"（*Eagle*）在南极建立科研基地。
1945 年	爱德华·宾厄姆（Edward Bingham）和肯尼思·皮尔斯－巴特勒（Kenneth Pierce-Butler）建立福克兰群岛（马尔维纳斯群岛）附属领地调查局（英国南极调查局的前身），在英国声索的南极地区开展科研工作。此类工作在许多不同基地内开展，且一直持续到今天。
1946—1947 年	海军少将伯德率领一支约 4800 人组成的美国探险队到达伯德地。此次"跳高行动"的目的是在极地条件下测试各种设备：破冰船、直升机、飞机、雷达和履带车辆（鼬鼠牌）均被运至此地并试用。本次探险虽然历时较短，但拍摄了许多航空照片。不过几乎未设任何地面控制点。
1947—1948 年	美国派遣两艘破冰船"伯顿岛号"（*Burton Island*）和"博蒙特港号"（*Port of Beaumont*）携带直升机赴南极设立地面控制点，以便将"跳高行动"中拍摄的照片用于绘制地图。
1947—1948 年	芬恩·龙尼司令（美国海军）率领一支私人资助的探险队展开探险。探险队由 22 位男性（包括他自己）和 2 位女性（其中一位是他妻子）组成，基地设在格雷厄姆地西海岸外的斯托宁顿岛（Stonington Island）。龙尼从空中探索了南极大陆的大片地区，并首次为大约 45 万平方英里的区域拍下了照片（但几乎未设任何地面控制点）。龙尼探险队与同在斯托宁顿岛越冬的一支英国探险队互相提供了帮助。

1947年后	"二战"结束后,各个国家(包括阿根廷、智利、英国、法国、澳大利亚、美国、苏联、南非、新西兰、日本、比利时和挪威)分别在南极建立永久基地。所有声索国均同意在1957—1958年国际地球物理年期间允许自由通行。随着1961年《南极条约》的签署,所有领土声索均被搁置。根据该条约,只能在南极从事科研性质的工作,而且所有军事活动仅限于支持科研人员。
1949—1952年	挪威船长约翰·贾埃弗率领一支挪威－英国－瑞典探险队在毛德皇后地开展科研工作,对内陆冰盖进行了首次意义深远的横切。
1955—1958年	作为国际地球物理年行动的一部分,苏联综合南极探险队分别在诺克斯海岸(和平站)、南磁极(东方站)和最偏远极(苏维埃站,南纬82度06分东经54度58分)建立了基地。其中两个内陆基地利用摩托雪橇是建立的。
1955—1958年	作为国际地球物理年行动的一部分,新西兰、澳大利亚、南非和英国共同出资成立了英联邦穿越南极探险队,并由维维安·富克斯博士担任领队(乘坐"塞隆号"和"马加·丹号")。富克斯博士和艾德蒙·希拉里爵士分别率领两支队伍从相反方向朝南极进发,并在南极点处会合。富克斯博士首次成功穿越南极大陆(利用了沙克尔顿的两支探险队补给方案)。艾德蒙·希拉里爵士率领新西兰补给队从斯科特基地向罗斯冰架一路设立补给点,并于1958年1月3日到达南极点。富克斯博士率领探险队从威德尔海的沙克尔顿基地出发,途经南冰基地,于1958年1月20日到达南极点。两天后,富克斯探险队和希拉里补给队离开南极点,并于1958年3月2日返回斯科特基地。富克斯探险队99天走完了2180英里,沿途进行了地震冰深度和重力测量,并完成了大量地质和冰川学研究工作。

	1957 年国际地球物理年结束后,许多国家政府组织科学家开展了无数次局部探险,有些探险雄心勃勃,有些只是每年开展一次。其中许多都是两国或多国合作的范例。此外,还有几支私人探险队也筹集到了足够的资金来南极参观并在此开展活动。
1956—1957 年	在"深冻行动 I"期间,美国在罗斯岛(麦克默多站)和凯南湾(Kainan Bay)建立了多处基地,并且在罗斯冰架上建设了飞机跑道。1956 年 10 月 31 日,"深冻行动 II"指挥官乔治·杜费克(George Dufek)上将乘坐飞机在南极点降落,1957 年 2 月,斯科特 – 阿蒙森基地建成。其他海岸站也纷纷建立,其中伯德站是利用小美洲基地的拖拉机建成的。在保罗·赛普尔(Paul Siple)的带领下,探险队首次在南极点越冬。
1957—1958 年	国际地球物理年。12 个国家在南极大陆及其周围岛屿上建立了 55 座科研考站。许多种科研工作得以开展,并一直持续到今天。各参与国之间的国际合作精神在这一年里尤其引人注目。苏联建立东方基地。
1959 年	12 国首倡《南极条约》。
1961 年	12 国签署《南极条约》,并预定于 1991 年重新修订。
1979—1981 年	法因斯、伯顿和谢泼德在环球探险行动中穿越南极。他们首次仅靠一支队伍穿越南极(而不是两支队伍碰头的形式)。"将穿越南北两极探险与环球之旅连接起来的这项惊人成就是 18 世纪法国一位地理学家查理·德·布罗斯(Charles de Brosses)提出来的想法,权威们一直在嘲笑它,但要等到弗吉尼亚·法因斯(Virginia Fiennes)夫人和她的丈夫才将这个想法重新复活,并决心证明它是可以做到的。"(选自 G. E. 福格教授和戴维·史密斯所著的《探索南极:最后一块未受污染的大陆》)
1985—1986 年	罗伯特·斯旺(Robert Swan)、罗杰·米尔(Roger Mear)和加雷斯·伍德(Gareth Wood)在没有空中补给的情况下,

	依靠人拉雪橇走完 828.3 英里，从罗斯岛到达南极点。他们乘坐的船只"南寻号"（*Southern Quest*）在罗斯岛外沉没。
1986—1987 年	挪威人莫妮卡·克里斯滕森（乘坐"极光号"）依靠空中补给和雪橇犬队，试图沿着阿蒙森路线到达南极点，然后返回惠尔湾。但严重的雪情迫使探险队在距离南极点 273.4 英里处返回。
1989 年	梅茨和默登成为首批驾驶雪地摩托从陆路到达南极点的女性。
1989—1990 年	四位挪威滑雪者组织了一次鲜为人知的旅行，依靠雪橇犬队和空中支援穿越了南极。其中两位后来被飞机从南极点处接走。
1989—1990 年	威尔·斯蒂格（美国）和让－路易·艾蒂安（法国）率领一支由六人组成的国际探险队利用雪橇犬队、空中补给和（苏联）拖拉机补给，走完了最长一条线路（4007.8 英里），经南极点穿越南极。
1989—1990 年	南蒂罗尔人雷纳德·梅斯纳尔和德国人阿尔费德·富克斯依靠人拉雪橇和空中补给穿越了南极大陆。
1992—1993 年	挪威人埃尔林·卡格独自一人拉雪橇在无外部支援的情况下到达南极点。
1992—1993 年	美国人安·班克罗夫特（Ann Bancroft）率领美国女子探险队依靠人拉雪橇和空中补给到达南极点。
1992—1993 年	法因斯和斯特劳德组成的彭特兰南极探险队首次在无外部支援的情况下穿越南极大陆。
1994 年	挪威人利夫·阿尔内森（Liv Arnesen）成为首位独自一人滑雪到达南极点的女性。
1996 年	挪威人伯厄·奥斯兰首次在无外部支援的情况下独自一人穿越南极（极善利用风力）。
1997—1998 年	比利时人阿兰·于贝尔和迪克西·当塞克尔在穿越克朗湾至麦克默多途中创下了一天之内最远的行程纪录（271 公里）。

迄今为止，南极洲大陆仍然是未被争夺过的唯一一片土地。这种可喜的状态主要得益于其偏远的位置，但技术的发展让"偏远"这个词日益变得无足轻重，因此所有相关国家更需要达成正式协议，规定何种行为在"南边"可接受，何种行为不可接受。1961年签订的《南极条约》仍被所有签约国认可且被视作"无限期"条约。

（本要略由P. M. 布思和R. 法因斯编写）

附录 5

冰雪术语选注

温度转换（temperature conversion）：摄氏度数值乘以2再加上32，就粗略转换成了华氏度数值；更精确的转换公式为：$°F=(°C×9/5)+32$。同样，华氏度数值减去32再除以2就粗略转换成了摄氏度数值，更精确的转换公式为：$°C=(°F-32)×5/9$。

消融（ablition）：雪、冰或者水从冰川、浮冰或积雪中流失的过程。包括融化、蒸发、崩解、风蚀、雪崩等。也用来表示该过程中流失的数量。

冰后隙（bergschrund）：下移冰川与石壁和与之相连的冰裙之间的裂隙。若无冰裙则称作randkluft。

崩解（calving）：大量冰体从浮动冰川、冰锋或冰山上脱离。

冰斗冰川（cirque glacier）：占据山腰圆形凹陷部位形成的冰川。

密集流冰群（close pack ice）：由小浮冰构成，大多彼此接触。冰占七成到九成。

固定冰（fast ice）：沿海岸分布的固定海冰，与海岸、冰墙、冰锋相连，或覆盖浅滩，或分布在触地的冰山之间。固定冰可向海岸方向延伸数米或数百公里。固定冰年龄可能超过一年。当其表面超过海平面约两米时，就被称作冰架。

挪威鹿皮靴（finnesko）：全部采用软皮制成的靴子，用协纳草

（sennegrass，一种善于吸收水分的北极植物）作内衬。

头年冰（first-year ice）：由新冰形成的不超过一年的浮冰。厚度从30厘米到2米不等。未受压力影响时一般呈水平状；如果有冰脊，则较为粗糙且带尖角。

屑冰（frazil ice）：悬浮在水中的细针状冰或片状冰。

霜雾（frost smoke）：冷空气与相对较暖的水面接触产生的雾气，通常出现在新水道上方或冰边缘下风处，新冰形成过程中可能会持续出现。

油脂状冰（grease ice）：屑冰进一步冻结后的状态，此时细针状冰或片状冰均已凝结，在水面上形成一层厚糊状冰。油脂状冰几乎不反射光线，导致海面呈亚光状态。

碎冰山（growler）：几乎与水面齐平的一大块冰体，船只领航员通常看不到，等看到就为时太晚了。

冰雹（hail）：从天而降的小冰球或冰块，直径从5毫米至50毫米不等，有时可能会更大，要么单独降下，要么聚拢成不规则块状降下。当直径小于5毫米时被称为冰珠（ice pellet）。

胡什汤（hoosh）：通常用干肉饼和融雪做成的浓汤，雪橇之旅中的主食。

冰丘（hummock）：破碎的浮冰在压力作用下形成的冰堆或小丘，可能短期也可能长期存在。冰顶盖下侧也可能存在一个与之相对应的凸起，叫作下冰丘。

冰反照（ice blink）：云朵下侧的刺眼白光，说明视野范围之外可能存在浮冰或冰盖。

冰瀑（icefall）：从高处落下或流下的陡峭冰体，类似于瀑布，但处于冻结状态。

冰雾（ice fog）：无数细小冰晶悬浮在空中，降低了地面上的能见度。冰晶常在阳光下闪烁。冰雾会产生光学现象，如光柱和小光晕等。

冰壁（icefoot）：海岸线上的冰边缘，常见于南极。

冰壳（ice rind）：平静海水直接冻成浮冰，或油脂状冰冻成浮冰后，在浮冰外部形成的一层易碎、有光泽的外壳。通常出现在低盐度水域，厚度小于5厘米。易被风吹或因膨胀而碎裂成长方形碎片。

冰隆（ice rise）：落在岩石上且被冰架包围，或者部分被冰架、部分被海水包围的冰体。岩石不会暴露，也不会露出海平面。冰隆通常带圆顶，已知最大冰隆的直径约100公里。

冰架（ice shelf）：冰川到达海岸线后，可能会继续泻流入海数英里，形成浮动或接地冰墩，被称为冰架或浮动冰舌。当冰川入海速度超过海水掏挖或切断冰锋的速度时，就会出现冰架。

下坡风（katabatic）：气流向坡下流动形成的风。

海里（sea mile）：海上长度单位，等于一个地理纬度的1%，约为6076英尺，或约为1852米。

英里（mile）：陆上长度单位，等于5280英尺，或约为1609米。

多年冰（multi-year ice）：经历两个或更多个夏季的海冰。

粒雪（névé）：被压缩成冰川冰的粒状雪。

暗冰（pemmican）：浮冰上薄薄的一层弹性外壳，遇波浪易弯曲，易膨胀，在压力下易堆叠。表面亚光，厚度最大10厘米。5厘米以下颜色较暗，5厘米以上颜色变浅。

干肉饼（polynya）：提前煮熟的干肉和猪油混合物，极地雪橇旅行途中用作主食（见胡什汤）。

冰前沼（polynya）：冰封海面上的开放水域，通常遇强暖风而形成。

粉末雪（powder snow）：由松散、新鲜的冰晶构成的又薄又干的雪面。

压力冰（pressure ice）：被挤压在一起且某些部位向上凸起的浮冰的统称，还可以被称作叠冰、冰丘或冰脊。

船型雪橇（pulk）：一种靠人力拖曳的轻质玻璃纤维雪橇。

叠冰（rafted ice）：小浮冰堆叠而成的一种压力冰。

起脊（ridging）：浮冰受挤压形成冰脊的过程。

雾凇（rime）：颗粒状的冰晶沉积物，由细小雾滴在低温下迅速凝结形成，彼此之间常被滞留空气隔开，有时会将树枝变成水晶状。

蜂窝冰（rotten ice）：在融化过程中变成蜂窝状的浮冰，处于深度解体状态。

雪脊（sastrugi）：雪面因风蚀和沉积而形成的尖锐不规则脊背。脊背与盛行风向平行。

海冰（sea ice）：海面上形成的一层冰，每年至少破裂一次。

次年冰（second-year ice）：第一年夏季尚未融化的海冰，到第二年夏季结束时厚度仍在两米或以上。它比头年冰伸出水面的高度更高。夏季融化令冰丘变得平滑圆润，但有差异的融化过程中产生的小凹凸聚集起来又会形成新冰丘。裸露的冰块和水坑通常呈蓝绿色。

冰屑（shuga）：海绵状的白色冰团，漂浮在海面上，直径数厘米，由油脂状冰或雪泥形成。

鼻涕冻（snotsicle）：从鼻孔里垂下来的一根冻鼻涕。

雪盲（snow blind）：因暴露在雪面眩光前而造成的视力受损，并造成剧烈的疼痛。

雪桥（snow bridge）：填充裂缝的雪，通常其强度足以支撑一定的重量，可用作跨越裂缝的通道。

岩石上的薄冰（verglas）：仿佛涂在岩石上的一层薄薄的透明冰。

水照云光（water sky）：在云层底部形成的黑色条纹，说明浮冰内存在开放水域或开阔水道。

（注：冰川等词已在文中定义并讨论，此处从略。）

新知文库

01 《证据：历史上最具争议的法医学案例》[美]科林·埃文斯 著　毕小青 译
02 《香料传奇：一部由诱惑衍生的历史》[澳]杰克·特纳 著　周子平 译
03 《查理曼大帝的桌布：一部开胃的宴会史》[英]尼科拉·弗莱彻 著　李响 译
04 《改变西方世界的26个字母》[英]约翰·曼 著　江正文 译
05 《破解古埃及：一场激烈的智力竞争》[英]莱斯利·罗伊·亚京斯 著　黄中宪 译
06 《狗智慧：它们在想什么》[加]斯坦利·科伦 著　江天帆、马云霏 译
07 《狗故事：人类历史上狗的爪印》[加]斯坦利·科伦 著　江天帆 译
08 《血液的故事》[美]比尔·海斯 著　郎可华 译　张铁梅 校
09 《君主制的历史》[美]布伦达·拉尔夫·刘易斯 著　荣予、方力维 译
10 《人类基因的历史地图》[美]史蒂夫·奥尔森 著　霍达文 译
11 《隐疾：名人与人格障碍》[德]博尔温·班德洛 著　麦湛雄 译
12 《逼近的瘟疫》[美]劳里·加勒特 著　杨岐鸣、杨宁 译
13 《颜色的故事》[英]维多利亚·芬利 著　姚芸竹 译
14 《我不是杀人犯》[法]弗雷德里克·肖索依 著　孟晖 译
15 《说谎：揭穿商业、政治与婚姻中的骗局》[美]保罗·埃克曼 著　邓伯宸 译　徐国强 校
16 《蛛丝马迹：犯罪现场专家讲述的故事》[美]康妮·弗莱彻 著　毕小青 译
17 《战争的果实：军事冲突如何加速科技创新》[美]迈克尔·怀特 著　卢欣渝 译
18 《最早发现北美洲的中国移民》[加]保罗·夏亚松 著　暴永宁 译
19 《私密的神话：梦之解析》[英]安东尼·史蒂文斯 著　薛绚 译
20 《生物武器：从国家赞助的研制计划到当代生物恐怖活动》[美]珍妮·吉耶曼 著　周子平 译
21 《疯狂实验史》[瑞士]雷托·U.施奈德 著　许阳 译
22 《智商测试：一段闪光的历史，一个失色的点子》[美]斯蒂芬·默多克 著　卢欣渝 译
23 《第三帝国的艺术博物馆：希特勒与"林茨特别任务"》[德]哈恩斯–克里斯蒂安·罗尔 著　孙书柱、刘英兰 译

24	《茶：嗜好、开拓与帝国》[英]罗伊·莫克塞姆 著　毕小青 译	
25	《路西法效应：好人是如何变成恶魔的》[美]菲利普·津巴多 著　孙佩妏、陈雅馨 译	
26	《阿司匹林传奇》[英]迪尔米德·杰弗里斯 著　暴永宁、王惠 译	
27	《美味欺诈：食品造假与打假的历史》[英]比·威尔逊 著　周继岚 译	
28	《英国人的言行潜规则》[英]凯特·福克斯 著　姚芸竹 译	
29	《战争的文化》[以]马丁·范克勒韦尔德 著　李阳 译	
30	《大背叛：科学中的欺诈》[美]霍勒斯·弗里兰·贾德森 著　张铁梅、徐国强 译	
31	《多重宇宙：一个世界太少了？》[德]托比阿斯·胡阿特、马克斯·劳讷 著　车云 译	
32	《现代医学的偶然发现》[美]默顿·迈耶斯 著　周子平 译	
33	《咖啡机中的间谍：个人隐私的终结》[英]吉隆·奥哈拉、奈杰尔·沙德博尔特 著　毕小青 译	
34	《洞穴奇案》[美]彼得·萨伯 著　陈福勇、张世泰 译	
35	《权力的餐桌：从古希腊宴会到爱丽舍宫》[法]让－马克·阿尔贝 著　刘可有、刘惠杰 译	
36	《致命元素：毒药的历史》[英]约翰·埃姆斯利 著　毕小青 译	
37	《神祇、陵墓与学者：考古学传奇》[德]C. W. 策拉姆 著　张芸、孟薇 译	
38	《谋杀手段：用刑侦科学破解致命罪案》[德]马克·贝内克 著　李响 译	
39	《为什么不杀光？种族大屠杀的反思》[美]丹尼尔·希罗、克拉克·麦考利 著　薛绚 译	
40	《伊索尔德的魔汤：春药的文化史》[德]克劳迪娅·米勒－埃贝林、克里斯蒂安·拉奇 著　王泰智、沈惠珠 译	
41	《错引耶稣：〈圣经〉传抄、更改的内幕》[美]巴特·埃尔曼 著　黄恩邻 译	
42	《百变小红帽：一则童话中的性、道德及演变》[美]凯瑟琳·奥兰丝汀 著　杨淑智 译	
43	《穆斯林发现欧洲：天下大国的视野转换》[英]伯纳德·刘易斯 著　李中文 译	
44	《烟火撩人：香烟的历史》[法]迪迪埃·努里松 著　陈睿、李欣 译	
45	《菜单中的秘密：爱丽舍宫的飨宴》[日]西川惠 著　尤可欣 译	
46	《气候创造历史》[瑞士]许靖华 著　甘锡安 译	
47	《特权：哈佛与统治阶层的教育》[美]罗斯·格雷戈里·多塞特 著　珍栎 译	
48	《死亡晚餐派对：真实医学探案故事集》[美]乔纳森·埃德罗 著　江孟蓉 译	
49	《重返人类演化现场》[美]奇普·沃尔特 著　蔡承志 译	

50 《破窗效应：失序世界的关键影响力》[美]乔治·凯林、凯瑟琳·科尔斯 著　陈智文 译

51 《违童之愿：冷战时期美国儿童医学实验秘史》[美]艾伦·M.霍恩布鲁姆、朱迪斯·L.纽曼、格雷戈里·J.多贝尔 著　丁立松 译

52 《活着有多久：关于死亡的科学和哲学》[加]理查德·贝利沃、丹尼斯·金格拉斯 著　白紫阳 译

53 《疯狂实验史Ⅱ》[瑞士]雷托·U.施奈德 著　郭鑫、姚敏多 译

54 《猿形毕露：从猩猩看人类的权力、暴力、爱与性》[美]弗朗斯·德瓦尔 著　陈信宏 译

55 《正常的另一面：美貌、信任与养育的生物学》[美]乔丹·斯莫勒 著　郑嬿 译

56 《奇妙的尘埃》[美]汉娜·霍姆斯 著　陈芝仪 译

57 《卡路里与束身衣：跨越两千年的节食史》[英]路易丝·福克斯克罗夫特 著　王以勤 译

58 《哈希的故事：世界上最具暴利的毒品业内幕》[英]温斯利·克拉克森 著　珍栎 译

59 《黑色盛宴：嗜血动物的奇异生活》[美]比尔·舒特 著　帕特里曼·J.温 绘图　赵越 译

60 《城市的故事》[美]约翰·里德 著　郝笑丛 译

61 《树荫的温柔：亘古人类激情之源》[法]阿兰·科尔班 著　苣蓿 译

62 《水果猎人：关于自然、冒险、商业与痴迷的故事》[加]亚当·李斯·格尔纳 著　于是 译

63 《囚徒、情人与间谍：古今隐形墨水的故事》[美]克里斯蒂·马克拉奇斯 著　张哲、师小涵 译

64 《欧洲王室另类史》[美]迈克尔·法夸尔 著　康怡 译

65 《致命药瘾：让人沉迷的食品和药物》[美]辛西娅·库恩等 著　林慧珍、关莹 译

66 《拉丁文帝国》[法]弗朗索瓦·瓦克 著　陈绮文 译

67 《欲望之石：权力、谎言与爱情交织的钻石梦》[美]汤姆·佐尔纳 著　麦慧芬 译

68 《女人的起源》[英]伊莲·摩根 著　刘筠 译

69 《蒙娜丽莎传奇：新发现破解终极谜团》[美]让-皮埃尔·伊斯鲍茨、克里斯托弗·希斯·布朗 著　陈薇薇 译

70 《无人读过的书：哥白尼〈天体运行论〉追寻记》[美]欧文·金格里奇 著　王今、徐国强 译

71 《人类时代：被我们改变的世界》[美]黛安娜·阿克曼 著　伍秋玉、澄影、王丹 译

72 《大气：万物的起源》[英]加布里埃尔·沃克 著　蔡承志 译

73 《碳时代：文明与毁灭》[美]埃里克·罗斯顿 著　吴妍仪 译

74 《一念之差：关于风险的故事与数字》[英]迈克尔·布拉斯兰德、戴维·施皮格哈尔特 著 威治 译

75 《脂肪：文化与物质性》[美]克里斯托弗·E. 福思、艾莉森·利奇 编著 李黎、丁立松 译

76 《笑的科学：解开笑与幽默感背后的大脑谜团》[美]斯科特·威姆斯 著 刘书维 译

77 《黑丝路：从里海到伦敦的石油溯源之旅》[英]詹姆斯·马里奥特、米卡·米尼奥－帕卢埃洛 著 黄煜文 译

78 《通向世界尽头：跨西伯利亚大铁路的故事》[英]克里斯蒂安·沃尔玛 著 李阳 译

79 《生命的关键决定：从医生做主到患者赋权》[美]彼得·于贝尔 著 张琼懿 译

80 《艺术侦探：找寻失踪艺术瑰宝的故事》[英]菲利普·莫尔德 著 李欣 译

81 《共病时代：动物疾病与人类健康的惊人联系》[美]芭芭拉·纳特森－霍洛威茨、凯瑟琳·鲍尔斯 著 陈筱婉 译

82 《巴黎浪漫吗？——关于法国人的传闻与真相》[英]皮乌·玛丽·伊特韦尔 著 李阳 译

83 《时尚与恋物主义：紧身褡、束腰术及其他体形塑造法》[美]戴维·孔兹 著 珍栎 译

84 《上穷碧落：热气球的故事》[英]理查德·霍姆斯 著 暴永宁 译

85 《贵族：历史与传承》[法]埃里克·芒雄－里高 著 彭禄娴 译

86 《纸影寻踪：旷世发明的传奇之旅》[英]亚历山大·门罗 著 史先涛 译

87 《吃的大冒险：烹饪猎人笔记》[美]罗布·沃乐什 著 薛绚 译

88 《南极洲：一片神秘的大陆》[英]加布里埃尔·沃克 著 蒋功艳、岳玉庆 译

89 《民间传说与日本人的心灵》[日]河合隼雄 著 范作申 译

90 《象牙维京人：刘易斯棋中的北欧历史与神话》[美]南希·玛丽·布朗 著 赵越 译

91 《食物的心机：过敏的历史》[英]马修·史密斯 著 伊玉岩 译

92 《当世界又老又穷：全球老龄化大冲击》[美]泰德·菲什曼 著 黄煜文 译

93 《神话与日本人的心灵》[日]河合隼雄 著 王华 译

94 《度量世界：探索绝对度量衡体系的历史》[美]罗伯特·P. 克里斯 著 卢欣渝 译

95 《绿色宝藏：英国皇家植物园史话》[英]凯茜·威利斯、卡罗琳·弗里 著 珍栎 译

96 《牛顿与伪币制造者：科学巨匠鲜为人知的侦探生涯》[美]托马斯·利文森 著 周子平 译

97 《音乐如何可能？》[法]弗朗西斯·沃尔夫 著 白紫阳 译

98 《改变世界的七种花》[英]詹妮弗·波特 著 赵丽洁、刘佳 译

99 《伦敦的崛起：五个人重塑一座城》[英]利奥·霍利斯 著　宋美莹 译

100 《来自中国的礼物：大熊猫与人类相遇的一百年》[英]亨利·尼科尔斯 著　黄建强 译

101 《筷子：饮食与文化》[美]王晴佳 著　汪精玲 译

102 《天生恶魔？：纽伦堡审判与罗夏墨迹测验》[美]乔尔·迪姆斯代尔 著　史先涛 译

103 《告别伊甸园：多偶制怎样改变了我们的生活》[美]戴维·巴拉什 著　吴宝沛 译

104 《第一口：饮食习惯的真相》[英]比·威尔逊 著　唐海娇 译

105 《蜂房：蜜蜂与人类的故事》[英]比·威尔逊 著　暴永宁 译

106 《过敏大流行：微生物的消失与免疫系统的永恒之战》[美]莫伊塞斯·贝拉斯克斯－曼诺夫 著　李黎、丁立松 译

107 《饭局的起源：我们为什么喜欢分享食物》[英]马丁·琼斯 著　陈雪香 译　方辉 审校

108 《金钱的智慧》[法]帕斯卡尔·布吕克内 著　张叶　陈雪乔 译　张新木 校

109 《杀人执照：情报机构的暗杀行动》[德]埃格蒙特·科赫 著　张芸、孔令逊 译

110 《圣安布罗焦的修女们：一个真实的故事》[德]胡贝特·沃尔夫 著　徐逸群 译

111 《细菌》[德]汉诺·夏里修斯　里夏德·弗里贝 著　许嫚红 译

112 《千丝万缕：头发的隐秘生活》[英]爱玛·塔罗 著　郑嬿 译

113 《香水史诗》[法]伊丽莎白·德·费多 著　彭禄娴 译

114 《微生物改变命运：人类超级有机体的健康革命》[美]罗德尼·迪塔特 著　李秦川 译

115 《离开荒野：狗猫牛马的驯养史》[美]加文·艾林格 著　赵越 译

116 《不生不熟：发酵食物的文明史》[法]玛丽-克莱尔·弗雷德里克 著　冷碧莹 译

117 《好奇年代：英国科学浪漫史》[英]理查德·霍姆斯 著　暴永宁 译

118 《极度深寒：地球最冷地域的极限冒险》[英]雷纳夫·法恩斯 著　蒋功艳、岳玉庆 译